# HYDROGÉOLOGIE

## Objets, méthodes, applications

***Éric Gilli***
Professeur à l'université Paris 8 (Vincennes-Saint-Denis)

***Christian Mangan***
Hydrogéologue-conseil à Nice

***Jacques Mudry***
Professeur à l'université de Franche-Comté (Besançon)

**3e édition**

DUNOD

Illustration de couverture : Source de la Loue © Phil – Fotolia.com


ISBN 978-2-10-057639-5

# Table des matières

PARTIE II

## OUTILS ET MÉTHODE DE L'HYDROGÉOLOGIE

PARTIE IV

# HYDROGÉOLOGIE DU GÉNIE CIVIL

# Avant-propos

La fin du XX<sup>e</sup> siècle a été marquée par une prise de conscience planétaire de l'importance de la sauvegarde de l'environnement. Le XXI<sup>e</sup> siècle s'attelle à d'immenses chantiers dont celui d'offrir de l'eau potable à tous les habitants de la planète. Face à la démographie galopante et à la pollution, l'eau pure devient de plus en plus rare. Tantôt source de vie, tantôt source de mort, alliée ou ennemie, l'eau est indissociable de l'histoire de l'Homme. Elle est un enjeu vital qu'il faut apprendre à gérer et à partager. De nombreux conflits du monde moderne sont, si on y regarde de près, liés à l'enjeu de la possession de l'eau. Nous vivons depuis plusieurs décennies les guerres de l'or noir, mais les guerres de l'or bleu sont déjà présentes.

L'hydrogéologie intéresse de nombreux domaines de la société. Pourtant, même s'il n'est d'acte plus anodin que celui d'ouvrir un robinet ou de tirer une chasse d'eau, l'origine de l'eau reste souvent baignée de mystère. Veines d'eau au cheminement tortueux, immenses lacs souterrains, baguettes, pendules, peuplent les récits de nos compatriotes. Pagnol n'est pas si loin, lorsque l'on voit des élus préférer le sourcier à l'hydrogéologue pour définir l'avenir de leur collectivité ; on peut alors comprendre l'immense travail qui reste à accomplir pour faire vaciller l'obscurantisme qui règne encore dans ce domaine pourtant si proche de nous.

Écrire un ouvrage sur l'hydrogéologie est une démarche délicate du fait de l'universalité de cette matière et des immenses progrès réalisés depuis 150 ans. Aussi, l'association d'un hydrogéologue, d'un géographe et d'un ingénieur nous a semblé une démarche nécessaire pour permettre l'approche pluridisciplinaire qu'impose de plus en plus la science moderne. Les auteurs ont voulu privilégier une vision la plus large possible et illustrer chaque chapitre par des exemples pris en France quand cela était possible. Chaque domaine abordé souffre donc de sa superficialité, mais nous espérons que le lecteur pourra y satisfaire sa curiosité et que cela le conduira à se plonger dans des ouvrages plus spécialisés.

# Liste des abréviations

| | |
|---|---|
| ADES | accès aux données des eaux souterraines |
| AEP | alimentation en eau potable |
| AFSSA | Agence française de sécurité sanitaire des aliments |
| ANDRA | Agence nationale pour la gestion des déchets radioactifs |
| ASR | *aquifer storage recovery* |
| BRGM | Bureau de recherches géologiques et minières |
| BTEX | benzène toluène éthylbenzène xylène |
| CEA | Commissariat à l'énergie atomique |
| CDS | Comité départemental de spéléologie |
| COD | carbone organique dissous |
| COT | carbone organique total |
| COV | composés organiques volatils |
| DCE | Directive cadre européenne |
| DDAF | Direction départementale de l'agriculture et de la forêt |
| DDASS | Direction départementale de l'action sanitaire et sociale |
| DDE | Direction départementale de l'équipement |
| DIREN | Direction régionale de l'environnement |
| EDF | Électricité de France |
| ETP | évapotranspiration potentielle |
| ETR | évapotranspiration réelle |
| $ET_0$ | évapotranspiration de référence |
| GPS | *global positioning system* |
| HAP | hydrocarbures aromatiques polycycliques |
| HDR | *hot dry rock* |
| HFR | *hot fractured rock* |
| IFEN | Institut français de l'environnement |
| IGN | Institut géographique national |
| MISE | Mission interservices de l'eau |
| MWe | méga watt électrique |
| PC | poste de commande |
| PFVL | produit de fission à longue durée de vie |
| PPI | périmètre de protection immédiate |
| PPR | périmètre de protection rapprochée |
| PPE | périmètre de protection éloignée |
| PVC | chlorure de polyvinyle |
| RAN | recharge artificielle de nappe |
| RFU | réserve facilement utilisable = RU max |
| RU | réserve utile |
| RMP | résonance magnétique protonique |
| RNDE | Réseau national des données sur l'eau |
| VER | volume élémentaire représentatif |
| VLF | *very low frequency* |
| ZNS | zone non saturée |

PARTIE I

# NOTIONS D'HYDROGÉOLOGIE

Chapitre **1**

# Définition et histoire de l'hydrogéologie

## 1.1 ÉTYMOLOGIE ET DÉFINITION

L'hydrogéologie (du grec *hydra* : l'eau, *ge* : la terre et *logos* : le discours) peut être définie comme la science qui traite de l'eau souterraine. Cependant, l'eau est une entité : eau des précipitations, eaux de surface, glaces, eaux souterraines participent à un cycle perpétuel. L'hydrogéologie est donc indissociable de l'hydrologie de surface, de la climatologie, de la géologie, de la géographie. De plus, comme toutes les sciences modernes, elle fait appel aux innombrables domaines de la physique, de la chimie et de la biologie. L'eau devenant un enjeu de plus en plus important, l'hydrogéologue moderne est aussi confronté à des problèmes sociaux et politiques. Plus, peut-être, que toute autre science, l'hydrogéologie impose aujourd'hui une approche pluridisciplinaire. La définir précisément est donc un exercice difficile. Où commence et où se termine le monde souterrain de l'hydrogéologue ? L'eau contenue dans le magma en fait-elle partie ? Les sources chaudes des dorsales sous-marines relèvent-elles de l'hydrogéologie ? Doit-on qualifier d'eau souterraine une rivière qui traverse une grotte-tunnel comme au Mas d'Azil (Ariège) ? Le sol, où se produisent d'importantes réactions physico-chimiques et d'où l'eau peut être extraite par la végétation, est-il un domaine souterrain ? Le pergélisol et les glaces souterraines n'intéressent-il pas plus le glaciologue ? Le lecteur comprendra donc que la définition toute simple de « science de l'eau souterraine » est suffisamment vague pour rester la plus précise.

## 1.2 HISTOIRE

Le corps humain ne peut se passer d'eau plus de deux jours. La quête de l'eau est nécessairement la première action de l'homme dans l'étude de son environnement. Chez les grands singes on assiste déjà à la recherche d'une certaine qualité. Les chimpanzés et les babouins, lorsque l'eau est boueuse, savent ainsi creuser des trous dans les berges des cours d'eau pour récupérer de l'eau filtrée. Cette première démarche d'hydrogéologue qui remonte donc au-delà des origines de l'homme, laisse imaginer que nos ancêtres avaient certainement le souci de disposer d'une bonne eau de boisson. La présence fréquente de sources à proximité des habitats préhistoriques pourrait traduire cette recherche de qualité.

### *a) Les plus anciennes relations*

Tout comme les guérisseurs ont précédé la médecine et les alchimistes la chimie, l'art du sourcier, ancêtre toujours présent de l'hydrogéologue, se perd dans la nuit des temps *(cf. chapitre 16)*. La Bible décrit Moïse frappant une roche pour en faire jaillir une source ; s'agit-il d'une version religieuse de la baguette du sourcier ?

Quelques textes antiques décrivent des eaux souterraines. Mille ans avant notre ère, le Styx d'Homère, visité par Ulysse, ressemble à une classique rivière souterraine. Un texte en caractères cunéiformes, gravé en – 800 av. J.-C. à l'entrée de la grotte du Tunnel de Tigris (Lice, Turquie), relate la visite, par le roi assyrien Shoulman Asharédou III, du cours souterrain, long de quelques centaines de mètres, du fleuve Tigre. Une plaque en bronze, découverte dans le palais du roi et actuellement au British Museum de Londres, décrit cette incursion et montre le rôle de l'eau de percolation dans la construction d'une stalagmite (Hill et Forti, 1997).

### *b) Les modèles des Grecs*

Les savants de l'Antiquité gréco-romaine ont interprété de nombreux phénomènes hydrogéologiques sans apporter de solution satisfaisante (Ellenberger, 1988). Le monde méditerranéen est en effet riche en phénomènes karstiques majeurs, avec d'importantes sources utilisées pour alimenter les cités. Les Anciens, confrontés à ces systèmes complexes, se sont écartés des schémas simples et ceci a sans doute été un frein à la découverte des mécanismes fondamentaux de l'hydrogéologie. On souhaitait de plus définir une mécanique universelle permettant de relier entre eux des phénomènes aussi variés que le volcanisme, les courants marins ou les importantes sources.

Malgré la connaissance de systèmes perte-résurgence, comme celui de la Reka (Slovénie) et de sa résurgence à la source du Timavo, près de Trieste (Italie), cités par Strabon (Ier siècle av. J.-C.), les eaux de surface et les eaux souterraines étaient considérées comme deux domaines distincts. Ayant observé que, malgré l'apport de nombreux fleuves, le niveau de la mer ne montait pas, les Anciens imaginaient l'existence de pertes marines absorbant un flot d'eau de mer continu, hypothèse sans doute appuyée par l'exemple des katavotres d'Argostoli (Céphalonie, Grèce) où l'eau de mer qui s'engouffre dans des pertes marines actionne des moulins *(cf. chapitre 9.2.4)*. Aristote (IVe siècle av. J.-C.) pense ainsi que la mer Caspienne se déverse dans la mer Noire grâce à un exutoire profond. Ces pertes permettaient aussi d'expliquer les courants marins. Pour Anaxagore (Ve siècle av. J.-C.), cette eau de mer infiltrée alimentait d'immenses réservoirs souterrains d'eau douce. Platon (IVe siècle av. J.-C.) imagine plutôt un immense gouffre, le Tartare, recevant tous les cours d'eau et alimentant mers, lacs, fleuves et sources. Mais pour retenir une origine marine, il faut envisager la filtration du sel et un mécanisme permettant l'ascension de l'eau dans les terres. En observant probablement les violents panaches de vapeur des volcans et les courants d'air de certaines grottes, Thalès (Ve siècle av. J.-C.) suppose que le moteur se trouve dans la poussée des terres et dans les souffles souterrains. Lucrèce (Ier siècle av. J.-C.) suppose que la mer est filtrée de son sel par les terres.

Pourtant quelques mécanismes fondamentaux avaient été perçus. Aristote (IVe siècle av. J.-C.) avait pressenti les mécanismes de l'évaporation. Vitruve (Ier siècle av. J.-C.) avait ébauché le cycle de l'eau en observant que l'eau des vallées s'élevait des points bas, formait des nuages puis de la pluie, s'infiltrait dans les fissures du sol pour réapparaître au pied des montagnes. Hérodote (Ve siècle av. J.-C.), puis Pline (Ier siècle) avaient saisi la relation entre les dolines, lieux privilégiés d'infiltration de l'eau, et les sources.

Cependant Sénèque (Ier siècle), synthétisant dans « Questions Naturelles » les pensées de ses prédécesseurs ne retient que l'existence d'un immense réservoir souterrain d'eau douce alimenté par la transformation en eau de l'air contenu dans des cavités souterraines.

### *c) Le Moyen Âge et la Renaissance : l'alambic souterrain*

Au Moyen Âge, la pensée grecque reste la seule admise lorsqu'elle est compatible avec la Bible et l'invention de l'imprimerie permet la diffusion de la pensée.

Un des premiers ouvrages consacré aux eaux souterraines est celui de Jacques Besson (1569) « L'art et science de trouver les eaux et fontaines cachées sous terre », mais le véritable précurseur de l'hydrogéologie est Bernard Palissy auteur de l'ouvrage « Des Eaux et des Fontaines » (1580). Il démontre que l'eau des sources a pour origine les pluies infiltrées dans les fissures et abîmes du sous-sol jusqu'à des niveaux imperméables où elles s'accumulent en réserves souterraines et circulent en direction des sources. Des observations dans les grottes des Pyrénées lui montrent que les panaches de vapeur d'eau exhalés par certaines grottes sont aussi liés aux eaux d'infiltration.

Pourtant ses pensées ne s'imposent pas et la théorie généralement admise est celle de l'alambic souterrain *(figure 1)*, où l'eau de mer qui pénètre sous terre par des canaux, abandonnant son sel, est chauffée par le feu central, puis condensée dans les montagnes, pour y alimenter des lacs souterrains qui se déversent à l'extérieur par des sources.

**Figure 1** L'alambic souterrain : gravure du XVII^e siècle.

### *d) Le XVII^e siècle : le cycle de l'eau*

La géologie moderne est en train de naître en Occident. Quelques ouvrages majeurs traitant des eaux souterraines peuvent être signalés « *Mundus subterraneus* » (Athanasius Kircher, 1665) ; « *Principia philosophiae* » (Descartes, 1664) ; « *Prodromus* » (Stenon, 1669), mais ils reprennent le concept de l'alambic souterrain. C'est en 1674, que l'ouvrage de Pierre Perrault « De l'origine des Fontaines », révèle l'importance de l'évaporation et de l'infiltration. Perrault prouve que le débit du cours amont de la Seine ne correspond qu'au sixième de la quantité d'eau de pluie reçue par le bassin. Une fraction importante de l'eau a donc disparu. Mariotte (1620-1684) arrive à la même conclusion et, à la même époque, Halley (1656-1742) quantifie l'évaporation. Le moteur permettant le passage de l'eau de la mer aux montagnes et le mécanisme de la filtration du sel sont ainsi élucidés en même temps. La notion moderne de cycle de l'eau naît donc au XVII^e siècle, après plus de deux millénaires de discussions des plus grands savants de la planète.

### *e) La naissance de l'hydrogéologie*

Les concepts de base de l'infiltration ayant été posés, les mécanismes du devenir de l'eau à la surface du sol sont précisés par La Métherie (1791).

En 1856 Darcy, ingénieur des Ponts et Chaussées, en charge de l'alimentation en eau de Dijon, définit la loi mathématique qui, reliant perméabilité des terrains et gradient hydraulique, régit le parcours des eaux souterraines *(cf. chapitre 6.2)*. Cette loi marque le début de l'hydrogéologie moderne. Les grands problèmes de l'hydrogéologie de la fin du XIX^e siècle sont surtout liés au creusement des puits et à l'exploitation des nappes alluviales. Les études sont de ce fait nombreuses. Elles concernent principalement les relations entre la géologie et les eaux souterraines, la définition des lois de l'hydraulique souterraine et l'étude de la chimie des eaux.

À cette même époque, à Camprieu (Gard), Édouard Alfred Martel, en suivant le cours souterrain du ruisseau du Bonheur jusqu'à la source de Bramabiau, jette les bases de la spéléologie. Mais cette dernière activité, jugée trop sportive, est généralement dédaignée par les universitaires et ce n'est que vers 1960 que la création du laboratoire de Moulis par Philippe Renault et Félix Trombe entraîne la naissance en France de l'hydrogéologie karstique, branche à laquelle une part importante de cet ouvrage sera consacrée.

Le XX^e^ siècle voit l'essor des grands travaux parfois pharaoniques, tels que les gigantesques barrages sur les grands fleuves modifiant l'hydrogéologie de régions entières, ou la Grande rivière de l'Homme (Libye) *(cf. conclusion)*. Ces grands chantiers sont parfois endeuillés de drames comme la catastrophe de Malpasset *(cf. chapitre 25)* qui montre le rôle important de l'hydrogéologie en génie civil.

La fin du XX^e^ siècle est marquée par l'apparition de la modélisation numérique. L'ordinateur s'appuyant sur la loi de Darcy et ses dérivés et collectant les données acquises par l'instrumentation toujours plus performante grâce aux progrès de l'électronique, permet de simuler le fonctionnement des aquifères et d'en faciliter la gestion. Mais c'est aussi le siècle de la pollution et la contamination des aquifères de Bretagne et de Normandie par les nitrates n'est hélas que le premier d'une multitude de problèmes qualitatifs qui vont s'amplifier dans le futur.

## 1.3 LES AXES DE RECHERCHE ACTUELS

### *a) Hydrogéologie appliquée*

L'hydrogéologie du XXI^e^ siècle doit faire face à un défi : comment offrir de l'eau potable aux 9 milliards d'habitants de la terre en 2050 ? Ceci dans un contexte où la notion de développement durable s'est imposée. L'hydrogéologie du futur sera certainement celle de la gestion active des aquifères (Detay, 1997). Si la ressource globale est jugée satisfaisante sur le plan quantitatif, la protection contre les pollutions est probablement le débouché principal des études hydrogéologiques.

Ainsi, à l'échelle de l'Hexagone, un travail immense reste à accomplir : la mise en œuvre de la directive cadre communautaire du 23 octobre 2000. Celle-ci requiert, d'ici 2015, de rendre conformes à des normes européennes, sauf exceptions justifiées, les différentes catégories de « masses » d'eau présentes sur le territoire, y compris les eaux souterraines. Mais de nouvelles pollutions existent (antibiotiques, hormones) issues des consommations humaines et animales ; elles sont rejetées dans le milieu naturel où leur comportement reste très mal connu.

La gestion des déchets organiques, chimiques ou nucléaires, pose le problème de la contamination à long terme des aquifères. Comment être assurés que les déchets nucléaires enfouis dans des formations jugées imperméables et stockés dans des conteneurs étanches ne vont pas, au fil des siècles, subir l'action de l'eau souterraine et contaminer pendant des milliers d'années l'eau de nos descendants ?

### b) Hydrogéologie fondamentale

Quelques axes de recherche peuvent être soulignés, comme le rôle de l'eau dans la tectonique et le magmatisme, la profondeur des circulations souterraines, la compréhension des mécanismes de mise en place des grands systèmes karstiques (Fontaine de Vaucluse, Port Miou), la modélisation des écoulements karstiques et le rôle de la microbiologie dans les propriétés physico-chimiques des eaux souterraines.

Aujourd'hui, l'hydrogéologie s'exporte au-delà de la Terre puisque les fabuleuses images et données de Mars envoyées par la sonde européenne Mars Express et les robots Spirit et Opportunity apportent la preuve de la circulation d'eau martienne qui est peut-être encore présente à l'état liquide dans le sous-sol de la planète rouge. Les vestiges d'une mer salée ont été découverts, et de nombreuses formes du relief traduisent, non seulement la présence d'écoulements d'eau de surface dans le passé, mais aussi l'existence de sources et d'affaissements pseudo-karstiques liés à des circulations d'eau souterraine.

Les observations de glace vive, de gouttes d'eau, de traces d'écoulements sur les pentes, variables selon les prises de vue, suggèrent fortement que ces écoulements sont actuels et qu'ils relèvent de circulations d'eau souterraine probablement salée.

Chapitre 2

# Place des eaux souterraines dans les sciences de la Terre

Les eaux souterraines sont un agent géologique général ; elles jouent un rôle actif dans les processus géodynamiques, grâce à la large distribution spatiale de leur écoulement et à leur forte capacité à interagir avec l'environnement (Toth, 1999). Ces deux propriétés existent, avec une intensité variable, à toutes échelles de temps et d'espace. Les interactions chimiques incluent précipitation/dissolution, hydratation, hydrolyse, oxydoréduction, attaque acide, échange de bases... Les interactions physiques comprennent les phénomènes de concentration, de nanofiltration, de lubrification et de modification des pressions de pore. L'interaction hydrodynamique ou cinétique comprend les processus de convection, avec transfert de masse (eau, solutés, particules) ou d'énergie (chaleur).

## 2.1 EAU SOUTERRAINE ET GÉODYNAMIQUE EXTERNE

Dans la géodynamique externe, l'eau souterraine joue ses deux rôles fondamentaux de vecteur et de solvant. Dans son rôle de solvant, l'eau souterraine a joué au cours des temps géologiques un rôle dans la mise en solution des minéraux. Selon leur solubilité et/ou leur rapidité d'altération, la surface terrestre va évoluer à une vitesse plus ou moins perceptible à l'échelle humaine. Ainsi, un seul épisode de pluie sur un diapir salé en zone aride va produire des modifications instantanées de la morphologie, un écoulement d'eau rapide dans des gypses provoquer des effondrements sensibles à l'échelle annuelle, la karstification des calcaires et dolomies être tout juste perceptible à l'échelle humaine et l'altération des roches endogènes se faire avec des effets morphologiques visibles à l'échelle pluriséculaire.

En revanche, dans son rôle de vecteur, l'eau déplace substances en solution, en émulsion ou en suspension. Du fait de la taille variable des vides dans le milieu souterrain, les eaux pourront entraîner seulement certains petits ions (cas des barrières de perméabilité argileuses dans certains gisements de pétrole), ou bien l'ensemble des substances en solution (cas général des aquifères), ou encore les solutés plus des particules en suspension (argiles, particules organiques dont parasites, bactéries, virus...) dans le cas des aquifères avec des drains (chenaux graveleux en nappe alluviale, fractures dans les roches consolidées, drains karstiques).

Dans le cycle de l'eau, le partage entre ruissellement et infiltration aura donc une grande incidence sur l'érosion des sols et des roches des bassins versants, sur l'écrêtement des pics de crue et sur le soutien des débits d'étiage des cours d'eau. Ce partage est à la fois fonction de la perméabilité des sols et de leur substratum, mais aussi du régime des précipitations. Ainsi, un orage méditerranéen en milieu marneux engendrera une crue violente, de courte durée et une forte turbidité dans les eaux de surface, alors qu'une précipitation océanique de même hauteur sur un plateau crayeux peu karstifié ne provoquera qu'une montée très amortie du niveau des eaux de surface, sans incidence sur leur turbidité.

## 2.2 EAU ET PÉTROLE

Dans les gisements de pétrole, les hydrocarbures (huile et gaz) expulsés des roches mères (où ils ont maturé) par la pression lithostatique, migrent vers la surface en remplaçant l'eau plus dense dans les pores des roches, jusqu'à ce qu'ils rencontrent un piège, la roche réservoir couverte par une roche peu perméable (argileuse ou compacte), dans une configuration géométrique favorable (biseau, dôme anticlinal, coin de faille...). Pétrole et gaz subissent un entraînement par l'écoulement latéral des eaux souterraines ; à leur différence de densité et de viscosité près, ils obéissent aux mêmes lois d'écoulement que l'eau. Cependant, la migration des hydrocarbures est un phénomène lent et la circulation d'eau souterraine peut modifier la taille des vides de la roche (cimentation ou dissolution des grains – Machel 1999). Dans les milieux très peu perméables, la composition chimique de l'eau originellement salée peut être modifiée dans le sens d'une concentration (saumures de gisement de pétrole).

## 2.3 EAU ET GÎTES MINÉRAUX

Tant dans le domaine des grands bassins sédimentaires que dans celui de l'hydrothermalisme (Garven *et al.* 1999), l'eau souterraine est le vecteur des minéralisations. Dans le premier cas, les écoulements lents dans des milieux à porosité différente, dans l'autre la remontée d'eaux profondes par les fractures, permettent la cristallisation de minéraux. Ainsi, la migration de saumures dans les fractures du socle hercynien, grâce à la dénivelée topographique, a permis l'accumulation de dépôts plombifères géants dans des carbonates en Amérique du Nord.

## 2.4 TRANSFERTS DE FLUIDE PROFONDS

La circulation de fluides (gaz + liquides) dans des fractures d'importance crustale permet la remontée des circuits thermominéraux caractérisés par des minéralisations élevées en certains composés dissous et en gaz (dioxyde de carbone, radon...) des sources carbo-gazeuses. Ce contenu minéral, dont les propriétés thérapeutiques ont été utilisées dans le thermalisme, peut aussi présenter des risques sanitaires (arsenic, baryum, fluor, radioactivité).

## 2.5 RÔLE DE L'EAU DANS LE MAGMATISME

L'eau souterraine joue un rôle majeur dans la dynamique volcanique. En période normale, l'infiltration d'eau météorique (pluie ou neige) sur les volcans, qui sont des reliefs souvent élevés, donc plus intensément arrosés que leur piémont, alimente la production de leur panache de vapeur. En cas d'apport massif d'eau souterraine en profondeur (déversement d'une nappe dans la cheminée, précipitations exceptionnelles...) cette eau vadose est le phénomène déclencheur des éruptions volcaniques, car elle peut se vaporiser au contact de la lave chaude. S'ensuivent des éruptions explosives, qui pulvérisent le bouchon de lave formé dans la cheminée. Les maars, le phréatomagmatisme sont des types de fonctionnement volcanique dans lesquels l'eau joue un rôle encore plus grand, en renforçant le caractère explosif des éruptions.

Chapitre 3

# Débouchés de l'hydrogéologie

## 3.1 L'EAU SOURCE DE VIE

L'eau est un élément indispensable à l'être humain qui, au repos, en consomme deux à trois litres par jour, fournis pour moitié par son alimentation. C'est en fait la survie de toutes les espèces animales et végétales qui est conditionnée par l'eau, constituant des animaux à 70 % et des végétaux à 90 %.

Les besoins en eau de l'homme augmentent considérablement dans le temps et touchent à des domaines de plus en plus nombreux pour satisfaire ses exigences de confort et d'agrément et pour répondre à une demande économique croissante.

La consommation d'eau pour les usages domestiques subit un accroissement très sensible, indépendamment de la progression démographique *(cf. chapitre 17)*. La moyenne journalière par habitant dépasse aujourd'hui en France 200 litres, alors qu'elle était de 160 litres en 1990, 145 litres en 1980 et 130 litres en 1975. Les besoins alimentaires n'en représentent qu'une part réduite, de l'ordre de 4 % (1 % pour la boisson et 3 % pour la cuisson des aliments), et ce sont donc les autres usages qui ont le plus augmenté, suivant en cela la progression du niveau de vie et du confort de l'homme.

On constate en outre, du fait d'une exigence accrue des normes sanitaires et du développement récent des forages profonds, une sollicitation croissante des eaux souterraines, mieux protégées des pollutions que les eaux superficielles.

Les autres usages de l'eau ne nécessitent pas d'eau potable, mais représentent la majeure partie des besoins. Leur progression dans le temps est également spectaculaire pour les mêmes raisons et pour répondre aux exigences de la rentabilité des entreprises et de l'économie de marché.

Sauf pour la production hydroélectrique et pour le refroidissement des centrales thermoélectriques qui consomment beaucoup d'eau mais prélèvent essentiellement dans les rivières, les autres activités sollicitent de plus en plus les ressources souterraines, aisément accessibles aujourd'hui et n'influant pas directement sur le « débit réservé » des cours d'eau.

Cette production d'eau augmente très vite dans les pays européens et aux États-Unis où elle donne parfois lieu à des gaspillages. Sa répartition est en revanche très inégale et les zones d'utilisation intensive ne sont pas toujours les mieux pourvues par la nature. La ressource est en outre relativement faible dans certains pays d'Asie, du Proche-Orient et d'Afrique qui sont confrontés à des déséquilibres croissants.

## 3.2 L'EAU SOURCE DE GÊNE

L'eau souterraine a une influence très importante sur la majorité des problèmes de construction et de génie civil, sur les conditions d'aménagement du territoire et sur la protection des biens et des personnes.

Son rôle n'a souvent été reconnu que tardivement, à la suite de véritables catastrophes ou après des sinistres plus limités se traduisant par des retards de chantiers, des incidences imprévues sur l'environnement, des destructions d'ouvrages, voire des pertes humaines.

L'intervention de l'hydrogéologue est aujourd'hui rentrée dans les mœurs et tend à se systématiser dans le cadre des grands travaux et des diverses études d'aménagement :

- travaux de terrassements et études de tracés (routiers, autoroutiers et ferroviaires) ;
- excavations profondes atteignant la nappe ou recoupant des horizons aquifères ;
- gros chantiers imposant des rabattements de nappe prolongés ;
- tunnels et travaux souterrains ;
- barrages ;
- étude et prévention des mouvements de terrain et des remontées de nappes.

## 3.3 PROTECTION ET GESTION DES RESSOURCES EN EAU

Les eaux de consommation (boisson et cuisson), ainsi que les eaux qui rentrent dans la fabrication de produits alimentaires doivent répondre à des normes sanitaires de plus en plus strictes. Les autres usages sont nettement moins contraignants, mais possèdent souvent leurs propres critères de qualité, afin de garantir la protection du matériel utilisé et des produits traités ou fabriqués.

La protection des paramètres physico-chimiques de l'eau adaptés à ses différentes utilisations est de plus en plus considérée, en particulier en ce qui concerne l'alimentation humaine. Elle débouche sur des études d'impacts avant la mise en œuvre de projets susceptibles d'altérer la ressource en eau (décharges, rejets de substances polluantes, stockages dangereux…) et sur la définition de périmètres de protection destinés à sécuriser les captages pour AEP.

La sollicitation accrue des nappes souterraines et les prélèvements excessifs dans certains aquifères ne sont pas toujours adaptés à leurs conditions de recharge et peuvent conduire à l'appauvrissement des réserves disponibles. La nécessité d'une gestion intégrée des nappes, d'un point de vue tant qualitatif que quantitatif, prend de plus en plus d'importance. Cette vision se généralise très nettement depuis quelques décennies et a été largement favorisée par la Loi sur l'Eau du 3 janvier 1992 et ses décrets d'application. Elle permet la prise en compte de l'eau souterraine dans une démarche globale d'aménagement, de protection et de gestion, intégrant également l'ensemble du milieu naturel et humain, et tend à accroître le rôle de l'hydrogéologue.

## 3.4 PLACE ET DÉBOUCHÉS DE L'HYDROGÉOLOGIE

Dans la société d'aujourd'hui, l'hydrogéologie occupe une place de plus en plus importante dans la politique d'aménagement du territoire, en particulier dans les régions à forte densité de population et/ou à fort développement industriel ou agricole.

L'hydrogéologue intervient dans de nombreux domaines de la vie publique :

- l'enseignement et la recherche au sein des structures de formation (universités et grandes écoles) et des organismes de recherche (CNRS, INRA, ministères) ;
- la recherche, l'étude, la protection et la gestion des ressources en eau souterraine ;
- l'examen de l'influence des eaux souterraines lors des grands travaux et des chantiers de génie civil, ainsi que l'impact de leur réalisation sur l'environnement hydrogéologique ;
- l'analyse du rôle de l'eau dans les mouvements gravitaires (éboulements, glissements, effondrements) et la prévision des remontées critiques de nappes.

Il s'intègre aussi de plus en plus fréquemment dans des équipes pluridisciplinaires (administrations, élus, urbaniste, paysagiste, hydrologue, économiste), soit à la faveur de programmes de diagnostic, de gestion ou de planification, soit à la faveur d'études prévisionnelles menées à l'échelle d'une région, d'un bassin, d'une communauté de communes, d'une commune, soit encore à l'occasion d'un grand projet structurant.

Chapitre **4**

# Les cycles de l'eau

La circulation et le séjour de l'eau dans le sous-sol sont une étape d'un processus sans fin, le cycle de l'eau. Par les précipitations et le ruissellement, une fraction de l'eau entraînée dans ce cycle s'infiltre sous terre. L'infiltration, en renouvelant l'eau des réservoirs souterrains, alimente les circulations profondes à l'origine des sources. Mais il existe aussi un cycle interne de l'eau, dans lequel une fraction est entraînée en profondeur dans les zones de subduction et restituée par l'intermédiaire du volcanisme

## 4.1 LE CYCLE INTERNE

### 4.1.1 Origine de l'eau sur Terre

La détection de l'eau dans l'Univers est rendue difficile par l'absorption des radiations par l'atmosphère terrestre. Il faut donc se placer à l'extérieur de cette dernière. Les données recueillies, en particulier par le télescope infrarouge de l'Agence spatiale européenne ISO *(Infrared Spatial Observatory)* et le satellite américain SWAS *(Submillimeter Wave Astronomy Satellite),* montrent que l'eau existe un peu partout dans notre Galaxie. Elle est largement répartie dans l'Univers.

L'hydrogène y est présent dès les premiers instants du Big Bang. L'atome d'oxygène de la molécule d'eau apparaît plus tard, issu des réactions de fusion nucléaire dans les étoiles. L'eau existe dans l'Univers sous forme de gaz, de glace ou d'hydrates et aussi sous forme liquide sur les planètes (Reeves, 1981). Grâce à sa signature spectrale, l'eau a pu être mise en évidence à la surface et à la périphérie d'étoiles de température peu élevée ainsi que dans les nuages moléculaires interstellaires (*figure 2*). La Terre est née, il y a environ 4,5 milliards d'années, d'agrégats de gaz et poussières contenant déjà des silicates hydratés et de la glace. Ces grains ont pu former, par accrétion, des corps kilométriques, puis des planètes telluriques au sein desquelles le volcanisme et les impacts ont permis le dégazage de l'eau sous forme de vapeur.

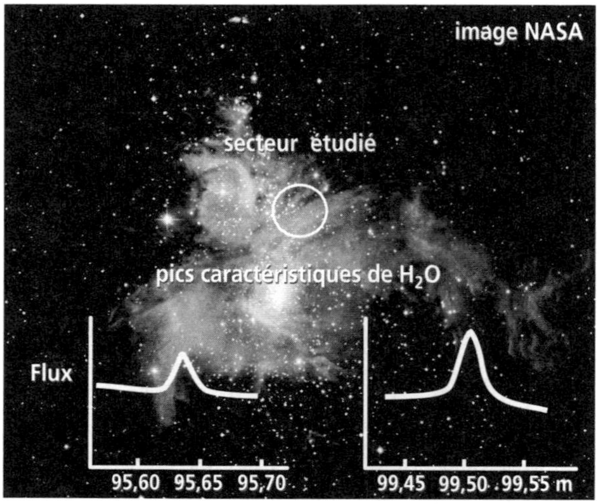


**Figure 2** Pics d'absorption dans l'infrarouge caractérisant la présence d'eau dans la nébuleuse d'Orion (d'après Harvard-Smithsonian Center for Astrophysics).

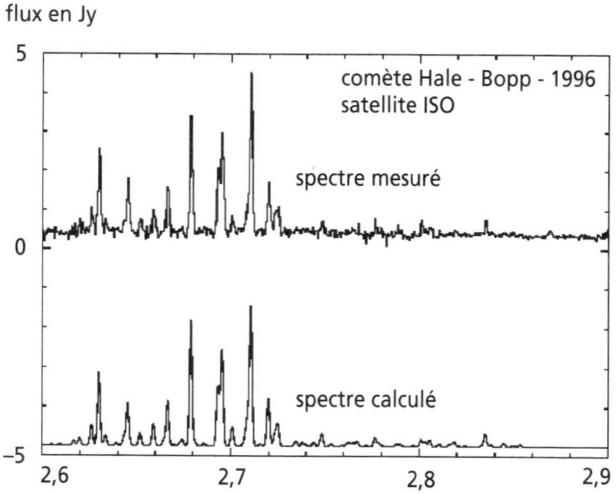


**Figure 3** Signature spectrale de l'eau dans la comète Hale-Bopp, mesurée par le satellite ISO (d'après Crovisier *et al*, 1997).

L'apport d'eau par les comètes a aussi pu jouer un rôle important. La glace est en effet un constituant majeur des comètes, confirmé par ISO sur la comète Hale-Bopp *(figure 3)*. La sonde Rosetta, lancée en 2004 devrait atteindre vers novembre 2014 la comète Churuymov-Gerasimenko et fournir des informations sur sa constitution. Ces objets entrent parfois en collision avec les planètes, comme on a pu le voir lors des impacts de la comète Shoemaker-Levy 9 sur Jupiter en 1994. Elles peuvent donc contribuer au stock d'eau. Cependant, le rapport isotopique deutérium sur hydrogène est plus élevé dans les comètes étudiées que sur la Terre, ce qui montre que cette contribution est partielle.

Trois propriétés remarquables permettent à l'eau liquide d'être présente à la surface de la Terre :

- la Terre est placée à une distance du Soleil qui permet l'existence de l'eau sous ses trois états ;
- la présence de l'atmosphère induit un effet de serre sans lequel la température moyenne au sol serait de – 15 °C ;
- l'eau en gelant se dilate et peut donc flotter. Elle forme une couche isolante qui protège l'eau liquide du gel. Dans le cas contraire elle coulerait au fond des océans et la Terre pourrait être beaucoup plus froide.

On estime que vers 4,4 milliards d'années la Terre possédait déjà sa taille actuelle, avec une atmosphère et une hydrosphère.

L'eau est présente dans les croûtes continentales et océaniques. À l'intérieur de la Terre, les roches du manteau contiennent encore aujourd'hui environ 0,3 % d'eau, ce qui représenterait un volume égal à une à deux fois celui des océans. Ce gisement profond donne naissance à des eaux juvéniles dont le volume annuel, estimé à quelques $km^3$, est négligeable sur un court terme (Castany, 1980), mais l'accumulation de ces faibles quantités sur des centaines de millions d'années a contribué à la mise en place de l'hydrosphère.

### 4.1.2 Cycle interne de l'eau

L'eau du manteau est partiellement restituée en surface par les magmas basaltiques ou directement par des sources chaudes et des fumerolles très minéralisées comme les fumeurs noirs et les diffuseurs blancs des dorsales médio-océaniques. L'analyse des produits issus de la partie supérieure du manteau atteste de la présence d'eau. Les laves d'Hawaï (États-Unis) peuvent contenir jusqu'à 0,45 % d'eau et celles des Trapps du Dekkan (Inde) jusqu'à 0,6 %. De même, de l'eau est-elle présente dans les fragments de péridotite, d'origine mantellique plus profonde.

Au fond des océans, l'eau de mer s'infiltre dans la croûte et hydrate les roches. La teneur en eau de la croûte altérée atteint 1 à 2 %. Dans les zones de subduction, la croûte est entraînée vers le manteau qui s'enrichit ainsi en eau.

On estime que la quantité d'eau rejoignant la profondeur est comprise entre 5 et 16 $10^{11}$ kg par an. Le bilan est difficile à quantifier. Il est considéré comme équilibré puisque le niveau des océans est relativement stable.

La présence d'eau dans le manteau est très importante car, en modifiant les points de fusion et la viscosité des minéraux, elle change les propriétés physico-chimiques des roches et joue certainement un rôle dans les mécanismes de convection responsables de la tectonique des plaques (Gillet, 1993).

## 4.2 RÉPARTITION DE L'EAU

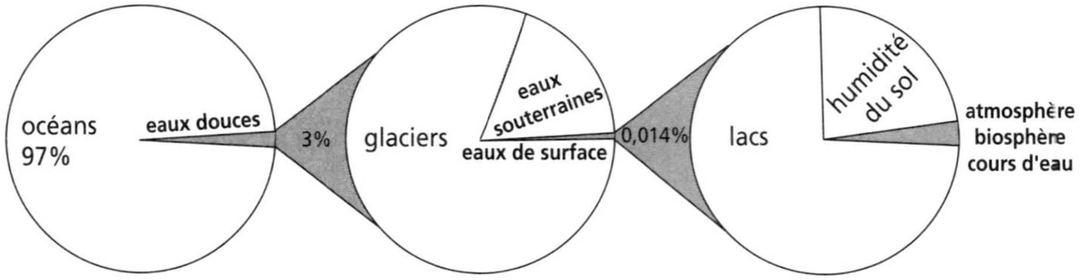


**Figure 4** Différents types d'eau sur la planète.

L'eau existe sous forme gazeuse dans l'atmosphère, sous forme liquide dans les océans, les cours d'eau et les aquifères, sous forme solide dans les neiges, glaciers, calottes et banquises *(figure 4)*, mais elle est aussi présente dans la plupart des roches :

- eau de constitution qui entre dans la formule des minéraux ;
- eau présente dans les pores fermés (ponces, tourbes...) ;

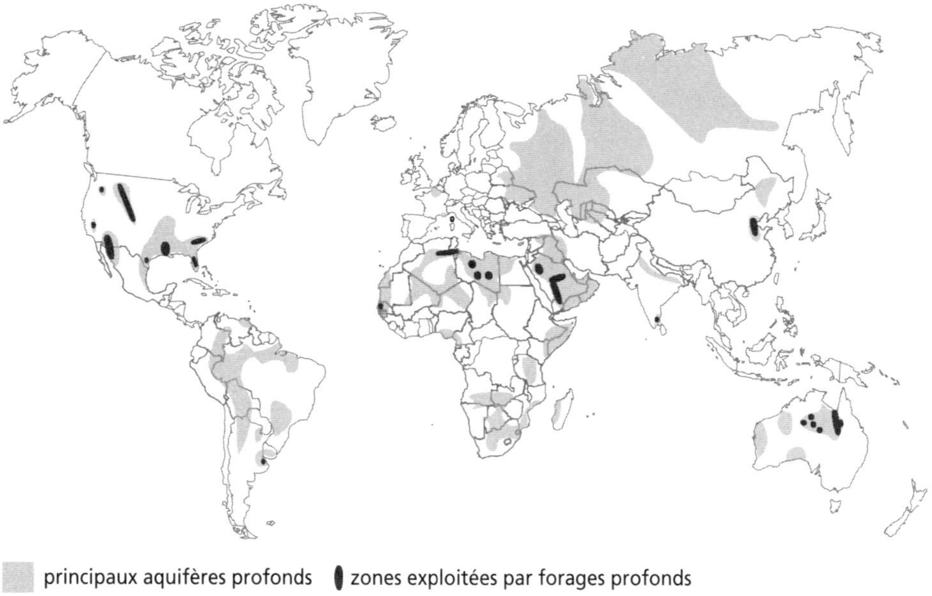


**Figure 5** Répartition planétaire des principaux gisements d'eau profonde (d'après Margat, 1990).

- eau adsorbée, fixée électriquement aux surfaces ioniques, et extractible ou non par les racines des plantes ;
- enfin eau gravitaire qui peut circuler dans les pores et discontinuités ouverts des roches. C'est le domaine de l'hydrogéologie. Elle peut occuper d'importants volumes souterrains et constituer des réserves de plus en plus sollicitées *(figure 5)*.

Le *tableau 1* présente une estimation de la répartition de l'eau sur le globe. Il ne s'agit que d'un ordre d'idée, car l'évaluation des réserves souterraines est très variable selon les auteurs, entre 7 et $30.10^6$ km$^3$.

**TABLEAU 1** ESTIMATION DE LA RÉPARTITION DE L'EAU SUR TERRE.

| | Volumes d'eau stockés | | |
|---|---|---|---|
| | Totaux | Eaux douces | |
| | en $10^3$ km$^3$ | en $10^3$ km$^3$ | en % des eaux douces totales |
| OCÉANS et banquises salées | 1 350 000 | | |
| LACS SALÉS | 100 | | |
| GLACE : calottes, glaciers, neiges, pergélisol | 23 000 | 23 000 | 60 |
| EAUX SOUTERRAINES | | | |
| Aquifères tranche 0-800 m / tranche > 800 m | 8 000 / 8 000 | 16 000 | 39 |
| Humidité du sol | 16 | 16 | |
| EAU DE SURFACE DES CONTINENTS | | | |
| Lacs | 176 | 176 | 1 |
| Lits des cours d'eau | 2 | 2 | |
| ATMOSPHÈRE | 13 | 13 | |
| EAU BIOLOGIQUE | 1 | 1 | |
| HYDROSPHÈRE | 1 390 000 | 40 200 | 100 |
| GLOBE (0,3 % du manteau) | 2 000 000 | | |

D'après le BRGM, la France compte environ 200 aquifères régionaux exploitables, de 100 à 100 000 km$^2$, renfermant quelques 2 000 km$^3$ d'eau. On estime que 100 km$^3$/an s'écoulent vers les sources et les cours d'eau, et que 7 km$^3$/an sont puisés dans les nappes d'eau souterraine.

### 4.2.1 Le cycle de l'eau

*a) Moteur du cycle et bilan radiatif*

Depuis son dégazage de l'intérieur du globe vers l'hydrosphère, l'eau passe sans cesse d'un réservoir à l'autre, entraînée dans un cycle sans fin dont les moteurs sont le Soleil et le flux géothermique. Une partie de l'énergie rayonnée est réfléchie par la Terre (océans inclus) et par l'atmosphère, l'autre partie est absorbée par ces deux milieux. Le rayonnement est réémis depuis la Terre vers l'atmosphère et de cette dernière vers l'espace et la Terre. Le sol reçoit en moyenne 95 $W.m^{-2}$. La *figure 6* décrit les pourcentages respectifs des rayonnements émis, réfléchis et absorbés.

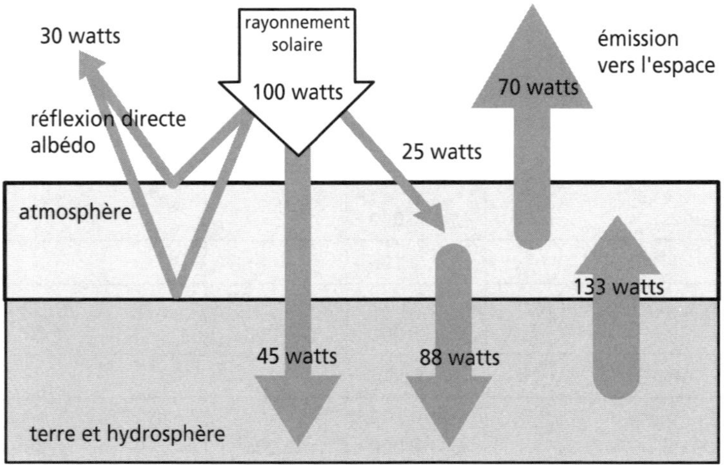


**Figure 6** Rayonnement solaire.

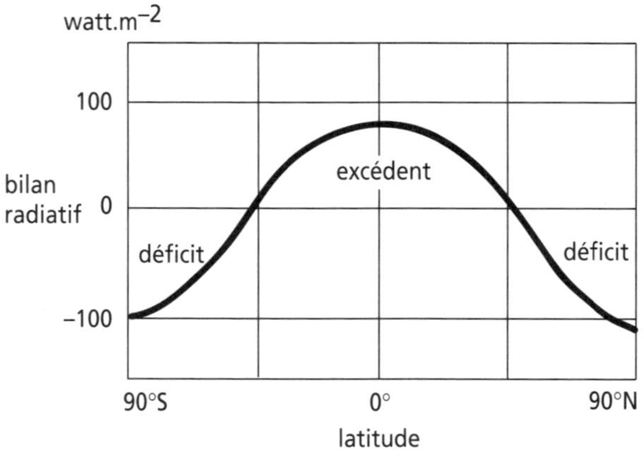


**Figure 7** Bilan radiatif selon la position géographique.

Le bilan radiatif global est équilibré, la Terre reçoit autant d'énergie du Soleil qu'elle en émet, ce qui lui permet de n'être ni une sphère aride, ni une boule de glace. Cependant, ce bilan est localement déséquilibré, les zones polaires où le rayonnement solaire est rasant sont déficitaires, tandis que l'équateur où le rayonnement est maximum est excédentaire *(figure 7)*. L'inclinaison de l'axe des pôles, la répartition spatiale des continents et des mers, les variations d'altitude, les circulations atmosphériques et les courants océaniques modifient localement ce schéma pour donner les multiples climats de la Terre et définir ainsi les valeurs très dispersées de précipitations et d'évapotranspiration.

Sous l'effet du rayonnement solaire, l'eau des océans et des surfaces terrestres passe en phase gazeuse, et s'élève dans l'atmosphère où elle se condense sous forme de gouttelettes *(figure 8)*. Elle retombe dans les océans et sur terre sous forme de précipitations liquides ou neigeuses. Leur volume annuel est estimé à 577 000 km$^3$. Les précipitations alimentent les dépôts de glace et de neige dans les zones froides. Une partie des précipitations peut être interceptée par la végétation et rejoindre l'atmosphère par évaporation (pluie) ou sublimation (neige). Dans les zones chaudes, la pluie non interceptée par la végétation fournit les eaux de ruissellement qui, en se réunissant, forment les cours d'eau. Elles sont utilisées par le règne vivant et forment l'eau biologique. Une partie des précipitations pénètre dans le sous-sol et constitue les eaux d'infiltration, domaine de l'hydrogéologie. En effet, lorsque l'eau atteint un terrain perméable, elle peut s'infiltrer. L'infiltration est partielle et diffuse dans la plupart des cas ou quasi nulle lorsque la roche est imperméable (argiles), mais elle peut être concentrée et totale dans certains systèmes karstiques, où des cours d'eau se jettent dans des cavités souterraines *(cf. chapitre 8)*

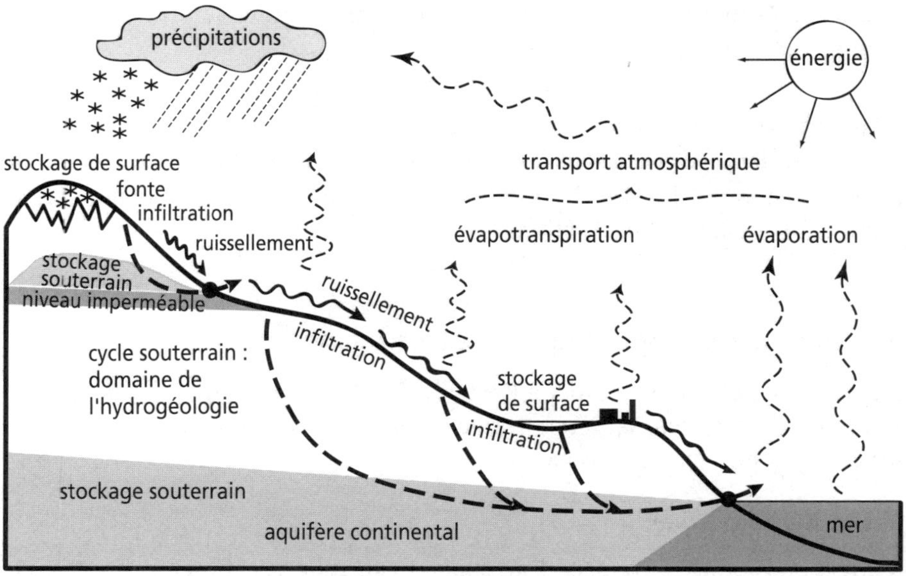


**Figure 8** Cycle externe de l'eau.

L'hydrogéologie s'intéresse principalement à la partie souterraine du cycle entre l'infiltration et la restitution. Cette dernière pouvant être rapide mais aussi très lente, comme dans le cas des aquifères fossiles du Sahara, pour lesquels le transit de l'eau peut prendre plusieurs dizaines ou centaines de milliers d'années.

**TABLEAU 2** ORDRE DE VITESSE DE TRANSIT DANS LES DIFFÉRENTS RÉSERVOIRS

| Milieu naturel | Temps de transit |
| --- | --- |
| Atmosphère | Quelques heures à quelques jours |
| Glaces continentales | Quelques centaines à quelques milliers d'années |
| Surface du sol | Quelques jours à quelques mois |
| Aquifères | Quelques semaines à plusieurs centaines de milliers d 'années |

Les aquifères et les glaces jouent donc un rôle de régulateur à long terme des eaux qui transitent sur les continents.

Hormis les eaux infiltrées, protégées du rayonnement, les autres classes d'eau sont à nouveau soumises au changement de phase par :

- sublimation des glaces et des neiges ;
- évaporation des eaux douces de surface et des océans ;
- utilisation et transpiration de l'eau par les organismes vivants, et plus particulièrement la végétation.

Ces trois termes sont regroupés sous le nom d'évapotranspiration ET. Cette dernière peut affecter une tranche de sol de quelques mètres à quelques dizaines de mètres, variable selon les climats. Dans les milieux à surface d'eau libre ou dépourvus de végétation, évaporation et évapotranspiration sont confondues.

Sur une portion de territoire :

$$P = Q + I + ET + \Delta R$$

avec $P$ précipitations ; $Q$ lame d'eau écoulée ; $I$ lame d'eau infiltrée ; $ET$ évapotranspiration, $\Delta R$ variation des réserves. Les valeurs sont généralement exprimées en mm.

Les précipitations efficaces $PE$ correspondent à l'eau réellement disponible pour alimenter ruissellement et infiltration.

$$PE = P - ET.$$

### 4.2.2 Les systèmes hydrologiques et les bilans

Le cycle de l'eau peut s'aborder à l'échelle du globe, mais aussi à celle des unités géographiques ou structurales qui forment les systèmes hydrologiques. On peut classer ces systèmes en trois domaines.

#### *a) Bassin hydrologique*

Il correspond au bassin versant d'un cours d'eau et de ses affluents, limité généralement par les crêtes topographiques, sauf dans certains cas, les zones karstiques par exemple *(cf. chapitre 8)*. Au niveau du bassin, sur un long terme, le bilan est équilibré. Le volume des précipitations efficaces est théoriquement égal au volume total d'eau écoulée.

$$PE = Q_T$$

avec $Q_T$ : lame d'eau écoulée totale, exprimée en mm.

Cependant $Q_T$ n'est pas facile à appréhender, car une partie de l'eau circule en souterrain et peut être évacuée du système de façon occulte, par exemple en direction d'un autre bassin ou directement en mer dans les zones littorales.

### b) Aquifère

L'aquifère (du latin *aqua fero :* porter l'eau) est une structure géologique perméable contenant de l'eau, comme des alluvions de rivière, des granites fissurés, un plateau calcaire, etc. Issue de l'infiltration, l'eau contenue dans un aquifère circule dans le sous-sol et nourrit une ou plusieurs sources, ou se déverse de façon occulte dans un milieu récepteur, mer, lac, cours d'eau ou autre aquifère. Un aquifère est caractérisé par sa géométrie, sa superficie et sa profondeur, et par les caractéristiques intrinsèques de la roche dont il est formé, lithologie, porosité, perméabilité, fracturation, homogénéité, etc.

L'aquifère permet un stockage plus ou moins important et plus ou moins long de l'eau infiltrée; le transit peut aller de quelques heures à plusieurs centaines de milliers d'années.

### c) Bassin hydrogéologique

Ce système correspond à la partie souterraine contenant de l'eau, d'une portion, de la totalité ou de plusieurs bassins hydrologiques. Il est constitué d'un ou plusieurs aquifères.

### d) Bilans

Afin d'étudier le fonctionnement des systèmes hydrologiques, on effectue des mesures et des bilans, en quantifiant les entrées et les sorties d'eau, afin d'évaluer les volumes d'eau circulant dans les différents réservoirs du cycle.

$$P = Q + ET + \Delta R$$

avec $P$ précipitations ; $Q$ ruissellement et écoulements souterrains ; $ET$ évapotranspiration ; $\Delta R$ variation des réserves (eau souterraine, neige, glace) pendant la période d'étude. Les valeurs peuvent être exprimées en mm ou en $m^3$.

Ce bilan s'effectue sur une année hydrologique, période d'environ 12 mois choisie pour que les variations des réserves $\Delta R$ soient minimales.

La fréquence et la durée des mesures sont des points très importants. Du fait des variations climatiques, une réflexion sur une durée de dix ans est indispensable pour travailler sur une année hydrologique représentative. Plus la fréquence des mesures est élevée, plus la précision sera importante. L'idéal est de pouvoir disposer de mesures en continu, que les progrès de l'électronique et de l'informatique rendent abordables financièrement.

Ces points sont généralement les plus difficiles à faire admettre par les maîtres d'ouvrage, lors des études d'hydrogéologie appliquée, car les problèmes posés (renforcement des ressources, lutte contre la pollution…) demandent généralement une réponse rapide.

### 4.2.3 L'évapotranspiration

Des différentes parties du cycle de l'eau, l'évapotranspiration est le point le plus délicat à évaluer. Contrairement aux pluies ou aux écoulements qui peuvent faire l'objet d'une approche quantitative satisfaisante, bien que peu précise, il est actuellement très difficile de mesurer directement le flux de vapeur d'eau dans l'atmosphère.

L'évapotranspiration dépend de nombreux facteurs :

- température du sol, de l'air et de l'eau ;
- hygrométrie de l'air ;
- état et quantité d'eau contenue dans le sol ;
- rayonnement solaire ;
- vent et pression atmosphérique ;
- nature et état de la végétation ;
- topographie et exposition.

Diverses formules permettent d'évaluer l'évapotranspiration. Il convient de différencier l'évapotranspiration potentielle ETP, qui est la quantité d'eau théoriquement évaporable par une surface d'eau libre, et l'évapotranspiration réelle ETR, qui est la quantité d'eau réellement évaporée et qui dépend des conditions naturelles (végétation, nature du sol…) et de la quantité d'eau disponible dans le sol aussi appelée réserve utile (RU). Cette quantité d'eau est comprise entre 0 (réserve superficielle vide) pendant l'étiage et une valeur maximale appelée réserve en eau facilement utilisable (RFU ou $RU_{Max}$).

Le volume de cette réserve est évidemment lié à la porosité et à l'épaisseur du sol. Il correspond à une lame d'eau de quelques dizaines de mm sur les roches compactes dépourvues de sol, jusqu'à 400 mm dans des sols profonds.

$$\text{Si } (P_j + RU_{j-1}) \geq ETP_j, \text{ alors } ETR_j = ETP_j.$$

$$\text{Si } (P_j + RU_{j-1}) < ETP_j, \text{ alors } ETR_j < ETP_j.$$

Les zones désertiques ont ainsi une ETP très élevée mais une ETR très réduite, du fait d'une RU nulle.

Utilisée en agronomie, l'$ET_0$ (évapotranspiration de référence) est l'évapotranspiration d'une surface de référence, sous un climat donné, dans des conditions bien définies, correspondant à un gazon homogène en phase active de croissance, bien alimenté en eau et couvrant totalement le sol.

#### *a) Calcul de l'ETP*

L'ETP peut être évaluée à l'aide de nombreuses formules (Thornthwaite, Turc, Primault, Penman, FAO-Penman-Monteith…)

### ➤ Formule de Thornthwaite

$$ETP = 16(10t/I)^a f(\lambda)$$

avec :

- ETP : évapotranspiration potentielle mensuelle (mm) ;
- $I$ : indice thermique annuel = $\Sigma i$ des 12 mois précédents (mémoire thermique) avec l'indice mensuel $i = (t/5)^{1,514}$ ;
- $t$ : température moyenne mensuelle (°C) ;
- $a$ (coefficient fonction de $I$) = $6,75.10^{-7} I^3 - 7,71.10^{-5} I^2 + 1,79.10^{-2} I + 0,4923$;
- $f(\lambda)$ : facteur fonction de la latitude et de la saison, donné par des tables.

Cette formule est bien adaptée aux climats à précipitations régulières (océanique, équatorial), mais ne convient pas aux climats à saison sèche marquée.

### ➤ Formule de Turc (1961)

Elle est établie pour tout pas de temps (mensuel, décadaire ou journalier). Par rapport à la précédente, cette formule fait intervenir le rayonnement solaire que l'on peut mesurer avec un pyranomètre ou reconstituer à partir de la durée d'insolation mesurée à l'héliographe.

$$ETP = 0,013\, n\, [t/(t + 15)]\, (Rg + 50)\, [1 + (50 - hr)/70]$$

Le dernier terme ne doit être utilisé que lorsque l'humidité relative (hr en %) descend en dessous de 50 % (climat méditerranéen ou plus aride).

avec :

- ETP (mm) ;
- $n$ : durée en jours de la période de calcul (1 jour, 10, 30...) ;
- $t$ : température moyenne de la période (°C) ;
- Rg : rayonnement solaire global ($cal.cm^{-2}.j^{-1}$), mesuré au pyranomètre . Si l'on ne dispose que d'un héliographe, on peut l'estimer avec Rga : rayonnement extra-terrestre ($cal.cm^{-2}.j^{-1}$) donné par les tables d'Angot, d'après la formule d'Angström, fonction de la latitude et de la saison.

$$Rg = Rga\,(0,18 + 0,62\, h/H)$$

*h :* durée réelle d'insolation ;

*H :* durée maximale possible d'insolation (durée astronomique du jour), donnée par des tables, fonction de la latitude et de la saison.

### ➤ Formule de Primault (1962)

Établie pour tout pas de temps (mensuel, décadaire ou journalier), cette formule fait intervenir humidité relative, altitude et saison.

$$ETP = c\, [A[(103 - hr)/100]\, (ts + 2\, tp) + B]$$

avec :

- ETP (mm) ;
- $tp$ : durée en jours de la période de calcul (1 jour, 10, 30...) ;
- $hr$ : humidité relative de la période en % ;
- $ts$ : durée d'insolation en h ;

- $c = -0{,}5068 \sin[(2\pi/365)j + 0{,}5593] - 0{,}0711 \sin[(4\pi/365)j + 0{,}6112] + 0{,}6271$
  avec $j$ : numéro du jour de l'année ;
- $A = -0{,}12 + 0{,}00306\,h - 2{,}83.10^{-6}h^2 + 9{,}45.10^{-10}\,h^3$ ;
- $B = 0{,}5387 + 0{,}0003263\,h - 6{,}525.10^{-7}\,h^2$ ;
  avec $h$ : altitude en m.

Elle est bien adaptée aux régions de reliefs (300 à 1 200 m), telles que le Jura.

D'autres formules, comme celles de Penman ou Penman-Monteith, rajoutent des paramètres supplémentaires liés, par exemple, au vent et à l'humidité, qu'il n'est pas toujours possible d'acquérir. Elles sont surtout utilisées par les agrométéorologues.

**Tableau 3** Comparaison des valeurs de l'ETP à Voinesti ( Sous Carpates, Roumanie ) calculées par différentes méthodes. D'après Maftei, 2002.

| **Mois** | Thornthwaite | Turc | Penman | FAO Penman-Monteith |
|---|---|---|---|---|
| **Annuel** | 639,77 | 743,87 | 1 118,25 | 704,11 |

On remarque les grandes variabilités ; les méthodes de Turc et de FAO Penman-Monteith semblent les mieux adaptées.

La *figure 9* présente une estimation de l'ETP dans les différentes zones climatiques du globe, calculée par la méthode de Priestley-Taylor, dérivée de la formule de Penman.

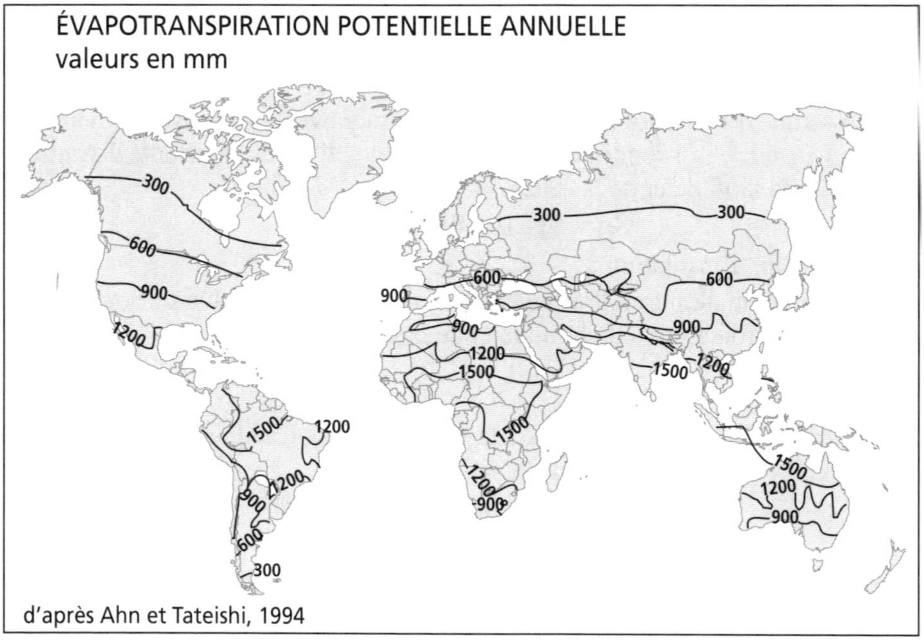


**Figure 9** Évapotranspiration potentielle annuelle des différentes zones du globe. D'après Ahn et Tateishi, 1994.

### b) Méthode du bilan hydrologique

On conçoit bien que, compte tenu des multiples paramètres et de la diversité des environnements naturels, l'approche expérimentale puisse être aussi précise que le calcul. L'évapotranspiration réelle peut ainsi être sommairement évaluée en faisant le bilan sur un long terme des entrées et sorties d'eau sur des unités hydrologiques ou hydrogéologiques bien circonscrites. Si, sur l'ensemble du bassin, on connaît bien les précipitations, grâce à des réseaux de pluviomètres et les débits des cours d'eau grâce à des seuils de mesure.

$$ETR = Q_e - Q_s \pm \Delta R$$

avec $Q_e$ ensemble des flux entrants; $Q_s$ ensemble des flux sortants ; $\Delta R$ variation des réserves.

Si ces mesures peuvent être acquises sur plusieurs années pour minimiser l'incertitude liée au renouvellement des réserves souterraines, alors le terme $\Delta R$ devient négligeable puisque l'eau infiltrée est restituée sous forme d'écoulement et $ETR = Q_e - Q_s$.

### c) Méthodes expérimentales

L'ETR peut être mesurée expérimentalement à l'aide d'un lysimètre, bac qui contient un sol couvert ou non de végétation et dont on évalue la quantité d'eau infiltrée et drainée par rapport à celle apportée par les précipitations. La mesure peut se faire par pesée ou par collecte de l'eau infiltrée.

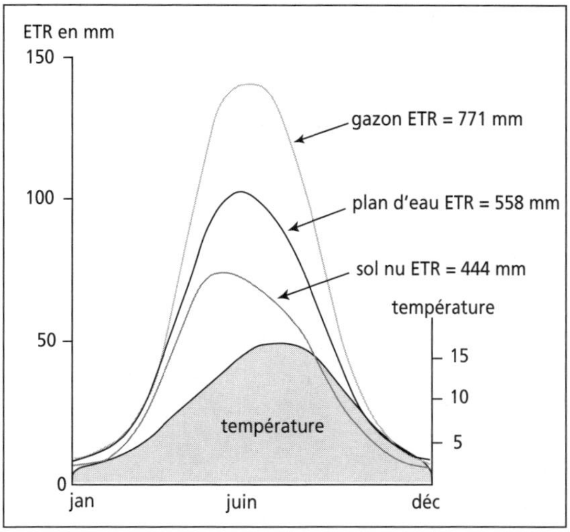


**Figure 10** Évapotranspiration réelle mesurée sur des parcelles aux Pays-Bas (d'après Lambert, 1996).

### d) Mesures directes

La télédétection permet d'élaborer, à partir d'images satellitaires dans l'infrarouge thermique, des cartes de température de surface et d'évapotranspiration réelle (Vidal, 1991).

À l'échelle de l'Europe, on considère qu'environ 60 % de l'eau des précipitations repart dans l'atmosphère par évapotranspiration *(figure 11)*.

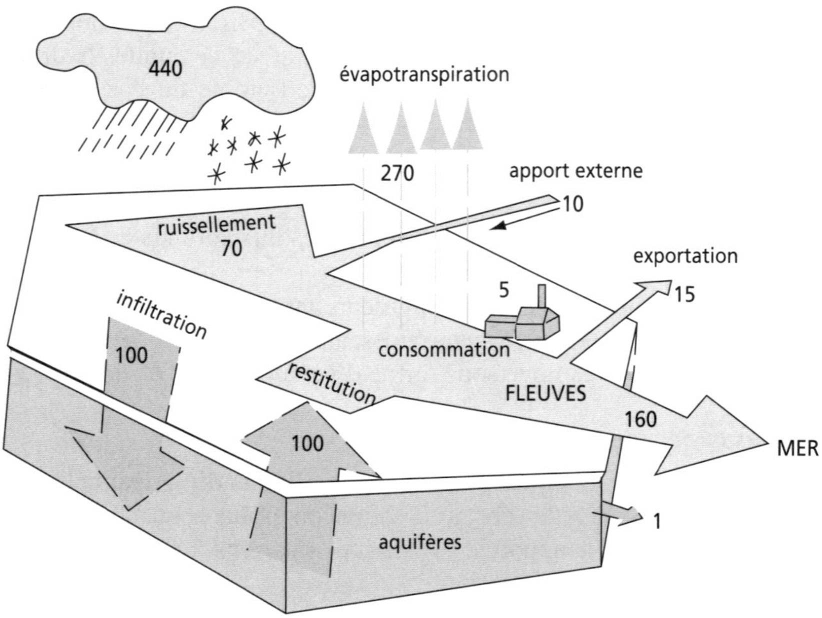


**Figure 11** Bilan annuel de l'eau en France.

Chapitre 5

# L'infiltration de l'eau dans le sous-sol et la notion d'aquifère

## 5.1 MÉCANISME DE L'INFILTRATION

Le terme infiltration est imprécis, car il désigne à la fois le phénomène d'imbibition des sols superficiels (zone d'infiltration ou zone non saturée) et celui d'atteinte de la surface de la zone saturée. On appelle nappe d'eau souterraine cette zone saturée en permanence. On appelle porosité le volume des vides du sol ou de la roche divisé par son volume total.

Rôle du sol : interface entre l'atmosphère et l'aquifère, le sol étale le signal d'entrée dans le temps. Son rôle dépend de son argilosité, de la pente et de la nature de la surface. Dans le sol, l'infiltration de l'eau dépend des relations entre microporosité (écoulement lent) et macroporosité (écoulement rapide).

À son arrivée sur un substratum argileux, l'eau s'infiltre à faible profondeur à travers les sols altérés et circule à la limite des argilites saines (ruissellement hypodermique).

Dans les terrains poreux, l'eau de pluie s'infiltre, en donnant un front d'infiltration plus ou moins plan. Par exemple, dans les pouzzolanes de la chaîne des Puys, une pluie de 60 mm pénètre entre 1 et 2 m de profondeur, selon la porosité locale du matériau et sa perméabilité.

Dans les zones fracturées très ouvertes (accidents tectoniques, secteurs karstifiés), le drainage est rapide vers la profondeur.

L'eau tapisse les parois de la matière solide, puis remplace toute l'atmosphère du sol (improprement appelée « air ») présente dans les vides. L'eau d'infiltration sature donc temporairement la porosité du sol *(figure 12)*.

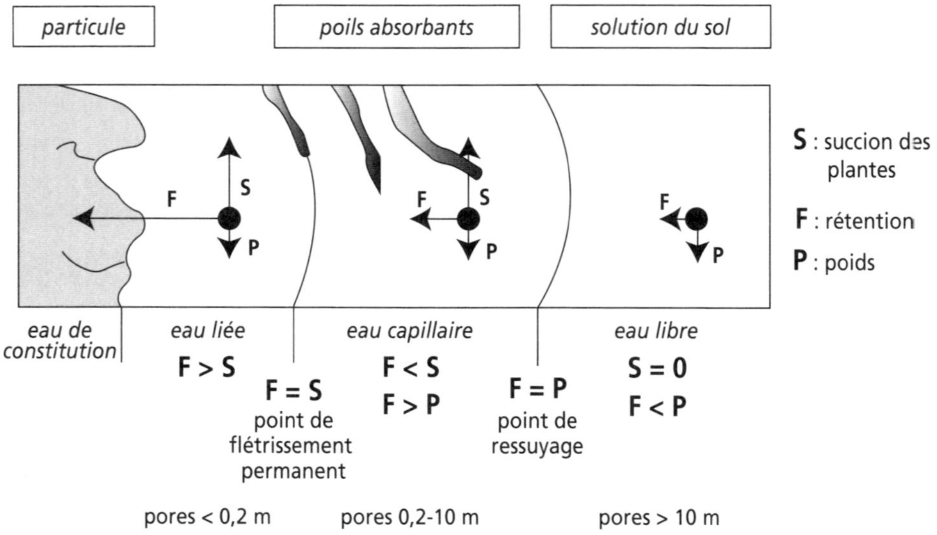


**Figure 12** Types d'eau contenus dans un matériau solide (d'après Gobat *et al.*, 1998).

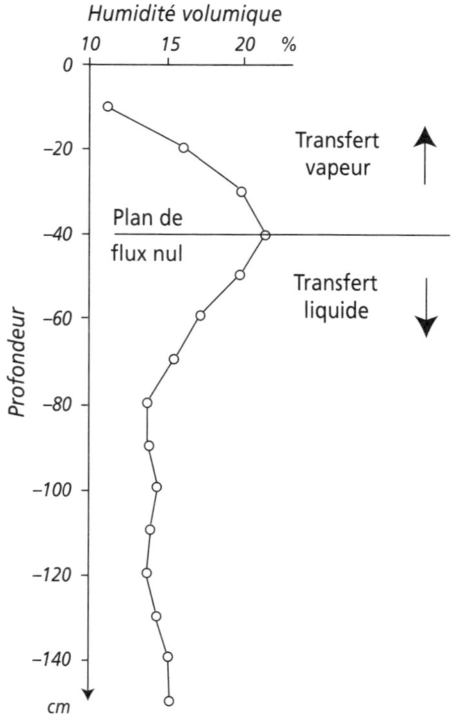


**Figure 13** Répartition de l'eau dans un profil de sol.

Cette eau qui remplit les pores larges est soumise à la gravité et s'écoule donc de haut en bas. En revanche, l'eau des pores de petite taille est soumise à la gravité, mais surtout à la capillarité.

L'eau présente à très faible profondeur subit le phénomène d'évaporation, et le plan de flux nul *(figure 13)* sépare l'eau qui repart vers l'atmosphère en phase vapeur de celle qui s'écoule en phase liquide vers la nappe (infiltration « vraie »). Le plan de flux nul est caractérisé par sa teneur en eau maximale; au-dessus de ce plan, la charge saline est élevée et la teneur en isotopes lourds enrichie. La caractéristique générale de la circulation de l'eau en cours d'infiltration est, aux hétérogénéités lithologiques près, d'avoir une forte composante verticale. Cependant, l'existence de lentilles argileuses peut contraindre l'eau à s'écouler latéralement avant d'atteindre la surface de la nappe. Le transfert de l'eau vers la profondeur se traduit par une désaturation progressive du milieu *(figure 14)*. Lorsque la phase liquide prédomine, l'eau s'écoule gravitairement et le gaz du sol est immobile. Le stade pour lequel la phase gazeuse devient continue et ouverte sur l'atmosphère permet l'évaporation de l'eau, et c'est la forme liquide qui n'est plus mobile.

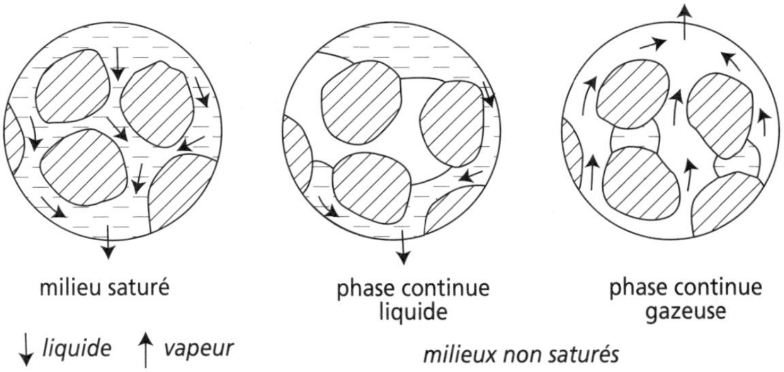


**Figure 14** Désaturation progressive d'un sol.

Lorsque l'eau infiltrée atteint la nappe, le trajet des molécules se fait avec une composante horizontale prédominante en direction de l'exutoire.

On appelle aquifère l'ensemble des formations géologiques renfermant la nappe ; il englobe donc sa zone d'infiltration.

## 5.2 RÔLE DE LA STRUCTURE ET DE LA LITHOLOGIE

Si la surface de la nappe se localise dans des formations poreuses aquifères en communication verticale avec l'atmosphère, la nappe est dite libre *(figure 15)*. Les conséquences d'un tel dispositif sont :

- le remplissage immédiat des forages ou des puits en cours de réalisation dès qu'ils atteignent la surface de la nappe ou la première discontinuité aquifère (joint de stratification ou fracture) ;

- la facilité de la recharge de la nappe ;
- le maintien de conditions oxydantes propices à la persistance des espèces chimiques métalliques (fer, manganèse) sous forme de minéraux solides (oxydes, hydroxydes) ;
- la minéralisation des substances organiques humiques ou polluantes (aspects positifs) ;
- l'exposition de la ressource à la pollution inorganique de surface (aspect négatif).

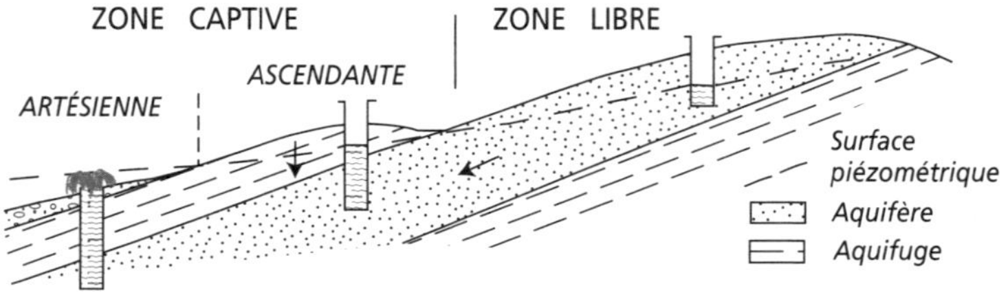


**Figure 15** Nappe libre et nappe captive.

Si la surface de la nappe est contrainte par un toit imperméable empêchant l'eau d'atteindre son profil de pression (surface piézométrique), la nappe est dite captive. La recharge ne peut alors se faire que par transit latéral depuis les zones d'affleurement de l'aquifère (zone libre), ou vertical par le faible flux traversant les terrains peu perméables de couverture (drainance descendante). La conséquence est un milieu plus abrité de la pollution de surface, mais aussi de l'oxygénation, ce qui se traduit par des conditions anoxiques favorisant la conservation des molécules organiques et le passage en solution des cations métalliques indésirables (fer et manganèse).

Dans une nappe artésienne, tout puits ou forage demeure sec tant que l'ouvrage n'atteint pas la cote du toit géologique de la nappe. Lors de la foration d'un ouvrage dans un site pour lequel le profil de pression de la nappe captive est porté à une cote plus élevée que son toit, l'eau remontera dans le forage si la surface topographique est située à une altitude supérieure au niveau de pression de la nappe (ascendance). L'eau jaillira en surface si la topographie est située à une cote plus basse (artésianisme jaillissant). Le qualificatif artésien vient de l'Artois où ce phénomène est connu.

L'étanchéité de la nappe dépend de la nature lithologique des formations du toit : dans les séries géologiques, les couches argileuses, si elles ne sont pas fracturées ou si elles sont suffisamment épaisses pour ne pas être déconnectées par les failles, constituent des toits efficaces de nappes captives.

Dans les plaines alluviales, les graviers aquifères quaternaires sont souvent recouverts de limons actuels, déposés par les cours d'eau à plus faible capacité de transport. Ces limons, moins perméables, contraignent partiellement les nappes alluviales de graviers et sables en leur conférant un caractère semi-captif.

La lithologie joue donc un rôle important dans les objets hydrogéologiques : aquifères dans lesquels l'eau circule gravitairement, grâce à des éléments solides de grande taille (graviers, sables, grès...), aquicludes qui renferment des eaux faiblement mobiles (limons, sables argileux...), aquifuges contenant des eaux à faible renouvellement (argiles, marnes...).

La structure joue un rôle majeur dans les possibilités de drainage et de communication entre aquifères. Les structures sédimentaires (chenaux, corps graveleux encaissés dans des milieux argileux) dans les formations détritiques continentales, les structures tectoniques, les failles permettent d'une part le drainage d'aquifères de formations cohérentes (grès, calcaires, granites, gneiss, basaltes) dans la direction de faille, mais aussi la communication hydraulique entre compartiments, abouchant parfois des aquifères différents.

Le pendage des couches détermine la géométrie des nappes captives : dans les bassins sédimentaires, l'alternance de couches aquifères et aquifuges constitue un aquifère multicouches, dont l'écoulement peut être perturbé par la tectonique cassante.

La géologie structurale permet d'identifier les « pièges » aquifères : monoclinaux butant par faille sur des couches imperméables, axes synclinaux, grabens,..., donc de déterminer la géométrie des aquifères. Cette structure peut être aussi précisée par reconnaissance géophysique.

## 5.3 DIFFÉRENTS TYPES D'AQUIFÈRES (POREUX, FISSURÉS, KARSTIQUES)

Selon la nature, donc la genèse des vides contenant l'eau, on peut distinguer différents types d'aquifères : si les vides sont des espaces intergranulaires d'origine sédimentaire (pores *sensu stricto*) ou diagénétiques (fantômes de cristaux), on parlera de porosité intergranulaire ou porosité vraie. Ces aquifères seront appelés aquifères poreux. Les aquifères poreux sont constitués de blocs, galets, graviers, sables, silts, grès, craie, biolithites, carbonates bioclastiques, scories volcaniques, arènes granitiques...

Il s'agit, entre autres, d'alluvions deltaïques, fluviatiles, lacustres, de cônes fluvio-glaciaires, de colluvions, d'éboulis de pentes, de manteaux d'altérites, de cônes de scories ainsi que de séries marines poreuses (détritiques, récifales, bioclastiques). Ces aquifères peuvent donc être constitués de formations meubles (formations continentales souvent hétérogènes) ou bien de couches cimentées cohérentes.

Les séries antérieures au Quaternaire ont subi en général une diagenèse qui les a transformées en roches cohérentes.

La diagenèse, la gravité, les contraintes tectoniques y ont créé des diaclases, transformant les milieux peu poreux en milieux fissurés. À ces fissures inframétriques, il faut ajouter tous les accidents allant jusqu'à la taille plurikilométrique.

Les aquifères fissurés sont développés dans les roches magmatiques (massifs de granite, de gabbros, coulées de roches effusives...), mais aussi métamorphiques (gneiss, micaschistes, pélites...) ou sédimentaires (grès, carbonates...).

Généralement, les aquifères fissurés sont observés dans des séries dont les minéraux sont peu solubles ou altérables (silicates). Une mention particulière doit être faite des séries de roches fissurées constituées de minéraux solubles (évaporites, carbonates), car elles ont subi le processus de karstification. L'eau pure est en effet capable de dissoudre une grande quantité de halite et dans une moindre mesure de gypse, et l'eau ayant dissous de l'anhydride carbonique ($CO_2$), de calcite, d'aragonite et de dolomite. Dans ce cas, la porosité et la perméabilité des fractures sont considérablement améliorées par rapport au milieu fissuré originel. Ce phénomène d'augmentation de la perméabilité ne peut se produire que si le massif est capable d'éliminer les ions en solution, mais aussi les résidus insolubles (argiles, quartz, silicates), et si les minéraux carbonatés ne précipitent pas dans les fissures précédemment élargies par dissolution. Dans le cas contraire (accumulation d'insolubles, précipitation de carbonates), l'évolution sera bloquée.

La karstification demeure fonctionnelle lorsque les gradients hydrauliques sont suffisamment élevés pour maintenir un écoulement.

Ces types d'aquifères présentent donc des caractéristiques différentes. La taille du volume élémentaire représentatif, concept permettant de décrire les propriétés du milieu, varie selon son homogénéité.

La taille des volumes élémentaires représentatifs (VER) des trois types d'aquifères change d'ordre de grandeur : en effet, pour représenter statistiquement les propriétés moyennes d'un matériau aquifère, il faudra quelques m$^3$ d'une roche poreuse marine, quelques dam$^3$ d'une roche poreuse continentale, quelques hm$^3$ d'une roche fissurée et quelques km$^3$ d'un massif karstifié. La taille de ce dernier VER peut inclure la totalité de l'hydrosystème.

**TABLEAU 4** PROPRIÉTÉS ET VOLUME ÉLÉMENTAIRE REPRÉSENTATIF DE MILIEUX GÉOLOGIQUES TYPES.

| | **Milieu poreux marin** | **Milieu poreux continental** | **Milieu fracturé** | **Milieu karstique** |
|---|---|---|---|---|
| **Homogénéité $10^{-1}$ m** | Homogène | Homogène | Homogène | Homogène |
| **Homogénéité $10^2$ m** | Homogène | Très hétérogène | Homogène à peu hétérogène | Très hétérogène |
| **Isotropie** | Isotrope | Très anisotrope | Isotrope à anisotrope | Très anisotrope |
| **Taille du VER (m)** | $10^{-2}$ à $10^1$ | $10^1$ à $10^3$ | $10^1$ à $10^2$ | $10^2$ à $10^4$ |
| **Productivité attendue** | Faible à moyenne<br>Irrégulière | Moyenne à forte<br>Irrégulière | Faible à moyenne<br>Régulière | Faible à très forte<br>Irrégulière |

## 5.4 IMPORTANCE RELATIVE SELON LES ENSEMBLES STRUCTURAUX

Selon la nature des terrains affleurant, liée à leur lithologie, mais aussi aux conditions géodynamiques de leur formation, on trouvera les trois grands types d'aquifères dans des contextes géologiques différents :

### 5.4.1 Massifs anciens magmatiques et métamorphiques

Les aquifères des massifs magmatiques (massifs anciens et coulées volcaniques) présentent une géométrie parfois complexe (forme des batholites, coulées dépendant de la morphologie des vallées préexistantes). Les massifs ont été exhumés à diverses époques. C'est le cas des massifs hercyniens (Vosges, Massif central, Massif armoricain, Corse, Maures…), mais aussi des massifs cristallins des Alpes et des Pyrénées. Dans tous ces massifs, composés de roches « dures » fracturées, prédominent les aquifères fissurés, car ces massifs ont subi depuis le Paléozoïque les orogenèses hercynienne, puis pyrénéenne ou alpine. Leurs manteaux d'altération sont des aquifères poreux susceptibles d'emmagasiner de l'eau restituée aux fissures des roches dures en profondeur.

### 5.4.2 Bassins sédimentaires

(Bassin Parisien *(figure 16)*, Bassin Aquitain, plaine d'Alsace, Limagne…)

Dans ces bassins alternent couches argileuses et aquifères poreux, ce qui donne des dispositifs multicouches. La disposition actuelle des bassins, avec un centre à basse altitude et des zones d'affleurement des couches perméables portées à altitude plus élevée sur la périphérie, fait que l'écoulement est centripète, des affleurements vers les exutoires naturels ou vers les zones d'exploitation situées aux points structuralement bas. La conséquence de ces différences d'altitude entre zone de recharge en périphérie et zones de décharge au centre est l'existence d'un artésianisme. Dans un tel bassin, en régime naturel, là où des accidents tectoniques affectent les aquicludes intermédiaires, les eaux profondes ont tendance à envahir les nappes plus superficielles.

### 5.4.3 Chaînes alpines et méditerranéennes

(Pyrénées, Languedoc, Provence, Alpes, Jura…)

Les bassins épicontinentaux qui ont préexisté à l'orogenèse ont inclus des plates-formes carbonatées. La caractéristique des zones externes des chaînes alpines françaises est leur ossature carbonatée intercalée d'horizons marneux, avec des calcaires qui alternent avec des couches marneuses. Souvent soumis dès le Crétacé ou le Paléogène à l'altération météorique, ces carbonates ont été karstifiés et l'on y trouve des phénomènes karstiques célèbres dans les domaines alpins français : la Pierre-Saint-Martin et Fontestorbes (Pyrénées), le Vercors, la Chartreuse ou les monts du Vaucluse (Alpes).

### 5.4.4 Piémonts des chaînes alpines

Les montagnes méditerranéo-alpines sont généralement bordées par des dépressions où affleurent des formations poreuses néogènes et quaternaires (molasse miocène, marnes et sables plio-quaternaires…). Ces aquifères poreux sont rechargés, souvent de manière occulte, par les reliefs qui les bordent, où la pluie efficace est plus abondante. On trouve ces ressources dans les plaines rhodaniennes (molasse miocène des bassins de Valence, de Carpentras, de Valréas, Pliocène de Bresse…), ou littorales (« Astien » de Montpellier).

### 5.4.5 Pays volcaniques

Les dispositifs volcaniques classiques, comprenant un appareil d'émission et des coulées, combinent un aquifère poreux constitué de pouzzolanes très capacitif et un aquifère fissuré développé dans les coulées de lave, qui draine rapidement l'eau du cône vers les sources de pied de coulée. Ces dispositifs se rencontrent dans le Massif Central français.

### 5.4.6 Plateaux calcaires

Sur le pourtour du Massif Central, la transgression jurassique a déposé des sédiments calcaires et marneux sur le socle hercynien érodé. Les plateaux calcaires

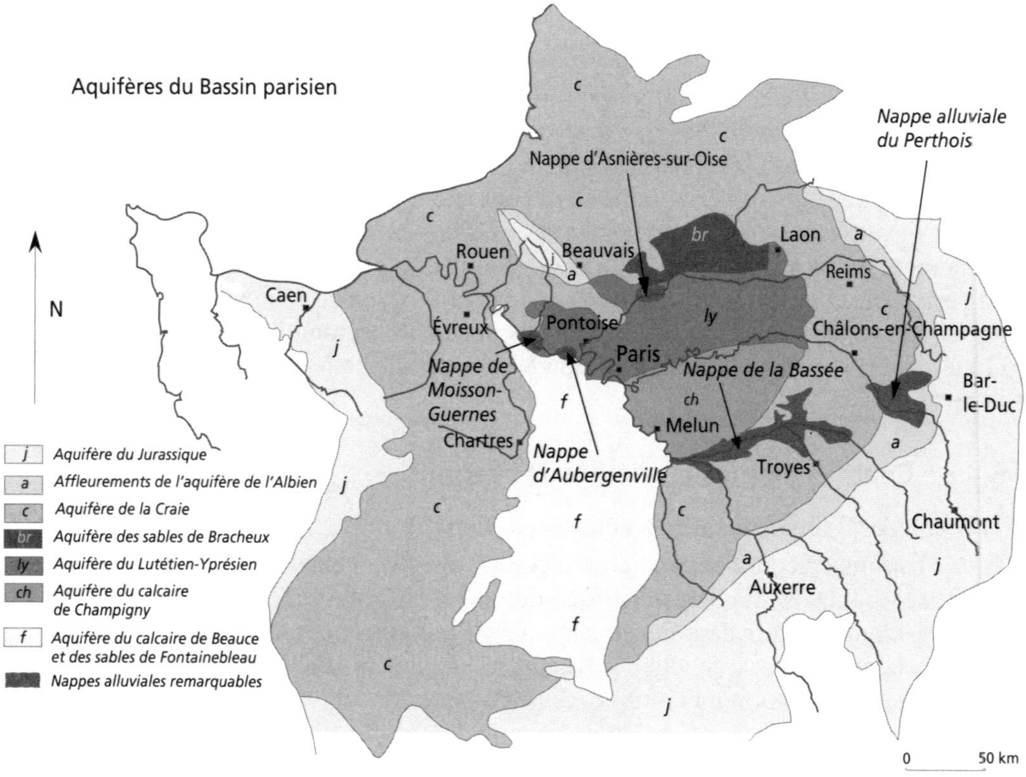


**Figure 16** Principaux aquifères du Bassin Parisien (d'après l'Agence de l'Eau Seine-Normandie).

connus pour leurs modelés et leurs ressources en eau karstiques se rencontrent dans le Vivarais, les Causses, le Quercy, dans le Berry, ainsi qu'en Charente et en Bourgogne. Découpés par des vallées parfois profondes (Ardèche, Tarn, Lot...), ils constituent une mosaïque d'aquifères indépendants.

Chapitre 6

# Les aquifères poreux et la circulation de l'eau dans le sous-sol

Les milieux poreux constituent une catégorie d'aquifères très divers. On appelle porosité le volume des vides de la roche, divisé par son volume total.

Les séries détritiques marines sont des séries à géométrie et à distribution des propriétés simples, dans lesquelles la variabilité verticale est faible (caractéristiques sédimentologiques conservées pendant une certaine durée de dépôt) et la variabilité horizontale est telle que les propriétés mesurées sont souvent extrapolables à plusieurs $km^2$. L'épaisseur des formations aquifères, réglée par la sédimentation marine, est faiblement variable sur de grandes distances. En terme de prospection, tant la profondeur de l'objectif que son épaisseur et ses propriétés pétrophysiques, sont aisément prévisibles. Dans le domaine des milieux poreux, deux autres contextes sont moins prévisibles :

- les milieux de sédimentation compartimentés par une tectonique anté, ou synsédimentaire, qui renferment des milieux poreux dont l'épaisseur varie avec le lieu de dépôt (horst, graben…). De plus, du fait des mouvements synsédimentaires, la nature, et donc les propriétés des milieux varient ;
- tous les milieux de dépôt non franchement marins (marginaux, littoraux, deltaïques, lacustres, fluviatiles…), qui présentent une géométrie complexe (érosion du substratum, chenalisation). Ces milieux sont caractérisés par leurs nombreuses variations latérales et verticales de faciès ; ils sont donc hautement hétérogènes et anisotropes.

Dans les milieux fluviatiles récents, la masse des alluvions s'est accumulée lors de périodes climatiques plus arrosées que l'Actuel, lorsque les cours d'eau avaient une compétence plus élevée qu'aujourd'hui. Ainsi les niveaux graveleux sont-ils observés en profondeur, et des niveaux récents plus fins, limoneux ou argileux, les recouvrent. La conséquence hydraulique est la semi-captivité de certaines nappes d'alluvions fluviatiles ou deltaïques (basse vallée du Rhône, du Var...), et la conséquence qualitative est un confinement de la nappe vis-à-vis de l'oxygène atmosphérique. Privée d'échanges avec l'atmosphère, une telle nappe se trouve placée dans des conditions réductrices propices à la mise en solution des métaux indésirables, fer, manganèse, mais aussi de métaux lourds toxiques.

## 6.1 CARACTÉRISTIQUES HYDRODYNAMIQUES

La caractéristique hydrodynamique majeure des milieux poreux est que, leur porosité interconnectée étant une propriété sédimentologique, l'écoulement se fait dans toute la section de l'aquifère, avec des vitesses relativement homogènes et faibles, du fait de la grande section d'écoulement. La conséquence en terme d'exploitation est la probabilité élevée d'obtenir les mêmes caractéristiques hydrodynamiques à une certaine distance d'un ouvrage. Cependant, cette remarque ne peut être appliquée à un aquifère deltaïque, dans lequel l'écoulement est hautement chenalisé, et donc où la répartition des vitesses sera très hétérogène : très rapides dans le chenal graveleux, quasi-nulles dans ses épontes limono-argileuses.

## 6.2 LA LOI DE DARCY, SES DOMAINES D'APPLICATION

L'expérience de base de l'hydrogéologie des milieux continus a été réalisée par Darcy en 1856.

Dans un cylindre vertical de section A, une hauteur $\Delta h$ d'eau percole à travers une hauteur $L$ de sable. Darcy observe qu'il existe une proportionnalité entre le débit $Q$ d'eau qui traverse le sable et la valeur de $\Delta h/L$. On appelle perte de charge ou gradient hydraulique $i$ ce rapport, et coefficient de filtration $K$ le facteur de proportionnalité entre perte de charge et débit de percolation.

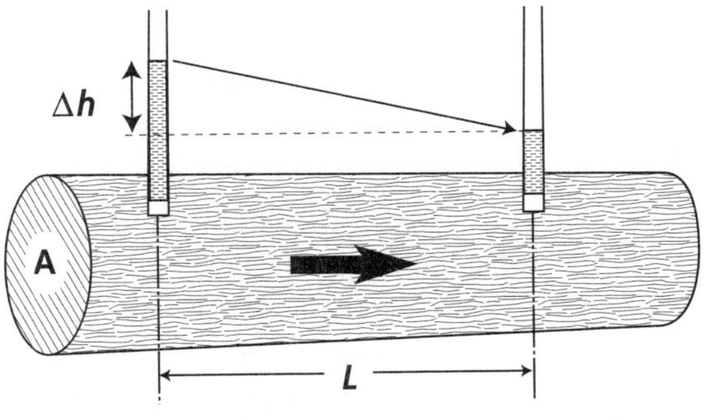


**Figure 17** Expérience de Darcy appliquée à l'écoulement horizontal d'une nappe.

Cette expérience est transposable à l'écoulement « horizontal » d'une nappe *(figure 17)*.

Formule de Darcy : $Q = K.\mathrm{A}.\Delta h / L$

Si l'on divise les deux membres par A, on obtient :

$$Q/A = K.i$$

$Q/A$ = U est appelée vitesse de filtration.

L'inconvénient de U est qu'il s'applique à l'intégralité de la section de la nappe, comme si celle-ci était une conduite d'eau libre sans squelette solide. De fait, cette vitesse minimaliste n'est pas validée par les mesures effectuées par traçage *(figure 18)*.

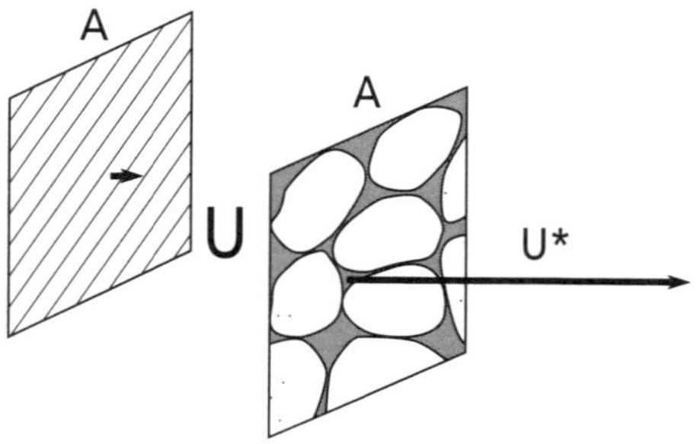


**Figure 18** Vitesse de Darcy et vitesse réelle de l'eau.

La vitesse obtenue par traçage est la vitesse réelle des molécules d'eau dans le milieu poreux. Cette vitesse réelle est égale à la vitesse de filtration de Darcy, divisée par la porosité. Ainsi, dans les pores d'un grès dont la porosité est de 10 %, la vitesse réelle sera 10 fois plus élevée que celle de Darcy.

## 6.3 PARAMÈTRES HYDRODYNAMIQUES DE LA NAPPE

La **perméabilité** $K$ d'un réservoir caractérise la facilité avec laquelle l'eau le traverse sous l'effet d'un gradient hydraulique.

Il s'agit d'un coefficient, défini par la loi de Darcy, qui correspond au débit $Q$ (en $m^3/s$) traversant une unité de section A (en $m^2$), sous l'effet d'un gradient hydraulique unitaire ($i$).

Donné par l'expression $K = Q/\mathrm{A}.i$, il est assimilable à une vitesse de filtration et s'exprime en mètres par seconde (m/s). Sa valeur évolue de $10^{-1}$ ou $10^{-2}$ m/s dans les terrains les plus perméables à $10^{-7}$ m/s pour les formations peu perméables.

La perméabilité offre une représentation ponctuelle d'un milieu aquifère, mais présente d'importantes variations latérales et verticales, en fonction de la nature lithologique des horizons concernés et de la densité du réseau de fissures. C'est pourquoi on utilise fréquemment des notions plus globales, qui caractérisent des volumes plus importants et homogènes de la nappe, la transmissivité et le coefficient d'emmagasinement.

La **transmissivité** *T* représente le débit d'un niveau aquifère sur toute son épaisseur, par unité de largeur et sous un gradient hydraulique unitaire.

Elle correspond donc au produit de la perméabilité moyenne *K* (en m/s) par l'épaisseur du niveau e (en m), soit $T = K.e$, et s'exprime en m²/s.

Le **coefficient d'emmagasinement** S est le rapport du volume d'eau libéré par unité de surface, sous une charge hydraulique unitaire, et détermine la fonction capacitive du réservoir.

Il exprime, en nappe libre, la capacité de vidange des pores de la roche et peut donc être assimilé à sa porosité efficace. En nappe captive, il résulte de la décompression de la roche et de l'eau contenue dans ses pores.

Sa valeur varie de 0,2 à 0,01 pour les nappes libres et de 0,001 à 0,0001 pour les nappes captives.

La **diffusivité** T/S régit la propagation des influences dans le milieu aquifère. Elle s'exprime en m²/s et détermine, notamment, le transfert de masses d'eau ou de pressions.

## 6.4 LA CIRCULATION DE L'EAU DANS LE SOUS-SOL : LA PIÉZOMÉTRIE

On appelle convection (ou parfois advection) l'écoulement de l'eau dans le sous-sol, qui obéit à la loi de Darcy.

Une campagne piézométrique *(cf. chapitre 14.4)* consiste à déterminer simultanément la cote de l'eau sur un ensemble spatial de points (puits, forages, piézomètres, sources, eaux de surface) à une période hydrologique caractéristique (étiage, eaux moyennes, crue). Sur le terrain est déterminée la profondeur du niveau de l'eau par rapport à la tête du tube (piézomètres, forages) ou de la margelle (puits, sources). Cette profondeur est lue sur le ruban gradué d'une sonde à électrodes *(figure 19)*.

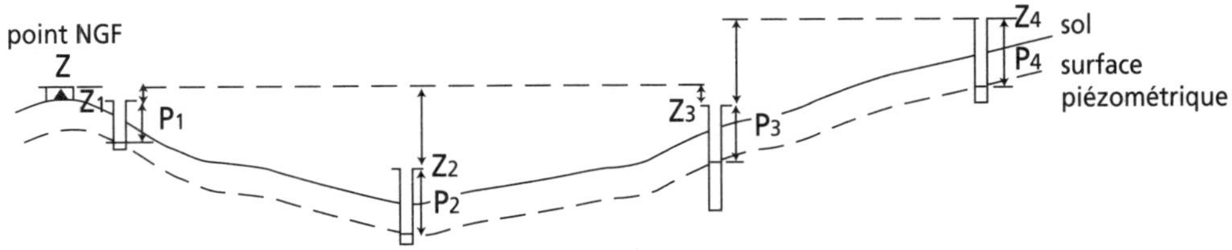


**Figure 19** Calage topographique de la piézométrie.

Afin de transformer ces profondeurs en cotes, référencées par rapport au nivellement général de la France (NGF), il est nécessaire de niveler ces têtes de puits, en bouclant les cotes sur un point coté de l'IGN. À cette condition, il sera possible de tracer des profils piézométriques (linéaires) ou des cartes piézométriques (spatiales).

Les courbes qui interpolent la cote de la nappe entre les points de mesure (appelées hydroisohypses, isopièzes ou courbes piézométriques) se présentent comme la surface topographique d'un bassin versant superficiel, l'eau souterraine s'écoulant perpendiculairement aux courbes, des « sommets » de la nappe vers ses points bas.

L'analyse de la géométrie de la surface piézométrique *(figure 20)* permet de distinguer les zones à grande ou à faible transmissivité dans le cas d'un milieu hétérogène, les zones d'alimentation et de décharge de la nappe en milieu homogène, ainsi que les limites de la nappe.

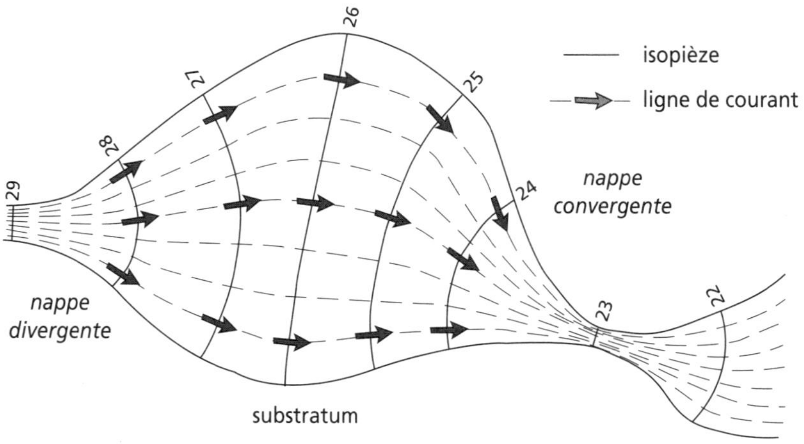


**Figure 20** Allure de la surface piézométrique et lignes de courant.

La réaction de la nappe aux épisodes hydrométéorologiques (précipitations, crues des cours d'eau...) peut être suivie avec des piézographes, limnigraphes installés sur des piézomètres. Les enregistrements obtenus, appelés piézogrammes, permettent de valider les périodes de campagnes piézométriques et d'interpoler leurs valeurs avec précaution.

Chapitre 7

# Les aquifères fissurés

Autrefois considérés comme des substratums imperméables, à cause de leur très faible porosité matricielle, les roches des socles ou leurs couvertures de sédiments anciens ont été, à partir des années 1960-1970, forées puis exploitées, conséquence de facteurs :

- hydrologique : l'absence de ressources locales alternatives (zone intertropicale) ;
- climatique : la sécheresse (à partir de 1970 au Sahel, en 1976 dans l'Ouest de la France…) ;
- technologique : le développement du marteau-fond-de-trou. Auparavant, le battage était une méthode de foration lente, donc coûteuse.

Les roches dures de socle ont une porosité primaire variable : la porosité inter-feuillets des roches métamorphiques peut atteindre 7,5 %, alors que dans les granites et gneiss elle n'atteint généralement que 1,8 %. Ces roches ont subi une fissuration de rétraction lors de leur refroidissement, puis une fracturation tectonique lors de leur longue histoire géologique. Elles comprennent des fissures décimétriques jusqu'à des fractures que l'on peut cartographier sur des centaines de kilomètres. L'eau y est donc présente de manière discontinue, et sa prospection apparaît aléatoire : la productivité des forages s'étale sur une large gamme, de mauvaise à bonne.



## 7.1 RÉPARTITION MONDIALE ET IMPORTANCE ÉCONOMIQUE

Sur la Terre, les roches cristallines représentent 30 % des continents. Elles ont une large extension en Afrique de l'Ouest, centrale et australe, en Asie (Arabie, Inde,

Corée du Sud), en Amérique du Sud (Brésil), en Scandinavie, en Australie, dans une grande variété de contextes physiographiques et climatiques.

Historiquement, les sources ont été captées dans les roches fissurées de la zone tempérée, mais elles étaient sujettes au tarissement lors des phases d'étiage. En Afrique, des puits villageois ont exploité les milieux fissurés. Paradoxalement, les travaux (recherche-développement et ingénierie) ont été menés dans l'optique d'étudier et d'utiliser l'imperméabilité de ces milieux (tunnels, confinement de déchets radioactifs).

La prospection des aquifères de socle a démarré dans la zone intertropicale, mais des programmes de grande envergure ont ensuite été développés dans les zones tempérées ou boréales.

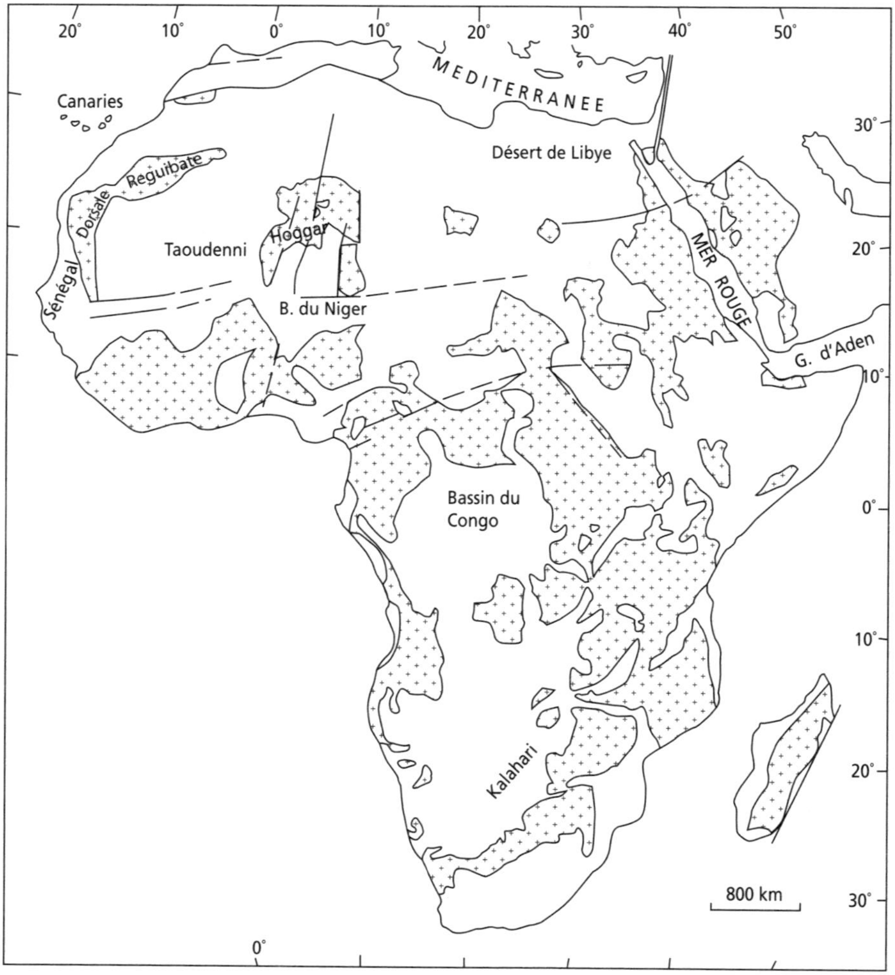


**Figure 21** Affleurements de socle précambrien inférieur et moyen en Afrique.

# 7.2 L'HYDROGÉOLOGIE AFRICAINE

L'Afrique comporte (Guiraud, 1988) des affleurements étendus de roches de socle précambrien inférieur et moyen *(figure 21)*.

De par son faible relief, l'Afrique de l'Ouest subsaharienne constitue un modèle climatique latitudinal, avec des précipitations (hivernage ou saison des pluies) de type mousson, croissant de 200 mm en moyenne dans la vallée du Sénégal jusqu'à 4 000 mm sur la côte du golfe de Guinée (Libéria). Une intense évapotranspiration (plus de 1 900 mm/an dans le Ferlo ou autour du lac Tchad) module ce signal d'entrée. Il existe actuellement une recharge faible (0 à 150 mm/an), mais la variabilité interannuelle du bilan est très grande. En Afrique subsaharienne, ces géotopes servent de cadre de vie à une population rurale. La productivité des ouvrages, généralement faible (1 à 20 $m^3/j$), est suffisante pour ces petites collectivités. Le potentiel de ces nappes semble sous-utilisé.

Les forages sont souvent arrêtés dans le socle, mais la différence majeure avec les autres aquifères est que le stock principal d'eau est situé dans la couverture d'altérites. On observe une différence entre les roches métamorphiques micacées dont les altérites sont argileuses, donc *a priori* peu productives, et les granites et gneiss, dont l'altération produit des sables quartzeux grossiers, plus favorables au stockage.

Les aquifères sont peu profonds, donc peu coûteux à exploiter, mais leur emmagasinement est faible et leur vulnérabilité grande. Les flux de recharge étant

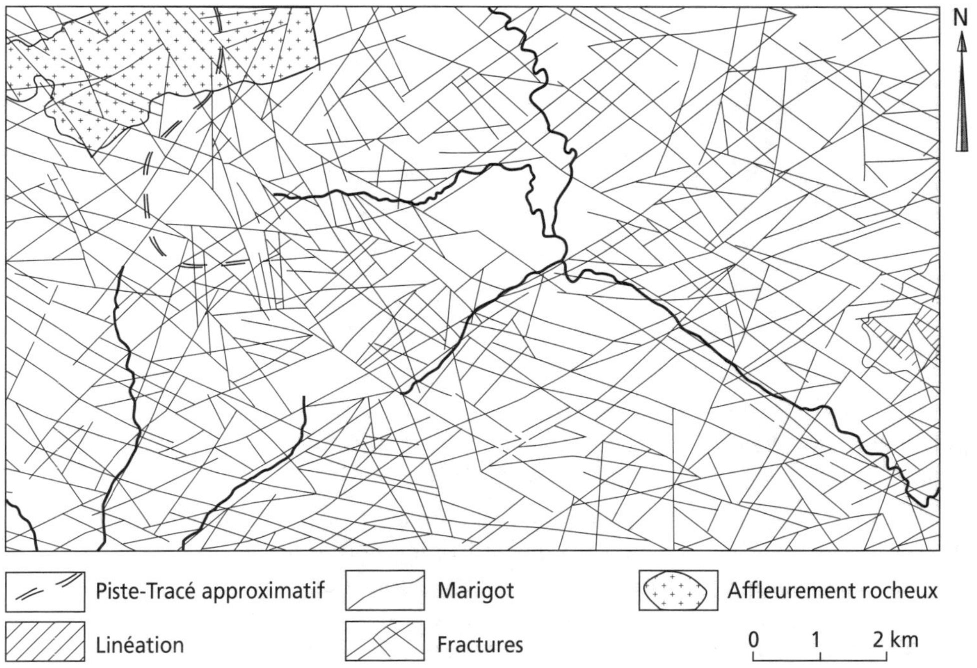


**Figure 22** Localisation des discontinuités par photo-interprétation (Burkina Faso). D'après Engalenc, 1978.

hautement variables, les aquifères fissurés régulent mieux les recharges interannuelles que les eaux de surface et leurs maigres alluvions, mais moins efficacement cependant que les aquifères poreux, compte tenu de l'emmagasinement plus limité et de leur caractère discontinu.

Compte tenu de leur géométrie discontinue (fissures argilisées ou recristallisées), les lois de l'écoulement sont mal connues ; la prospection de ces milieux requiert donc des méthodologies probabilistes pour l'implantation des ouvrages : télédétection *(figure 22)*, émanométrie (radon, $CO_2$), géophysique (géoélectrique, électromagnétisme).

Ces méthodes repèrent des contrastes de paramètres, donc des secteurs anomaux, dont l'interprétation en termes d'hydrogéologie n'est accessible qu'après la foration de l'ouvrage. Cependant, ces guides à l'implantation permettent de repérer des fractures hydrauliquement conductrices.

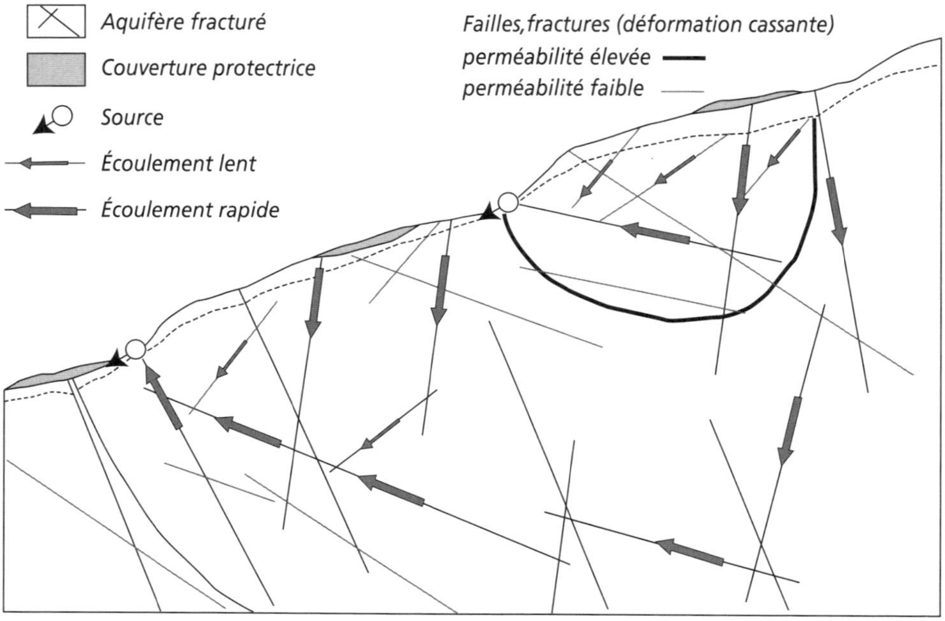


**Figure 23** Double perméabilité du milieu fracturé.

Les milieux peuvent aller d'une relative homogénéité, avec la présence de fractures à rôle équivalent *(figure 24a)*, jusqu'à une double perméabilité avec de petites fractures connectées par des accidents plus transmissifs *(figure 24b)*.

Les faibles besoins des communautés humaines concernées, qui s'apparentent à une hydrogéologie de la survie (distance à l'unique point d'eau du village, exhaure humaine, utilisation parcimonieuse de l'eau…) font que l'hydraulique villageoise fore directement des ouvrages d'exploitation. En revanche, les programmes urbains de développement réalisent plusieurs ouvrages de reconnaissance avant d'en équiper un pour l'exploitation qui, dès lors, pourra être raccordé à un mini-réseau de distribution ou à des parcelles irriguées.

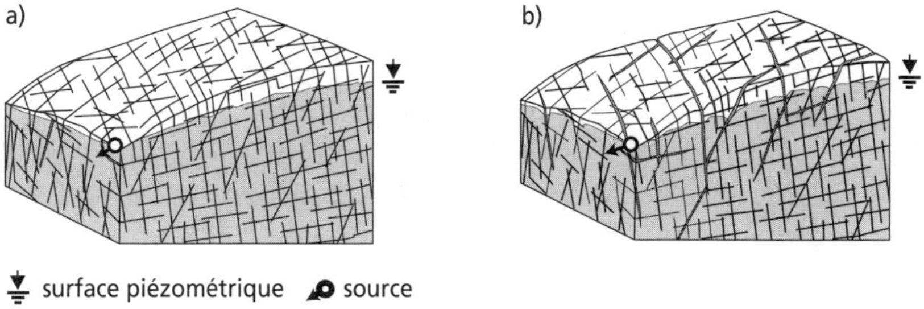


**Figure 24** Hétérogénéité des milieux fissuré et fracturé (OFEG, 2003).

Les modèles d'interprétation des pompages d'essais ne peuvent pas utiliser les concepts de l'hydrogéologie des milieux homogènes, et les méthodes de Theis ou Jacob doivent être remplacées par des modèles avec drainance (Walton-Hantush, Boulton) qui figurent le couple altérites-socle, par des modèles de fracture unique (Gringarten et Witherspoon) ou par des modèles à double porosité avec fractures transmissives et matrice (Warren et Root).

Chapitre 8

# Les aquifères karstiques

À la fois relief, hydrosystème et ressource en eau, le karst est un milieu particulier, défini comme l'ensemble des formes superficielles et souterraines engendrées par la dissolution *de certaines roches, et notamment les roches carbonatées,* un phénomène appelé karstification.

Le karst est donc présenté comme un modelé typique, défini dans le Kras de Slovénie, dont les conditions de formation comprennent une lithologie soluble et un drainage souterrain. La roche est suffisamment résistante pour permettre la conservation des formes de dissolution.

La conséquence hydrogéologique est l'existence d'un aquifère atypique, très hétérogène et anisotrope à toutes les échelles.

## 8.1 LA KARSTIFICATION

### 8.1.1 Phénomène

Le phénomène de karstification ne peut se développer que dans des roches dont les minéraux sont solubles dans l'eau pure (gypse) ou dans l'eau rendue agressive par l'adjonction d'un acide fort (oxydation des sulfures métalliques, hydrogène sulfuré des gisements pétroliers), ou, dans l'immense majorité des cas, par dissociation d'un acide faible, l'anhydride carbonique ($CO_2$) dissous dans l'eau.

Les principales sources de $CO_2$ (Bakalowicz, 1979 ; Plagnes, 1997) sont le sol (karsts météoriques) ou les venues profondes (karst hydrothermal). Il faut ajouter la minéralisation de la matière organique naturelle (acides humiques et fulviques), qui peut fournir jusqu'à 30 % des hydrogénocarbonates de l'eau, ainsi que celle de la matière organique anthropique, carbone organique de la pollution par les eaux usées, effluents d'élevage ou épandages d'engrais organiques.

Pour que l'eau agressive puisse s'infiltrer, il est nécessaire que la dissolution opère sur des discontinuités préexistantes (joints de stratification, diaclases, failles) qui permettront un drainage souterrain de l'eau, des ions produits et des résidus insolubles de la dissolution (argiles, silicates).

La karstification est donc un processus évolutif qui accroît la perméabilité du massif tant que celui-ci reste capable d'éliminer ses insolubles.

La vitesse d'évolution est fonction de l'état de sous-saturation de la solution vis-à-vis des minéraux constitutifs de l'aquifère, mais avant tout, de la solubilité de ces minéraux et des flux d'eau entraînant les ions mis en solution (pluie efficace).

Ainsi, l'évolution de la karstification des gypses est-elle visible à l'échelle annuelle, celle des karsts des carbonates à une échelle séculaire.

L'aspect spectaculaire du karst est son modelé superficiel et souterrain *(figure 25)*, avec ses conséquences hydrogéologiques :

- différenciation des zones à infiltration diffuse (lapiés nus ou sous couverture), localement favorisée (dolines), ou concentrée (ponors ou pertes) ;
- équilibre hydraulique à grande variation piézométrique entre eau de surface et nappe karstique (poljés, estavelles, trop-pleins) dû à la saturation des conduits ;
- sources peu nombreuses, à fort débit, au débouché d'un conduit drainant un vaste impluvium.

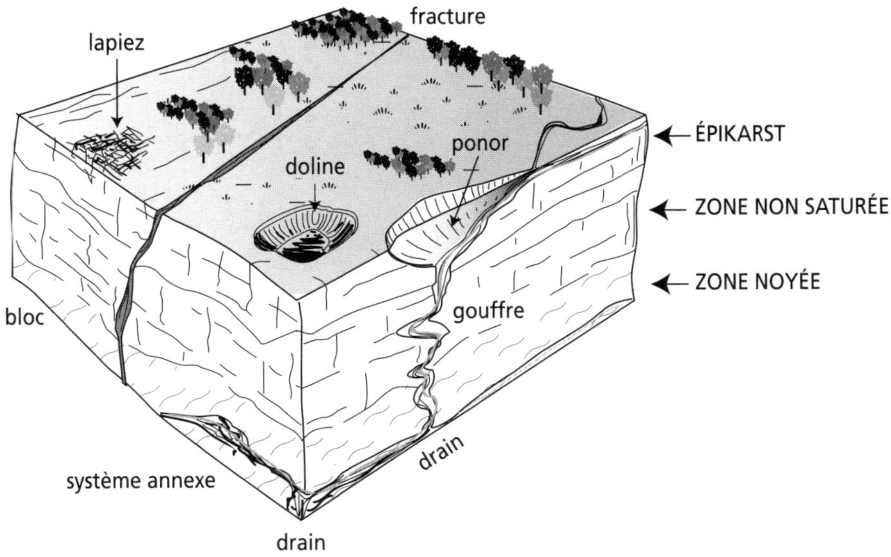


**Figure 25** Modelé karstique et fonctionnement hydrogéologique.

### 8.1.2 Polyphasage

La karstification se met en place dès que des roches carbonatées sont soumises à l'action de l'eau douce. Elle affecte, par exemple, les platiers coralliens dès leur émersion sous l'effet de l'eustatisme ou de la tectonique. La karstification d'une zone calcaire peut donc s'étaler sur des millions d'années. Le double moteur de la karstification est d'une part chimique (sous saturation vis-à-vis des minéraux), d'autre part hydraulique (énergie potentielle entre l'impluvium et l'émergence, capable de transporter en souterrain la sous-saturation vers l'aval). L'évolution de cette énergie potentielle au cours du temps peut être induite par un accroissement de la perméabilité, une orogenèse, la néotectonique, les variations eustatiques. La genèse polyphasée des massifs karstiques en fait des milieux géométriquement complexes (alternance de phases d'enfoncement et de phases d'équilibre avec le niveau de base local), ce qui se traduit par une modification des zones d'écoulement au cours du temps (colmatages, décolmatages, inversions de circulations) *(figure 26)*.

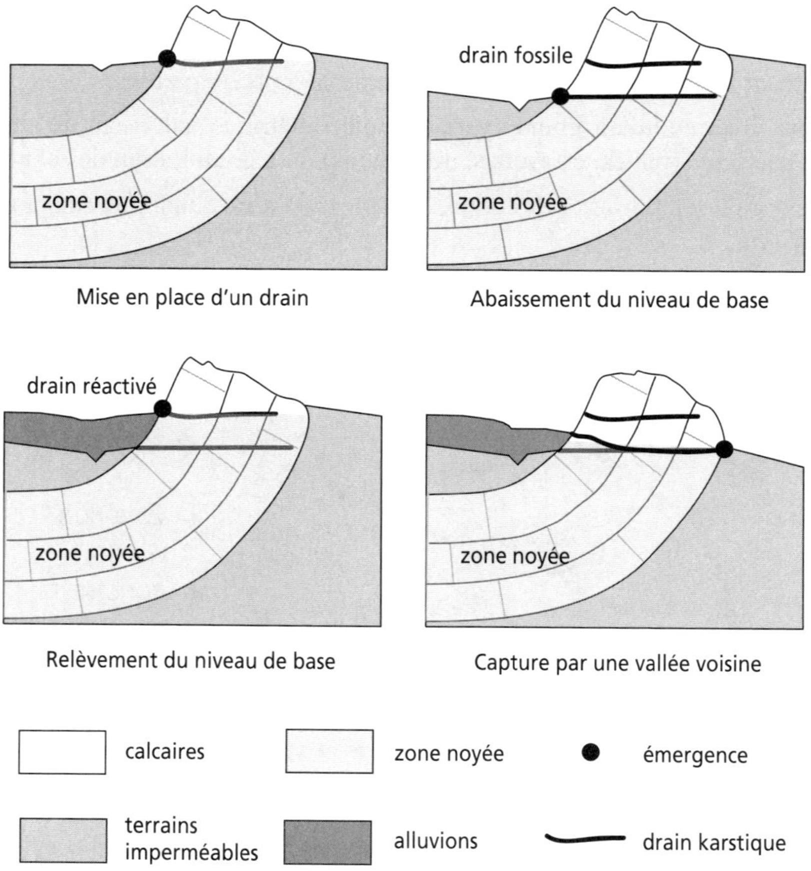


**Figure 26** Polyphasage d'un système karstique.

## 8.2 L'HYDROSYSTÈME KARSTIQUE : ORGANISATION SPATIALE

### 8.2.1 Principe général

Par rapport à un aquifère poreux, le karst montre une structure hétérogène et anisotrope à toutes les échelles. La notion de VER ne peut pas s'y appliquer, ce volume pouvant parfois correspondre au volume total de l'hydrosystème karstique.

Spatialement, l'hydrosystème karstique montre une opposition entre trois structures de perméabilité *(figure 25)* :

- les blocs microfissurés capacitifs, mais peu transmissifs, dont le comportement hydraulique est assimilable à celui d'un milieu poreux intergranulaire de grande taille ;
- le drain, moins capacitif mais transmissif (vitesses de la dizaine à la centaine de mètres par heure). La géométrie de ce réseau de drainage varie significativement de l'amont (nombreuses fissures inframillimétriques) vers l'aval (drain métrique unique, pénétrable par les spéléologues). Ce réseau est donc bien hiérarchisé ;
- les systèmes annexes au drainage, capacitifs, mais aujourd'hui mal connectés au drain. Certains de ces vides, situés au voisinage de l'axe du drainage peuvent y avoir été connectés dans le passé (paléokarsts).

De l'amont vers l'exutoire, le karst apparaît comme un réseau hydrographique de surface, dont les faibles écoulements de l'amont confluent vers l'aval pour donner des drains de plus en plus importants, mais de moins en moins nombreux.

Verticalement, le karst se différencie des autres hydrosystèmes par sa zone non saturée (ZNS) à structure différenciée (Mangin, 1975). Du haut vers le bas, on distingue *(figure 25)* :

- l'épikarst, zone décomprimée dans laquelle la dissolution a agi dans toutes les directions pour élargir les discontinuités. L'épikarst est moins anisotrope que le reste de la ZNS. C'est un milieu très perméable, capable de stocker une partie non négligeable des précipitations. Dans les karsts méditerranéens, l'épikarst correspond à une RFU de 15 à 30 mm. Le caractère superficiel de l'aquifère qui peut y exister (aquifère épikarstique) permet une reconcentration des isotopes lourds de l'eau (oxygène-18, deutérium) et des solutés apportés par la pluie (halogénures, alcalins) ;
- la zone non saturée au sens strict, peu ouverte, découpée par des accidents tectoniques. Non saturé signifie que l'ensemble de cette zone n'est pas rempli d'eau ; cependant, des écoulements pérennes y sont observables comme dans le Laboratoire souterrain à bas bruit (LSBB) à Rustrel (galerie de l'ancien PC de tir du plateau d'Albion), où ils sont inférieurs au $L.min^{-1}$, ou dans la rivière souterraine d'Albion à Saint-Christol (Vaucluse), où ils atteignent plusieurs dizaines de $L.s^{-1}$ ;
- la zone noyée, caractérisée par ses blocs microfissurés, son drain et ses systèmes annexes.

### 8.2.2 Exemples

À l'échelle du massif, l'organisation spatiale d'un système karstique peut se révéler très complexe et nécessiter pour sa compréhension une connaissance approfondie de la structure géologique et de la paléogéographie. Le schéma vertical ci-dessus peut aussi être décliné latéralement. Ainsi, dans le système du gouffre Berger (Vercors), les circulations s'effectuent principalement au toit du substratum marneux des calcaires urgoniens *(figure 27)*. La zone saturée est quasi inexistante, sauf en partie distale du système, où la structure monoclinale fait place à une cuvette synclinale qui renferme une zone noyée drainée vers la source des Cuves de Sassenage.

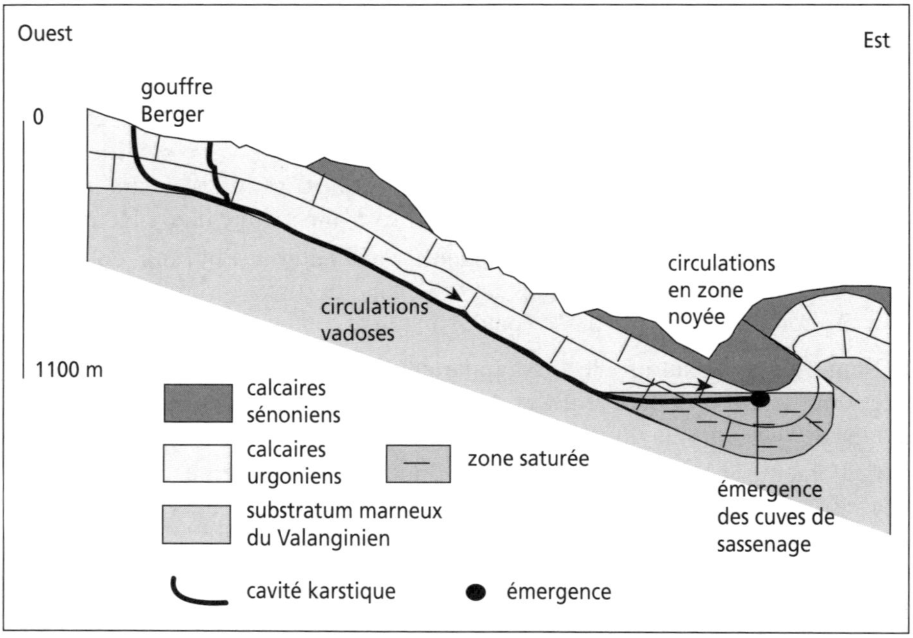


**Figure 27** Organisation spatiale des écoulements dans le système du gouffre Berger (Vercors, France).

Dans les Pyrénées-Atlantiques, le système hydrologique souterrain de la rivière Saint-Vincent (gouffre du Lonné-Peyret, gouffre de la Pierre-Saint-Martin, grotte d'Arphidia) totalise plus de 100 km de galeries explorées, parcourues par de multiples cours d'eau. L'eau infiltrée dans les calcaires des canyons circule au toit du substratum paléozoïque. À la Pierre-Saint-Martin, l'approfondissement du niveau de base régional a permis la capture des écoulements par des calcaires dévoniens où se sont creusées les galeries du sous-système d'Arphidia, drainé vers les sources de Bentia, fossilisant l'ancien drain de la galerie Aranzadi *(figure 28)*. Compte tenu de ce contexte particulier (une épaisse dalle calcaire transgressive sur un socle paléozoïque plissé), hormis le déploiement de moyens géophysiques considérables, la connaissance de la structure géologique profonde est impossible à acquérir depuis la surface et l'exploration spéléologique apporte ici d'irremplaçables informations.

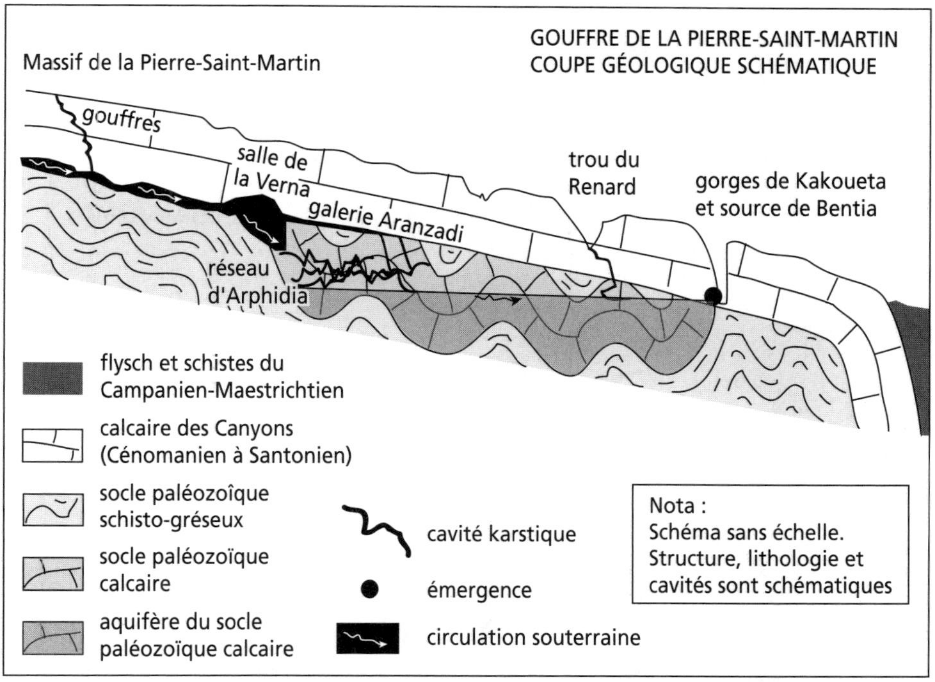


**Figure 28** Soutirage des écoulements de la rivière Saint-Vincent par le réseau d'Arphidia dans les calcaires dévoniens du substratum paléozoïque du système du gouffre de la Pierre-Saint-Martin (Pyrénées-Atlantiques).

# 8.3 CONSÉQUENCES POUR LE FONCTIONNEMENT

## 8.3.1 Fonctionnement hydraulique

Les conséquences hydrauliques de cette structure très différenciée sont que :

- les trajets dans la zone noyée sont à forte composante horizontale, avec un rôle important des drains. Les écoulements dans ces chenaux très ouverts peuvent être turbulents, occasionnant des remobilisations de sédiments accumulés et un bon mélange des solutions ayant des états de saturation différents vis-à-vis des minéraux ;
- la zone non saturée au sens strict permet des trajets à composante verticale prédominante ;
- dans l'épikarst, les circulations d'eau se font avec de fortes composantes horizontales, du fait du contraste de perméabilité entre épikarst et ZNS ;
- entre basses eaux et crues, les inversions piézométriques entre drain et bloc voisin changent le sens des flux d'échange *(figure 29)* : en basses eaux, le drain plus rabattu draine la roche voisine. En crue, le drain, dans lequel affluent les eaux d'infiltration, recharge les blocs contigus plus lentement atteints par les eaux d'infiltration verticale.

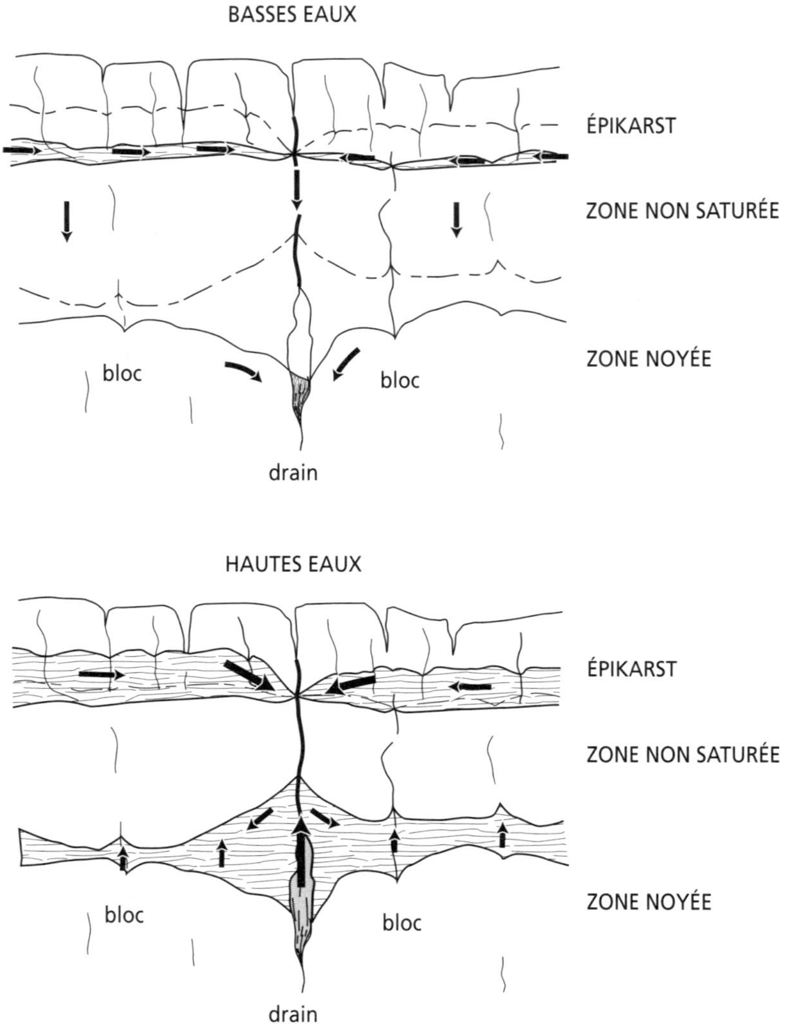


**Figure 29** Fonctionnement hydraulique du karst : échanges drain-fissures.

## 8.3.2 Conséquences qualitatives

Les conséquences qualitatives de cette structure sont que :

- l'aléa pollution n'engendre pas le même risque selon l'endroit où il est situé, sur le système drainant ou sur un bloc peu transmissif ;
- le milieu étant très hétérogène et très ouvert au niveau des drains, aucune filtration mécanique n'est opérée, et, en crue, la turbidité héritée du bassin versant à l'amont ainsi que celle qui est remobilisée par les écoulements turbulents dans les conduits, passent à l'aval jusqu'à l'émergence. Cette turbidité peut véhiculer des métaux lourds ou des micropolluants organiques adsorbés, ainsi que des bactéries et des virus ;

- le temps de séjour de l'eau dans le système de drains, souvent inférieur à la semaine, ne permet pas un abattement significatif de la bactériologie héritée de l'amont (ponors, eaux usées directement rejetées dans le milieu souterrain).

## 8.4 LE PLUS GRAND AQUIFÈRE KARSTIQUE DE FRANCE : LA FONTAINE DE VAUCLUSE

### 8.4.1 Description générale

#### a) *Localisation*

Plus importante source de France, la fontaine de Vaucluse (20 $m^3.s^{-1}$) se situe à l'extrémité sud-ouest du bloc nord-provençal, unité calcaire triangulaire comprenant le mont Ventoux (alt. 1 909 m) et la montagne de Lure (alt. 1 826 m) au nord, le plateau de St-Christol au centre (alt. 900 m) et les monts de Vaucluse (1 000 m) au sud. *(figure 30)*. Elle comprend une profonde vasque située au pied d'un puissant escarpement, en amont d'une reculée karstique, et un ensemble de griffons pérennes situés entre 78 et 83 m d'altitude.

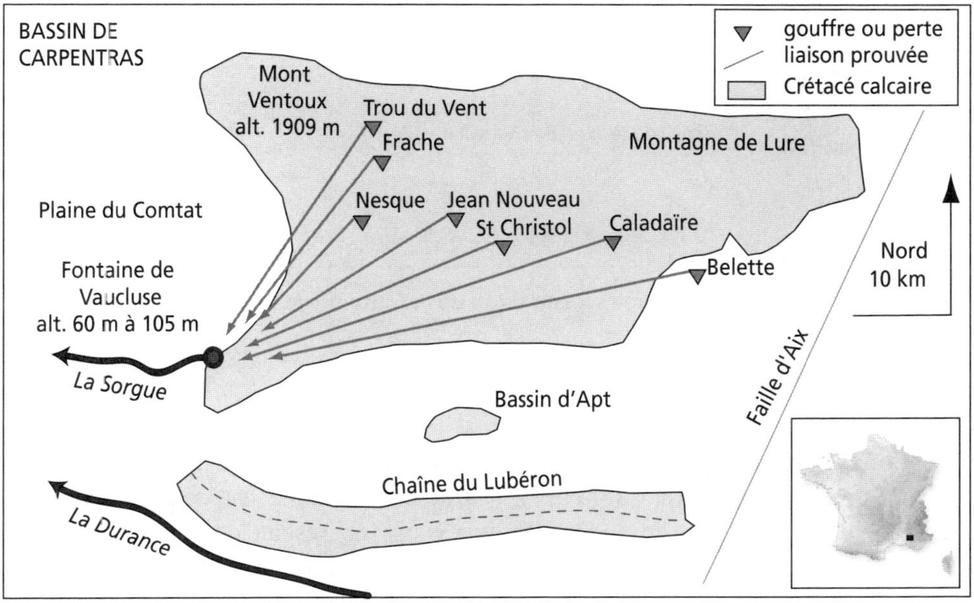


**Figure 30** Localisation de la fontaine de Vaucluse et position des traçages d'eau.

La vasque est une cheminée d'équilibre du système dont le niveau varie en fonction du débit *(figure 31)*. En période de hautes eaux, elle déborde à la cote 105 m NGF. En période de basses eaux, son niveau descend de 20 m. De nombreuses tentatives en scaphandre autonome ont finalement permis d'atteindre 205 m de profondeur

(Hasenmayer en 1984), limite de l'exploration humaine, et la suite du gouffre noyé a été explorée à l'aide de robots téléguidés. Le fond du gouffre a été atteint par le Modexa en 1985 à 308 m de profondeur (329 m sous le niveau du déversoir, soit 224 m sous le niveau de la mer.

Les plus récentes explorations montrent que le conduit est complexe et ne peut être résumé à une simple galerie. Les volumes sont de plus en plus vastes au fur et à mesure de la descente, donnant l'impression d'un vaste puits d'effondrement en cloche. La forme exacte reste indéfinie et la suite de la cavité est inconnue. Deux petites galeries aux cotes + 40 et + 50 NGF alimentent les sources pérennes.

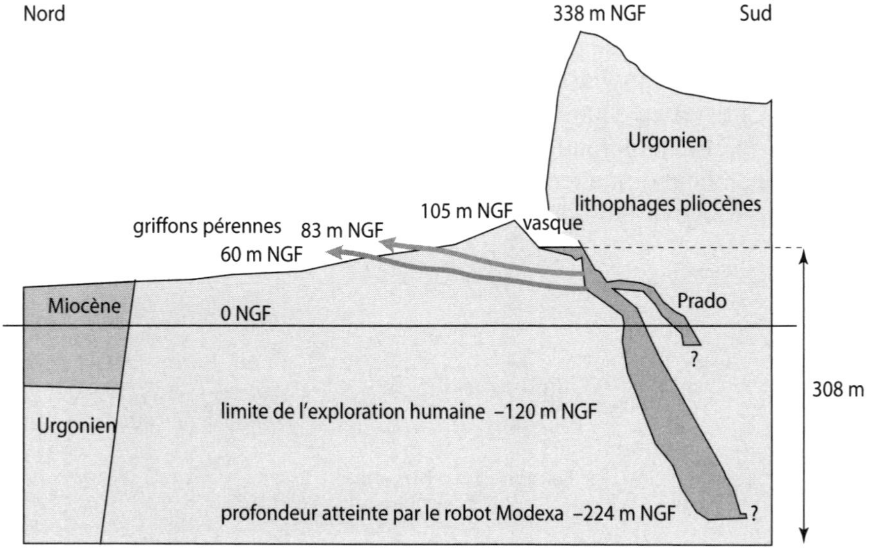


**Figure 31** Coupe schématique de la fontaine de Vaucluse.

### *b) Géologie*

La fontaine draine un ensemble de calcaires du Crétacé inférieur de faciès variable et dont l'épaisseur dépasse 1 000 m. La structure générale est celle d'une dalle monoclinale inclinée vers le sud et découpée par un réseau de failles (N 30° et N 145°). À l'ouest le karst est barré par la faille de Cavaillon/Fontaine-de-Vaucluse qui met en contact les séries cénozoïques de la Plaine du Comtat et du bassin de Carpentras avec les calcaires urgoniens. Vers le sud, ils s'ennoient sous le synclinal du bassin d'Apt, qui forme un écran relativement imperméable. Plus au sud, le cœur de l'anticlinal du Lubéron forme une barrière hydrogéologique relative. À l'extrême est, le système de failles de la Durance barre le karst. Le substratum imperméable est constitué de marnes néocomiennes.

### *c) Hydrogéologie*

#### ➤ Hydrométrie

Les mesures de débit de la source sur de longues périodes ont permis de quantifier précisément les quantités d'eau écoulées. Le débit est compris entre 4 et 100 $m^3.s^{-1}$, L'analyse des courbes de crue montre des réactions rapides aux précipitations qui traduisent un karst bien évolué et bien hiérarchisé. Les lentes récessions montrent l'importance des réserves (Mangin, 1975). Les traçages effectués sur les monts du Vaucluse et les bilans hydrogéologiques permettent désormais de cerner son bassin d'alimentation, d'une superficie d'environ 1 200 $km^2$ (Puig 1987, Mudry et Puig 1991). Le forage d'Apt, à 605 m de profondeur, a rencontré les mêmes calcaires urgoniens mal connectés à l'aquifère de Vaucluse. L'étude des sources temporaires et de quelques forages en bordure de la Montagne de Lure montre que la faille d'Aix constitue la limite est de l'aquifère (Rousset, 1997).

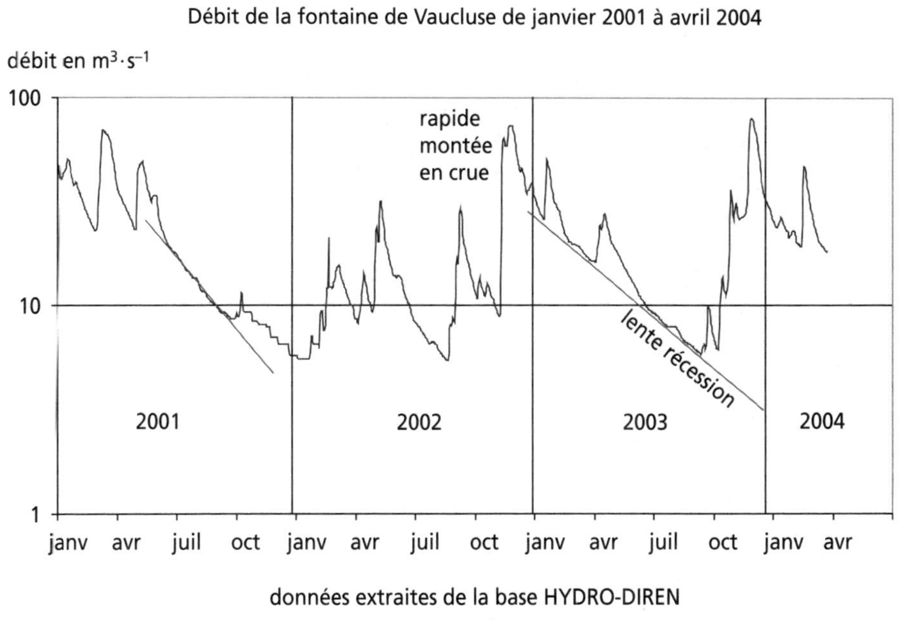


**Figure 32** Débit de la fontaine de Vaucluse de 2001 à 2004.
***Nota*** : les pointes de crue ne sont pas acquises.

#### ➤ Hydrochimie

L'étude des traceurs de l'eau, intrinsèques ou dissous (carbonates, magnésium, chlorures, oxygène 18…) montre la contribution de plusieurs composantes à l'écoulement :

- eaux d'infiltration très rapide (transit : 2 jours), concentrées en traceurs du sol et à débit très faible, issues de l'épikarst (avens, lapiés) bien développé du plateau (Mudry et Blavoux, 1986) ;

- eaux d'infiltration rapide (transit : quelques jours), responsables des crues puissantes et du déversement de la source, ainsi que de la baisse de sa minéralisation (Bakalowicz, 1979) ;
- eaux avec stockage plurihebdomadaire dans la zone non saturée (infiltration lente chimiquement marquée par la phase gazeuse du sol), pouvant être remobilisées lors des épisodes d'infiltration suivants (Lastennet et Mudry, 1997 ; Emblanch, 1997) ;
- eaux à stockage pluriannuel dans les vides de la zone noyée, qui contribuent à soutenir le débit en période d'étiage (Evin *et al*, 1968 ; Michelot et Mudry 1985).

### 8.4.2 Origine du système

Deux hypothèses sont généralement évoquées pour expliquer l'existence d'un conduit vertical plongeant sous le niveau de la mer :

- une fontaine de Vaucluse ayant toujours été un exutoire calqué sur la faille de Cavaillon, la localisation du drainage en profondeur étant attribuée à des faciès de porosité plus favorable. Il est cependant difficile dans un tel schéma de justifier la cause d'un drainage à plus de 300 m de profondeur remontant vers l'exutoire actuel, alors que les calcaires sont normalement lités et fracturés. La densité des discontinuités devrait permettre la mise en place de drains à proximité du toit de la nappe karstique, de façon similaire à ce que l'on observe généralement (Ford & Williams 1989). Cependant, l'existence d'une énergie potentielle entre un impluvium et une émergence (de manière analogue à l'existence d'une différence de potentiel électrique) impose l'écoulement entre les deux points, sans préjuger du trajet emprunté ;
- une fontaine de Vaucluse utilisant une forme karstique héritée du passé (gouffre ou perte) et mise en place dans un contexte paléogéographique très différent de l'actuel, au Messinien (Julian et Nicod 1984 ; Mudry et Puig 1991 ; Clauzon *et al.*, 1997).

L'observation, par le robot d'exploration, de cannelures de paroi à 250 m de profondeur qui pourraient traduire une phase d'exondation de la fontaine, et la présence de lithophages pliocènes dans la vasque d'entrée, confortent cette seconde hypothèse *(figure 33)*. Le système se serait alors mis en place au Messinien, ou à une période encore plus reculée, avec un niveau de base régional très abaissé, l'aquifère étant drainé vers une émergence située plus à l'ouest ou au sud, dans une profonde vallée, affluent du canyon du Rhône. La sédimentation fluviatile, induite par la remontée de la mer, a bloqué le drainage profond et a conduit l'eau à utiliser des drains préexistants. Ce modèle est cohérent avec les observations effectuées dans les aquifères karstiques littoraux *(cf. chapitre 9.2.2)*.

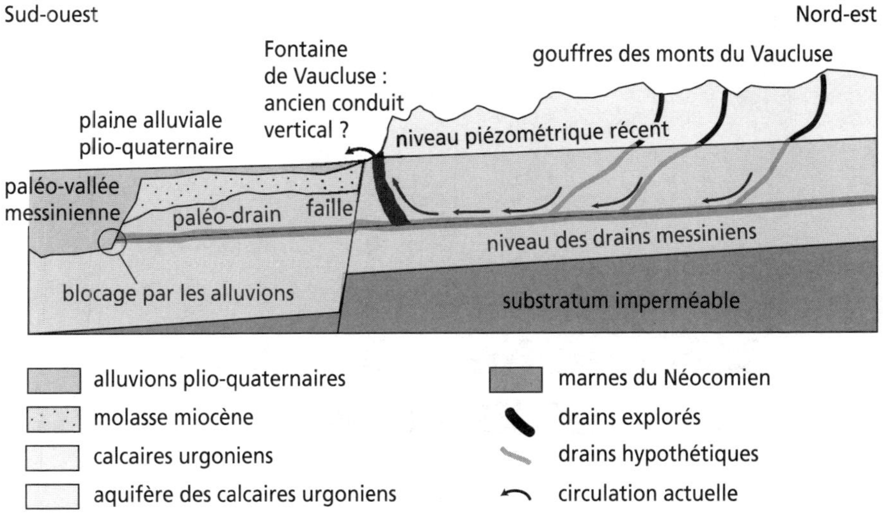


**Figure 33** Hypothèse messinienne de l'organisation spatiale du système de drainage profond de l'aquifère de la fontaine de Vaucluse.

Chapitre 9

# Les aquifères insulaires et littoraux

## 9.1 L'AFFRONTEMENT DE DEUX MILIEUX

L'eau des aquifères, lorsqu'ils sont rechargés, circule vers le niveau de base local. Sur les îles et en zone littorale, les aquifères se déversent donc en mer. Cependant, un aquifère étant par essence perméable, l'eau de mer peut aussi y pénétrer. Les deux milieux vont donc s'affronter selon des règles théoriquement simples, mais qui s'avèrent dans la réalité d'une grande complexité, en particulier pour les aquifères karstiques. La pénétration des eaux marines dans un aquifère littoral a parfois un caractère difficilement réversible.

### 9.1.1 Répartition et importance économique

Les littoraux sont généralement très peuplés et l'importance économique de ces aquifères ne cesse d'augmenter, mais leur utilisation est confrontée au problème de la contamination par le sel marin. Le cas particulier des littoraux karstiques doit être souligné. De nombreuses sources de fort débit, placées dans les zones les plus peuplées ne peuvent pas être utilisées du fait de leur salinité. On peut citer Port Miou (8 $m^3.s^{-1}$) près de Marseille et l'Almyros (10 $m^3.s^{-1}$) près d'Héraklion (Crète) qui font l'objet d'études et de travaux depuis près d'un demi-siècle sans avoir permis de résoudre ce problème.

Pour la seule Méditerranée, on estime à 1 000 $m^3.s^{-1}$ l'eau ainsi rejetée par les aquifères karstiques dans la mer, généralement en pure perte. Avec une consommation individuelle de 250 L.j$^{-1}$, il y a théoriquement de quoi alimenter plus de 350 millions de personnes.

### 9.1.2 Le biseau ou coin salé

Dans un aquifère poreux ou fissuré, les deux milieux, protégés des turbulences, se mélangent peu. Les aquifères littoraux poreux ont été étudiés à la fin du XIXe siècle par Ghyben et Herzberg. L'eau douce, plus légère que la mer, flotte sur l'eau de mer avec un contact incliné assimilé à un plan, l'interface, dont la position est liée à la différence de densité des deux milieux, 1 pour l'eau douce et environ 1,025 pour l'eau de mer *(figure 34)*. À l'équilibre, le poids de la colonne d'eau douce est égal au poids de la colonne d'eau de mer. La loi de Ghyben-Herzberg définit la position du contact entre deux milieux à l'équilibre :

$$\rho_1(P + \mathrm{H}) = \rho_2 P \quad \text{soit en approximation, } P = 40.\mathrm{H}$$

avec $P$, profondeur de l'interface ; H, charge hydraulique (ou niveau piézométrique) ; $\rho_1$ densité eau douce ; $\rho_2$ densité eau de mer.

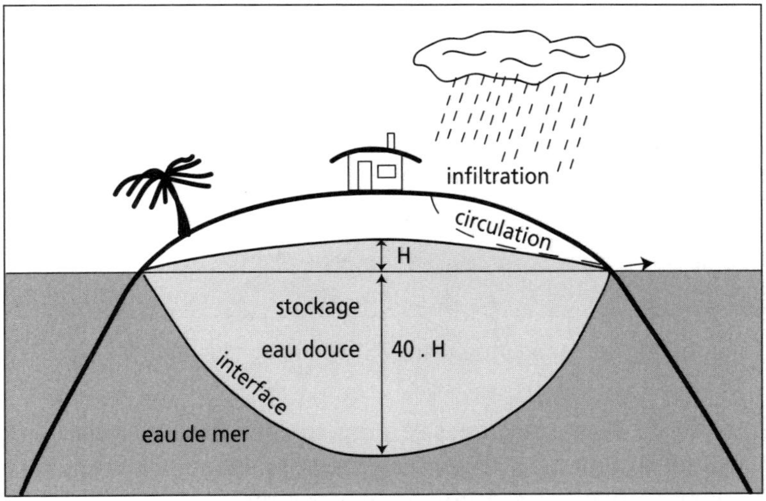


**Figure 34** Géométrie théorique du biseau salé d'un aquifère insulaire.



Dans la réalité, un mélange se produit par diffusion et le système n'est pas purement statique car l'aquifère s'écoule, et la mer est soumise aux oscillations des marées. Les deux milieux peuvent donc se mélanger et former une frange d'eau saumâtre d'épaisseur variable. Par ailleurs, l'anisotropie de l'aquifère se traduit par des variations du gradient hydraulique qui transforment l'interface en une surface digitée complexe. De plus la nappe peut affleurer et former des mares ou des lagunes dans lesquelles l'évaporation peut abaisser localement le niveau piézométrique, permettant une remontée de l'interface.

La pénétration de l'eau de mer peut se faire sur plusieurs kilomètres à l'intérieur du continent en fonction de la géométrie de l'aquifère et du gradient hydraulique, mais aussi de la minéralisation des eaux continentales qui augmente avec la profondeur *(cf. chapitre 10)*.

### 9.1.3 Action anthropique

L'exploitation modifie les charges hydrauliques et entraîne l'établissement d'un nouvel équilibre et la migration du biseau salé. Le prélèvement par pompage, provoque une remontée verticale du biseau salé sous le forage, voisine de 40 fois la baisse de la nappe *(figure 35)*. Le débit doit donc être ajusté très précisément pour limiter le rabattement.

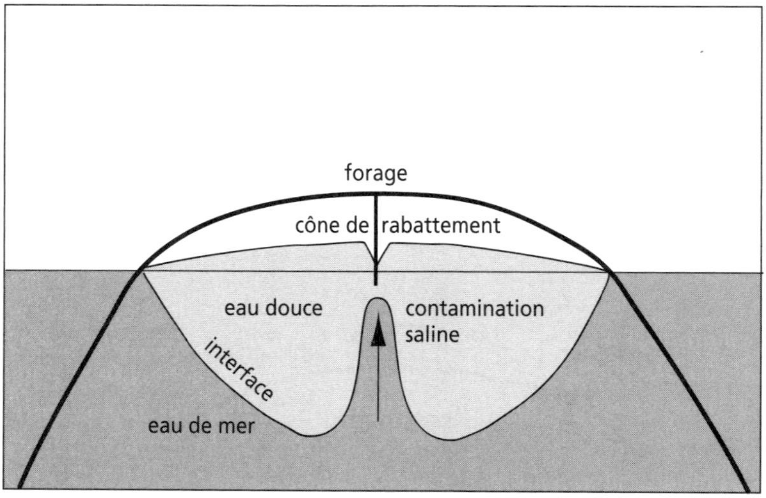


**Figure 35** Contamination saline d'un pompage en aquifère littoral.

La pénétration de l'eau salée peut se faire sur plusieurs kilomètres *(figure 36)*. Dans les zones touristiques, les ressources côtières sont sollicitées massivement en été, période durant laquelle les aquifères sont peu rechargés. Le risque d'intrusion saline augmente donc, d'autant plus que les nappes étant à faible profondeur, les forages privés y sont souvent nombreux.

Pour la côte atlantique, l'intrusion saline affecte les nappes de l'estuaire de la Gironde (région de Soulac et de Rochefort). En Méditerranée, ce risque est présent pour la plupart de nappes côtières, entre Perpignan et Fréjus. On peut citer la nappe de l'Astien, entre Agde et Béziers, qui est une importante ressource en eau du département de l'Hérault. Elle fournit entre 3 et 5 millions de m$^3$/an, soit 15 % de l'alimentation en eau de ce secteur. Sa bonne qualité et sa faible profondeur (pour l'essentiel entre 20 et 100 mètres) ont favorisé le développement de nombreux forages, ce qui augmente le risque de contamination saline.

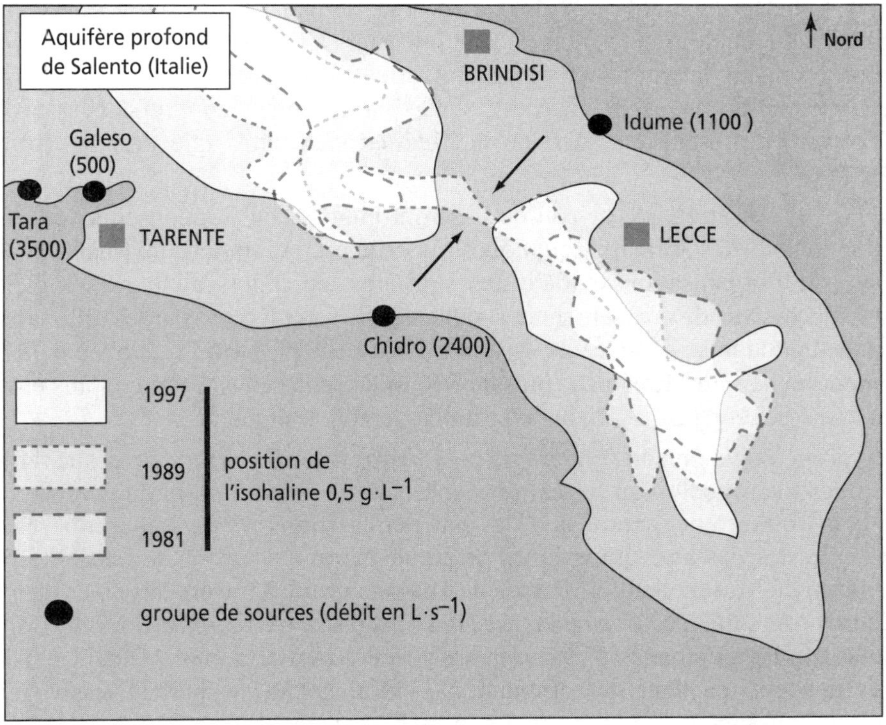


**Figure 36** Variations de salinité observées au sud de Brindisi. D'après Polemio & Limoni (1998).

### 9.1.4 Incidence des variations de niveau de la mer

Les variations sont de trois types :

- Oscillations liées aux marées : en diminuant le gradient hydraulique, elles modifient le fonctionnement hydrodynamique de l'aquifère. Ce dernier est d'ailleurs lui-même soumis aux effets de la marée plus ou moins amortis selon ses caractéristiques physiques intrinsèques.
- Oscillations historiques (eustatisme) : le niveau des océans a connu de nombreuses variations positives ou négatives liées à la tectonique des plaques ou au climat. Les paramètres astronomiques de la rotation de la Terre sur elle-même et autour du Soleil déterminent les cycles de Milankowicz dont l'analyse permet d'expliquer l'observation d'une phase de refroidissement provoquant une glaciation environ tous les 90 000 ans. La contraction de l'eau de mer et le stockage des glaces sur les continents abaissent le niveau global des océans (glacio-eustatisme). Au Würm, la dernière glaciation a ainsi abaissé la mer d'environ 120 m par rapport à l'actuel. Descente et remontée se produisent par phases successives avec des paliers dont l'existence est attestée par la présence de lignes de rivage et d'encoches (Collina-Girard, 1992). La remontée a débuté il y a 18 000 ans avec plusieurs phases d'arrêt. Le dernier stationnement a duré environ 2 000 ans, comme l'atteste la relative homogénéité des altitudes des ports antiques dans les zones où l'activité tectonique est faible.

- Enfin la tectonique isole parfois des portions de mer pour lesquelles les apports par les précipitations et les fleuves sont inférieurs à l'évaporation, ce qui provoque un abaissement de leur niveau. La mer Morte se situe aujourd'hui à – 450 m. Des scénarios de ce type sont avancés pour expliquer les paléoreliefs et les niveaux d'évaporites présents au fond de la Méditerranée, ainsi que dans le golfe du Mexique.

Ces fortes variations de niveau de base ont bien sûr eu des conséquences sur le fonctionnement des milieux aquatiques superficiels ou souterrains mais, aussi et surtout, sur l'organisation spatiale des aquifères, en induisant, par exemple, des phases successives de creusement des vallées et de remplissage par les alluvions, ou en permettant la mise en place de systèmes karstiques profonds. La vallée du Rhône fortement incisée au Messinien (plus de 600 m de profondeur à Arles), puis envahie par la mer Pliocène jusqu'à Lyon, en est un exemple typique.

L'hydrogéologie en zone côtière ne peut s'affranchir de l'étude de ces variations. Les études hydrogéologiques, réalisées en cours de chantier, lors du percement du tunnel de Toulon ont montré que des paléocirculations d'eau souterraine avaient existé entre les calcaires jurassiques du mont Faron au nord et le karst littoral et sous-marin du Muschelkalk de la rade de Toulon au sud, à travers des amas de gypse du Keuper très solubles, lorsque la mer était plus basse *(cf. chapitre 23.3.3)*. Dans un tel contexte, les pompages d'exhaure, sous le niveau de la mer, pendant plusieurs années peuvent réactiver des circulations, entraînant d'une part le lessivage des argiles remplissant les cavités, mais aussi l'intrusion d'eaux marines qui en se mélangeant à l'eau du karst, permettent par l'effet de la force ionique, la dissolution du gypse.

Actuellement le réchauffement climatique dont l'origine naturelle ou anthropique reste sujette à débat, se traduit par une remontée perceptible du niveau de la mer de plusieurs millimètres depuis un siècle. L'amplitude prévisible est variable selon les scénarios ; elle pourrait s'accélérer et atteindre 1 mètre en un siècle, ce qui, hormis les problèmes d'occupation du sol, aurait des incidences sur l'utilisation des aquifères côtiers.

## 9.2 AQUIFÈRES KARSTIQUES LITTORAUX

Sur tous les littoraux calcaires de la planète, des sources jaillissent près du rivage ou sous la mer. Elles sont fréquentes sur le pourtour méditerranéen et ont fait l'objet de très nombreuses études et tentatives d'exploitation, en particulier le long de la cote dalmate où environ une trentaine de sources de fort débit (quelques $m^3.s^{-1}$) sont connues entre Trieste et Kotor (Mijatovic, 1986 ; Breznik, 1999). En Grèce, l'Almyros d'Heraklion (Crète) fait l'objet de tentatives de captage depuis un demi-siècle; en Italie les sources de Tarente et de la Mortola, sont étudiées depuis les années 1960 ; en France, la source de Port Miou a fait l'objet d'études approfondies à la même époque. Les études les plus récentes (Bini, 1994 ; Gilli, 2001 ; Arfib, 2001) montrent que la mise en place de ces systèmes et leur fonctionnement ne peuvent s'expliquer sans faire appel à un contexte paléogéographique très différent de l'actuel qui explique leur fonctionnement particulier et la cause des échecs.

Leur utilisation directe à l'exutoire est généralement impossible du fait de leur salinité, mais ces sources étant le point de sortie d'aquifères continentaux, leur étude apporte de précieux renseignements pour permettre le captage à terre. Du fait de l'augmentation de la population le long des côtes et de la nécessité de disposer de ressources alternatives en cas d'accident, on assiste aujourd'hui à un regain d'intérêt pour ces ressources.

### 9.2.1 Particularités des sources karstiques littorales et sous-marines

La plupart des sources karstiques littorales ont des conditions d'émergence comparables aux sources continentales. Cependant, hormis lorsqu'elles sont séparées du milieu marin par un niveau imperméable ou lorsque le gradient hydraulique est très important, les sources karstiques littorales sont généralement saumâtres. La salinité varie en général en fonction inverse du débit et est donc maximale à l'étiage ; or c'est généralement la période où l'on souhaite solliciter au maximum les aquifères. Les mécanismes de la contamination ne sont pas encore totalement résolus, mais ils peuvent être abordés à partir de la loi de Ghyben-Herzberg.

Pour les sources sous-marines, l'eau saumâtre, moins dense que l'eau de mer, migre verticalement depuis le point de sortie jusqu'en surface, où elle forme une auréole bien visible par temps calme. L'eau s'étale ensuite à la surface de la mer.

À proximité des sources, le mélange d'eaux rend l'eau de mer agressive, ce qui permet la dissolution des calcaires. Une encoche marine ou des champignons rocheux sont généralement visibles à proximité des exutoires.

En périphérie des sources marines, il peut exister des cavités qui fonctionnent en estavelles, en absorbant de l'eau de mer ou en émettant de l'eau saumâtre, selon les saisons. Celles de la Baie de Bali (Crète) absorbent environ 1 $m^3.s^{-1}$ et sont en relation prouvée par traçage avec les sources littorales saumâtres de Syphona, distantes de 6 km. Une communication est peut-être aussi possible avec la source de l'Almyros d'Héraklion (alt. 3 à 10 m) située 30 km au sud-est, mais aucune expérience de traçage n'a pu la mettre en évidence et des études récentes (Arfib, 2001) réfutent cette hypothèse. Les estavelles de Kola (Croatie) absorbent 100 $L.s^{-1}$ et un traçage a montré leur liaison avec les sources littorales de Jurjurevo.

L'aspiration peut se faire sur le littoral et être alors visible, comme pour les moulins d'Argostoli qui sont un des phénomènes karstiques les plus étonnants de la planète. Sur la côte ouest de l'île de Céphalonie (Grèce), dans la baie de Livadi près de la ville d'Argostoli, plusieurs cavités karstiques littorales absorbent l'eau de mer. Dans le passé, le débit était suffisant pour alimenter en énergie deux moulins, mais en 1953, à la suite d'un important séisme, il a fortement diminué. Un traçage avec 140 kg de fluorescéine en 1963 a montré une communication, après 16 à 23 jours de trajet souterrain, avec les sources saumâtres de Karavomylos situées à Sami, 15 km au nord-est, sur la cote est de l'île. Les débits étaient de1,7 $m^3.s^{-1}$ pour les pertes, et 10 $m^3.s^{-1}$ pour les sources. Ce phénomène, encore mal compris, a donné lieu a plusieurs interprétations, parmi lesquelles on peut citer Glanz (1965), Maurin et Zoetl (1965), Drogue (1989). Une hypothèse de fonctionnement est proposée ci-après *(cf. chapitre 9.2.4)*.

## 9.2.2 Origine de sources karstiques sous-marines

Les systèmes karstiques réagissent avec retard aux variations du niveau marin qui sont généralement rapides (+ 120 m en 18 000 ans, soit une vitesse moyenne de 6,6 mm/an pour la dernière transgression, avec des vitesses instantanées encore plus rapides, compte tenu des périodes d'arrêt). Des drains ont pu se creuser en relation avec un niveau marin abaissé, en période glaciaire par exemple. À la suite d'une transgression, si la perméabilité des calcaires à proximité de l'exutoire est faible, l'émergence pourra rester fonctionnelle sous le niveau de la mer, sous réserve que la pression d'eau douce soit supérieure à celle de l'eau de mer. On connaît ainsi des sources à 80 m de profondeur (Anavalos, Grèce).

Les systèmes karstiques sont polyphasés et leur évolution peut s'étendre sur des millions d'années. Durant ces longues périodes, les karsts littoraux se sont adaptés aux variations du niveau de base marin, par creusement de nouveaux drains, mais aussi par réactivation d'anciens drains. En effet, au sein d'un aquifère karstique à nappe libre, l'établissement d'un courant d'eau, préalable nécessaire au creusement des conduits *(cf. chapitre 8)*, dépend du gradient hydraulique et de la perméabilité fissurale de la roche. L'écoulement s'effectue depuis les zones de recharge vers la zone de décharge, là où les pertes de charges sont minimales, c'est-à-dire selon la ligne la plus directe en fonction de la géométrie des fractures de l'aquifère. Les drains principaux sont donc généralement placés en partie haute de la nappe et ont un profil subrectiligne, proche de la pente piézométrique. Cependant, comme le système a pu évoluer dans le passé avec creusement de drains de forte section, si le niveau de la nappe remonte au-dessus d'eux, les pertes de charge seront moins importantes dans ces conduits que dans le réseau de fissures non karstifiées, et l'écoulement se fera au moins partiellement à leur niveau.

Des paléokarsts sont connus autour de la Méditerranée, depuis le Crétacé au moins (Rousset, 1968). La karstification actuelle, non ou peu affectée par la tectonique, remonte probablement à l'Oligo-Miocène pour les secteurs à tectonique peu active, et au Pliocène, après la dernière phase alpine, pour les autres zones (Chaînes subalpines). Les héritages sont importants, et le drainage de l'aquifère karstique pourra donc se faire selon une géométrie parfois déconcertante. En amont des émergences littorales, les explorations en plongée spéléologique révèlent de plus en plus la présence de conduits karstiques hérités, se développant très en dessous des niveaux les plus bas des variations glacio-eustatiques du Quaternaire. L'hypothèse la plus séduisante est celle d'une mise en place des systèmes lors des assèchements de la Méditerranée au Messinien, avant l'ouverture du détroit de Gibraltar. Cependant, le rôle de la tectonique ne doit pas être négligé puisque des pays comme la Grèce montrent des vitesses de surrection très importantes, dépassant 1 mm/an pour l'actuel.

TABLEAU 5 PROFONDEUR DES CONDUITS DE QUELQUES SOURCES KARSTIQUES.

| Source | Pays | Profondeur sous le niveau de la mer | Hypothèse génétique |
|---|---|---|---|
| Rio el Mante | Mexique | 300 m | Hyper eustatisme du golfe du Mexique |
| Port Miou | France | 147 m | Hyper eustatisme messinien |
| Vaucluse | France | 224 m | Hyper eustatisme messinien |
| Almyros | Grèce | > 100 m | Hyper eustatisme messinien |
| Pozzo el Merro | Italie | 300 m | Hyper eustatisme messinien |

La profondeur de la fontaine de Vaucluse, pourtant placée à 150 km du littoral, ainsi que plusieurs exemples en Ardèche et dans les Causses de la région de Montpellier, montrent que ce mécanisme a eu des effets dans l'organisation spatiale des systèmes karstiques très loin du littoral (Audra *et al*, 2003).

TABLEAU 6 PIÉZOMÉTRIE À L'EXUTOIRE DE QUELQUES SOURCES SAUMÂTRES. D'APRÈS BREZNIK, 1998.

| Nom | Pays | Altitude en m | Salinité maxi en $g.L^{-1}$ | Profondeur probable du mélange en m |
|---|---|---|---|---|
| Almyros d'Heraklion | Crète, Grèce | 3 à 10 | 6 | 450 |
| Lac de Kournas | Crète, Grèce | 17 | – | 600 |
| Annavaloussa | Crète, Grèce | 12 | – | 500 |
| Pantan | Croatie | 4 | 12 | 160 |
| Slanac | Croatie | 27 | 5 | 1 000 |
| Tannimin | Israël | 10 | – | 400 |
| Mortola | Italie | 1 | 1,4 | 60 |

## 9.2.3 Hypothèses sur le fonctionnement

### a) *Hypothèse hydrodynamique*

La contamination pourrait être liée à un effet venturi. Cependant ceci n'a jamais été observé *de visu*, et explique difficilement pourquoi la salinité augmente lorsque le débit diminue et non l'inverse.

### b) *Hypothèse géothermale*

Une contamination profonde de l'aquifère karstique de Floride par des courants de convection d'eau de mer induits par le flux géothermal a été avancée par Henry et Kohout (1972) pour expliquer la salinité des karsts littoraux de Floride, mais cette hypothèse est difficilement extrapolable à des systèmes peu profonds.

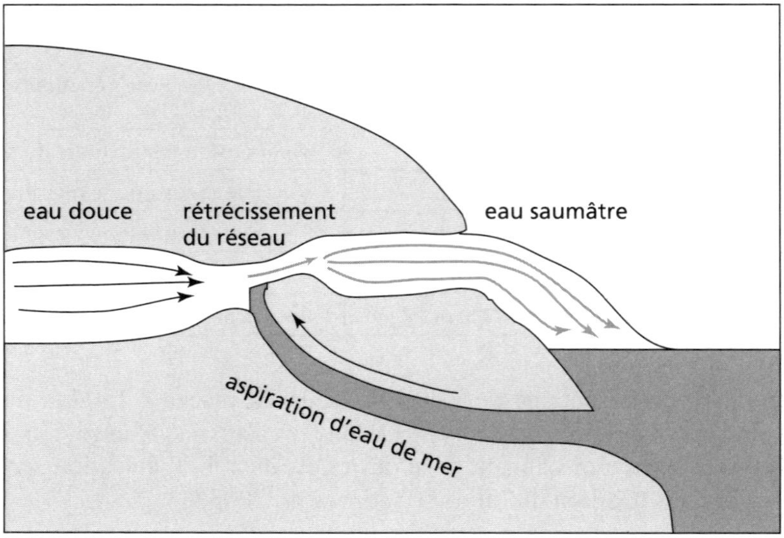


**Figure 37** Aspiration d'eau de mer par effet venturi.

### *c) Hypothèse des drains hérités*

La présence de drains à grande profondeur, hérités d'une paléogéographie messinienne ou de mouvements tectoniques, est une réalité, puisque certains ont été partiellement reconnus en plongée. Ceci permet d'approcher le comportement des sources saumâtres en définissant un modèle simple de 3 vases communicants, remplis respectivement d'eau de mer, d'eau douce et d'eau saumâtre (Lismonde, 2001). À l'équilibre on a :

$$(H + \Delta H_1)\,\rho_1 = (H + \Delta H_2)\,\rho_2 = (H + \Delta H_3)\,\rho_3$$

avec $H$ profondeur du drain par rapport au niveau moyen de la mer, $\Delta H_1$ charge hydraulique du karst, $\rho_1$ densité de l'eau douce, $\Delta H_2$ altitude de la source saumâtre, $\rho_2$ densité de l'eau saumâtre, $\Delta H_3$ variations d'altitude de la mer, $\rho_3$ densité de l'eau saumâtre.

Ce modèle explique facilement la présence de sources saumâtres au-dessus du niveau de la mer *(figure 38) (tableau 6)*.

Le terme $\Delta H_3$ correspond aux variations du niveau de la mer ou aux éventuelles dépressions, dans le cas des estavelles sous-marines de Bali (Crète) ou des Moulins d'Argostoli ($\Delta H_3$ est alors négatif). Il est donc le plus souvent nul si on néglige les marées. Avec $\rho_1 = 1$, pour chaque système on obtient :

$$H.\rho_3 = H + \Delta H_1 = (H + \Delta H_2)\,\rho_2$$

donc $\Delta H_2 = H\,(\rho_3 - \rho_2)/\rho_2$ et comme $\rho_3$ est toujours supérieur à $\rho_2$, $\Delta H_2$ est toujours positif.

En prenant l'exemple de drains à 100 m de profondeur et d'une salinité à la source de 5 $g.L^{-1}$ (soit une densité de 1,004) on obtient une altitude théorique voisine de 2,5 m. Des sources de salinité équivalentes situées à 27 m (Slanac) peuvent donc s'expliquer par des drains à environ 1 000 m de profondeur ce qui est compatible avec l'hypothèse messinienne et avec les puissances des calcaires péri-méditerranéens.

Il est certain que si l'on doit envisager des circulations aussi profondes, il devient aussi nécessaire de prendre en compte le gradient géothermique et les variations de densité de l'eau liées à la température.

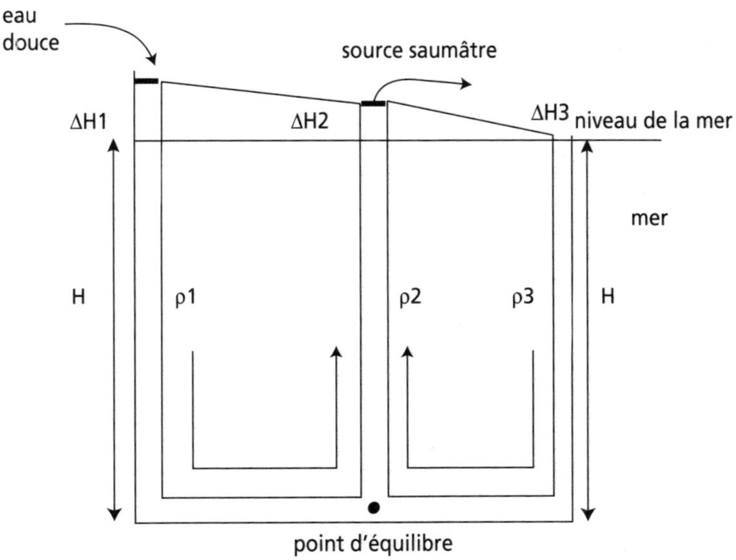


$$(H + \Delta H1)\rho 1 = (H + \Delta H2)\rho 2 = (H + \Delta H3)\rho 3$$

**Figure 38** Hypothèse des drains hérités.

Une variante de ce modèle a été définie par Gjurašin (1938), la diffluence. Le système y est résumé en un drain karstique se divisant en deux branches en partie terminale. La branche supérieure alimente la source saumâtre, la branche inférieure fonctionne en estavelle. Lorsque la pression d'eau douce devient importante, la colonne d'eau de mer peut être déplacée et le système n'est plus contaminé par la mer *(figure 39)*.

### *d) Contamination concentrée ou diffuse*

Les modèles précédents font appel à des conduits bien individualisés, mais rien ne s'oppose à imaginer une contamination diffuse par des réseaux de fissures autour d'un drain karstique profond. Une modélisation de l'Almyros d'Heraklion a été réalisée par Arfib (2001). Le modèle reflète parfaitement le fonctionnement de la source en imaginant un drain majeur placé à 500 m de profondeur, avec une contamination diffuse autour du drain. Une mise en place au Messinien est envisagée, mais un basculement tectonique peut aussi être retenu.

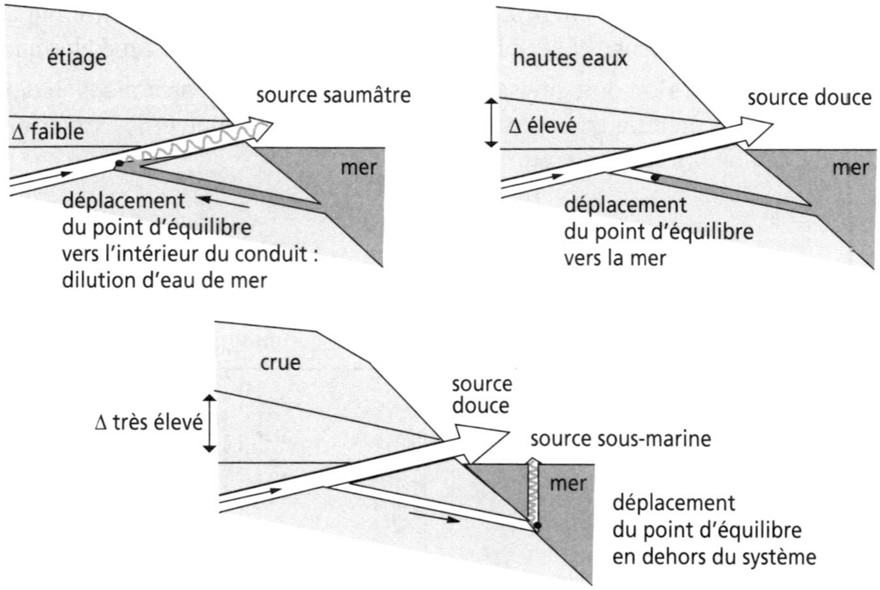


**Figure 39** Modèle de la diffluence, selon Gjurašin (1938).

### 9.2.4 L'exemple des Moulins d'Argostoli

Le modèle précédent *(figure 38)* permet d'expliquer le fonctionnement des Moulins d'Argostoli. Une visite du site montre que : $\Delta H_2 = 2$ m ; $\Delta H_3 = -1{,}5$ m. La résolution de l'équation avec $\rho_1 = 1{,}025$ ; $\rho_2 = 1$ et avec une salinité de 5 g.L$^{-1}$ à Sami soit $\rho_2 = 1{,}004$ donne alors une profondeur de mélange de 170 m et suggère un niveau piézométrique moyen du karst insulaire $\Delta H_2$ de 3 m *(figure 40)*.

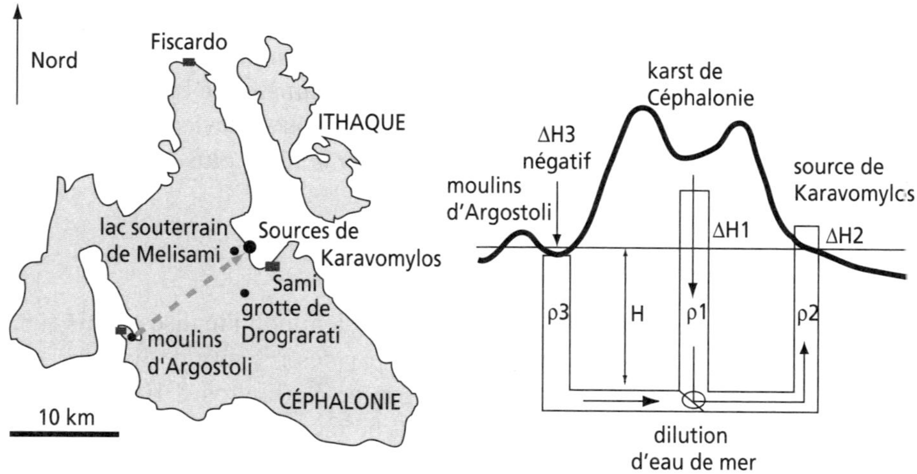


**Figure 40** Modèle de fonctionnement du système perte-résurgence, des moulins d'Argostoli (Île de Céphalonie, Grèce).

Le système est en déséquilibre perpétuel puisque le karst est alimenté par les précipitations. La pression dans la colonne d'eau de mer ne peut pas augmenter puisque hauteur et densité y sont constantes. Un apport régulier d'eau douce dans la colonne centrale se traduit par une circulation en direction de la colonne d'eau saumâtre, un courant d'eau se fait donc entre le massif et les sources de Sami. L'apport d'eau douce dans la colonne saumâtre diminue sa densité et déplace la colonne d'eau de mer vers l'intérieur du système, maintenant constante la dépression responsable de l'aspiration d'eau de mer dans le conduit karstique où elle se mélange à l'eau douce.

En réalité, le système doit être abordé par l'hydrodynamique et il faut prendre en compte les effets des marées et des courants (Drogue, 1989). Mais les vitesses sont réduites (1 $cm.s^{-1}$) et l'amplitude des marées, déjà faible en Méditerranée, est atténuée par la position particulière des pertes marines dans un ancien poljé envahi par la mer.

### 9.2.5 L'exemple de Port Miou

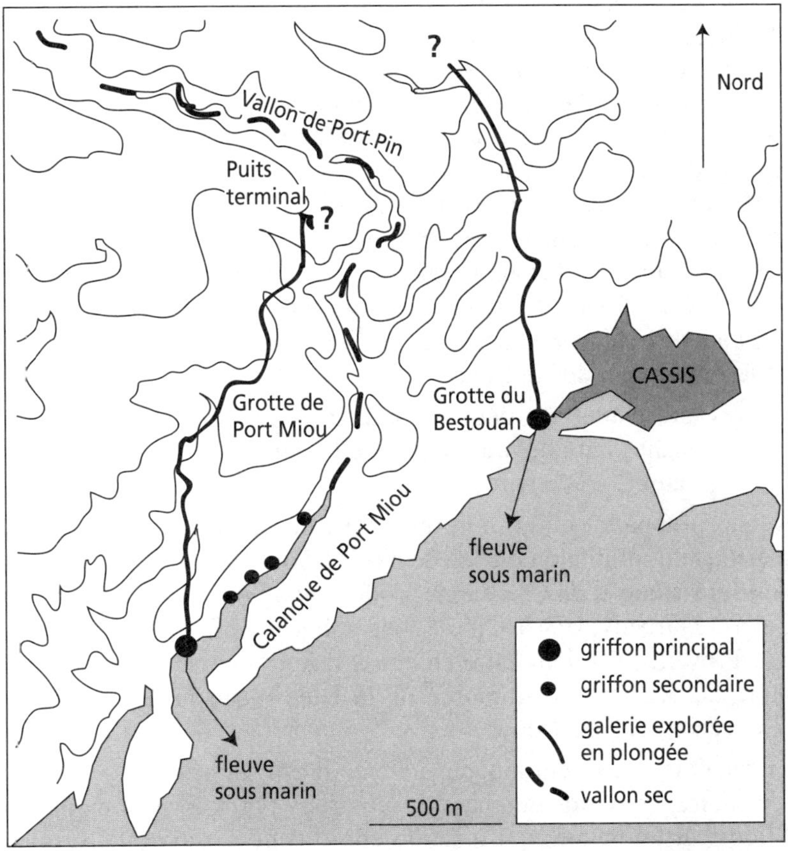


**Figure 41** Plan de situation de la source sous-marine de Port Miou (Marseille-Cassis).

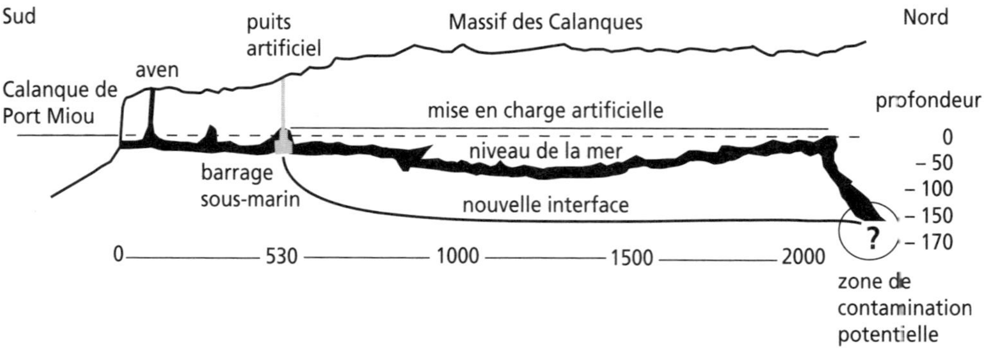


**Figure 42** Coupe longitudinale de la galerie noyée de la source sous-marine de Port Miou (Marseille-Cassis).

Les sources sous-marines de Port Miou et du Bestouan (Marseille et Cassis) correspondent à deux exutoires d'un seul et même aquifère *(figure 41)*. Elles sont décrites depuis l'Antiquité. Ces sources karstiques saumâtres, malgré un débit d'environ 6 $m^3.s^{-1}$, ne sont pas exploitées. Elles forment le fleuve le plus important entre le Rhône et l'Argens. Elles ont fait l'objet d'études scientifiques et d'explorations spéléologiques dans les années 1970 dans le cadre de travaux du collectif « Société des Eaux de Marseille et BRGM », destinés à la mise en place d'un captage expérimental (SRPM, 1978). Les ouvrages successifs (1972-1975) n'ont pas permis pour autant de s'affranchir de la salinité résiduelle restée proche de 3 $g.L^{-1}$, qui a été attribuée à un lessivage d'évaporites continentales (Vernet et Vernet, 1980). Or de récentes études (Blavoux *et al*, 2004) montrent que l'origine de la salinité de ces eaux saumâtres est purement marine. De plus, cette salinité est présente, à Port Miou, à 2 km de l'entrée dans un puits exploré jusqu'à 170 m de profondeur (Meynié, 2006). La *figure 42* montre comment la présence de ce puits permet d'expliquer l'échec de ce barrage, en autorisant le mélange des eaux, douce et marine, au niveau du puits terminal.

Ces sources présentent un débit excédentaire par rapport à leur impluvium supposé, comprenant l'auréole urgonienne du bassin du Beausset augmentée d'une partie de la Ste Baume, soit environ 300 $km^2$.

À l'inverse, il apparaît qu'au nord et à l'est du bassin du Beausset, malgré un module spécifique d'infiltration moyen de 8 $L.s^{-1}.km^{-2}$, les 1 500 $km^2$ d'affleurements calcaires du Jurassique et du Crétacé ne produisent qu'environ 5 à 6 $m^3.s^{-1}$ d'eau de source (Cova et Durozoy, 1980). On est donc obligé d'admettre qu'une grande partie de la Basse Provence est déficitaire en eau à raison d'environ 4 $L.s^{-1}.km^{-2}$. Il est donc tentant d'imaginer que la moitié de la lame d'eau infiltrée dans ce secteur alimente l'excédent de Port Miou.

En retenant alors une valeur moyenne de module d'infiltration de 4 $L.s^{-1}.km^{-2}$, il devient nécessaire d'envisager un bassin d'environ 1 000 $km^2$ pour expliquer le débit de Port Miou. Un tel bassin, qui reste à définir, peut s'inscrire dans un périmètre remontant au nord, dans le bassin de l'Arc, jusqu'à la Sainte-Victoire et s'étendant à

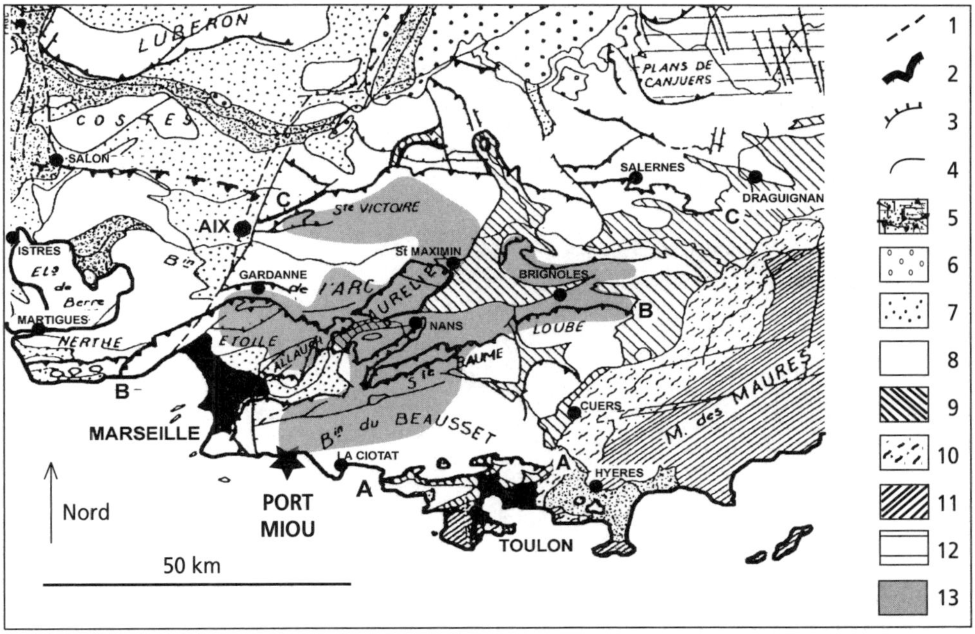


**Figure 43** Bassin d'alimentation hypothétique de la source de Port Miou (d'après Blavoux *et al*, 2004).

1 : principales failles crustales ; 2 : chevauchements importants (A, B and C – front d'érosion des principales nappes) ; 3 : autres failles ; 4 : contacts normaux ; 5 : Quaternaire ; 6 : Mio-Pliocène continental ; 7 : Miocène marin et Oligocène lacustre ; 8 : Cretacé et Jurassique calcaires ; 9 : Trias (calcaires et évaporites) ; 10 : Permien (grès et pélites) ; 11 : Carbonifère et Hercynien ; 12 : chaînes subalpines méridionales ; 13 : bassin d'alimentation supposé.

l'est vers Brignoles *(figure 43)*. Les débits de Port Miou conduisent donc à imaginer un gigantesque karst profond drainant l'ensemble de la Basse Provence. L'organisation spatiale d'un tel système impose d'imaginer une paléogéographie très différente de l'actuelle.

Des indices karstiques, tels que la profondeur des drains explorés à Port Miou ou la présence d'un paléorelief karstique immergé à 150 m de profondeur au sud des calanques (Collina-Girard, 1996), peuvent s'expliquer par l'existence d'un ancien niveau de base régional placé à plus de 200 m de profondeur, en dessous du niveau actuel de la mer. De même le profond canyon sous-marin de Cassidaigne au large de Port Miou qui a une morphologie de reculée karstique et qui ne se raccorde à aucune vallée continentale importante, a pu être creusé par les eaux de la paléosource de Port Miou, à 250 m de profondeur *(figure 44)*. L'ensemble a donc évolué avec un niveau de base très abaissé. De telles conditions paléogéographiques ont été observées lors de la crise évaporitique majeure du Messinien. L'abaissement de la Méditerranée, induisant la forte incision du Rhône et de la Durance, aurait individualisé deux systèmes karstiques majeurs, celui de Port Miou au sud et celui du Vaucluse au nord (Gilli, 2001). La remontée de la mer et le comblement des vallées continentales au

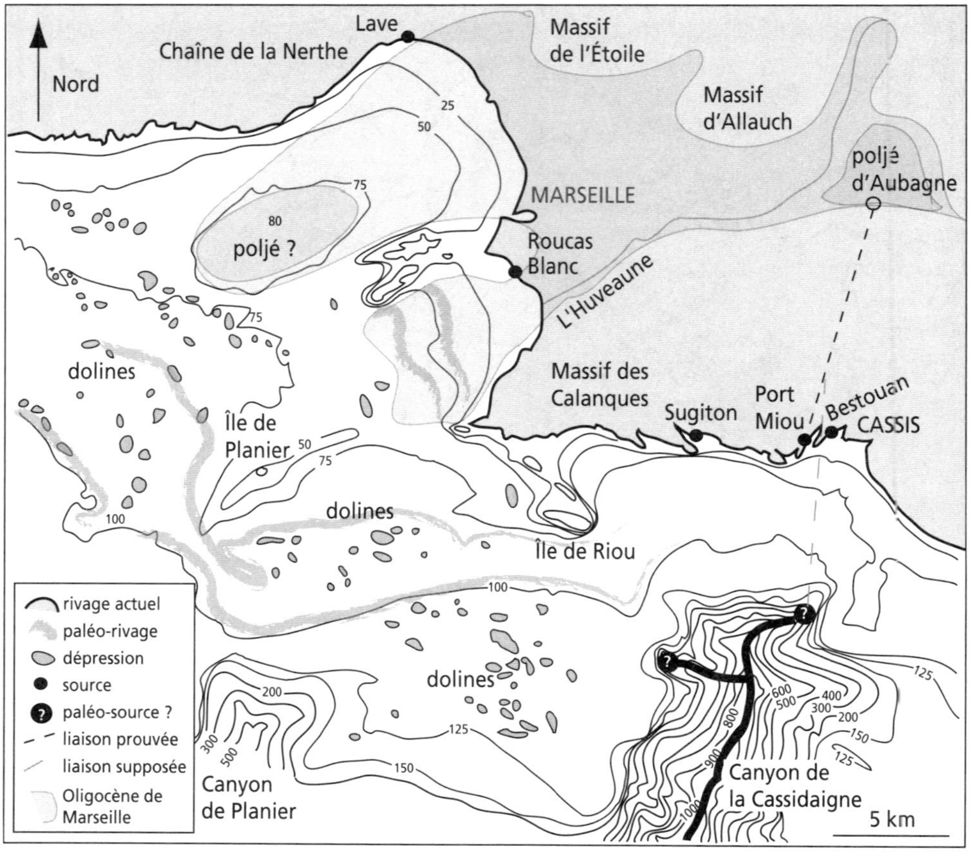


**Figure 44** Relief karstique sous-marin au large de Marseille et des calanques de Cassis (d'après Collina-Girard, 1996).

Pliocène, en bloquant les drainages profonds ont forcé l'eau à utiliser des paléodrains où les pertes de charge sont quasi nulles, pour se raccorder au niveau de base actuel. La contamination marine à Port Miou pourrait donc se faire par une paléogalerie, comme le laisse supposer une anomalie en titane découverte dans les sédiments de la galerie de Port Miou (Cavalera *et al*, 2010) ; le titane pourrait en effet provenir d'une aspiration des boues rouges de traitement de la bauxite, déversées dans le canyon de Cassidaigne.

Une analyse géologique et géophysique est en cours pour confirmer la possibilité d'une connexion hydraulique entre l'Urgonien des calanques et la tête du canyon messinien de Cassidaigne.

Dans la région de Marseille, plusieurs sources karstiques littorales ou sous-marines de faible débit sont chaudes (venues d'eau du tunnel du Rove 30 °C, sources d'Arnette 30 à 35 °C). Avec un gradient de 1 °C/30 m et une température moyenne en surface de 18 °C, leur salinité et leur température peuvent s'expliquer par une contamination marine vers 350 m de profondeur et une circulation proche du niveau de base géologique, riche en sulfates, appuyant l'hypothèse messinienne.

## 9.3 L'HYPEREUSTATISME ET SES CONSÉQUENCES

Un tel schéma a des conséquences très importantes sur l'exploitation des eaux karstiques périméditerranéennes, puisqu'il place les zones les plus transmissives, donc celles à atteindre par forage, à une forte profondeur qui reste à définir pour chaque cas, car elle dépend de l'abaissement maximum du niveau de base, mais aussi de la position des niveaux de base géologiques.

Par ailleurs, ce schéma autorise une réflexion, non seulement sur les aquifères littoraux, mais aussi sur les aquifères karstiques ou alluviaux placés à l'intérieur des continents, puisque leur géométrie a pu être influencée par la forte incision des vallées au Messinien (Audra *et al*, 2003). Ce schéma périméditerranéen pourrait s'étendre à d'autres parties du globe, comme le golfe du Mexique, où la présence d'évaporites pourrait révéler la fermeture et l'assèchement du golfe.

Chapitre 10

# Les eaux thermominérales et la géothermie

## 10.1 DÉFINITION

Les sources chaudes sont connues de tous temps et utilisées depuis l'Antiquité pour les bains. Hormis leur température, ces eaux possèdent généralement des caractéristiques particulières : gaz, odeur, minéralisation. L'augmentation de température et de pression permet, en effet, la dissolution de sels et de gaz qui vont enrichir l'eau de manière anormale. On peut alors parler d'eaux thermominérales. Ces propriétés sont utilisées dans le thermalisme. Les eaux ou les boues associées y ont un usage thérapeutique en bains ou en boisson.

Il n'y a pas de définition précise des eaux thermales. Bien que l'étymologie fasse référence à la température, l'usage dans le thermalisme fait appel aux caractéristiques physico-chimiques de l'eau. La définition retenue dans le dictionnaire français d'hydrogéologie (1977) est : « eau souterraine naturellement chaude à son émergence (source, puits jaillissant) et utilisable de ce fait à des fins particulières : thermalisme, chauffage ».

La notion même de température est délicate à apprécier puisque des eaux peuvent apparaître plus ou moins chaudes par rapport à leur environnement selon les saisons. Le caractère thermal ne s'applique que si la température de l'eau dépasse de quelques degrés la température moyenne des sources placées à la même altitude. La notion de minéralisation est tout aussi délicate à appréhender, comme le montre le cas particulier des sources salées littorales dont les propriétés sont en fait liées à une contamination des aquifères continentaux par la mer. De même une forte minéralisation peut être acquise par lessivage d'évaporites (enrichissement en sulfates ou en chlorures).

# 10.2 ORIGINE DE LA CHALEUR

## 10.2.1 Eaux juvéniles

Les roches du manteau contiennent environ 0,3 % d'eau qui par dégazage peut atteindre l'hydrosphère, entraînant un cortège de sels minéraux caractéristiques.

De l'eau est entraînée vers le manteau dans les zones de subduction. Cette eau peut être restituée par le volcanisme ou alimenter des sources hydrothermales profondes dans les zones de dorsales océaniques.

## 10.2.2 Réchauffement et minéralisation secondaires

Cependant, cette fraction juvénile intervient peu dans la composition des eaux thermominérales dont l'origine est essentiellement météorique. L'eau peut, en effet, se réchauffer en pénétrant plus ou moins profondément à l'intérieur du sous-sol ou en circulant plus superficiellement dans les édifices volcaniques et les zones d'anomalie thermique. Les travaux de Blavoux et Letolle sur les isotopes ont permis de prouver l'origine météorique des eaux des sources thermales *(figure 45)*.

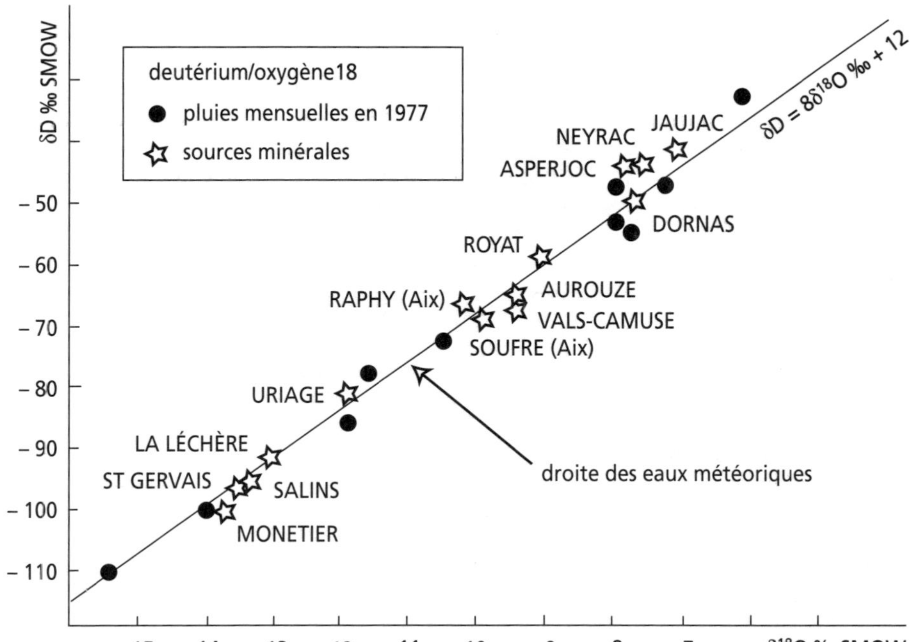


**Figure 45** Analyses isotopiques montrant une origine météorique pour quelques eaux minérales françaises d'après Blavoux et Letolle, 1995.

### a) Circulation profonde

Lorsque l'on s'enfonce sous terre, la température augmente progressivement avec un gradient proche de 1 °C pour 30 m. L'eau qui circule en profondeur se charge donc en calories qui pourront parvenir jusqu'en surface. À 5 000 m de profondeur la température dépasse 150 °C et peut fréquemment atteindre 200 °C.

L'augmentation de température peut aussi provenir d'anomalies thermiques plus ou moins proches de la surface. Il est difficile de savoir jusqu'où les eaux peuvent s'enfoncer sous terre et de ce fait quelle peut être la température maximale. L'augmentation de pression permet à l'eau de circuler sous forme liquide à des températures supérieures à 100 °C. En remontant, elle se transforme en vapeur et peut alimenter les geysers.

### b) Origine de la minéralisation

La minéralisation augmente avec la pression. Castany (1998) cite les valeurs mesurées dans les forages profonds pétroliers du Bassin Parisien ; pour les plus profonds, la minéralisation totale dépasse celle de l'eau de mer.

L'augmentation de température peut aussi favoriser la dissolution de certains minéraux, comme la silice, ou au contraire favoriser leur précipitation comme les carbonates.

Le temps de séjour est également une donnée fondamentale, car certaines réactions de dissolution sont très lentes. La minéralisation va donc être fonction de la profondeur atteinte et du temps de transit dans le système profond.

**Tableau 7** Minéralisation des eaux d'aquifères profonds du Bassin parisien (d'après Castany, 1998).

| Lieu | Profondeur en m | Minéralisation en $g.L^{-1}$ |
|---|---|---|
| Chailly-en-Bière | 1 690 | 9 |
| Chailly-en-Bière | 1 710 | 11 |
| Perthes | 1 815 | 18 |
| Coulommes | 1 890 | 29 |
| Nangis | 1 900 | 10 |
| Nangis | 2 265 | 80 |
| Nangis | 2 320 | 90 |
| Château-Landon | 2 240 | 110 |
| Eau de mer | | 35 |

### c) L'enrichissement en gaz

L'eau peut se charger en gaz. Selon la loi de Henry, plus la pression augmente, plus la quantité dissoute est importante.

TABLEAU 8 SOLUBILITÉ DES PRINCIPAUX GAZ DANS L'EAU (D'APRÈS DETAY, 1993).

| Gaz | Solubilité en $mg.L^{-1}$ |
|---|---|
| Azote ($N_2$) | 23,3 |
| Oxygène ($O_2$) | 54,3 |
| Gaz carbonique ($CO_2$) | 2 318 |
| Méthane ($CH_4$) | 32,5 |
| Hydrogène ($H_2$) | 1,6 |
| Sulfure d'hydrogène ($H_2S$) | 5 112 |

On peut noter sur ce tableau les valeurs importantes de la solubilité du $CO_2$ et de $H_2S$ ce qui permet d'expliquer pourquoi les eaux thermominérales sont souvent pétillantes ou sentent le soufre.

L'enrichissement en gaz a des conséquences sur la minéralisation. On se référera au chapitre sur la karstification *(cf. chapitre 8)*, pour voir l'importance du $CO_2$ dans la dissolution des calcaires. Le $CO_2$ qui acidifie l'eau provient normalement de l'atmosphère du sol. Le karst évolue alors du haut vers le bas et donne naissance à des cavités épigènes. Le $CO_2$ peut aussi avoir une origine profonde et permettre la formation d'un karst hypogène. Les cavités se creusent alors du bas vers le haut. L'exploration spéléologique a permis l'étude de nombreux systèmes hydrothermaux non fonctionnels (grottes de Rhar Kab Shrir, Algérie) (Collignon, 1988), la température et les gaz empêchant généralement l'accès aux systèmes actifs.

À leur exutoire, les eaux thermominérales soumises à une diminution de température et de pression voient leurs équilibres chimiques déplacés dans le sens de la précipitation. L'eau dégaze et devient pétillante, un cortège de minéraux se dépose à proximité de la source. Les amas de travertin blanc du site de Pamukkale (Château de Coton), en Turquie, constituent un des plus célèbres exemples de dépôt de calcite hydrothermale.

Un mécanisme comparable fait intervenir du $H_2S$ d'origine profonde dans le creusement des grottes du sud-ouest des États-Unis. (Hill, 1987). En se combinant au $H_2S$ des gisements d'hydrocarbures, les eaux souterraines deviennent acides, dissolvent les calcaires et creusent des galeries. L'attaque acide donne naissance à du gypse qui se dépose dans les réseaux et permet la naissance de remarquables formes de concrétions (Hill & Forti, 1997).

$$H_2S + 2\,O_2 \rightarrow 2H^+ + SO_4^{2-}$$

$$2H^+ + SO_4^{2-} + CaCO_3 + 2\,H_2O \rightarrow Ca\,SO_4,\,2H_2O\ (\text{gypse}) \downarrow + CO_2 \uparrow$$

Les réseaux sont créés *per ascensum*, et peuvent avoir une forme caractéristique en chou-fleur ou former des labyrinthes. Le gypse issu de la réaction se dépose à l'intérieur des conduits de nombreuses cavités de la région de Carlsbad (New Mexico, États-Unis). Le système de Lechuguilla s'étend ainsi sur plus de 150 km, jusqu'à une profondeur de 500 m.

### d) Problèmes d'exploitation des eaux thermominérales

L'eau d'origine profonde peut traverser d'autres aquifères lors de sa remontée jusqu'en surface et se mélanger à des eaux de qualité variable. Elle peut donc perdre ses caractéristiques premières et voir sa qualité plus ou moins altérée. Les établissements exploitant ce type de ressource doivent veiller à conserver une qualité constante et irréprochable. Les ouvrages doivent donc capter les eaux avant mélange avec les eaux superficielles.

## 10.3 LA GÉOTHERMIE

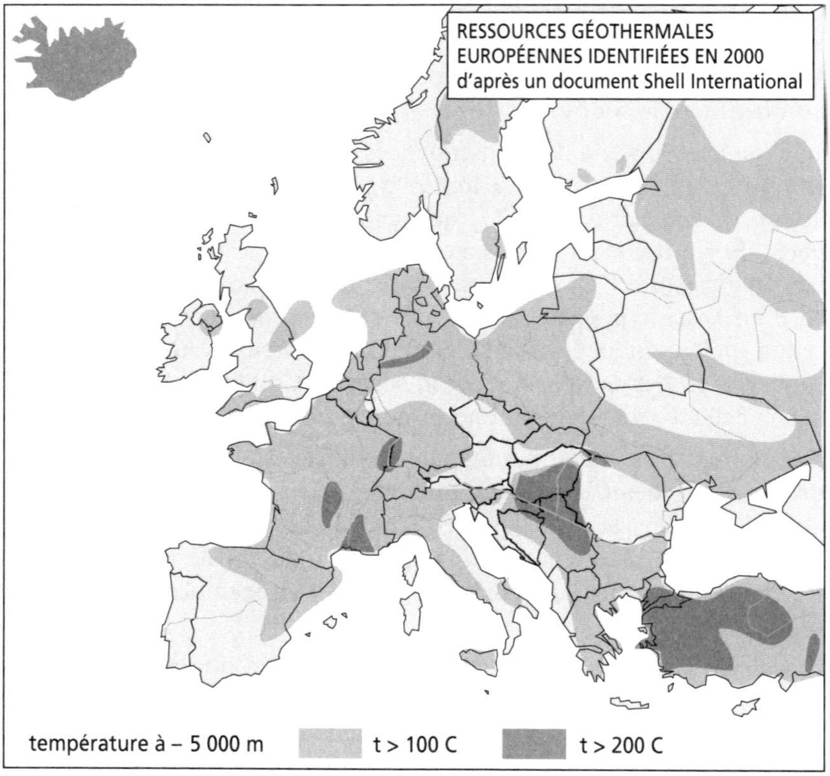


**Figure 46** Ressources géothermales européennes identifiées (d'après Shell International).

De l'énergie thermique étant présente dans le sous-sol, il est tentant de l'utiliser telle quelle ou de la transformer en énergie électrique. Les premiers essais de production d'électricité ont eu lieu en Italie au tout début du XX$^e$ siècle. La géothermie est largement exploitée en Islande qui, grâce à des serres réchauffées, est un producteur européen de bananes. 40 % de la population y est chauffé par la géothermie qui participe aussi pour 30 % à la production d'électricité. L'Islande bénéficie d'une position privilégiée sur le rift médio-atlantique, siège d'un volcanisme actif, mais dans d'autres zones d'Europe, le gradient de température peut atteindre 1 °C pour 20 m.

Les thermies d'1 km$^3$ de granite à 5 000 m de profondeur peuvent, grâce à l'injection et au réchauffement à 200 °C d'eau à une température initiale de 20 °C, produire la même quantité d'énergie que 1,3 million de tonnes de pétrole, soit la consommation d'une centrale électrique de 10 MWe pendant 20 ans. Les ressources potentielles en Europe ont été estimées par Shell international à 125 000 km$^3$. La géothermie pourrait donc constituer une importante ressource d'énergie européenne. Elle fournit actuellement 1,5 % de l'énergie électrique italienne.

Selon les températures, on distingue en général 5 types de gisements *(tableau 9)*.

TABLEAU 9 DIFFÉRENTS TYPES DE GÉOTHERMIE.

| Type | Température en °C | Environnement géologique | Profondeur en m | Usage |
|---|---|---|---|---|
| Très basse énergie | < 30 | Aquifères superficiels | | Pompes à chaleur |
| Basse énergie | 30-100 | Aquifères | 500-2 500 | Chauffage<br>Thermalisme |
| Moyenne énergie | 90-150 | Aquifères profonds<br>Anomalies thermiques | 2 000-3 000 | Chauffage<br>Électricité |
| Haute énergie. | > 150 | Aquifères des édifices volcaniques | | Électricité |
| Géothermie profonde | > 150 | Roches sèches profondes | 3 000-5 000 | Électricité |

On considère que 100 m$^3$/h de basse énergie permettent de chauffer 1 000 à 1 500 logements. En France, les secteurs de basse énergie sont les nappes des Bassins Parisien et Aquitain qui permettent le chauffage d'environ 20 000 logements. La moyenne énergie correspond aux anomalies thermiques d'Alsace et d'Auvergne *(figure 47)*. La haute énergie est présente dans les volcans des DOM. Une centrale hydroélectrique fonctionne à Bouillante, en Guadeloupe, et des recherches sont conduites par le BRGM dans la plaine du Lamentin, en Martinique, ainsi qu'à Cilaos et Salazie, dans l'île de la Réunion.

La géothermie a un coût d'exploitation très réduit, mais les forages profonds très onéreux, les problèmes de corrosion, de précipitation et les choix politiques freinent son développement.

Le principe étant de récupérer un fluide dans la zone chaude, différents procédés d'exploitation sont développés.

Pour la basse énergie, l'eau chaude peut être extraite de l'aquifère par pompage, utilisée et rejetée dans le milieu naturel. La Maison de la Radio à Paris est ainsi chauffée grâce à l'eau à 27 °C de la nappe de l'Albien, prélevée à 600 m de profondeur. L'eau refroidie est rejetée dans le réseau. Ceci pose bien sûr le problème de la qualité des rejets, car l'eau des aquifères profonds peut être très minéralisée ; aussi utilise-t-on le procédé du doublet, où l'eau froide est ensuite réinjectée dans l'aquifère.

Pour la moyenne énergie, plusieurs systèmes sont en cours de développement à Los Alamos (États-Unis), Rosemanowes (Royaume-Uni), Hijiori (Japon). Selon les

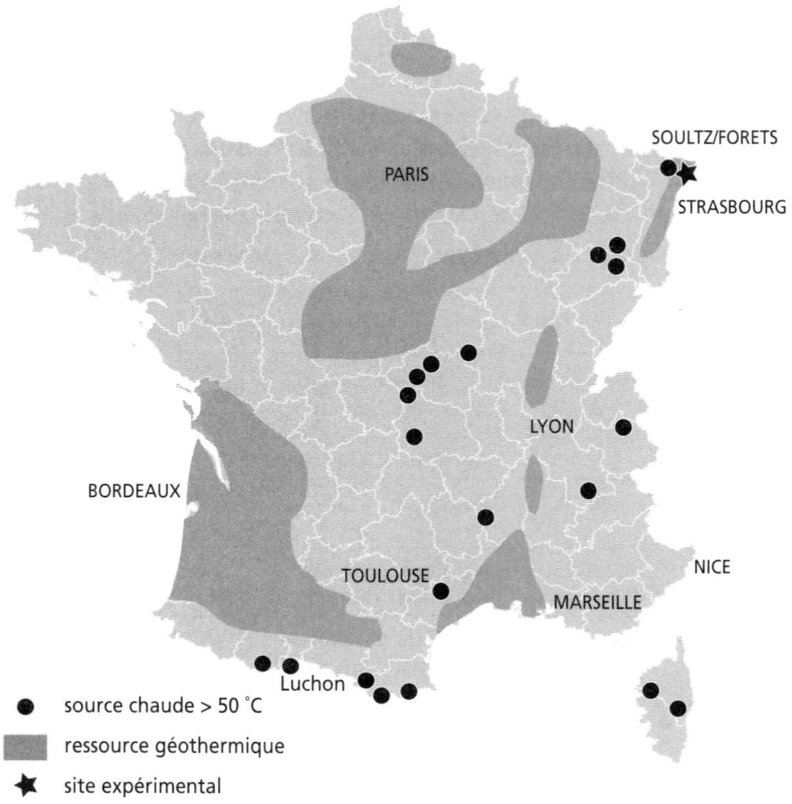


**Figure 47** Ressources géothermiques en France métropolitaine.

contextes, plusieurs appellations sont rencontrées : HDR (*Hot Dry Rock),* HFR (*Hot Fractured Rock*), HWR (*Hot Wet Rock*), le principe étant d'injecter de l'eau froide dans une roche fracturée chaude et de pomper l'eau réchauffée.

En France le système HDR de Soultz-sous-Forêt (Bas-Rhin) est en cours de réalisation. Les essais débutés depuis 1997 (Gentier & Genter, 2010) ont montré qu'il était possible, en injectant sous pression de l'eau dans des forages à 5 000 m de profondeur, de stimuler la fracturation naturelle pour permettre une circulation artificielle d'eau à 200 °C, entre deux forages profonds. Le site est placé en limite du graben du Rhin. Depuis 2005, un triplet de forages profonds permet l'injection et la circulation de l'eau dans le granite fracturé. Les problèmes principaux liés à ce dispositif sont les séismes induits, la corrosion, et la difficulté à lessiver les fractures du granite pour autoriser la circulation de l'eau entre les forages. L'eau est prélevée latéralement par deux pompes (12 et 3 L · s$^{-1}$) et conduite vers un échangeur thermique qui alimente en vapeur une turbine électrique (*figure 47*). La première production d'électricité a eu lieu en 2008 et la centrale est maintenant raccordée au réseau national. Un dispositif plus important, avec trois puits d'injection et six puits de collecte, sera construit afin d'atteindre une production de 25 MWe.

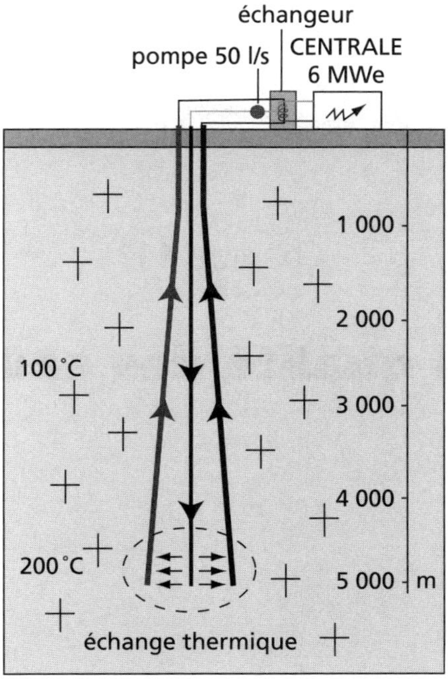


**Figure 48** Principe de fonctionnement du site de Soultz-sous-Forêts (Bas Rhin) d'après Baumgärtner *et al.*, 2002.

La haute énergie est utilisée en Islande et aux États-Unis, au nord de la Californie, où se trouve la plus grande centrale géothermique du monde : the Geysers (2 000 MWe), qui participe à l'alimentation de San Francisco. Sa production est cependant actuellement limitée à 1 200 MWe du fait de la diminution du flux de vapeur.

Chapitre 11

# La qualité des eaux

La qualité des eaux souterraines est le résultat d'une acquisition naturelle de minéralisation (bruit de fond biogéochimique) à laquelle se surajoutent les apports anthropiques (pollution).

## 11.1 CARACTÉRISTIQUES NATURELLES

Les eaux souterraines ont acquis leurs caractéristiques physico-chimiques à la traversée des différents compartiments du cycle de l'eau : atmosphère, sol, eaux de surface, zone non saturée, aquifère noyé.

L'atmosphère apporte, entre autres, chlorures et sulfates, sodium et potassium en provenance des aérosols marins, mais aussi des composés portés par la pollution atmosphérique (sulfates, nitrates, hydrocarbures...) provenant de la combustion des énergies fossiles (charbon, pétrole) : centrales thermiques, chauffage domestique, circulation automobile, ou des poussières arrachées aux sols nus (zones cultivées ou désertiques).

Le sol, ainsi que les terrains altérés de surface (altérites, épikarst), sont le lieu d'action de l'évaporation, capable d'y concentrer les traceurs conservatifs des précipitations. La réserve facilement utilisable (RFU ou $RU_{max}$) est non seulement un réservoir d'eau, mais elle stocke aussi chlorures, nitrates, sodium, potassium..., que l'évaporation concentre dans le sol et que les pluies efficaces suivantes vont lixivier en direction de la zone non saturée.

Le sol est aussi la première interface entre l'eau et les minéraux : les carbonates, sulfates de calcium ou de magnésium y sont dissous... Les silicates s'y altèrent en argiles, libérant calcium, magnésium, sodium et potassium.

Ces dissolutions et hydrolyses sont rendues possibles grâce à la présence de dioxyde de carbone produit dans le sol par l'activité biologique, par exemple par la respiration de la microfaune et de la microflore (bactéries, racines).

Dans le sol, la dégradation de la matière organique produit du $CO_2$, des nitrates, du potassium..., et des acides humiques et fulviques. Ces derniers vont se minéraliser au cours du temps ($CO_2$) constituant ainsi un potentiel de dissolution des carbonates et d'altération des silicates dans la zone non saturée et même dans la zone noyée des nappes sous-jacentes. La zone non saturée et la zone noyée constituent, elles aussi, des interfaces eau-roches, sur lesquelles l'eau se minéralise.

## 11.2 LES CONTAMINANTS NATURELS

### 11.2.1 Dissolution et altération

Du fait d'une cinétique lente, les réactions d'altération des silicates produisent généralement, avec des temps de réaction n'excédant pas quelques mois ou années, une minéralisation modérée. Cependant, l'altération de certains schistes primaires de l'Anti-Atlas (Maroc), contenant 40 000 ppm de Cl à l'état frais, peut fournir à l'eau 4 300 $mg.L^{-1}$ de $Cl^-$ (Krimissa *et al.*, 2004).

La dissolution des carbonates, contrôlée par l'équilibre calco-carbonique (limitation par la solubilité de la calcite et de la dolomite), n'engendre pas non plus de minéralisation excessive.

En revanche, les évaporites (sulfates, chlorures, nitrates, borates...), dont la cinétique de dissolution très rapide alliée à une grande solubilité des minéraux (gypse $CaSO_4$, $2H_2O$, anhydrite $CaSO_4$, halite NaCl, sylvine KCl, caliche $NaNO_3$, nitre ou salpêtre $KNO_3$, borax $Na_2B_2O_7$, $10\,H_2O$...), sont susceptibles d'apporter à l'eau tous leurs ions constitutifs comme contaminants naturels : teneurs de plusieurs $g.L^{-1}$ de $SO_4^{2-}$, de plusieurs centaines de $g.L^{-1}$ de $Cl^-$. Dans les régions semi-arides (y compris les régions méditerranéennes) ou arides, ces ions rendent inutilisables de nombreuses ressources en eau de surface ou souterraines. En France, le Trias et l'Oligocène évaporitiques de Provence ou de la bordure jurassienne présentent ce phénomène. Des teneurs de 10 $g.L^{-1}$ sont observables au forage de l'Eau salée à Malaucène (Vaucluse), situé sur un diapir triasique.

L'évaporation des eaux de surface (sebkhas, chotts) et des solutions du sol sous les climats tropicaux secs provoque la concentration des sels en surface et dans le sol. La formation d'efflorescences salées est ainsi observée à la surface des nappes affleurantes de Camargue.

### 11.2.2 Biseau salé

Une autre cause de contamination naturelle est la présence d'une interface souterraine eau douce/eau salée. Bien qu'en régime statique, les lentilles d'eau douce « flottent » sur l'eau salée de la mer ou des estuaires, l'écoulement souterrain peut amener le mélange de ces deux composantes, en milieu hétérogène *(cf. chapitre 9)*.

### 11.2.3 Milieux confinés

Les aquifères captifs, dans lesquels le potentiel redox est bas du fait de la consommation de l'oxygène dissous, puis de celle des nitrates... par les réactions d'oxydation des sulfures ou de la matière organique, sont le siège de la mise en solution de métaux indésirables (fer et manganèse). Si la réduction est plus poussée, peuvent apparaître ammonium, sulfures et méthane.

### 11.2.4 Matière organique naturelle

Les nappes alluviales, dans lesquelles les cours d'eau ont apporté divers éléments organiques (bois, feuilles...) peuvent avoir des teneurs en carbone organique total (COT) ou en hydrocarbures élevées, du même ordre de grandeur que celles induites par des pollutions anthropiques faibles.

## 11.3 LES POLLUTIONS ANTHROPIQUES

L'activité humaine engendre des rejets gazeux, liquides et solides dans le milieu (atmosphère, eaux de surface, sol, nappes) qui, directement (rejets) ou indirectement, vont affecter les eaux souterraines. L'infiltration verticale (recharge) ou latérale (limites à flux entrant : berges de cours d'eau), la lixiviation de l'atmosphère et des sols vont contribuer à la dégradation qualitative des ressources.

### 11.3.1 Pollution domestique

Les principaux polluants apportés sont salins (chlorure de sodium de régénération des résines échangeuses d'ions des adoucisseurs d'eau, des fers à repasser ou des lave-vaisselle), tensioactifs (borates, polyphosphates des détergents), bactériologiques (*Escherischia coli*, Entérocoques fécaux,...), hormonaux (pilule anticonceptionnelle...). Outre les ions apportés en solution, la pollution domestique émet des matières en suspension, en particulier organiques. Il faut y ajouter les déchets de bricolage (solvants des peintures, huiles de vidange...), engrais et pesticides utilisés à forte dose dans les jardins privés.

### 11.3.2 Pollution urbaine

La pollution urbaine se compose des eaux des surfaces imperméabilisées appelées abusivement eaux pluviales, des résidus de traitement de la pollution domestique collectée, ainsi que les résidus de traitement des ordures ménagères.

Les toits recueillent la fraction imbrûlée des fiouls domestiques (hydrocarbures, sulfates), la voirie (routes, parkings) des hydrocarbures (lubrifiants), des matières en suspension (poussières de plaquettes de freins et de disques d'embrayage), des métaux lourds (zinc des peintures, autrefois plomb...), du sel en période de gel. Les pluies consécutives à une période de sécheresse lessivent les polluants de voirie.

Les résidus de traitement des ordures ménagères comprennent des mâchefers (dans le cas favorable où l'incinération est complète), il existe pourtant des ordures imbrûlées et des résidus de dépoussiérage des fumées (REFIOM). Si ces résidus facilement lixiviables, susceptibles de relarguer de nombreux polluants minéraux (métaux lourds, sels) ou organiques (dioxines), sont parfois entreposés dans des conditions de site étanche, avec collecte et traitement des effluents, certains ont longtemps été disséminés dans des contextes vulnérables (exemple : dolines du plateau calcaire de Besançon). On les emploie encore actuellement comme remblais routiers.

### 11.3.3 Pollution industrielle

Diverse dans sa composition, la pollution industrielle comprend des effluents liquides, des fuites de stockage ou de canalisations, des résidus solides qui, souvent dans le passé, ont été utilisés comme remblais. Si les effluents liquides subissent aujourd'hui des traitements spécifiques efficaces, les fuites sont toujours difficiles à détecter et à maîtriser, et l'abandon des sites donne des friches industrielles dont les sols sont pollués et susceptibles de contaminer les nappes qu'ils recouvrent. Ainsi, dans la vallée du Rhône, une nappe couverte par de tels remblais, produit pour un syndicat alimentant 200 000 consommateurs, des eaux polluées par du méthylbenzène et des solvants chlorés.

### 11.3.4 Pollution agricole

L'agriculture peut produire une pollution ponctuelle, comme les fuites de stockage des sous-produits de l'élevage : jus de fumiers ou d'ensilage, ou les fuites d'engrais ou de produits phytosanitaires, lors de la préparation des solutions à épandre ou lors du rinçage du matériel. De plus, les engrais et pesticides épandus constituent une source de pollution diffuse, la végétation et le sol constituant un réservoir de polluants facilement mobilisable par l'eau d'infiltration. Cette pollution est mise en circuit lorsque les conditions météorologiques sont défavorables, par exemple lorsqu'une pluie de 30 mm suit l'épandage. D'autre part, si le stade phénologique de la culture n'est pas consommateur d'azote, le stock accumulé dans le sol sera intact au moment de la pluie. Ainsi, l'épandage de lisier de vache en période de neige dans le Haut-Doubs se traduit par un pic de pollution dans les eaux souterraines karstiques sous-jacentes, alors que le même apport sur la prairie en cours de croissance est écrêté. La solution est d'accroître la capacité des fosses des agriculteurs, afin qu'ils puissent stocker leurs effluents hivernaux, et de les former aux bonnes pratiques environnementales. Par ailleurs, le sol est un réacteur qui dégrade les molécules initialement utilisées sur les cultures, et certains produits phytosanitaires peuvent s'y transformer (par exemple, le glyphosate en acide amino-méthyl-phosphonique (AMPA) ou dans le passé l'Atrazine en deséthyl-atrazine (DEA)).

## 11.4 LES CONTAMINATIONS INDUITES PAR L'ACTIVITÉ HUMAINE

La surexploitation des ressources en eau souterraine, c'est-à-dire l'exhaure d'un débit supérieur au flux normal de recharge, peut induire une réalimentation de l'aquifère par des eaux très minéralisées (salées, fluorurées...). Ainsi, les forages qui exploitent la nappe infratoarcienne des Deux-Sèvres ne doivent pas solliciter la base de l'aquifère, dont la teneur en fluor dépasse 7,5 mg.L$^{-1}$.

## 11.5 L'AUTOÉPURATION

L'autoépuration est un ensemble de phénomènes hydrauliques, physico-chimiques et microbiologiques dont l'effet est une réduction de la concentration et/ou de la masse de contaminant injecté.

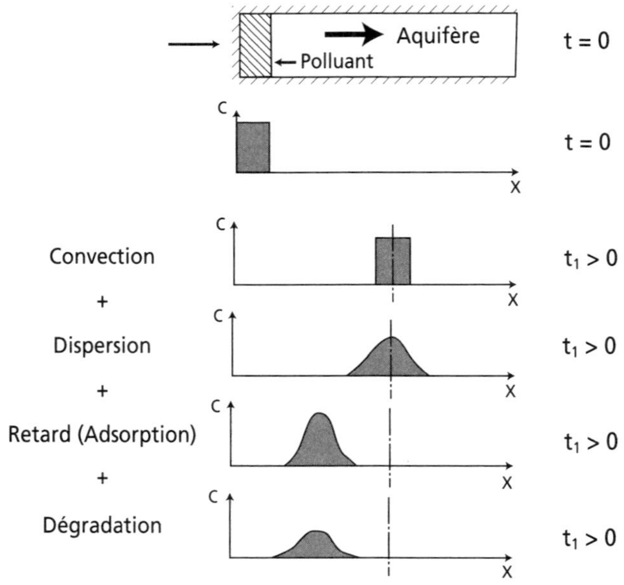


**Figure 49** Transfert d'un contaminant vers l'aval.

On peut distinguer plusieurs comportements de contaminants *(figure 49)* :

- la concentration n'est pas significativement abattue entre l'amont et l'aval. On dit que le contaminant est conservatif (ou conservé) et le transfert se fait par convection (ou advection). Exemple, les chlorures qui condamnent les captages de la nappe d'Alsace à l'aval des terrils du bassin potassique ;
- la concentration est diminuée, mais la masse de traceur passant à l'aval est conservée : seule l'hydraulique a joué un rôle par diffusion, dispersion et dilution *(figure 50)* ;

- un cas particulier du comportement précédent est l'existence d'un délai séparant le passage de l'eau de celui du contaminant. Ce retard est dû aux phénomènes de sorption/désorption ;
- enfin, la masse de contaminant présente dans l'hydrosystème peut subir une réduction,
  - dans le meilleur des cas, le contaminant s'est dégradé en composé non toxique par réactions physico-chimiques ou par attaque microbienne. Par exemple, les nitrates en nappe captive peuvent avoir été réduits en azote gazeux, non réactif ;
  - dans un cas plus défavorable, le contaminant s'est transformé en une autre molécule indésirable. L'exemple type est celui du pesticide atrazine qui se transforme en déséthyl-atrazine toujours présent dans le milieu ;
  - un autre cas à risque est celui des contaminants retenus par le milieu, mais susceptibles d'être relargués lors de changement de paramètres physico-chimiques. Par exemple, certains métaux lourds peuvent être adsorbés, puis désorbés à un changement naturel ou anthropique du pH ou du potentiel redox de l'eau.

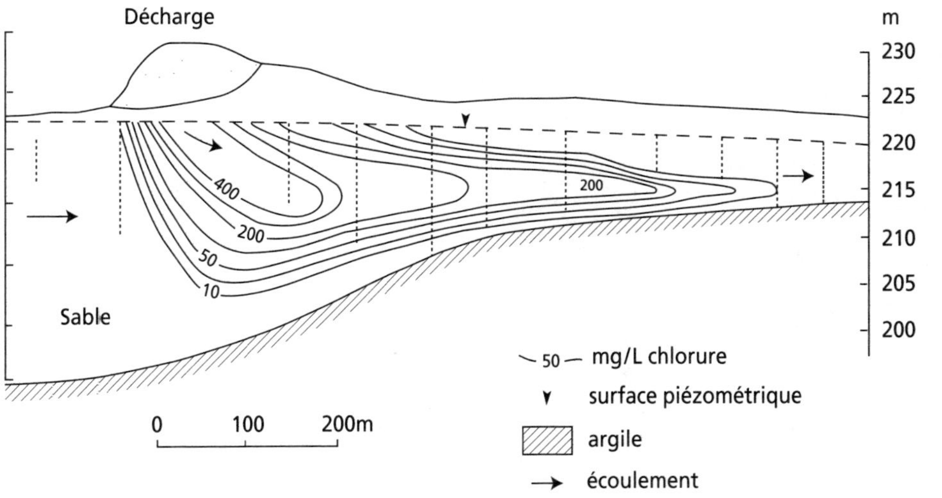


**Figure 50** Panache de pollution à l'aval d'une décharge.

PARTIE II

# OUTILS ET MÉTHODE DE L'HYDROGÉOLOGIE

L'hydrogéologie peut être abordée à toutes les échelles :

- au plan régional, en vue d'une recherche générale sur la distribution des eaux souterraines et des ressources disponibles ;
- au plan local, pour répondre à une demande spécifique de ressource nouvelle ou dans le cadre d'un projet d'aménagement ou de génie civil ;
- au plan ponctuel, pour résoudre un problème particulier ou une difficulté imprévue (chantier, drainage, traitement d'une instabilité...).

L'hydrogéologie peut s'intéresser à l'ensemble des nappes d'une région, qu'elles soient totalement indépendantes ou interconnectées de façon plus ou moins complexe. Elle peut aussi ne concerner que certains horizons aquifères bien définis, profonds, superficiels ou très superficiels (nappe de couverture ou de versant).

Le but de l'étude hydrogéologique est de fournir une bonne vision régionale du contexte naturel et de fixer les limites des structures et des systèmes hydrogéologiques concernés, puis d'examiner précisément le problème posé en synthétisant et en critiquant les diverses données recueillies, tout en prenant soin de vérifier leur intégration logique dans le cadre naturel précédemment élaboré.

L'approche est donc largement progressive et évolue par phases successives, du général au particulier. Elle vise à affiner les hypothèses de travail et à sélectionner les plus vraisemblables au fur et à mesure de l'état d'avancement des acquis. Elle pourra même, dans certains cas, se poursuivre jusqu'à l'achèvement du projet et bénéficier des vérifications ultimes permettant sa totale adaptation aux conditions réelles, révélées par les travaux.

Quelle que soit sa finalité, l'investigation à mettre en œuvre relève d'une démarche unique, même si des disparités ou des adaptations sont nécessaires pour tenir compte de l'échelle considérée, des caractéristiques propres au milieu naturel concerné et des objectifs recherchés. Les méthodes utilisées concilient l'usage des outils classiques de la géologie avec des investigations d'ordre purement hydrogéologique. L'orientation des recherches est généralement calée sur la succession suivante des objectifs à atteindre :

- l'identification des principales formations hydrogéologiques (perméables, semi-perméables, imperméables), ainsi que leur extension, et la nature des principaux aquifères (milieux poreux, fissurés et karstiques) ;
- l'analyse détaillée des réservoirs aquifères concernés en terme de géométrie et d'hétérogénéité ;
- la définition des conditions d'infiltration, de circulation et de restitution des eaux souterraines ;
- les relations spatio-temporelles pouvant relier ces réservoirs aquifères entre eux et avec leur environnement (lacs, cours d'eau, mer) ;
- une analyse du bilan global et un schéma d'ensemble des circulations souterraines et des échanges mis en évidence.

# Chapitre 12

# Documentation préalable

Dans tous les cas, il convient de recueillir et d'exploiter dès l'origine la documentation existante qui permet d'inventorier et de critiquer l'importance et la portée des connaissances déjà acquises.

## 12.1 CARTES TOPOGRAPHIQUES ET GÉOLOGIQUES

Les cartes topographiques existent à différentes échelles, en particulier le 1/50 000 et le 1/25 000 sur le territoire français, où elles sont établies et commercialisées par l'Institut géographique national (IGN). Elles apportent de précieux renseignements sur le modelé et la morphologie du secteur d'étude, ainsi que sur le réseau hydrographique et sur la position d'indices caractéristiques (sources, puits, cavités). Dans certaines régions, des plans au 1/10 000, voire au 1/5 000 couvrent des secteurs particuliers avec une précision accrue. Les anciens plans directeurs au 1/20 000, lorsqu'ils peuvent être consultés, sont souvent de grande qualité et riches d'enseignements. De même, en est-il parfois des plans cadastraux qui peuvent permettre de localiser des sources et des puits. La toponymie peut aussi orienter utilement l'approche géologique et hydrogéologique, en particulier sur les documents anciens, compte tenu de la fréquente transformation des noms de lieux sur les documents les plus récents.

Les cartes géologiques sont commercialisées en France à l'échelle du 1 /50 000 et du 1/80 000 (Bureau de recherches géologiques et minières - BRGM). Elles permettent de fixer le cadre géologique régional et de connaître le style tectonique et la lithostratigraphie des terrains concernés. Les informations restent néanmoins très générales, quoique variables suivant les levés, et la notice peut fournir des renseignements utiles, ainsi qu'une liste bibliographique de départ.

Des cartes hydrogéologiques et géomorphologiques concernent un certain nombre de régions (BRGM et universités) et peuvent compléter utilement l'apport de données à ce stade de l'analyse.

## 12.2 INVENTAIRES ET FICHIERS

La banque de données du sous-sol du BRGM couvre le territoire français et peut être consultée dans chaque département. Elle localise et renseigne sur de multiples objets (forages, sources, puits, géophysique), mais n'est pas forcément très à jour.

D'autres inventaires spécifiques de sondages ou de points d'eau existent de façon éparse. Ils peuvent être recherchés et consultés auprès des administrations les plus directement concernées (MISE, DDAF) ou des collectivités locales (conseils généraux, communes, syndicats intercommunaux, communautés de communes).

Des fichiers hydrométriques peuvent concerner le secteur d'étude (suivis du débit et jaugeages des cours d'eau et des sources, suivis piézométriques en nappes). Leur recherche pourra être effectuée auprès des directions régionales de l'environnement (DIREN) pour le réseau de suivi du territoire national, du BRGM pour les suivis spécifiques de certaines nappes et d'Électricité de France (EDF) pour ce qui concerne les équipements hydroélectriques.

Des fichiers de cavités karstiques généralement classées par communes, ainsi que des inventaires de traçages peuvent être constitués voire publiés par les clubs spéléologiques locaux, par les comités départementaux de spéléologie (CDS) et par certaines universités spécialisées dans le domaine karstique.

Il peut enfin être intéressant de consulter Météo-France pour connaître la position des stations météorologiques disponibles, ainsi que la nature et la précision des mesures effectuées, afin d'évaluer leur représentativité par rapport au secteur d'étude.

## 12.3 PUBLICATIONS ET RAPPORTS INÉDITS

L'enquête bibliographique est indispensable à ce stade pour compléter la connaissance du secteur d'étude, à commencer par les publications géologiques et hydrogéologiques couvrant la zone concernée (thèses, actes de colloques et de congrès, revues spécialisées et régionales).

Certaines régions sont riches en rapports inédits, susceptibles d'apporter des informations très précises, mais leur consultation peut nécessiter des recherches longues, des demandes d'autorisation parfois insatisfaites et une bonne dose de persuasion. La recherche devra alors se porter vers les universités et les laboratoires de recherche concernés, vers certains services de l'état (Agences de l'Eau, DIREN, Équipement, DDAF), vers des collectivités locales ou de grosses sociétés publiques ou privées (conseils généraux, communes, BRGM, EDF, SNCF, sociétés d'autoroutes, exploitants d'eau) et vers les bureaux d'étude qui réalisent des prestations locales.

D'anciennes archives dorment en outre dans les tiroirs et les dossiers des différents services précités. Certaines peuvent constituer une richesse insoupçonnée, mais leur accès n'est jamais facilité et rarement autorisé, sauf à faire preuve d'un caractère particulièrement opiniâtre.

Chapitre 13

# Étude de la géométrie des réservoirs aquifères

La connaissance du contexte géologique constitue la base indispensable de toute étude hydrogéologique et l'hydrogéologue doit avant tout être un géologue confirmé. Il est en effet indispensable de connaître avec le maximum de précision les limites géométriques des réservoirs aquifères qui conditionnent les possibilités de stockage des eaux souterraines et contrôlent leurs conditions de circulation et de restitution au milieu naturel. Cette analyse purement géologique permet de constituer un modèle plus ou moins affiné qui servira de support à la réflexion.

Les méthodes utilisées sont multiples et sont présentées par ordre d'apparition logique dans le cadre d'un programme d'étude.

## 13.1 OBSERVATIONS ET RECONNAISSANCES DE TERRAIN

L'étude de terrain s'avère indispensable pour préciser le contexte local, ce qui nécessite de disposer d'un plan topographique adapté sur lequel sont reportées les observations et les mesures effectuées *in situ*. Les plans disponibles dans le commerce peuvent s'avérer suffisants pour des approches relativement larges à l'échelle régionale, mais des relevés topographiques plus précis sont nécessaires pour étudier des projets particuliers et permettre un examen détaillé de la géologie du site. Ces supports d'étude sont alors réalisés spécifiquement, souvent par restitution photogrammétrique de prises de vues aériennes et calages au sol, à une échelle compatible avec les objectifs recherchés (1/5 000, 1/2 000, 1/1 000). Lorsque les études concernent des zones littorales, les cartes bathymétriques peuvent s'avérer d'une grande utilité.

L'examen des photographies aériennes en vision stéréoscopique permet dans un premier temps d'effectuer d'utiles relevés morphologiques, de replacer les grands traits structuraux et de reconstituer la fracturation des massifs rocheux. Un recueil de données plus précises nécessite une grande expérience de ce type d'interprétations. Les vues aériennes sont diffusées à différentes échelles par l'IGN qui propose des clichés en noir et blanc ou en couleurs, réalisés à diverses époques. Elles peuvent aussi faire l'objet de missions spécifiques, dans le cas de projets d'étude importants. L'utilisation des images satellites (Landsat, SPOT, Quickbird...) est maintenant commune.

Les levés géologiques doivent déborder le site d'étude et visent à préciser cartographiquement l'extension des réservoirs aquifères et, en particulier, leurs contacts avec les imperméables bordiers et/ou avec d'autres réservoirs. Ils consistent à identifier et à positionner sur le plan le maximum d'observations directes, tant au droit des affleurements naturels (pentes fortes, ressauts, vallons) qu'à la faveur de travaux en cours ou anciens (fouilles, talus de déblais, carrières, galeries). La reconnaissance est directement orientée vers l'identification et la cartographie des différentes formations, le relevé des éventuelles variations de faciès et des zones d'altération ou de recouvrement superficiel, ainsi que les mesures structurales (pendages, diaclases, failles) qui font cruellement défaut sur les cartes géologiques du commerce.

Les coupures cartographiques adoptées ne coïncident pas toujours avec les limites stratigraphiques, mais tendent plutôt à identifier des unités lithologiques au regard de l'hydrogéologie (formations imperméables; réservoirs poreux, fissurés, karstiques).

Il est important également de tenir compte des paléogéographies qui se sont succédées dans le secteur d'étude, afin de bien appréhender les éventuelles variations d'épaisseur et de faciès pouvant caractériser certaines formations, d'être en mesure de reconstituer la géométrie des remplissages glaciaires ou fluviatiles et d'identifier les relations spatio-temporelles entre la mer et les aquifères littoraux.

Certains contacts normaux ou anormaux peuvent être révélés par des indices ou des anomalies morphologiques (ressaut dans le paysage) ou hydrologiques (tracé en baïonnette des vallons), mais également par des contrastes de végétation ou de sols d'altération.

Dans les secteurs à couvert végétal très dense, on peut parfois recourir au débroussaillement de layons pour reconnaître la nature des terrains. On peut aussi rencontrer des difficultés pour y positionner précisément certaines observations d'importance, de même que dans un site à topographie rude, ce qui peut nécessiter l'intervention d'un géomètre ou une localisation au GPS.

Le relevé cartographique sera complété par l'implantation des sondages et/ou des prospections géophysiques recueillis lors des recherches préalables, ainsi que par les indices hydrogéologiques identifiés en archives et sur le terrain (sources, puits, forages d'eau, cavités karstiques, pertes). Pour le recensement de ceux-ci il est toujours très profitable de procéder à une enquête auprès des autochtones et des utilisateurs d'ouvrages.

L'exploration des cavités naturelles (grottes et gouffres) développées dans les massifs karstiques peut également renseigner sur la coupe des séries géologiques traversées et sur la position d'accidents tectoniques majeurs. Lorsque leur développement ou leur profondeur est important, ces réseaux souterrains fournissent en effet des coupes lithologiques de premier choix et peuvent même constituer des étalonnages fondamentaux en permettant d'observer *in situ* la limite basale du réservoir aquifère et le toit de son soubassement imperméable :

- cas des réseaux dont les parties profondes longent le toit de l'imperméable basal : gouffre Berger dans le Vercors, réseau de la Pierre Saint-Martin dans les Pyrénées franco-espagnoles, réseau de Piaggia-Bella dans le massif franco-italien du Marguareis, dans les Alpes-Maritimes ;
- cas des réseaux qui atteignent des chevauchements dans les unités subalpines des Alpes-Maritimes (Gilli, 1995) : aven Abel sur le plateau de Saint-Vallier et aven du Calernaum sur le plateau de Calern *(figure 51)*.

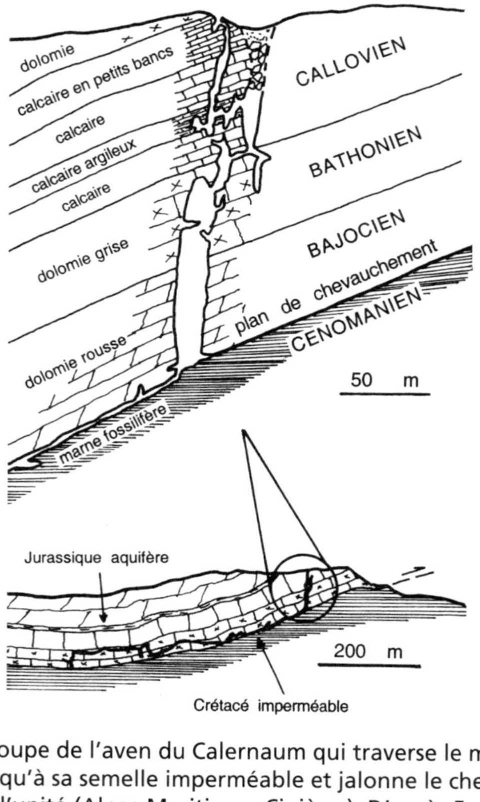


**Figure 51** Coupe de l'aven du Calernaum qui traverse le massif karstifié de Calern jusqu'à sa semelle imperméable et jalonne le chevauchement de base de l'unité (Alpes-Maritimes, Cipières). D'après E. Gilli (1995).

Les recherches précédentes laissent généralement persister des indéterminations plus ou moins importantes, surtout dans les secteurs où les formations géologiques ne sont pas directement accessibles (couverture végétale, dépôts superficiels, urbanisation et privatisation des terrains). Le relevé classique peut aussi révéler ses limites dans des contextes naturels très difficiles et donner lieu à des interprétations diverses (surcreusement fluviatile ou glaciaire, versant entièrement masqué par des éboulis de pente, remaniements gravitaires de versant, schéma structural très complexe).

Les inconnues qui subsistent sont alors levées par d'autres techniques, dont le choix sera dicté par les objectifs à atteindre, mais également par l'accessibilité des lieux et par le budget d'étude. Les méthodes les plus fiables offrent une observation *in situ* et fournissent des échantillons représentatifs (sondages carottés, puits, tranchées, galeries). Elles permettent une identification paléontologique des séries concernées (lorsqu'elle se justifie) et un étalonnage des méthodes indirectes (géophysique, sondages destructifs, diagraphies).

## 13.2 PROSPECTION GÉOPHYSIQUE

### 13.2.1 Caractéristiques générales

Le principe de la prospection géophysique est de déterminer, à partir de mesures effectuées depuis la surface du sol, une caractéristique physique du sous-sol et d'en déduire des indications sur sa constitution. De nombreuses méthodes existent en fonction du paramètre physique concerné :

#### *a) Méthodes électriques*

➤ Polarisation spontanée

On mesure les courants électriques naturels liés aux mouvements de l'eau dans le sol (infiltration, écoulement de nappe) ou aux différences de potentiel entre des formations aquifères différentes. On peut ainsi mettre en évidence des fractures drainant des aquifères.

➤ Méthode électrique des résistivités

La méthode repose sur l'étude de la conductivité électrique des roches qui est directement fonction de sa teneur en eau. On mesure en fait la résistivité électrique (inverse de la conductivité) qui s'exprime en ohm.mètre (Ω.m) La résistivité des formations varie de quelques Ω.m pour les vases ou les argiles vaseuses, à quelques dizaines d'Ω.m pour les argiles, les marnes ou les terrains composites, et à plusieurs centaines ou milliers d'Ω.m pour les calcaires, les granites ou les graves sèches.

Le principe consiste à injecter dans le sol un courant continu d'intensité $I$ entre deux électrodes extrêmes A et B (ligne d'émission) et à mesurer la différence de potentiel $V$ créée entre deux électrodes médianes M et N (ligne de réception). L'intensité $I$ est affichée sur un ampèremètre et la différence de potentiel $V$ est mesurée sur un potentiomètre *(figure 52)*. Les quatre électrodes sont disposées dans un même alignement et symétriquement par rapport au centre du dispositif. On utilise généralement le dispositif Schlumberger, où la distance MN est petite devant la distance AB. L'opération permet de déduire la résistivité apparente du terrain $\rho_a$, obtenue par la relation $\rho_a = k.V/I$, où $k$ est un coefficient fonction du dispositif adopté.

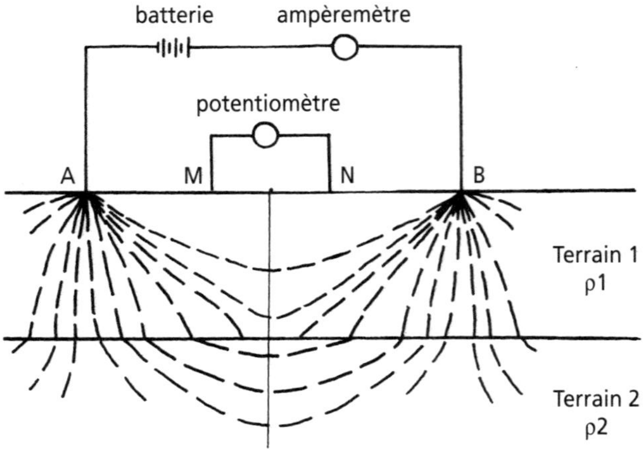


**Figure 52** Principe du sondage électrique.

Le sondage électrique permet de mesurer la résistivité apparente en écartant progressivement les électrodes A et B du centre, donc en augmentant la profondeur d'investigation à la verticale de la station de mesure. En reportant sur un diagramme bilogarithmique les résistivités apparentes calculées en fonction de la longueur AB/2, on obtient une courbe caractéristique du sondage électrique réalisé *(figure 53)*. Son interprétation pour en déduire la résistivité vraie et l'épaisseur de chacune des formations concernées peut être déduite à partir de catalogues de courbes existants dans le cas de lignes d'émission réduites. Elle nécessite en revanche de recourir à

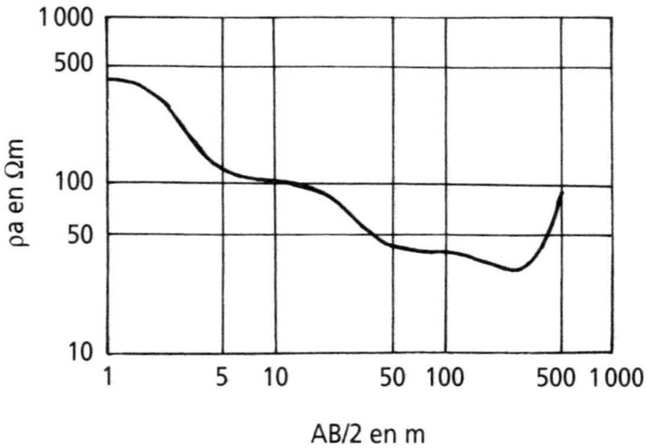


| | | | |
|---|---|---|---|
| Terrain 1 | ρa = 480 Ωm | épaisseur = 1,25 m | alluvions sèches |
| Terrain 2 | ρa = 105 Ωm | épaisseur = 11,60 m | alluvions saturées |
| Terrain 3 | ρa = 35 Ωm | épaisseur = 82,40 m | marno-calcaire turonien |
| Terrain 4 | ρa = 15 Ωm | épaisseur = 109,75 m | marne cénomanienne |
| Terrain 5 | ρa = 2 000 Ωm | | calcaire jurassique |

**Figure 53** Courbe d'un sondage électrique et son interprétation. Basse-vallée du Paillon (Alpes-Maritimes).

des méthodes plus complexes (méthode du point auxiliaire) ou à des programmes informatiques (permettant d'optimiser les interprétations à partir des données acquises) lorsque les lignes d'émission sont importantes .

Le profil de résistivité ou traîné électrique consiste à déplacer un dispositif AMNB constant sur une surface ou le long d'un tracé. On mesure ainsi la variation de résistivité du sous-sol à une profondeur sensiblement constante, ce qui permet de préciser, souvent en association avec des sondages électriques, l'homogénéité ou non de la formation, ses éventuelles variations latérales de faciès ou l'existence d'une faille *(figure 54)*.

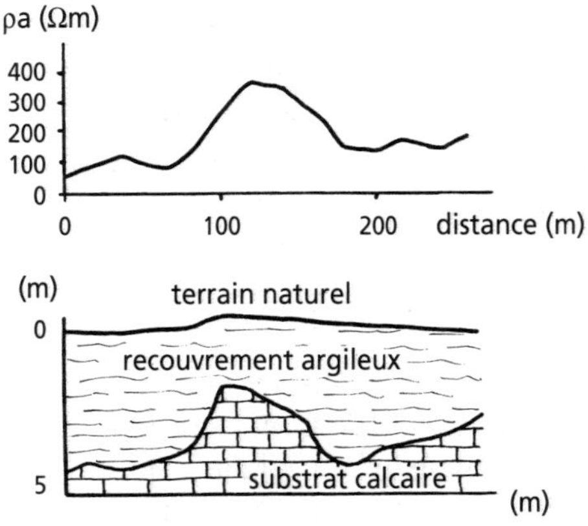


**Figure 54** Profil de résistivité et son interprétation.

Si les mesures sont suffisamment denses dans la zone d'étude, les résultats peuvent être présentés sous forme de cartes de résistivité, qui visualisent à différentes profondeurs l'extension de zones d'isorésistivité et traduisent directement les variations lithologiques du sous-sol. La technique des panneaux électriques permet de visualiser des coupes.

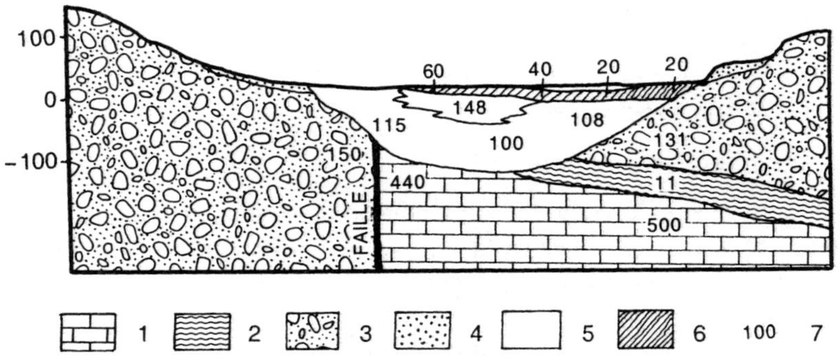


**Figure 55** Exemple d'interprétation géoélectrique. Coupe transversale de la basse-vallée du Var (Alpes-Maritimes). D'après Y. Guglielmi (1993).

1 : Calcaires jurassiques ; 2 : marnes plaisanciennes ; 3 : poudingues pliocènes ; 4 : terrasses alluviales ; 5 : alluvions graveleuses ; 6 : alluvions argileuses ; 7 : résistivité électrique en Ω.m.

Des interprétations générales peuvent parfois conduire à une bonne amélioration de la connaissance géométrique des formations, par corrélation avec les levés géologiques et les résultats de sondages *(figure 55)*.

### b) Méthodes magnétiques

Elles sont basées sur l'étude des anomalies naturelles du champ magnétique terrestre.

### c) Méthodes électromagnétiques

Une portion de terrain soumise à un champ électromagnétique génère des signaux magnétiques ou électriques liés aux anomalies présentes dans le sous-sol.

La VLF *(Very Low Frequency)* utilise, par exemple, les champs électromagnétiques d'émetteurs militaires de très basse fréquence, qui permettent les communications entre les états majors de différentes armées et leurs sous-marins. D'autres dispositifs comportent des antennes génératrices que l'on déplace sur le terrain. On peut mesurer les composantes électrique ou magnétique du champ et tracer des cartes ou des coupes.

La RMP (résonance magnétique protonique) mesure le champ magnétique généré par les protons de l'eau excités par un courant électrique alternatif circulant dans une bobine placée sur le sol. L'intensité du signal est fonction de la quantité d'eau présente dans le sous-sol. De bons résultats ont pu être obtenus dans la mise en évidence de drains karstiques à faible profondeur *(cf. chapitre 14.7.4)*.

Ces méthodes légères permettent en général des investigations à faible profondeur (< 50 m).

### d) Méthodes gravimétriques

On recherche les anomalies imputables aux variations de densité du sous-sol. La méthode microgravimétrique est adaptée à la recherche de vides peu profonds plus ou moins remblayés ou inondés, de filons ou de zones fracturées, ou encore à la recherche de zones karstiques et d'altération ou de zones d'alluvions.

### e) Méthodes sismiques

#### ➤ Méthode sismique réfraction

La méthode repose sur l'étude de la propagation des ondes élastiques résultant d'un ébranlement provoqué. On mesure la vitesse de propagation des ondes sismiques entre le point d'ébranlement et des capteurs régulièrement espacés (géophones). Cette vitesse augmente avec la densité des roches et varie très largement, de 200 $m.s^{-1}$ pour les formations superficielles à plusieurs milliers de $m.s^{-1}$ pour les terrains les plus compacts.

La sismique réfraction n'étudie que les ondes réfractées longitudinales et sa mise en œuvre nécessite une croissance des vitesses avec la profondeur. L'appareillage est constitué d'un enregistreur, de géophones alignés et d'un câble reliant les géophones

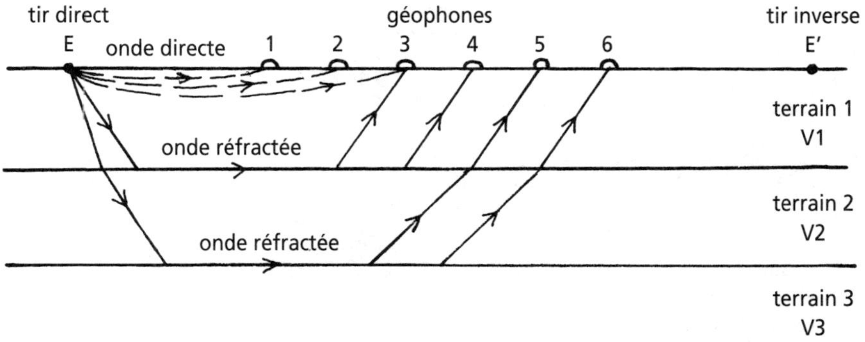


**Figure 56** Principe de la sismique-réfraction.

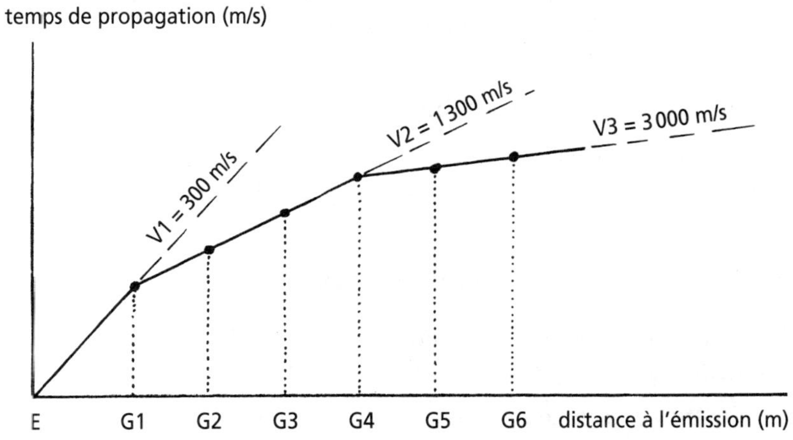


**Figure 57** Courbe dromochronique d'un dispositif sismique.

à l'enregistreur. L'ébranlement est provoqué par le choc d'une masse (pour une investigation peu profonde) ou par des tirs d'explosif (permettant une meilleure pénétration verticale). À partir de l'instant du choc, on mesure les temps de propagation de l'onde jusqu'à chaque géophone, ce qui permet de tracer une courbe dromochronique des temps de réception en fonction de la distance à l'émission *(figure 56* et *figure 57)*. Cette courbe permet de calculer les vitesses apparentes, puis les vitesses vraies et les épaisseurs des différents horizons concernés. On procède, en général, à deux tirs, direct en E et inverse en E', afin de vérifier si les contacts entre couches sont horizontaux ou inclinés et, dans ce dernier cas, de préciser la valeur de leur pente.

La méthode est particulièrement bien adaptée à la cartographie souterraine du toit d'un substratum rocheux sous un recouvrement superficiel d'extension variable (éboulis sur calcaire, par exemple) et à la recherche du développement de la frange altérée d'un massif compact (arène sur granite, par exemple) *(figure 58)*.

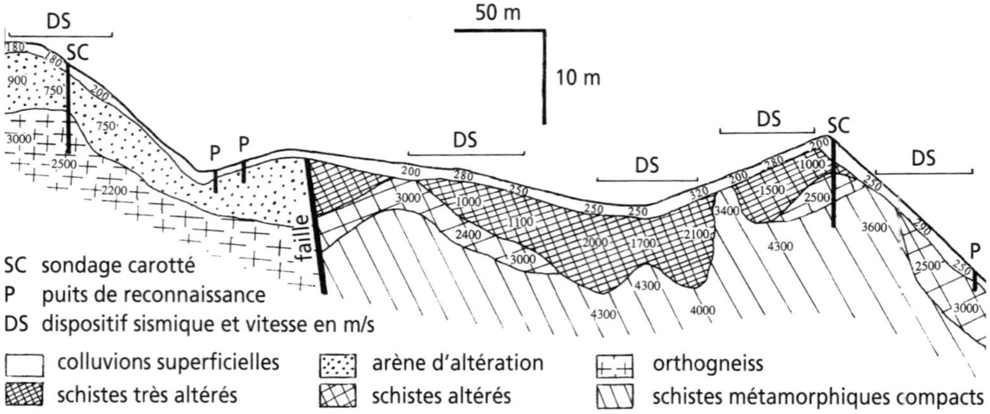


**Figure 58** Interprétation d'une prospection sismique le long d'un projet routier en Haute-Corse.

➤ Sismique réflexion haute résolution

On déplace la source et les géophones le long d'une ligne. Un traitement informatique permet de tracer des coupes de terrain qui soulignent la structure géologique.

## 13.2.2 Limites des méthodes géophysiques

Dans le domaine de l'hydrogéologie, l'utilisation de la géophysique est généralement limitée à la méthode électrique des résistivités et à la méthode sismique réfraction.

La détermination expérimentale des valeurs du paramètre physique étudié et de ses variations peut généralement traduire différentes situations, et seule une bonne connaissance initiale du contexte naturel permet de choisir la meilleure interprétation géologique. L'étude géophysique ne peut donc pas fournir de renseignements très détaillés, mais donne une bonne vue d'ensemble du site prospecté. Elle permet de lever certaines indéterminations, en particulier de vérifier si le sous-sol est homogène ou non et de permettre de façon optimale des vérifications et des étalonnages par forages. L'interprétation géophysique nécessite évidemment de disposer d'un plan topographique suffisamment précis.

Chaque méthode géophysique a son domaine d'application et ses limites. Elle ne doit donc pas être utilisée pour des prospections systématiques, mais rester adaptée au problème posé pour répondre à des interrogations précises, en fonction de la topographie des lieux et de la nature et des caractéristiques des terrains reconnus ou envisageables. Dans certains cas, plusieurs méthodes peuvent être couplées pour faciliter les interprétations finales.

L'intérêt de la prospection géophysique réside dans sa facilité de mise en œuvre sur le terrain, sans nécessiter la création d'accès spécifique et sans induire de destructions, ainsi que dans son coût relativement réduit.

## 13.3 SONDAGES DE RECONNAISSANCE

Les sondages ont pour objectif de reconnaître ponctuellement la nature et la succession verticale des terrains constitutifs du sous-sol. Ils peuvent également être inclinés pour rechercher des structures latérales, lorsque les conditions d'accès et d'implantation de la sondeuse le permettent ou l'imposent.

Les techniques sont diverses et leur choix est dicté par les caractéristiques géologiques des formations, par la nature et la profondeur estimée des hypothèses à vérifier et par le budget d'étude disponible. Ce dernier critère peut être primordial, du fait du coût important généralement représenté par cette méthode dans le cadre de la reconnaissance.

Dans les terrains meubles et pour des profondeurs à atteindre relativement faibles, l'utilisation d'une tarière manuelle ou motorisée peut permettre de reconstituer une coupe et d'échantillonner les faciès, si la stabilité du trou est assurée à court terme. Lorsque les terrains sont instables, la technique du havage permet de créer une excavation verticale dont les parois sont protégées à l'avancement par des anneaux de béton superposés ou par un tubage métallique. Le creusement peut s'effectuer manuellement si le diamètre du trou le permet ou à l'aide d'une benne preneuse (procédé Benoto).

Pour des profondeurs plus importantes et dans des formations rocheuses indurées, on utilise des ateliers de sondage autonomes sur roues ou chenillettes ou montés sur camion tout-terrain. Les diverses techniques de forage permettent la perforation du sous-sol par battage, par rotation ou par roto-percussion et utilisent un fluide de refroidissement (eau ou air) qui permet également la remontée des fragments de roche. Une boue dense recyclée (souvent de la boue bentonitique) peut également être utilisée pour remonter les débris rocheux et maintenir les parois du trou. Dans les autres cas, cette stabilisation du sondage est assurée par des tubages (en acier ou en PVC).

Le niveau d'information fourni par ces ouvrages est très variable en fonction des éléments remontés à la surface, soit des fragments de roche (sondages destructifs), soit de véritables échantillons linéaires et continus du sous-sol, qualifiés de carottes (sondages carottés).

L'établissement de la coupe géologique d'un sondage doit être très précis et prendre en compte aussi bien les informations fournies par un examen détaillé des échantillons que les observations effectuées par le foreur en cours de réalisation (vitesses d'avancement, brusques chutes de l'outil, arrivées d'eau, pertes du fluide de refroidissement, absence de remontée des débris).

Les carottages permettent de rétablir une coupe parfaitement fiable, qu'il convient de compléter par une analyse du taux de récupération afin de tenir compte du lessivage des fines par le fluide de foration dans les terrains meubles ou peu cohérents.

Les sondages destructifs imposent le prélèvement régulier, en cours de réalisation, des débris remontés en surface, afin de ne pas mélanger les fragments prélevés à diverses profondeurs. L'établissement de la coupe peut y être plus difficile, surtout lorsque les débris sont menus ou lorsqu'ils ne sont pas parvenus jusqu'en surface du fait de pertes dans le terrain (cas de cavités karstiques, par exemple). Des informations complémentaires sont apportées par le suivi de la vitesse instantanée de foration qui caractérise l'état et la compacité de la roche. Ce critère peut être enregistré automatiquement, simultanément aux paramètres propres de la foreuse (poussée sur l'outil, pression du fluide de perforation) qui interfèrent sur sa valeur (paramètres de forage).

Après la réalisation des sondages, on peut optimiser la coupe des destructifs et permettre leur étalonnage sur des carottés en mettant en œuvre des diagraphies. Celles-ci consistent à enregistrer sur toute la profondeur du forage et à l'aide de sondes spécifiques des paramètres caractéristiques des terrains. Les principales méthodes utilisées sont les suivantes : sondes à rayons gamma (mesure de la radioactivité naturelle), diagraphies électriques (mesure de la résistivité), diagraphies soniques (mesure de la propagation des ondes longitudinales).

## 13.4 PUITS, TRANCHÉES ET GALERIES DE RECONNAISSANCE

La réalisation de puits et tranchées peut être aisément mise en œuvre sur les sites accessibles aux engins de terrassement. Elle conduit à une investigation relativement destructrice et limitée à quelques mètres de profondeur, nécessitant parfois la création d'une piste d'accès.

Cette méthode se limite en général à la vérification de l'épaisseur d'un recouvrement meuble (frange d'altération, couverture d'éboulis) et à la mise à l'affleurement du substratum (pour identifier sa nature, son âge, voire son pendage, dans les secteurs particulièrement masqués).

Le creusement d'une galerie de reconnaissance est très onéreux et reste du domaine exclusif des grands travaux de génie civil (barrages, tunnels). Il permet de visualiser les conditions géologiques réelles au sein du massif et fournit bien évidemment des informations de toute première importance.

Sur certains chantiers, des sondages carottés ou destructifs subhorizontaux peuvent conduire à des résultats comparables lorsque les longueurs n'excèdent pas la centaine de mètres.

## 13.5 SYNTHÈSE GÉOMÉTRIQUE

En phase finale de la reconnaissance, la géométrie du (ou des) réservoir(s) aquifère(s) étudié(s) est synthétisée et restituée en plan et en profils. Un tel mode de représentation est illustré par la *figure 59* qui concerne la région de Peille (Alpes-Maritimes), située au cœur des chaînes subalpines de l'arc de Nice. Il s'agit d'unités sédimentaires, de direction N-S à NNW-SSE, structurées en plis couchés et dont certains axes anticlinaux sont cassés et chevauchants. Cette figure présente la géométrie de deux aquifères distincts, un réservoir karstique d'âge jurassique et un réservoir fissuré d'âge turonien, séparés, sur une centaine de mètres d'épaisseur, par les marnes imperméables du Cénomanien.

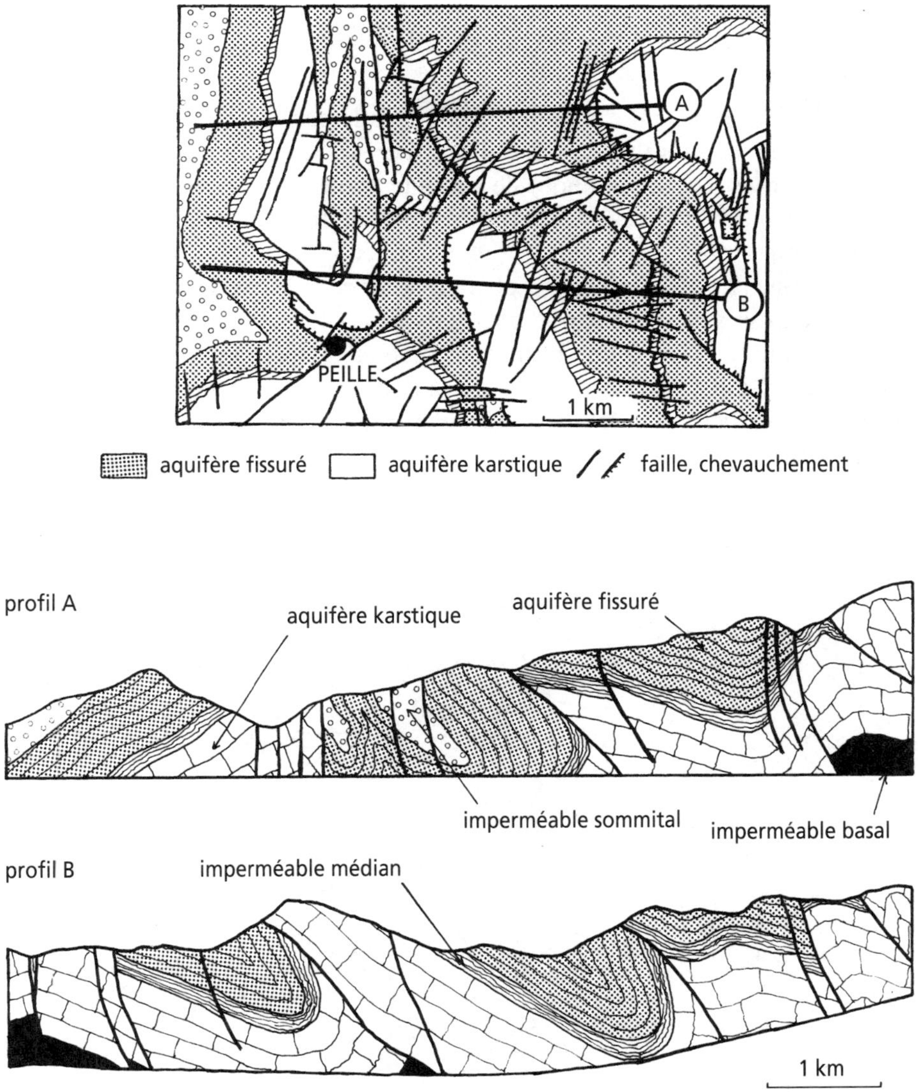


**Figure 59** Synthèse géométrique en plan et en profils. Région de Peille (Alpes-Maritimes) dans les chaînes subalpines de l'arc de Nice.

Des difficultés peuvent subsister pour interpréter la continuité de certains horizons en profondeur. Les hypothèses les plus probables sont figurées sur les profils en considérant le style tectonique régional, l'épaisseur reconstituée des principales formations et le pendage des couches mesuré en surface. Lorsque l'épaisseur d'un niveau repère ne peut être définie précisément, du fait d'un manque de continuité des affleurements (par masques superficiels ou par effets tectoniques), il peut être bénéfique de la rechercher en périphérie par l'établissement de coupes d'étalonnage dans des secteurs plus simples, puis de l'intégrer dans l'habillage des profils.

Parfois, la structure profonde d'un réservoir aquifère peut donner lieu à plusieurs interprétations qui doivent alors être évoquées et figurées avec leurs limites et leurs indéterminations.

Lorsque la maille des informations disponibles le permet, il peut être intéressant de représenter la structure souterraine d'un réservoir aquifère à l'aide de cartes en isohypses (courbes d'égale altitude) de son mur (pour les nappes libres) ou de son toit (pour les nappes captives). La caractérisation du toit du substratum est souvent de première importance pour comprendre et étudier les conditions de gisement et de circulation d'une nappe superficielle, en particulier dans le cas des nappes de versant qui peuvent exister au sein de dépôts ébouleux de grande extension. L'exemple de la *figure 60* visualise le toit d'un substratum marneux affleurant en pied de versant entre les cotes 105 et 110. Il fait apparaître sa remontée jusqu'aux cotes 120 à 125 et les profondes entailles qui l'affectent, vraisemblablement des paléothalwegs fossilisés par des éboulis.

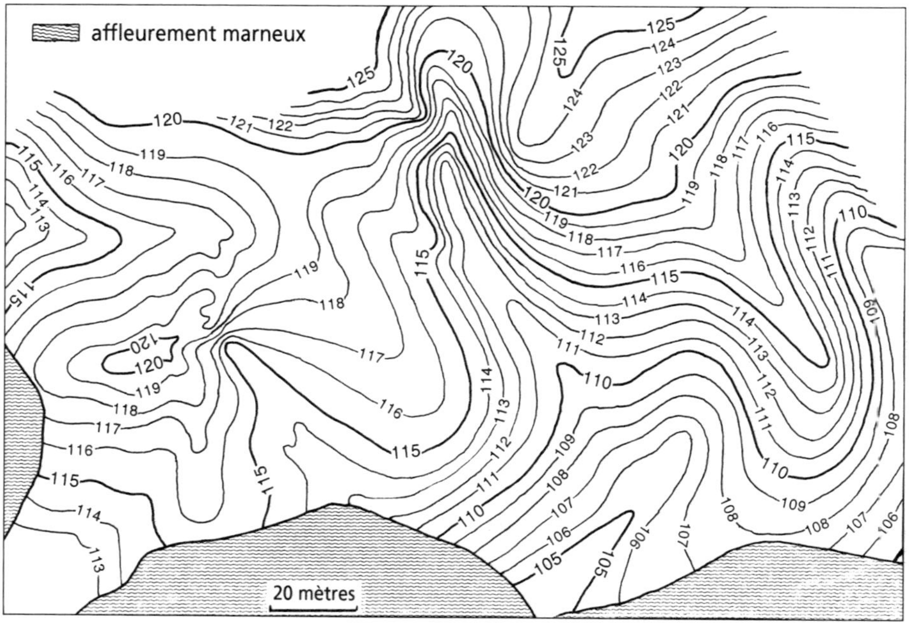


**Figure 60** Couverture ébouleuse sur marne cénomanienne en rive droite du Paillon à Cantaron (Alpes-Maritimes). Carte en isohypses du toit du substratum marneux.

Le même type de représentation peut être adopté pour le substratum des nappes alluviales qui affleure latéralement au droit des coteaux. Il peut également être couplé à des profils transversaux permettant de suivre les variations de faciès au sein du gisement d'alluvions. Ainsi en est-il de la *figure 61* qui visualise de façon synthétique l'extension des trois nappes alluviales distinctes qui se développent sous la ville de Nice, au sein de graves sableuses intercalées d'un horizon argilo-vaseux imperméable et d'un niveau discontinu de limons sableux semi-perméables.

Enfin, des blocs-diagrammes peuvent être réalisés pour faciliter la visualisation spatiale de difficultés structurales majeures et pour illustrer l'importance et les limites des inconnues résiduelles. L'exemple de la *figure 62* présente le style tectonique de l'arc subalpin de Castellane, dans le haut-pays grassois (06), marqué par des plis et des chevauchements de direction E-W. Il permet en outre de soulever, au droit du chevauchement, l'incertitude qui subsiste fréquemment sur la continuité hydraulique entre les deux unités jurassiques et sa dépendance très directe de la profondeur d'enracinement du synclinal crétacé frontal et de la remontée du Trias profond le long de l'accident.

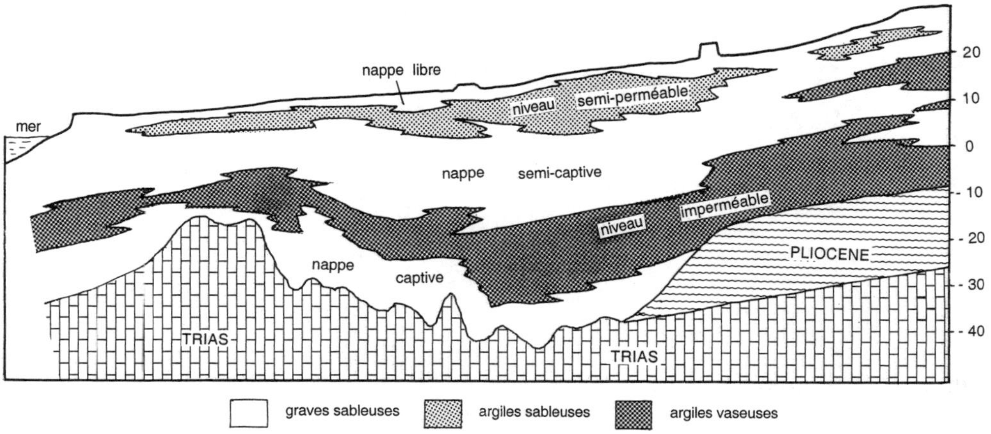


**Figure 61** Géométrie et extension des réservoirs alluviaux du Paillon à Nice (06). D'après Ch. Pline (1991).

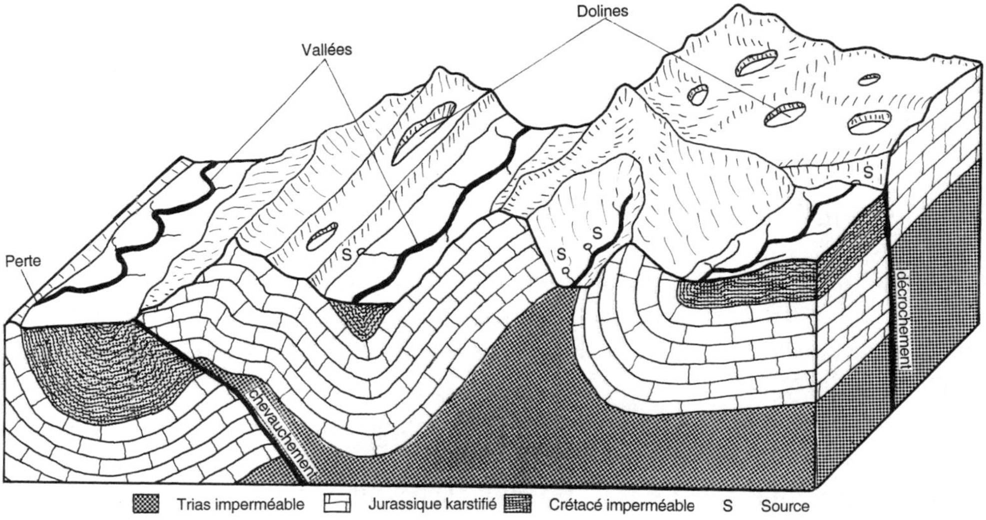


**Figure 62** Représentation du style tectonique de l'Arc subalpin de Castellane dans le haut-pays grassois (06).

Chapitre 14

# Caractérisation des aquifères

Sur le modèle géologique précédemment élaboré sont reportés les divers indices hydrogéologiques recueillis lors des recherches préalables (documentation, enquêtes et relevés de terrain), puis sont mises en œuvre des reconnaissances spécifiques destinées à préciser le comportement des réservoirs aquifères :

- par investigation directe, pour étudier l'infiltration des eaux dans le sous-sol, ainsi que leur restitution à l'air libre,
- par recherches indirectes, pour définir l'organisation spatiale et les caractéristiques des écoulements souterrains dans le massif aquifère et pour caractériser les variations qui s'opèrent au sein du réservoir.

## 14.1 INFILTRATION DE L'EAU

L'infiltration de l'eau sur les affleurements de roches perméables peut s'opérer diversement en fonction des caractéristiques du milieu. Elle varie très sensiblement dans l'espace, peut s'effectuer de façon diffuse ou concentrée et être rapide ou plus ou moins différée.

L'observation détaillée du chevelu hydrographique sur une carte topographique permet souvent de caractériser de façon globale les variations d'infiltration dans le sous-sol et d'établir un prézonage de l'aptitude des terrains :

- secteurs très infiltrants, dépourvus ou presque d'hydrographie de surface. C'est le cas typique des plateaux karstiques et des épandages détritiques grossiers ;

- secteurs imperméables ou peu infiltrants, parcourus par un réseau serré de ravines et de ruisseaux. C'est le cas des formations marneuses, schisteuses ou marno-calcaires et des versants fortement pentus ;
- secteurs intermédiaires entre les extrêmes précédents, caractérisant fréquemment des dépôts composites ou des topographies variables.

Plusieurs facteurs conditionnent l'importance de l'infiltration sur une surface perméable : la topographie, le degré de fracturation des massifs rocheux, la nature et l'importance de la frange d'altération, le développement d'une couverture meuble superficielle.

Les surfaces planes (plateaux et bas-fonds) facilitent l'infiltration, alors que les sites pentus favorisent le ruissellement (versants).

L'intensité de la fracturation d'une formation rocheuse, ainsi que son degré d'ouverture, jouent un rôle primordial sur la pénétration des eaux de surface dans des roches intrinsèquement peu perméables en l'absence de fractures. De même en est-il pour les roches détritiques dépourvues de matrice argileuse ou fortement dégradées par l'altération.

À l'inverse, les dépôts superficiels recouvrant une formation aquifère peuvent parfois piéger les eaux de surface jusqu'à saturation, puis permettre leur infiltration lente et différée dans le réservoir sous-jacent. C'est, en particulier, le cas dans la zone la plus décomprimée des massifs fissurés et karstiques (en surface des plateaux et sur le rebord des reliefs), où l'ouverture des fissures et leur comblement plus ou moins prononcé par des apports terrigènes favorisent le stockage temporaire d'une nappe superficielle suspendue, permettant l'alimentation retardée du réservoir profond. Cette nappe, qualifiée d'épikarstique dans les secteurs karstifiés, y explique la coexistence fréquente de grosses sources à la base du réservoir et de puits superficiels réalisés par l'homme au droit des dépressions de plateau.

Sur les surfaces perméables, l'infiltration est généralement diffuse et d'importance variable en fonction des facteurs naturels du milieu. Elle peut également être concentrée et apporter au réservoir un volume d'eau collecté sur un bassin versant nettement élargi. Les débits infiltrés ponctuellement atteignent alors des valeurs importantes et jouent un rôle de premier plan sur la recharge de la nappe. C'est le cas des pertes de vallons et, de façon plus générale, en surface des massifs karstiques, des vallons allochtones perchés, des vallées sèches et des dépressions fermées.

Lorsqu'on bénéficie de résultats étalonnés sur des systèmes hydrologiques expérimentaux et bien appareillés ou d'une expérience confirmée sur des aquifères comparables et des situations similaires, on peut envisager l'utilisation du module spécifique d'infiltration (exprimé en $L.s^{-1}.km^{-2}$ ou en $mm.km^{-2}$), basé sur une relation globale entre la pluie, l'impluvium de l'aquifère et le débit exhauré. Ce module évalue la valeur de l'écoulement souterrain en moyenne annuelle sur les sites uniquement influencés par les apports dus à l'infiltration (pluie et fonte des neiges). Il permet des comparaisons entre plusieurs aquifères de même nature et des estimations sommaires d'impluviums ou de débits exhaurés théoriques *(tableau 10)*.

TABLEAU 10 EXEMPLES DE BILANS SUR LES AQUIFÈRES DE PROVENCE.

| Système | Débit moyen annuel en $L.s^{-1}$ | Unités géologiques | Bassin géologique en $km^2$ | Module en $L.s^{-1}.km^{-2}$ | Bassin calculé en $km^2$ | Bilan sur le bassin connu |
|---|---|---|---|---|---|---|
| Vaucluse | 19 000 | Montagne de Lure, Mt Ventoux et nord Lubéron | 1 200 | 15 | 1 260 | Correct |
| Port Miou | 7 000 | Beausset et Ste Baume | 300 | 10 | 700 | Trop petit |
| Argens | 800 | Est de Ste Victoire et Bois de Pourrières | 165 | 12 | 65 | Trop grand |
| Agnis | 450 | Agnis | 50 | 10 | 45 | Équilibre |

## 14.2 RESTITUTION DE L'EAU

La restitution de l'eau infiltrée dans un massif est également très variable et répond à de nombreuses situations dictées par les caractéristiques intimes du milieu naturel.

### 14.2.1 Nature et localisation des sources

La position des exutoires d'une nappe est conditionnée par la géométrie relative entre le réservoir aquifère, les imperméables bordiers et la surface topographique.

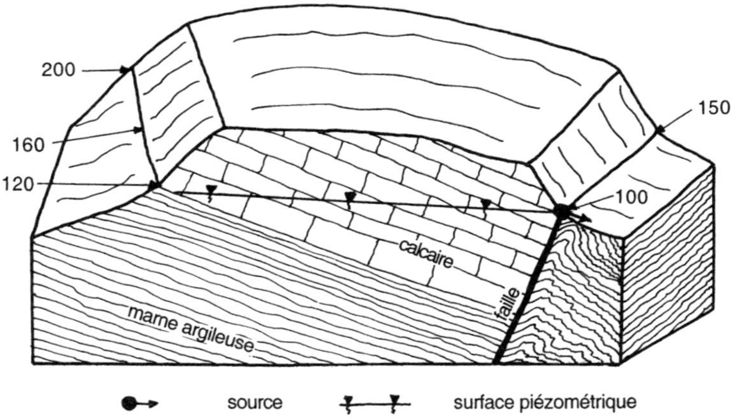


**Figure 63** Localisation de l'exutoire d'un réservoir calcaire en fonction de la structure géologique et de la topographie.

Dans la plupart des cas, les émergences se localisent aux contacts altimétriquement les plus bas entre la formation aquifère et les imperméables qui la limitent à sa base et sur ses bordures *(figure 63)*. Il s'agit de sources de déversement drainant une nappe libre. Elles peuvent être situées en pied de coteaux ou à mi-versant, en fonction du contexte géologique local *(figure 64a)*.

Lorsque l'imperméable basal demeure plus bas que la surface topographique et n'est pas recoupé par le terrain naturel, l'aquifère est drainé aux points géographiquement les plus bas, généralement le long du réseau hydrographique qui forme les entailles les plus profondes. Il s'agit alors de sources de dépression de la nappe libre qui se développe dans les massifs bordiers *(figure 64b)*.

Parfois, c'est au toit du réservoir aquifère, à son contact le plus bas avec l'imperméable qui le masque, que l'émergence se localise. C'est alors une source de débordement de nappe libre qui devient à l'aval immédiat captive sous la couverture imperméable de la formation aquifère *(figure 64c)*.

Dans de rares cas, des sources artésiennes peuvent assurer le drainage de nappes captives profondes, à la faveur d'hétérogénéités lithologiques de l'imperméable de toit ou de failles drainantes favorisant une fuite ascendante du réservoir aquifère *(figure 64d)*.

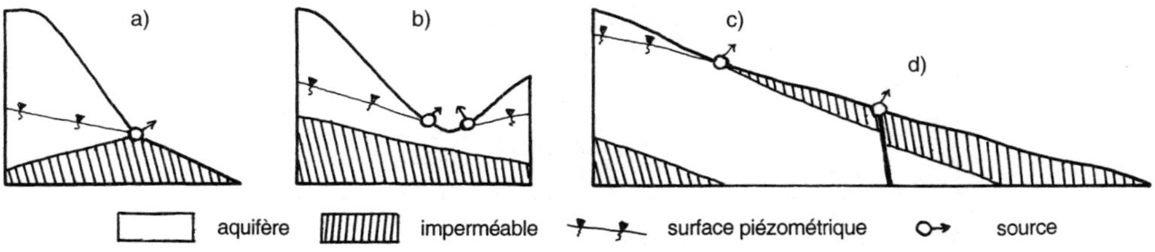


**Figure 64** Principaux types de sources.

### 14.2.2 Conditions d'émergence

L'émergence de l'eau qui sourd d'un massif aquifère est souvent très variable. Parfois ponctuelle et localisée au débouché d'un chenal graveleux, d'une fracture ou d'une cavité karstique, elle peut également se présenter sous un aspect plus ou moins diffus, correspondant à une multitude de griffons épars ou jalonner sur une certaine distance le contact entre l'aquifère et l'imperméable.

Les sources ne sont pas toujours localisées à leur emplacement théorique et peuvent être reportées à une cote inférieure par un relais hydraulique correspondant à un réservoir de moindre importance. Cette situation est fréquemment observée sur les versants, lorsque le contact entre l'aquifère et l'imperméable est masqué par des éboulis de pente *(figure 65a)*. Elle peut également résulter de l'existence de lentilles perméables au sein de l'imperméable basal *(figure 65b)*. Des contextes encore plus complexes peuvent être rencontrés et nécessiter des investigations très précises pour identifier la cote réelle de l'exutoire du réservoir aquifère étudié.

Dans certains cas, les émergences d'un aquifère sont occultes, en particulier lorsqu'il s'agit de sources sous-lacustres ou sous-fluviales. De même en est-il des sources sous-marines, lorsque la formation perméable plonge en mer.

Il convient enfin de citer les réservoirs aquifères dépourvus d'exutoire. Une telle situation ne peut être retenue qu'après avoir exploré toutes les possibilités périphériques et signifie que la nappe est drainée par un autre aquifère (voir *chapitre 14.3*).

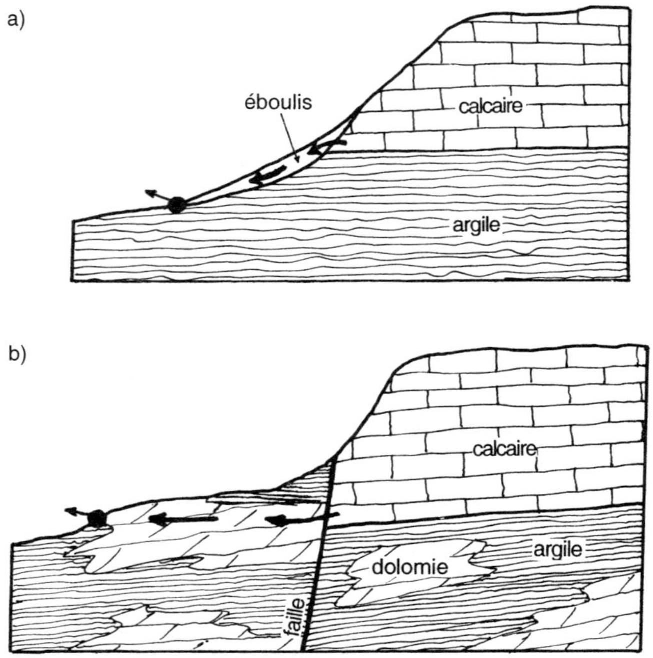


**Figure 65** Exemples de report d'émergence par un relais hydraulique frontal.

## 14.2.3 Débit et régime des sources

Il est très important de bien connaître le régime et les variations de débit des exutoires d'un massif aquifère.

Certaines sources, qualifiées de pérennes, présentent un écoulement permanent et sont généralement situées aux points bas du réservoir. Elles sont souvent associées à des sources temporaires qui permettent l'évacuation des débits de trop-plein à une cote supérieure, lors des mises en charges générées par les épisodes pluvieux. Dans certains cas, le dispositif d'exhaure naturelle est même complété par une source exceptionnelle qui ne fonctionne que rarement, à la suite de conditions pluviométriques extrêmes et prolongées. Cette situation caractérise les aquifères karstiques, où de véritables regards sur la nappe permettent la vidange brutale de débits importants à une cote très élevée au-dessus du niveau de base ; ces événements sont qualifiés de crevaisons.

La mesure des débits et leur suivi dans le temps nécessitent souvent la création d'équipements spécifiques qui peuvent être relativement contraignants et onéreux : reconcentration des différents filets d'eau en un écoulement unique, édification d'un petit barrage fusible, construction d'un seuil définitif, mise en place d'un appareillage de mesure.

Lorsque les débits sont faibles, le remplissage chronométré d'un récipient étalonné peut permettre d'acquérir rapidement les données. Pour des valeurs supérieures, on peut aussi procéder par mesure de la vitesse du courant à l'aide de jaugeages au micro-moulinet ou par dilution d'une substance chimique (colorant repéré à l'œil nu, puis dosé ou NaCl suivi au conductimètre), sous réserve que la section et la distance du ruisselet généré par la source le permettent.

Dans les cas extrêmes (gros débits) et pour obtenir des suivis dans le temps, il est indispensable de mesurer la hauteur de la lame d'eau au-dessus d'un seuil sur une échelle limnimétrique ou à l'aide d'un limnigraphe et de corréler cette hauteur au débit par l'établissement d'une courbe de tarage qui nécessite de nombreux jaugeages à des époques variables.

Ces mesures ne sont évidemment pas possibles dans le cas des sources sous-lacustres ou sous-marines, où des techniques plus complexes et moins fiables peuvent néanmoins fournir des ordres de grandeur. Les écoulements sous-fluviaux peuvent en revanche être quantifiés à partir de jaugeages différentiels sur le cours d'eau à l'amont et à l'aval de la zone d'émergence. Certaines précautions sont nécessaires pour garantir la fiabilité des résultats (jaugeages des éventuels apports et départs, le long du tronçon concerné), qui dépendra en outre très largement de la valeur relative entre le débit recherché et celui du cours d'eau.

Dans la pratique, trois actions distinctes et complémentaires peuvent être envisagées pour apprécier le fonctionnement du réservoir aquifère :

- la mesure instantanée du débit de l'ensemble des exutoires lors d'événements hydrologiques extrêmes (étiage et crue, par exemple), afin de reconstituer le bilan schématique des eaux restituées par le massif ;
- l'évaluation du coefficient de variation du débit de chaque exutoire (correspondant à l'écart entre le débit d'étiage et le débit de crue), qui caractérise la perméabilité moyenne du réservoir et ses conditions de circulation souterraine. Ce coefficient peut varier de 5 pour les milieux isotropes et peu perméables à 100 pour les milieux karstifiés ;
- le suivi dans le temps de chacun des exutoires pour juger des variations inter-saisonnières et interannuelles du débit et permettre des corrélations avec la pluviométrie et l'impluvium de l'aquifère.

Lorsque les délais de l'étude ou les contraintes budgétaires n'autorisent pas un niveau suffisant d'investigation, une enquête auprès des autochtones connaissant bien le milieu naturel peut permettre de cerner les principales caractéristiques des exutoires, et particulièrement leur régime et le coefficient de variation de leur débit.

## 14.3 ÉCHANGES ENTRE RÉSERVOIRS AQUIFÈRES

Il arrive fréquemment que des réservoirs aquifères soient totalement dépourvus d'exutoire spécifique, même s'ils offrent une surface d'affleurement importante et un taux d'infiltration élevé.

On peut aussi constater parfois que les débits restitués par le réservoir sont inférieurs aux apports d'eau théoriquement fournis par l'infiltration (bilan déficitaire) ou, au contraire, supérieurs à ces seuls apports (bilan excédentaire).

Ces situations résultent d'échanges entre les aquifères d'un même secteur, en permettant des fuites partielles ou totales des apports d'infiltration sur un impluvium et en participant plus ou moins largement à l'alimentation d'une autre nappe.

Seul l'examen détaillé des relations mutuelles pouvant exister entre les différents réservoirs aquifères et avec leur milieu environnant (lac, cours d'eau, mer) permet de bien cerner les conditions d'alimentation d'une nappe et d'envisager une approche quantifiée de ses divers apports (infiltration, pertes de vallons, échanges avec d'autres nappes).

Cette recherche peut être obtenue par la mesure, le suivi et le calcul des principaux paramètres du bilan sur une durée représentative (pluviométrie, lame d'eau infiltrée, écoulement des vallons, débit des sources, piézométrie, évapotranspiration réelle), mais il s'agit d'une méthode longue et coûteuse qui, de plus, nécessite souvent de faire appel à des hypothèses pour certaines données (*cf. chapitre 4*).

L'analyse de la relation entre la pluie, la surface des impluviums infiltrants et le débit des sources apporte parfois une information suffisante et à moindre coût, en se basant sur l'appréciation du module spécifique d'infiltration. Elle permet de vérifier la bonne cohérence apparente entre les paramètres examinés dans un contexte naturel particulier ou, au contraire, de mettre en évidence des anomalies flagrantes ou possibles, orientant les recherches vers la caractérisation des fuites ou des apports complémentaires.

De tels échanges fournissent fréquemment la majeure partie des contributions aux nappes superficielles :

- cas des nappes de versant, où un aquifère dominant est partiellement drainé par les accumulations d'éboulis ou de fluvio-glaciaire coiffant le contact basal avec son imperméable de pied *(figure 65a)* ;
- cas des nappes alluviales, où l'alimentation est assurée conjointement par des pertes du réseau hydrographique et par des apports depuis les coteaux *(figure 66)*.

Les échanges peuvent aussi s'effectuer verticalement, lorsque plusieurs aquifères sont superposés, à la faveur de variations de faciès ou de décalages tectoniques rompant localement la continuité d'un horizon imperméable intermédiaire (drainance).

Un tel mécanisme est fréquemment observé dans les réservoirs alluviaux, où la nappe libre superficielle peut recevoir des apports ascendants en provenance des nappes semi-captives ou captives profondes *(figure 61)*.

De même en est-il dans les massifs rocheux, où un important réservoir dominant peut participer à l'alimentation des nappes sous-jacentes à la faveur de discontinuités tectoniques. Ainsi, dans le Dévoluy (chaînes subalpines septentrionales), la puissante série karstifiée du Sénonien et de l'Éocène qui charpente le massif, est drainée par les puissantes sources des Gillardes au droit d'un vallon qui échancre son cœur. Cette nappe relativement suspendue participe également à l'alimentation des aquifères qui se développent en contrebas, du fait des contacts générés par la complexité structurale (nappes barrémienne, hauterivienne et tithonique).

Les transferts d'eau souterraine par échanges entre aquifères peuvent s'effectuer sur des distances importantes et concerner plusieurs bassins hydrologiques.

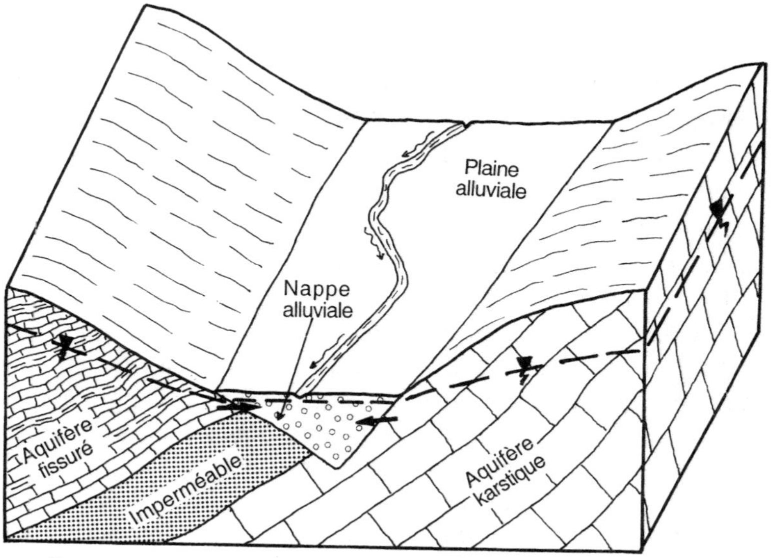


**Figure 66** Schéma-type d'une nappe alluviale suralimentée par ses rives.

- Dans les chaînes subalpines de l'arc de Nice, entre Nice et Menton, ce n'est pas moins d'une quinzaine de petits massifs de calcaire jurassique qui sont disséminés sur une surface de l'ordre de 220 km$^2$ au milieu de dépôts peu perméables d'âge crétacé. Les conditions structurales permettent des liaisons profondes entre ces unités karstiques dont le drainage principal s'effectue, pour un impluvium total d'une centaine de km$^2$, vers trois sources sous-marines totalisant un débit estimé à 500 L.s$^{-1}$ (Pissarelles, Cabbé et Mortola) et vers des sources littorales d'un débit de 100 L.s$^{-1}$ en périphérie de Monaco (E. Gilli, 1999 et 2003).
- À l'est de Marseille, la source sous-marine de Port Miou, qui émerge dans les calanques de Cassis, présenterait un débit moyen de l'ordre de 8 m$^3$.s$^{-1}$ qui, compte tenu du module spécifique d'infiltration régional, nécessite la prise en compte d'un bassin d'environ 1 500 km$^2$ pour permettre son alimentation. L'impluvium de cet exutoire majeur devrait donc être étendu à une bonne partie de la Basse-Provence par le biais d'unités diverses, hydrauliquement interconnectées à la faveur des complications structurales (E. Gilli, 2001) *(cf. chapitre 9.2.5)*.

# 14.4 PIÉZOMÉTRIE DES NAPPES

## 14.4.1 Définitions et méthodes

Au sein des réservoirs aquifères, la position des nappes souterraines peut-être caractérisée par sa surface piézométrique, qui représente la distribution des charges hydrauliques de la nappe. Cette surface coïncide avec la surface de la nappe dans le cas des aquifères libres. Lorsque l'aquifère est captif, elle est en revanche située au-dessus de la surface de la nappe qui se confond avec son toit imperméable.

L'étude piézométrique d'une nappe fournit des renseignements de première importance sur les caractéristiques de l'aquifère. Elle permet, en particulier, d'apprécier de façon globale les conditions d'écoulement des eaux souterraines, ainsi que leurs conditions d'alimentation et de drainage, et la variation de leurs réserves.

L'acquisition des données nécessite de disposer de regards sur la nappe qui, dans certains cas, peuvent être représentés par des puits ou des forages existant dans l'aire concernée. Il est pourtant fréquent que certains forages d'eau privés s'avèrent inadaptés à la mesure du niveau piézométrique, du fait de l'encombrement de leur équipement (tube de refoulement et câblage) qui s'oppose au passage d'une sonde. Il arrive également que d'autres excavations atteignant la nappe, qu'elles soient naturelles (cavités karstiques) ou artificielles (puits miniers), puissent être utilisées à cet effet. Il faut enfin prendre en compte dans cette analyse les sources qui constituent des points privilégiés d'affleurement ou de débordement de la nappe. Lorsque ces points de contrôle sont insuffisants ou inexistants, il est alors nécessaire de créer des regards spécifiques, qualifiés de piézomètres, constitués par des sondages en petit diamètre équipés de tubes crépinés dans la zone noyée. La création de piézomètres en nappes profondes, surtout en présence d'aquifères captifs, nécessite des précautions particulières pour isoler convenablement les éventuelles nappes supérieures et éviter les mélanges internappes.

La mesure des niveaux d'eau s'effectue depuis la surface à l'aide d'une sonde piézométrique. Elle peut être automatisée par la mise en place d'un piézographe (suivi de la surface de l'eau) ou d'une sonde de pression (suivi de la colonne d'eau au-dessus d'un capteur fixe). Dans le cas des nappes artésiennes, la tête des piézomètres doit être parfaitement étanchée et munie d'un manomètre pour mesurer la pression de la nappe au niveau de l'ouvrage.

### 14.4.2 Cartes piézométriques

Les études piézométriques nécessitent de disposer d'un nivellement très précis des points d'observation (puits, forages, piézomètres, sources) qui permet de garantir la précision dans l'établissement d'une carte piézométrique. Celle-ci est tracée par interpolation entre les cotes relevées, sur la base de courbes hydroisohypses (lignes d'égale altitude de la surface piézométrique) dont la qualité et l'équidistance dépendront de la densité des points de mesure et de l'échelle d'étude adoptée.

La carte piézométrique d'une nappe permet une vision instantanée de son état à un moment précis. Elle sera donc établie durant une période très courte, pour être représentative sur l'ensemble du secteur couvert de conditions identiques vis-à-vis des influences locales et des événements périphériques (débit des vallons et pluviométrie, en particulier).

La surface piézométrique s'interprète, de la même façon qu'une surface topographique, par sa morphologie, sa pente, ses variations intimes et ses anomalies.

Le tracé des courbes hydroisohypses permet de matérialiser, par des droites orthogonales orientées suivant la plus grande pente, les lignes de courant de la surface piézométrique qui soulignent la direction et le sens d'écoulement de la nappe.

La géométrie des courbes hydroisohypses conduit à des représentations parfois complexes, qui résultent de la combinaison de quelques formes élémentaires simples *(figure 67)* :

- une continuité linéaire avec des lignes de courant rectilignes et parallèles, ce qui traduit un écoulement relativement uniforme ;
- une courbure avec concavité tournée vers l'aval où les lignes de courant convergent vers un axe de drainage privilégié ;
- une courbure avec concavité tournée vers l'amont et des lignes de courant divergentes, ce qui matérialise une crête piézométrique et caractérise souvent une zone d'apport par infiltration ;
- des courbes fermées avec des lignes de courant convergentes. Ces dépressions piézométriques indiquent des ponctions dans la nappe par pompages ou par fuites vers un aquifère sous-jacent ;
- des courbes fermées avec des lignes de courant divergentes. Il s'agit alors de dômes piézométriques qui correspondent à des aires privilégiées d'infiltration ou de remontée d'eau.

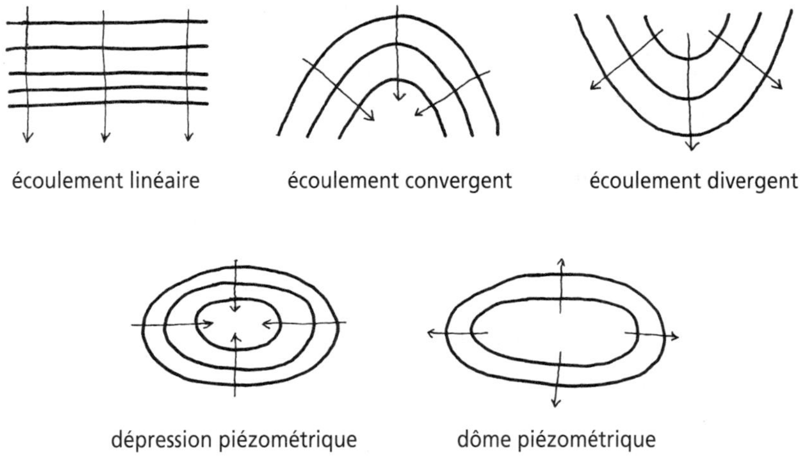


**Figure 67** Principales formes élémentaires des courbes hydroisohypses.

La corrélation entre la carte piézométrique d'une nappe et celle du toit de son substratum imperméable (*cf. chapitre 13-5* et *figure 60*) permet d'estimer la variation spatiale de puissance de la nappe.

L'espacement des courbes hydroisohypses dans le sens d'écoulement de la nappe caractérise la pente de sa surface piézométrique, donc son gradient hydraulique *i*. Celui-ci présente généralement des variations notables sur les cartes piézométriques.

Il dépend, d'après la loi de Darcy, du débit de la nappe, de sa section d'écoulement et de la perméabilité du réservoir, auxquels il est relié par l'expression suivante : $i = Q/A.K$, où $Q$ est le débit de la nappe (en $m^3.s^{-1}$), $A$ la section de la nappe (en $m^2$) et $K$ le coefficient de perméabilité (en $m.s^{-1}$).

Certains de ces paramètres sont définis par les études géologiques et structurales (géométrie du toit du substratum, puissance et section de la nappe, variations de faciès du réservoir), d'autres sont obtenus par des essais spécifiques (perméabilité et transmissivité des formations aquifères).

C'est la confrontation de toutes ces données qui permet de préciser, zone par zone, la nature des facteurs qui régissent directement les variations constatées du gradient hydraulique de la nappe. Il peut s'agir, par exemple, de la section de la nappe qui, dans une plaine alluviale, donnera lieu à des resserrements de la vallée avec augmentation du gradient hydraulique, ou au contraire à des élargissements générant une diminution du gradient. De même, dans un secteur à section constante ou variable mais bien connue, les évolutions de la pente piézométrique peuvent se faire en fonction inverse du coefficient de perméabilité de la formation aquifère.

Des accidents structuraux majeurs (flexures, failles) peuvent générer d'importantes anomalies de la surface piézométrique, tant en plan qu'en profil, du fait des modifications qu'ils provoquent sur l'écoulement des eaux souterraines.

Les cartes piézométriques peuvent enfin fournir des renseignements utiles sur les échanges qui s'effectuent en bordure de la formation aquifère ou le long d'éléments caractéristiques de son environnement (réseau hydrographique, canaux d'irrigation, lacs, mer). Ces informations dépendent de la configuration des courbes piézométriques dans les secteurs concernés : absence d'échange, alimentation d'une nappe alluviale par ses coteaux ou par le réseau hydrographique *(figure 66)*, drainage d'une nappe par un vallon…

Ces développements peuvent être illustrés par deux exemples concrets de cartes piézométriques, établies dans deux contextes hydrogéologiques différents et à deux échelles distinctes :

1) La carte piézométrique d'une nappe karstique développée dans un massif gypseux d'âge triasique sur la commune de Sospel (06). Ce document a été établi en octobre 1980, sur la base du relevé de 22 piézomètres et de 4 sources de pied *(figure 68)*. La nappe y est drainée au sud par la rivière qui borde le versant, avec une pente moyenne de 0,06 à 0,07. Les variations du gradient hydraulique résultent vraisemblablement de modifications de la section d'écoulement et de l'alimentation. Ainsi, l'accroissement du gradient en partie nord-ouest (0,15 à 0,16) correspond à une zone très alimentée. Les écoulements apparaissent très largement collectés vers trois axes de drainage, dont les deux occidentaux sont profondément encastrés et jalonnés d'indices superficiels d'affaissements et effondrements (*cf. chapitre 23.3*). Ces axes matérialisent le tracé de collecteurs karstiques, ainsi qu'en attestent par ailleurs les suivis piézométriques dans le temps, qui ont montré leur forte capacité de décharge et de recharge (amplitudes piézométriques de quelques mètres) au sein d'un environnement plus homogène (amplitudes piézométriques de quelques décimètres).

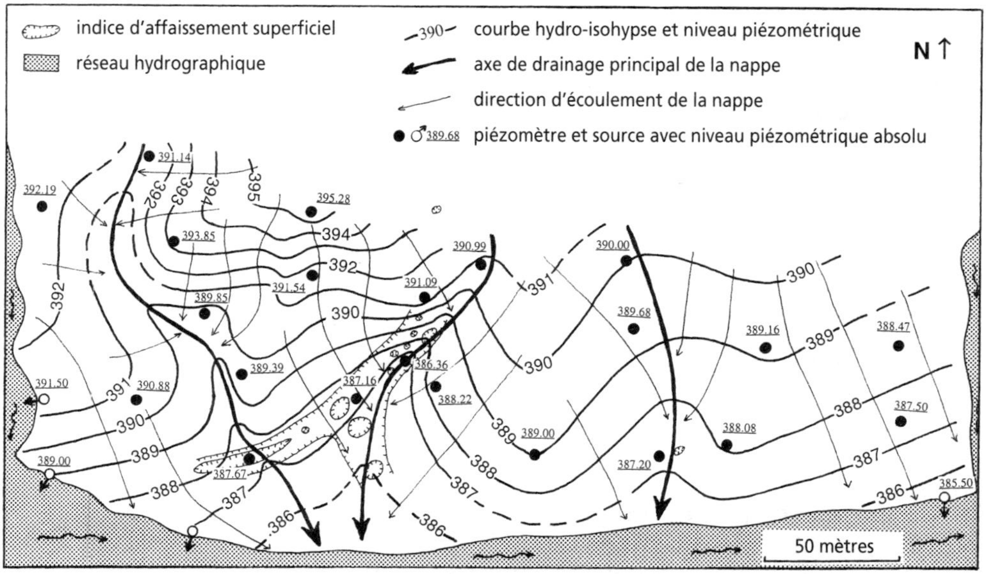


**Figure 68** Carte piézométrique partielle d'une nappe karstique dans un massif gypseux triasique à Sospel (06), établie le 2 octobre 1980.

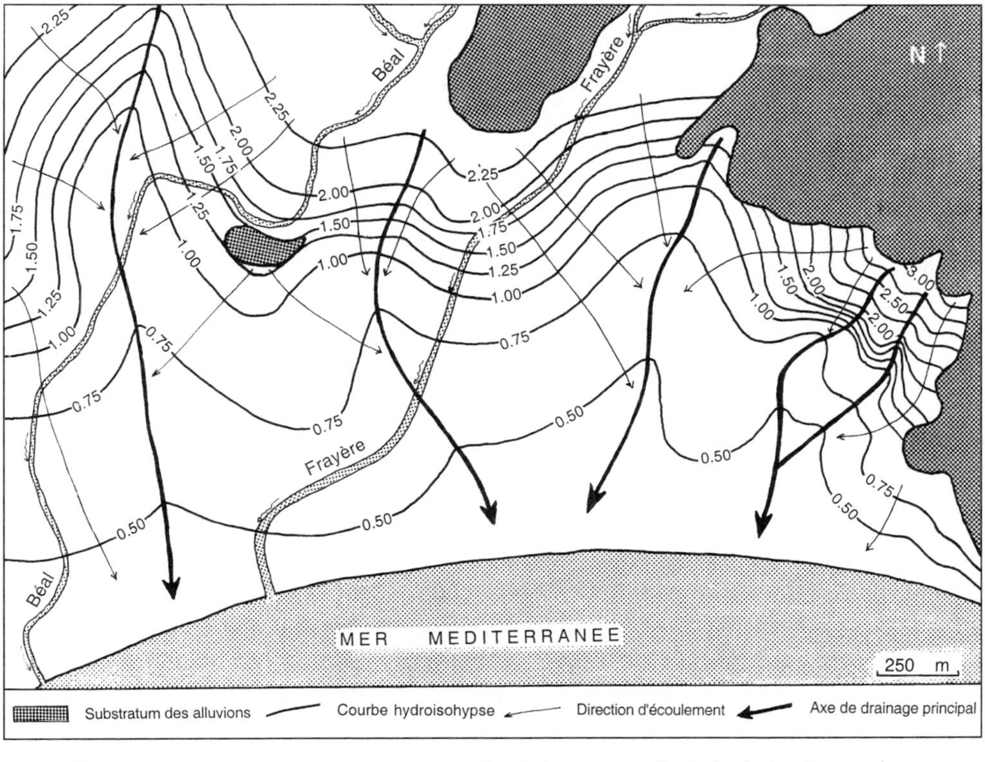


**Figure 69** Carte piézométrique partielle de la nappe alluviale de la Siagne dans la basse-vallée de la Frayère et du Béal (06, Cannes et Mandelieu), établie en octobre 2003.

2) La carte piézométrique d'une partie de la nappe alluviale de la Siagne, dans les basses-vallées de la Frayère et du Béal, sur les communes de Cannes et de Mandelieu (06). Ce document a été établi les 17 et 18 octobre 2003 sur la base du relevé de 41 puits, forages d'eau et piézomètres *(figure 69)*. Le tracé des courbes montre un écoulement général de la nappe vers la mer et une collecte préférentielle par l'intermédiaire de plusieurs axes de drainage. Le gradient hydraulique présente une valeur moyenne de 0,003 à 0,005 en partie amont et diminue très sensiblement en se rapprochant du littoral (0,0005 à 0,001) du fait de l'élargissement de la plaine. Il s'accroît en revanche vers le coteau oriental (0,006 à 0,012) en liaison avec la diminution de puissance de la nappe et de perméabilité du réservoir. L'alimentation de la nappe apparaît en outre soutenue par des apports en provenance des vallons du Béal et de la Frayère en partie nord du secteur.

### 14.4.3 Variations piézométriques

Une carte en courbes hydroisohypses donne une représentation de la surface piézométrique à une date déterminée. Il est donc souvent nécessaire, pour juger des variations intersaisonnières de sa surface, d'établir plusieurs cartes piézométriques à des époques différentes et, en particulier, lors des périodes extrêmes (crue ou hautes eaux et étiage ou basses eaux).

Un suivi permanent peut en outre être entrepris en équipant d'un enregistreur les piézomètres représentatifs des principales parties de la nappe. Les piézogrammes visualisent les fluctuations de la nappe dans le temps et peuvent être corrélés avec la pluviométrie, ou avec le débit d'un cours d'eau voisin lorsqu'il assure l'alimentation principale de la nappe *(figure 70)*.

L'analyse des variations piézométriques en plan et en profil permet de connaître les valeurs minimales et maximales du niveau piézométrique, ainsi que leur amplitude moyenne annuelle ou interannuelle. Elle fournit également une bonne estimation de l'alimentation naturelle de l'aquifère et de l'évolution spatio-temporelle de ses réserves, en caractérisant, en particulier, des secteurs homogènes vis-à-vis de la recharge et de la décharge.

La *figure 70* présente les fluctuations piézométriques de trois ouvrages de contrôle des niveaux de la nappe alluviale du Var (06) au cours des années 1989 à 1991, dont l'alimentation est en majeure partie assurée par des apports du fleuve qui s'écoule dans la plaine. On constate des fluctuations relativement amorties au droit des piézomètres aval P15 et P35, alors qu'elles sont très marquées au niveau du piézomètre amont P41. Une telle amplitude trouve son explication dans le colmatage local du lit mineur du Var qui ne permet plus l'alimentation de la nappe lors des étiages prononcés. La nappe a alors véritablement décroché au moment de la sécheresse extrême de 1990, mais remonte en revanche très vite lors des crues à la faveur des pertes du fleuve dans les rives.

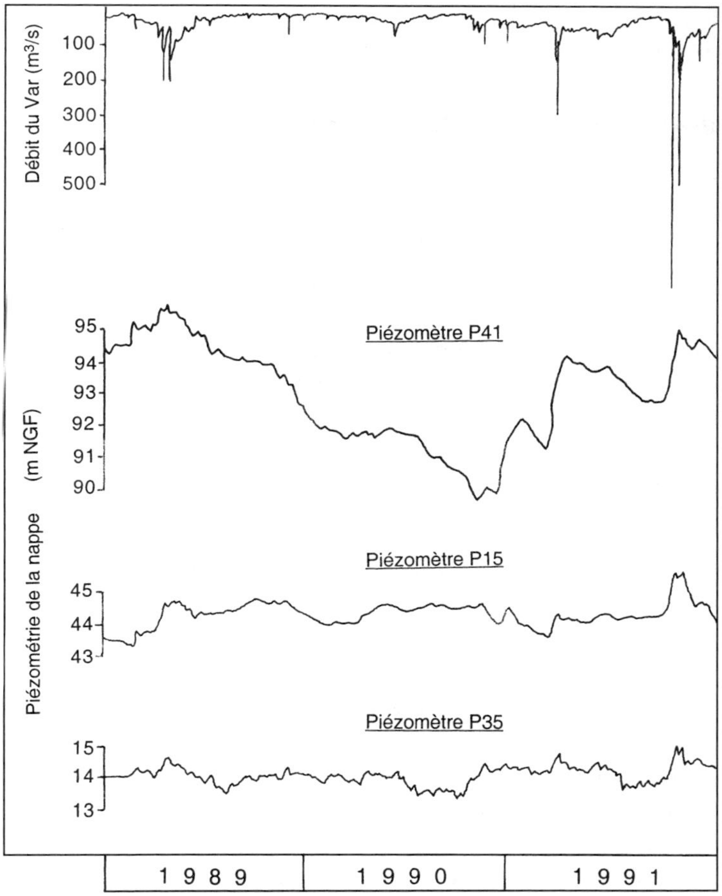


**Figure 70** Fluctuations piézométriques de 3 ouvrages de la nappe alluviale du Var (06) de 1989 à 1991. D'après Y. Guglielmi (1993).

## 14.5 ESSAIS D'EAU ET POMPAGES D'ESSAI

Après identification des limites géométriques de l'aquifère et analyse de ses conditions d'alimentation et de circulation des eaux souterraines, il est nécessaire d'acquérir des informations spécifiques sur les caractéristiques propres du réservoir. Elles peuvent être obtenues par des mesures effectuées en laboratoire sur des échantillons, par des essais ponctuels en sondages ou par des pompages d'essai plus ou moins prolongés.

### 14.5.1 Mesures en laboratoire

Il s'agit de mesures de la perméabilité $K$ des terrains, effectuées sur des échantillons prélevés en sondage. Elles ne sont citées que pour mémoire, car le remaniement des échantillons entraîne une modification plus ou moins marquée de la structure initiale du terrain en place, pouvant altérer la validité des résultats obtenus.

Ces méthodes sont surtout utilisées en géotechnique (mécanique des sols), à l'aide de perméamètres et d'œdomètres (lors des essais de compressibilité).

### 14.5.2 Essais ponctuels en puits ou sondages

Ils permettent de connaître les variations verticales de la perméabilité du terrain, par sa mesure sur des tranches successives dans un sondage. Lorsque les essais sont pratiqués dans un ensemble de sondages, les variations horizontales de perméabilité peuvent en outre fournir une bonne image de l'anisotropie générale du réservoir aquifère.

Différents types d'essais sont envisageables, en fonction de la nature des terrains concernés et des objectifs de l'étude. Leur comparaison nécessite en revanche une totale similitude de la méthode mise en œuvre et du diamètre des ouvrages.

#### *a) Essais Lefranc*

La méthode Lefranc est utilisée dans le cas de terrains meubles (éboulis, alluvions, moraines), lors de la réalisation d'un sondage, sur des tranches successives du terrain. Chaque tranche est testée, sur une hauteur de 0,5 à 2 m (« lanterne »), où le terrain, à nu en fond et sur les parois, est isolé en partie supérieure par un tubage plein ou un obturateur.

Ses capacités d'absorption sont évaluées en pompant ou en injectant dans la lanterne un débit d'eau constant, jusqu'à stabilisation du niveau dans l'ouvrage. Il s'agit dans ce cas d'un essai à niveau constant, adapté aux sols perméables ($K > 10^{-4}$ m.s$^{-1}$).

On peut aussi prélever ou injecter un volume d'eau donné dans la lanterne et suivre, en fonction du temps, les variations du niveau dans l'ouvrage. Il s'agit alors d'un essai à niveau variable, adapté aux sols peu perméables ($K < 10^{-4}$ m.s$^{-1}$).

Le calcul de la perméabilité $K$ se déduit des suivis du débit injecté ou prélevé et des rabattements obtenus. Il prend aussi en compte les caractéristiques géométriques de la lanterne (hauteur et diamètre).

#### *b) Essais Lugeon*

La méthode Lugeon est utilisée dans les massifs rocheux plus ou moins fracturés (calcaires, grès, granites) et consiste à injecter de l'eau sous-pression dans des tranches de terrain de 2 à 5 m de long, isolées en partie supérieure par un obturateur. On mesure le débit injecté pendant un intervalle de temps déterminé (5 ou 10 min), en augmentant la pression par paliers (de 1 à 10 bars), puis en la réduisant suivant les mêmes paliers. On calcule le volume d'eau injecté et on en déduit l'absorption du terrain en L/min et par mètre linéaire de sondage aux différentes gammes de pression. Le lugeon caractérise cette valeur sous une pression de 10 bars et l'on admet généralement que son unité correspond à une perméabilité de l'ordre de $1{,}5.10^{-7}$ m.s$^{-1}$.

Cette méthode permet des comparaisons verticales et latérales intéressantes dans un massif rocheux. Elle est très utilisée dans le cadre d'études de barrages et de tunnels et permet une bonne approche des possibilités d'injection.

### c) *Mesures au micromoulinet*

Cette mesure, réalisée dans un sondage tubé et crépiné, à l'aide d'un moulinet de petit diamètre, permet en fait de détecter les circulations verticales de l'eau, ascendantes ou descendantes.

Elle ne conduit pas véritablement à une mesure de la perméabilité du milieu aquifère, mais détermine la position des horizons les plus productifs et la vitesse des courants, ce qui permet de calculer les débits de circulation. Cette méthode est très utilisée dans le diagnostic des forages d'eau.

## 14.5.3 Pompages d'essais

À l'inverse des essais ponctuels qui ne caractérisent que des horizons perméables très limités, les pompages d'essai s'intéressent à toute la hauteur du réservoir aquifère (puits complets) ou à une épaisseur suffisamment représentative de la nappe (puits incomplets). Ils fournissent des informations variables, en fonction de leurs conditions de réalisation et de la nature du dispositif de suivi :

- la détermination des caractéristiques propres de l'ouvrage testé, dans le cas d'un essai de puits ;
- l'évaluation des paramètres hydrodynamiques de l'horizon aquifère $(K, T, S)$, dans le cas d'un essai de nappe ;
- l'observation en vraie grandeur des effets périphériques d'une exploitation de la nappe, dans le cas d'un essai de longue durée.

La mise en œuvre d'un pompage d'essai nécessite l'installation préalable de dispositifs adaptés pour permettre un suivi des paramètres recherchés :

- dans l'ouvrage asservi au pompage, un tube piézométrique, pour contrôler le niveau de la nappe par sonde manuelle ou par piézographe ;
- en sortie du tube de refoulement, une vanne, un compteur et un robinet, permettant de régler le débit d'exhaure, de mesurer le volume pompé et de procéder à des prélèvements d'eau ;
- en périphérie et sur des distances variables en fonction du contexte et des objectifs de l'essai, des équipements destinés à contrôler les effets éloignés du pompage (piézomètres, jaugeage de source, échelle limnimétrique sur vallon).

Dans certains cas, il s'avère nécessaire d'évacuer les débits exhaurés dans un réseau spécifique, soit pour éviter les réinjections d'eau dans la même nappe, soit pour protéger des fonds inférieurs sensibles (risques de glissement de terrain, par exemple) ou très urbanisés.

Il est enfin indispensable que les opérations de pompage ne soient pas influencées par la pluviométrie ou par d'autres prélèvements dans la même nappe sur des sites proches, afin de valoriser l'interprétation des résultats obtenus.

### a) *Essai de puits*

Il permet de tester assez rapidement les réactions de l'ouvrage de captage et ses possibilités de production.

Il est réalisé en maintenant plusieurs paliers de débit pendant une durée limitée (de 1 à 3 h), tout en mesurant le débit exhauré $Q$ et le rabattement en fin de palier $s$. Chaque palier de débit est suivi d'un temps d'arrêt de pompage permettant la remontée stabilisée de la nappe.

Lors d'un pompage d'essai effectué dans un aquifère fissuré à La Trinité (Alpes-Maritimes), quatre paliers de débit ont été effectués pendant des durées de 1,5 à 2 h, avec des débits de pompage successifs de 25, 40, 60 et 88 $m^3.h^{-1}$, induisant des rabattements respectifs de 12, 25, 52 et 105 cm *(figure 71)*.

Le rabattement $s$ à l'instant $t$ est donné par l'équation de Jacob :

$$s = B.Q + C.Q^2.$$

C'est la somme de deux pertes de charge, caractérisant le complexe aquifère/ouvrage de captage (Forkasiewicz, 1972) :

- $B.Q$ correspond à une perte de charge linéaire, provoquée par l'écoulement laminaire dans l'aquifère au voisinage de l'ouvrage. Elle est influencée par l'aquifère et par la partie captante de l'ouvrage ;
- $C.Q^2$ correspond à une perte de charge quadratique, non linéaire, provoquée par l'écoulement turbulent dans l'ouvrage (crépine et tubage) et dans le milieu (fissures et conduits). Elle dépend essentiellement du débit pompé et caractérise l'équipement de l'ouvrage.

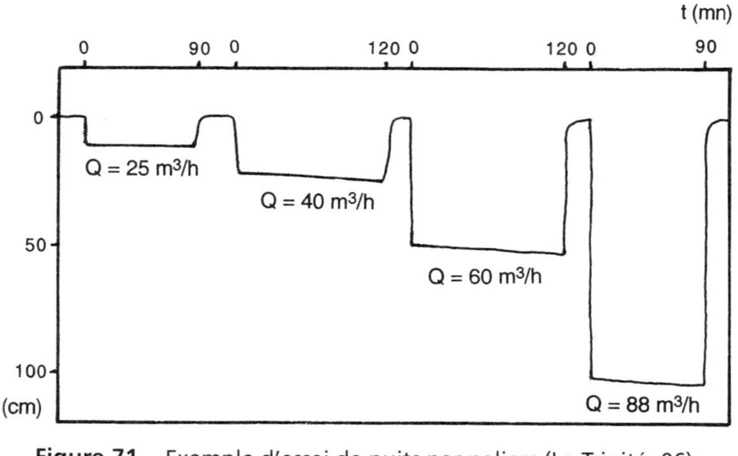


**Figure 71** Exemple d'essai de puits par paliers (La Trinité, 06).

La relation débit / rabattement spécifique $s/Q = f(Q)$ est linéaire et permet d'évaluer ces pertes de charge par une mesure graphique directe des coefficients B et C *(figure 72a)*.

B est en effet obtenu par l'intersection de la droite avec l'axe des rabattements spécifiques et C est égal à la pente de la droite.

La relation devient donc, dans l'exemple précité, $s/Q = 2.10^{-3} + 1{,}04.10^{-4}.Q$.

La courbe caractéristique de l'ouvrage *(figure 72b)* est représentée par la fonction $s = f(Q)$.

Son tracé peut être facilité par des points intermédiaires et extrêmes, calculés à l'aide de l'équation de Jacob. Elle permet de définir le débit critique d'exploitation en fonction du rabattement maximum admissible (55 $m^3.h^{-1}$, dans l'exemple précité).

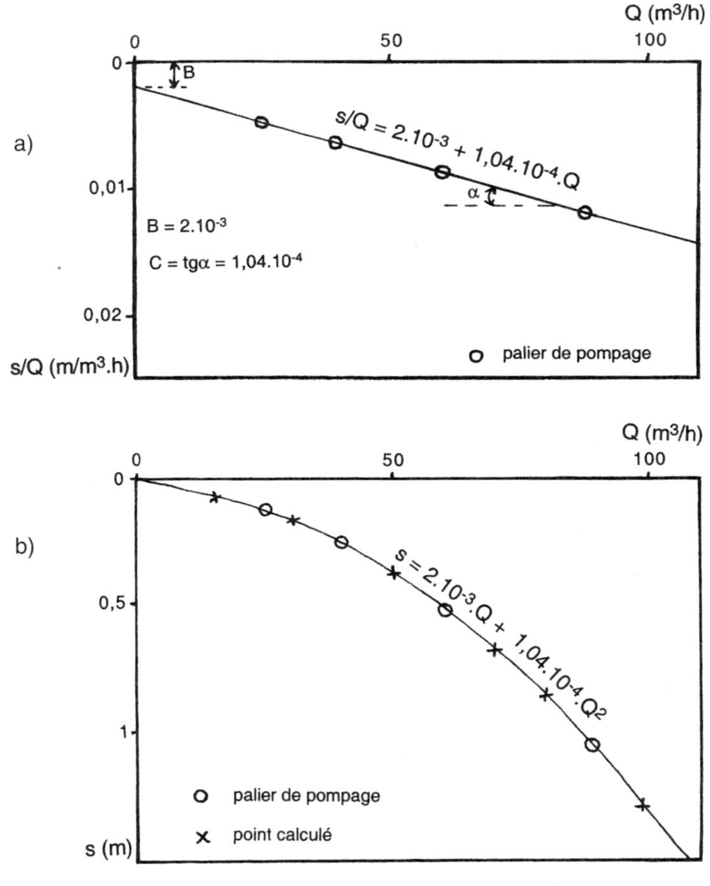


**Figure 72** Courbe débit/rabattement spécifique (a) et courbe caractéristique (b) (La Trinité, 06).

## *b) Essai de nappe*

Il permet d'évaluer les paramètres hydrodynamiques de la nappe, de préciser ses conditions aux limites et ses éventuelles hétérogénéités et de prévoir l'évolution du rabattement en fonction du débit pompé, ainsi que ses effets éventuels sur son environnement plus ou moins éloigné.

Il est réalisé à débit constant sur une période de 1 à 3 jours, voire plus pour les essais de longue durée, et nécessite la création d'un réseau périphérique de piézomètres. Les contrôles comprennent le suivi des débits exhaurés et ceux du niveau de la nappe dans l'ouvrage et dans les piézomètres. On observe également la remontée des niveaux dans l'ouvrage et dans les piézomètres dès l'arrêt du pompage *(figure 73)*.

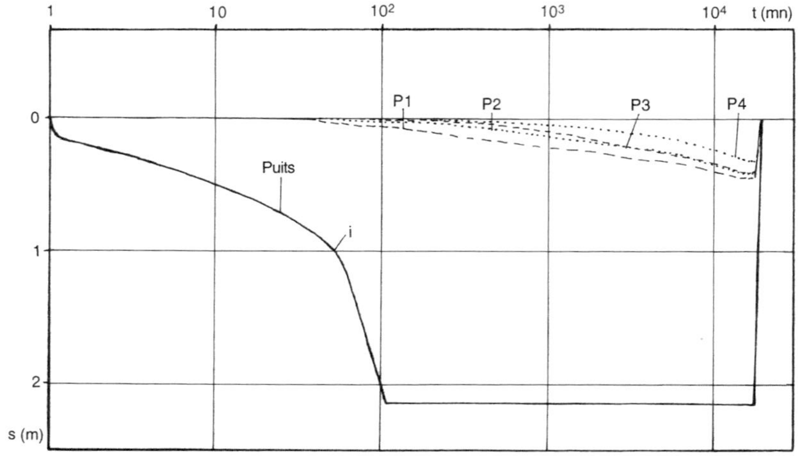


**Figure 73** Exemple d'essai de pompage. Nappe alluviale du Loup (Alpes-Maritimes).

Les données du pompage sont reportées sur un graphique, où le temps $t$ est en abscisses logarithmiques (en heures, minutes ou secondes) et le rabattement s ou le rabattement résiduel $sr$ (pour la remontée) en ordonnées linéaires (en mètres ou centimètres).

Les points résultants des mesures matérialisent une courbe représentative de l'essai, dont la première partie marque l'effet de capacité de l'ouvrage et dont l'alignement sur une droite traduit ensuite un essai réalisé en nappe illimitée.

La transmissivité $T$ peut être calculée par la méthode d'approximation logarithmique de Jacob :

$$T = 0{,}183 . Q/c,$$

où $Q$ représente le débit de pompage (en $m^3.h^{-1}$) et $c$ la pente de la droite.

Le coefficient d'emmagasinement $S$, déterminé à partir des courbes des piézomètres, est donné par la formule suivante :

$$S = (2{,}25 . T . t_0)/x^2,$$

où $T$ est la transmissivité (en $m^2.s^{-1}$), $t_0$ est le temps d'intersection entre la droite de descente (ou de remontée) et le niveau piézométrique initial (en s), et $x$ est la distance entre l'ouvrage et le piézomètre concerné (en m).

Cette méthode est illustrée par un pompage d'essai effectué dans la nappe alluviale du Loup (Alpes-Maritimes), durant 14 jours *(figure 73)*. Le pompage a été réalisé dans un puits de 9 m de profondeur, avec un débit de 45 $m^3.h^{-1}$, et les niveaux ont été suivis dans l'ouvrage et dans 4 piézomètres périphériques, distants respectivement de 76 m (P1), 112 m (P2), 107 m (P3) et 260 m (P4).

Les courbes montrent la descente du niveau d'eau dans l'ouvrage lors du pompage et les réactions différées des piézomètres. Celles-ci ne sont pas proportionnelles à leurs distances respectives du puits et traduisent l'hétérogénéité horizontale du réservoir alluvial.

La première partie rectiligne des courbes permet de calculer les paramètres caractéristiques de la nappe, ce qui conduit aux valeurs du tableau suivant *(tableau 11)*.

Les courbes présentent ensuite des variations très fréquemment rencontrées lors de pompages d'essai, d'abord un doublement de sa pente, puis une stabilisation avant l'arrêt du pompage.

Le doublement de la pente (au-delà du point *i* sur le graphique) traduit l'existence d'une limite latérale étanche, vraisemblablement l'une des rives du surcreusement dans lequel est établi le réservoir alluvial. L'estimation de cette limite à une distance comprise entre 230 m et 450 m en fonction de l'ouvrage considéré (puits ou piézomètre), est tout à fait compatible avec la structure géologique reconnue et avec l'extension superficielle des alluvions.

La stabilisation terminale caractérise l'existence d'un front latéral d'alimentation à niveau imposé, représenté par le fleuve Loup qui offre des relations étroites avec sa nappe d'accompagnement.

**Tableau 11** Paramètres caractéristiques de la nappe alluviale du Loup (Alpes-Maritimes).

| Ouvrage | Transmissivité $T$ ($m^2.s^{-1}$) | Coefficient d'emmagasinement $S$ (%) |
|---|---|---|
| Puits | $0{,}47.10^{-2}$ | |
| P1 | $2{,}32.10^{-2}$ | $2{,}33.10^{-2}$ |
| P2 | $2{,}59.10^{-2}$ | $4{,}93.10^{-2}$ |
| P3 | $1{,}53.10^{-2}$ | $7{,}20.10^{-2}$ |
| P4 | $2{,}36.10^{-2}$ | $2{,}96.10^{-2}$ |

## 14.6 LES ANALYSES D'EAU

Le traçage naturel physico-chimique, isotopique ou microbiologique est un puissant moyen de connaissance des eaux souterraines. En effet, en tout point d'observation (piézomètre, grotte...), de sortie naturelle (source) ou artificielle (captage, galerie, puits, forage), l'eau souterraine est porteuse d'un message sur sa provenance et sur l'origine de sa minéralisation, le bilan hydrologique global de sa zone de recharge et les apports des différentes composantes de l'hydrosystème, sur son temps de résidence dans le réservoir, sur sa contamination naturelle ou artificielle. Ces données peuvent être exploitées si les composantes identifiées présentent un contraste de teneurs suffisant. Contrairement aux analyses réglementaires dont la nature et la fréquence sont déterminées par décret, les analyses à finalité prospective peuvent porter sur tout traceur pertinent, naturel ou anthropique *(cf. chapitre 11)*, et sur tout pas de temps ou d'espace.

### 14.6.1 Les analyses physico-chimiques

Les analyses, effectuées par différents organismes, permettent de déterminer, par exemple, l'origine de la minéralisation, d'évaluer le bilan hydrologique global et les apports des différentes composantes de l'hydrosystème. Nous allons illustrer l'intérêt du traçage naturel à partir de quelques exemples.

*a) Rôle du sol et des réservoirs superficiels.*
*Exemple de la Montagne Noire (Guyot, 1983)*

Poussarou et Malibert sont deux sources karstiques, issues des calcaires et dolomies cambriens. Leurs impluviums respectifs contigus ont la même surface (19 km$^2$) et la même altitude; soumis au même climat, ils ne diffèrent que par leur couverture de sol et de végétation.

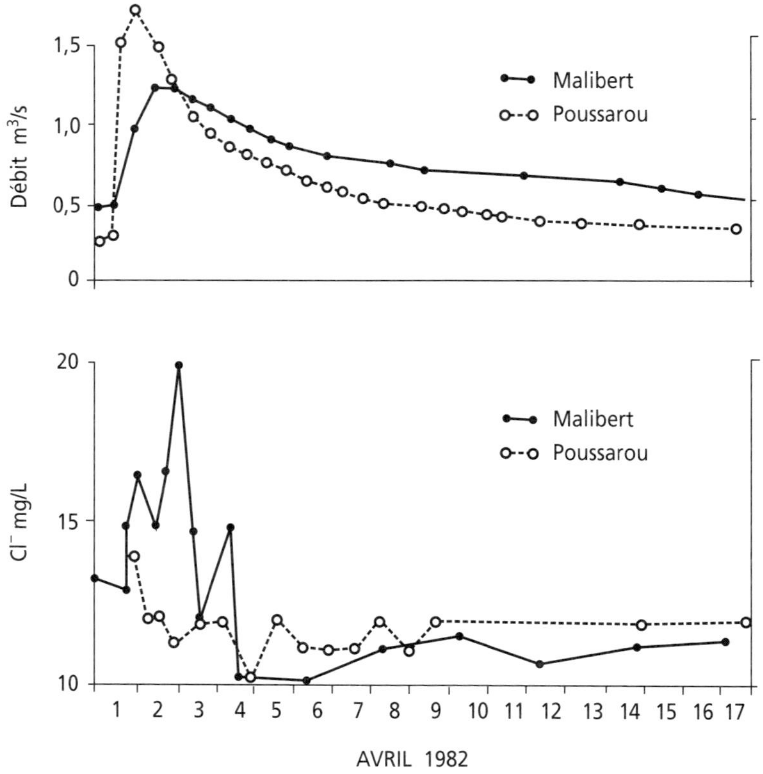


**Figure 74** Réponse du débit et des chlorures à un épisode de pluie.

L'impluvium dépourvu de sol, celui de Poussarou, a une réponse hydrologique plus brutale, plus pointue et plus brève, mais le soutien du débit de décrue est moins assuré *(figure 74)*. La teneur en chlorures a tendance à diminuer au cours de la crue. À Malibert en revanche, sol et épikarst tamponnent le pic de crue (retard, atténuation) et soutiennent la décrue ; les chlorures présentent un pic suivi d'une diminution avant de reprendre la valeur de bruit de fond. Au cours des épisodes d'infiltration, le sol et les réservoirs superficiels subissent donc une lixiviation des solutions que l'évaporation y avait concentrées.

### *b) Signature des épisodes de pluie efficace. Exemple de la fontaine de Vaucluse (Mudry, 1987 ; Emblanch, 1997)*

L'infiltration consécutive à un épisode de précipitations a pour caractéristiques un enrichissement en traceurs météoriques (chlorures) ou pédogéniques (nitrates, carbone organique), et un appauvrissement en traceurs des longs temps de séjour acquis dans les réservoirs (silice, magnésium). La fontaine de Vaucluse montre bien la dilution du magnésium concomitante avec l'augmentation des teneurs en chlorures *(figure 75)*. Le carbone organique dissous ou COD (acides humiques, fulviques...) est un traceur lui aussi lixivié dans le sol, mais dont le comportement est non conservatif : il se minéralise au cours du temps en se transformant en $CO_2$, puis en bicarbonates. Sa présence aux exutoires de l'hydrosystème démontre un transit très bref entre le sol et l'émergence. La *figure 75* montre que le pic de crue d'octobre comporte un train de pics d'eaux à temps de séjour très brefs (quelques jours), séparés par des eaux ayant subi un abattement de leur teneur en COD.

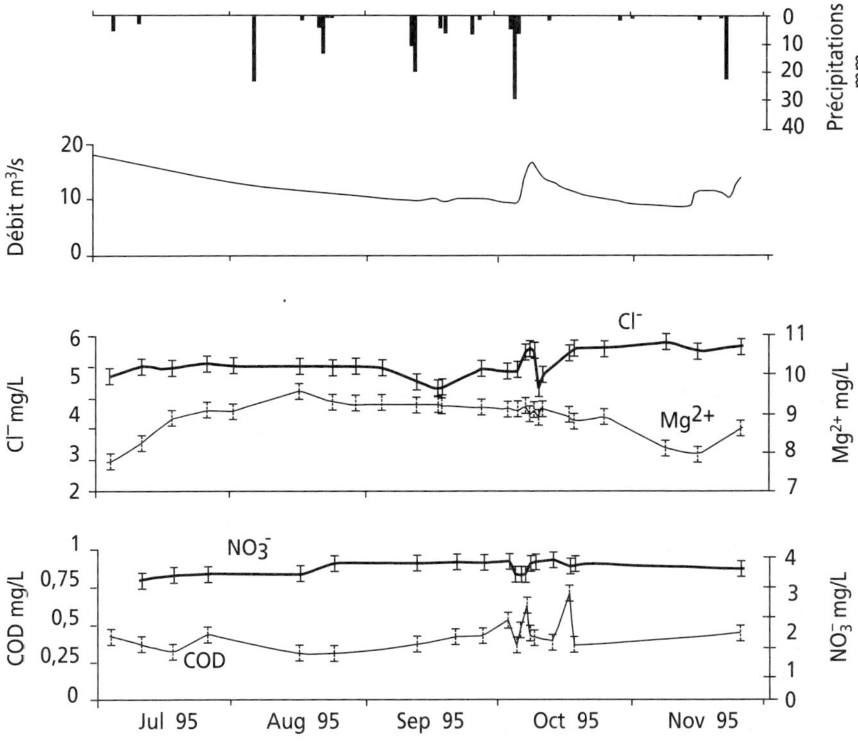


**Figure 75** Dilution des traceurs du réservoir, augmentation des traceurs superficiels lors d'une crue à la fontaine de Vaucluse.

### *c) Composantes de recharge*

➤ Exemple de la nappe du Souss (Maroc, Hsissou *et al.*, 2000)

La nappe complexe du Souss (Agadir) est en communication avec l'océan, mais reçoit aussi une alimentation par infiltration de l'eau des oueds issus du Haut-Atlas occidental. Ces oueds drainent des terrains gypsifères (Crétacé) et salifères (Trias). Les eaux d'origine marine (biseau salé actuel, paléosalinité sédimentaire, embruns marins de la pluie) se situent sur la droite de « dilution » de l'eau de mer *(figure 76)*.

Les eaux d'origine évaporitique (gypse, halite) ou anthropique (infiltrations d'eaux usées) se distinguent par une teneur en bromures appauvrie. Cette teneur, comparée à la teneur en chlorures, permet donc de cartographier les zones de recharge dans la nappe.

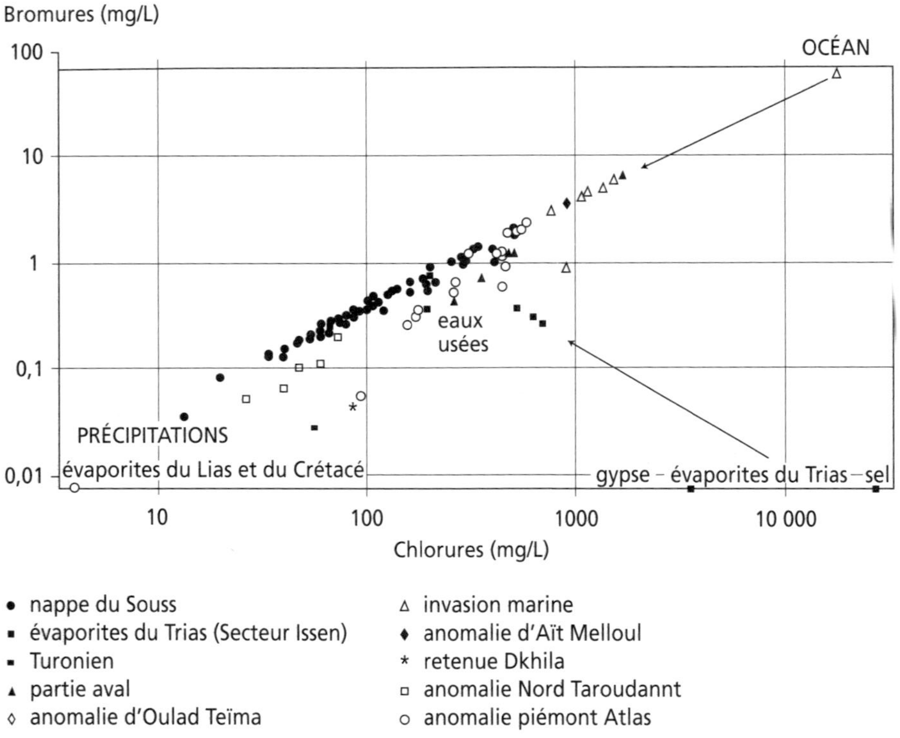


**Figure 76** Origine marine ou évaporitique des eaux de la nappe du Souss (Maroc).

➤ Exemple de la basse vallée du Var (Guglielmi et Mudry, 1996)

La nappe alluviale de la basse vallée du Var peut être alimentée par l'infiltration des eaux du fleuve et par la décharge des aquifères des versants contigus. Les caractéristiques chimiques des deux types d'eau sont nettement différenciées : le fleuve Var, qui draine les eaux des semelles triasiques (gypsifères) des chevauchements subalpins, montre une teneur élevée en sulfates (150 à 200 mg/L, contre 0 à 20 mg/L pour les aquifères de versant). Les poudingues pliocènes, riches en éléments silicatés du socle, fournissent à l'eau une teneur élevée en silice (15 à 30 mg/L, contre 5 à 7 mg/L pour les eaux du Var). Un modèle de mélange simple des deux composantes (flux nappe = flux Var + flux Pliocène) permet à la fois d'évaluer l'évolution de l'alimentation en un point au cours du temps et de cartographier les zones d'apport des deux milieux *(figure 77)*.

Les zones à forte participation du Var (amont, segment médian) correspondent à une piézométrie divergente vers l'aval corroborant cette recharge. Les zones à forte participation des coteaux (tiers amont, aval) correspondent à une piézométrie convergente vers le Var, validant le drainage des coteaux vers le fleuve.

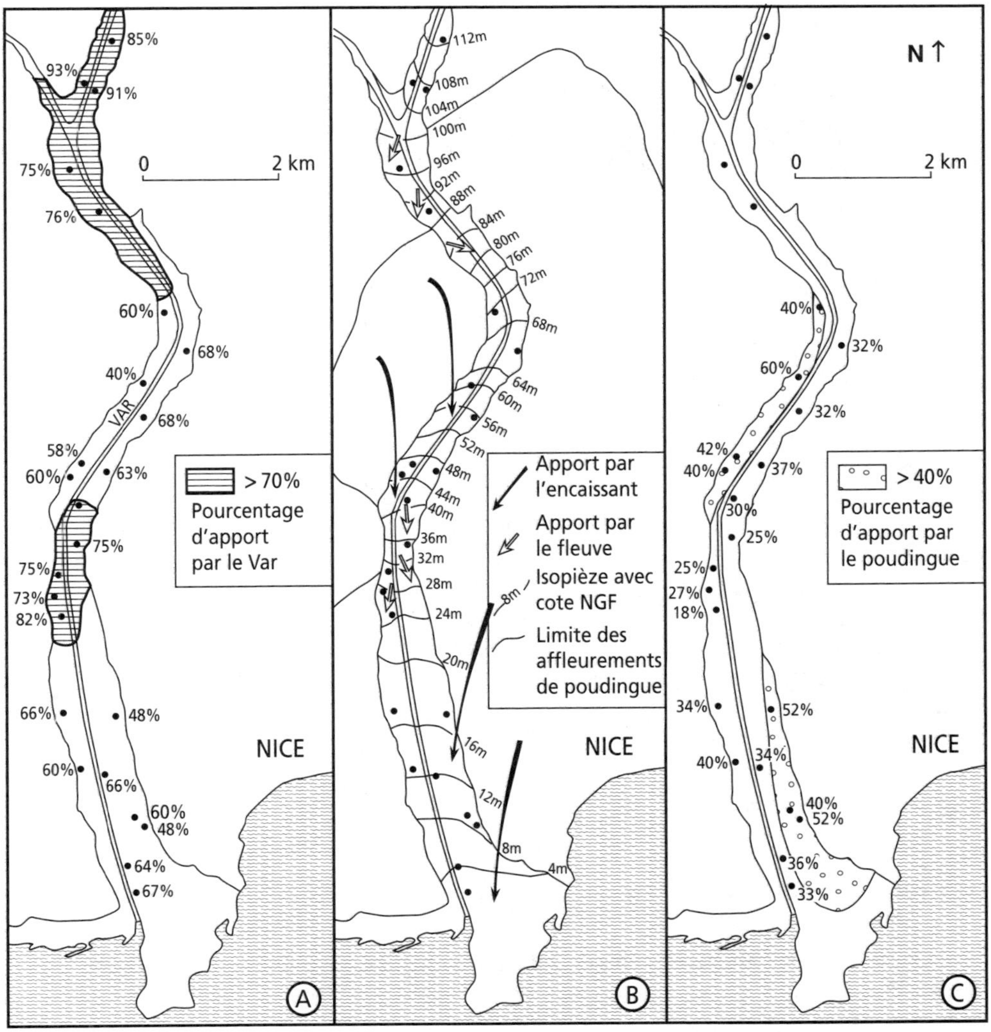


**Figure 77** Recharge d'une nappe alluviale par un fleuve et par son encaissant.

### *d) Dérive de la qualité des eaux en cours d'exploitation. Exemple du graben de Pinchinade, (Mouans-Sartoux, Alpes-Maritimes) (Reynaud* et al., *1999)*

L'exploitation d'un forage situé dans un graben de calcaires jurassiques encaissés dans les argiles gypsifères du Keuper provençal montre une dérive de la qualité des eaux exhaurées au cours du temps, lorsque le rabattement dépasse 30 m *(figure 78)*. La teneur en nitrates de l'eau pompée diminue, sa teneur en sulfates augmente. La réalimentation de l'ouvrage d'exploitation change : au départ, le pompage mobilise les eaux récentes, facilement infiltrées dans les calcaires. Ces eaux ont lixivié les sols du graben (nitrates). La taille restreinte du réservoir impose une réalimentation latérale par des eaux anciennes, ayant séjourné dans les argiles gypsifères (sulfates) *(cf. chapitre 21.1)*.

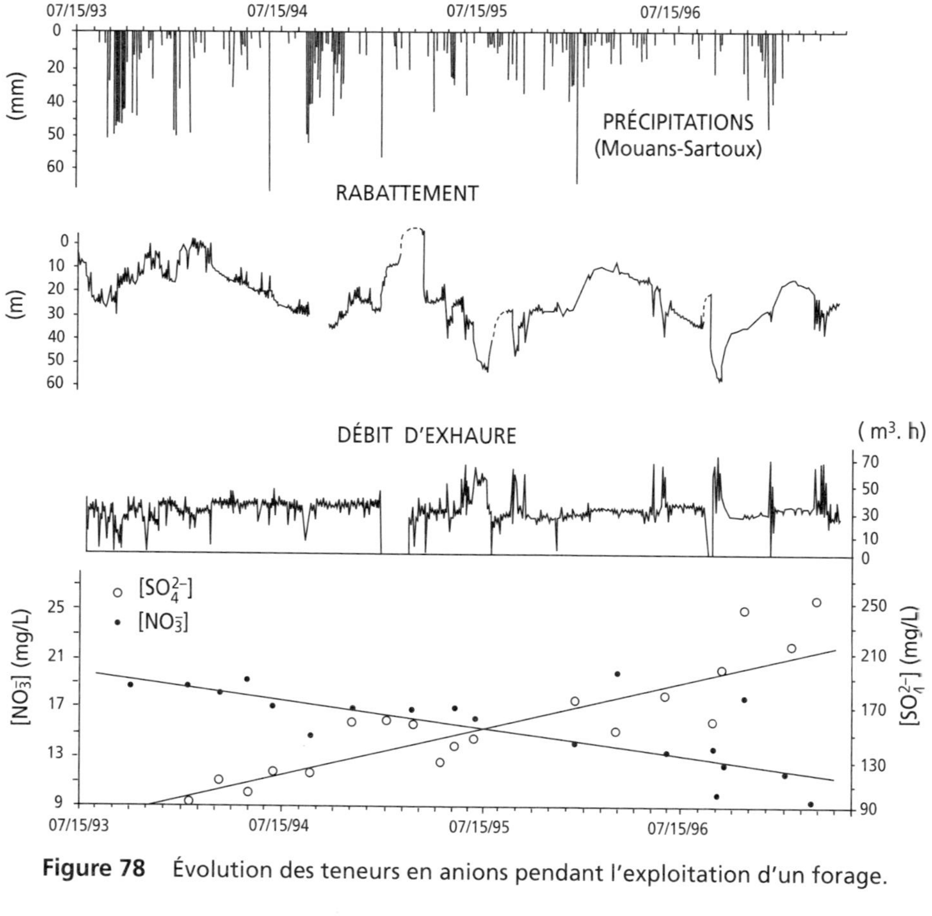


**Figure 78** Évolution des teneurs en anions pendant l'exploitation d'un forage.

## 14.6.2 Les isotopes

### a) Utilité en hydrogéologie

Les isotopes du milieu sont aujourd'hui un outil indispensable pour l'étude des eaux souterraines, tant pour leur prospection que pour leur protection. Ils fournissent des informations fondamentales lorsque les données sont insuffisantes et ne permettent pas le recours aux méthodes classiques. Le *tableau 12* donne les principales applications des traceurs les plus courants : lieu, date et montant de la recharge, interaction eau-gaz ($CO_2$, $H_2S$), et eau-roche (silicates, carbonates, sulfures, évaporites), temps de séjour en zone noyée ou captive, origine de la pollution…

TABLEAU 12 PRINCIPAUX ISOTOPES UTILISÉS EN PROSPECTION HYDROGÉOLOGIQUE

| ISOTOPE | Stable | Radioactif |
|---|---|---|
| De l'eau | **$^{18}$O** Altitude de recharge<br>Déphasage saisonnier<br>Paléorecharges | |
| | **$^{2}$H + $^{18}$O** Évaporation sol/ZNS/ZS<br>Échange carbonates/silicates<br>Échange $H_2S$ | **$^{3}$H** datation : < 30 ans |
| Des solutés | **$^{13}$C** Nature de la végétation<br>Échange $CO_2$ profond/biogénique<br>Échange carbonate solide (datation) | **$^{14}$C** datation : < 25 000 ans |
| | **$^{34}$S** Origine du soufre :<br>oxydation de pyrite/évaporites | **$^{36}$Cl** datation : < 250 000 ans |
| | **$^{15}$N** Origine de l'azote :<br>engrais/élevage/eaux usées | |
| | **$^{87}$Sr** Origine de la minéralisation :<br>socle/évaporites/carbonates | |

### b) Détermination de l'impluvium d'un aquifère : exemple de la fontaine de Vaucluse (*Malzieu 1987, Blavoux* et al., *1992*)

Afin de déterminer l'altitude moyenne d'une grande zone de recharge diffuse d'aquifère (le système de Vaucluse), on sélectionne, dans le même contexte géologique, géomorphologique et climatique, des sources dont la zone de recharge est bien connue *(figure 79)*. On échantillonne simultanément à l'étiage (écoulant l'eau des réserves du système) ces sources de référence et la source d'impluvium inconnu. Les sources de référence permettent d'ajuster (linéairement ou par une fonction exponentielle dans les régions méditerranéennes, soumises à une relation non-linéaire entre la pluie efficace et l'altitude) la relation altitude – $^{18}$O. Le $\delta^{18}$O varie en effet avec la température (bas → chaud → peu négatif, haut → froid → négatif ).

Cet abaque permet d'estimer l'altitude moyenne de recharge des réserves de l'aquifère.

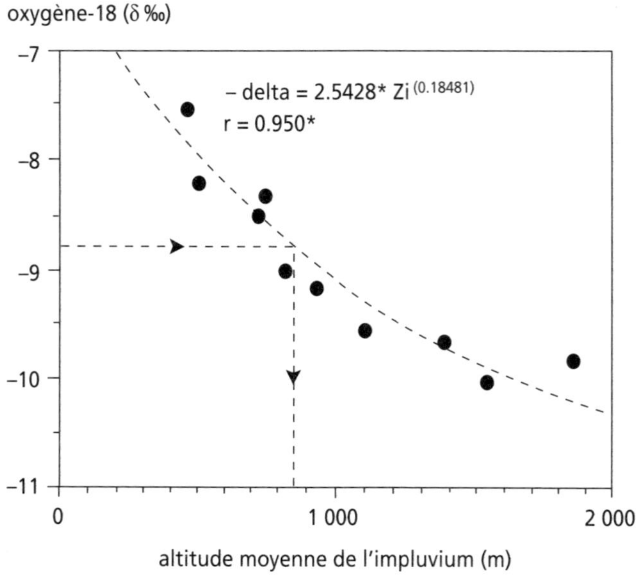


**Figure 79** Détermination de l'altitude moyenne de recharge d'un aquifère.

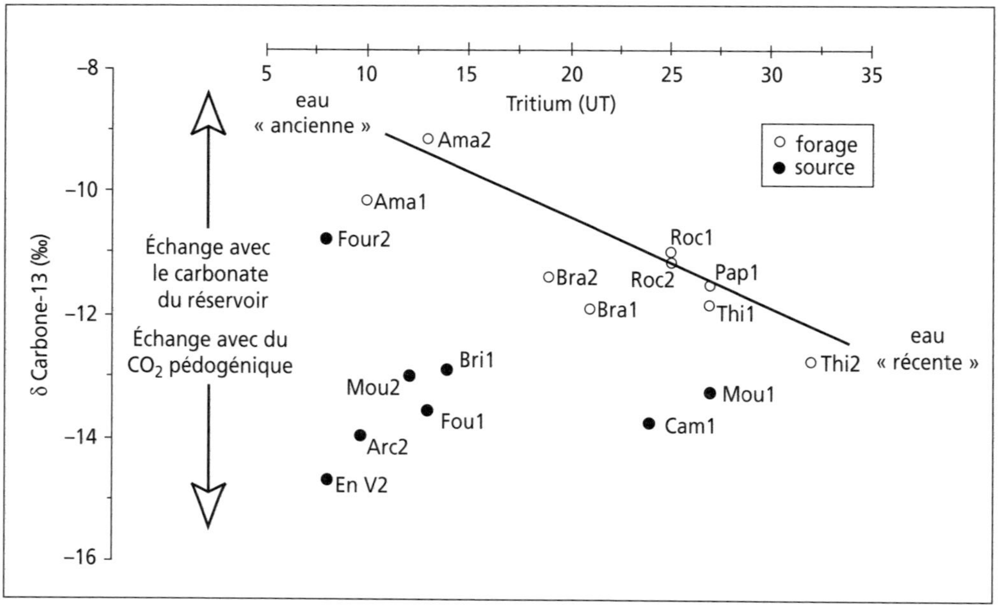


**Figure 80** Karst « profond » de la vallée du Doubs : modes de circulation.

### *c) Échanges eau-gaz du sol-roche : exemple du karst profond de la vallée du Doubs (Celle-Jeanton* et al., *2002, Mudry* et al., *2002)*

L'infiltration engendrée par un épisode de précipitations dissout le gaz carbonique du sol, caractérisé sous nos climats par un $\delta^{13}C$ à – 22 ‰. Ce $CO_2$ attaque le carbonate solide dont le $\delta^{13}C$ est voisin de 0 ‰. Stœchiométriquement, une molécule de $CO_2$ attaque une molécule de carbonate pour donner deux molécules de $HCO_3^-$ marquées donc à – 11 ‰ en moyenne. Une eau à transit rapide dans la roche carbonatée, abritée de l'atmosphère du sol (zone saturée), sauvegardera son marquage d'origine (*figure 80*). Une eau stockée dans la zone non saturée (aquifère perché, aquifère épikarstique), échangera du carbone avec l'atmosphère du sol et elle sera donc appauvrie par rapport au – 11 ‰ initial. À l'opposé, une eau qui redissoudra du carbonate après en avoir précipité dans l'aquifère (transit très lent) s'enrichira en $^{13}C$. La *figure 80* montre ces trois familles d'eau dans les karsts de la vallée du Doubs à l'amont de Besançon.

### 14.6.3 Les analyses microbiologiques

Les analyses s'intéressent à un large spectre de micro-organismes dont la taille varie selon l'ouverture des pores ou fissures ayant permis le transit de l'eau. Dans l'eau souterraine, on appelle micro-organisme les virus, bactéries, protozoaires et petits organismes pluricellulaires de taille < 150 µm (Zwahlen, Rédacteur en chef, 2004). Leur analyse peut se faire après culture *in vitro* ou non.

Les biofilms jouent un rôle dans le piégeage de divers types de bactéries, qui peuvent être relarguées dans certaines conditions (par exemple en crue). Les biofilms augmentent donc les chances de survie des microbes. Lors du transport, les micro-

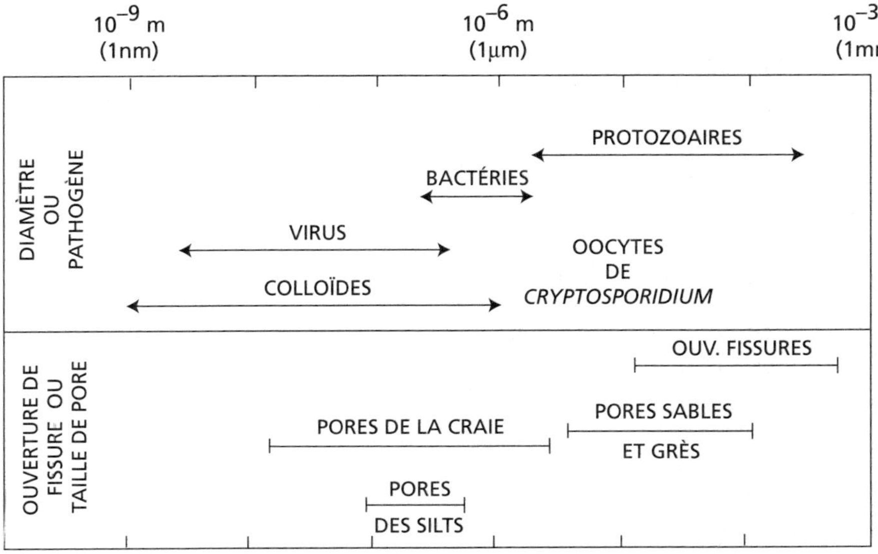


**Figure 81** Taille des micro-organismes comparée à la taille des vides de l'aquifère (West *et al.*, 1998 *in* Zwahlen 2004)

organismes sont affectés par des processus caractéristiques de l'organisme lui-même, et aussi de son environnement (sol, sédiment, zone non saturée, débit,...). Les processus de transport qui affectent les colloïdes (particules de 0,001 à 1 µm, restant en suspension par mouvement brownien), peuvent être aussi invoqués pour les virus et bactéries *(figure 81)*, dont la taille est voisine. Du fait de la taille des vides de l'aquifère, les bactéries et les protozoaires (mais pas les virus) sont susceptibles de subir le phénomène de filtration physique, et aussi de sédimentation si la vitesse d'écoulement est faible.

La durée de vie des micro-organismes (dont les pathogènes) est conditionnée par la température (froid favorable), le type d'organisme, ses prédateurs, la chimie de l'eau et, en particulier, sa teneur en carbone organique, l'argilosité du milieu (adsorption). La présence de populations indigènes peut conduire à réduire le taux de survie des microbes allogènes.

## 14.7 LES MÉTHODES D'ÉTUDE DES AQUIFÈRES KARSTIQUES

### 14.7.1 Particularités du karst

Contrairement aux aquifères poreux et fissurés qui obéissent à la loi de Darcy et où l'étude d'une faible partie de l'aquifère (échantillon, puits, forage) peut être étendue à une large portion du réservoir, le karst, hétérogène et hiérarchisé, est d'une approche plus complexe qui nécessite, d'une part une étude globale du fonctionnement de l'aquifère, et d'autre part des analyses de détail dans le cas, par exemple, d'un projet de captage ou d'une action de lutte contre la pollution.

Les aquifères karstiques gardent trace des différentes étapes de leur mise en place. Un système karstique est donc une juxtaposition qui peut paraître anarchique, de zones peu perméables voire étanches, de vides remplis d'eau, d'air ou de sédiments, de rivières et de lacs souterrains, de fissures gorgées d'eau et de drains noyés. Les vitesses de circulation de l'eau au sein du même aquifère peuvent être lentes dans les zones fissurales et très rapides dans les drains.

Du fait de cette hétérogénéité, le système karstique fait appel à des techniques qui lui sont propres.

### 14.7.2 Études paléogéographiques

Les systèmes karstiques étant généralement polyphasés, il faut pouvoir préciser leurs conditions de mise en place, afin d'évaluer la position des drains et des zones de réserves. Terrasses alluviales, gradins, vallées perchées, exutoires temporaires, amas de tuf, etc. sont autant d'indices géomorphologiques qui peuvent permettre d'approcher cette connaissance. L'analyse peut aussi être conduite dans l'endokarst, où l'étude des remplissages et des étagements de galeries va renseigner sur l'évolution du système.

En milieu littoral, une analyse bathymétrique permet de préciser les variations de niveau de base liées à l'eustatisme et de repérer les vallées sous-marines liées à la présence de paléosources (*cf.* exemple de Port Miou, *chapitre 9.2.5*).

## 14.7.3 Études hydrométriques et physico-chimiques

### a) Les débits

Une émergence karstique constituant le débouché ultime d'un ensemble complexe de systèmes capacitifs et transmissifs, les variations du débit et des paramètres physico-chimiques sont autant de signaux qui reflètent sa structure intime et dont l'analyse va donner des indications sur l'organisation interne et le fonctionnement de l'aquifère. La courbe suivante *(figure 82)*, où le moindre épisode pluvieux se traduit par une crue, montre que le système possède peu de réserve car deux mois suffisent

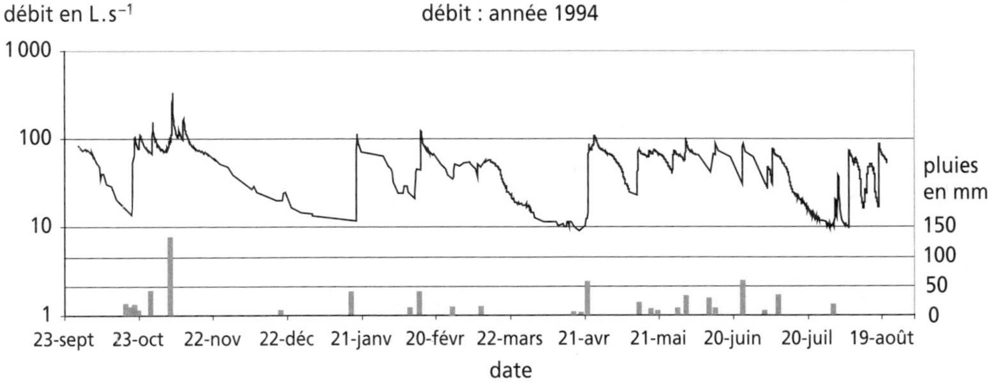


**Figure 82** Courbe de débit de la Foux de Lucéram (Alpes Maritimes). Données HYDRO, DIREN.

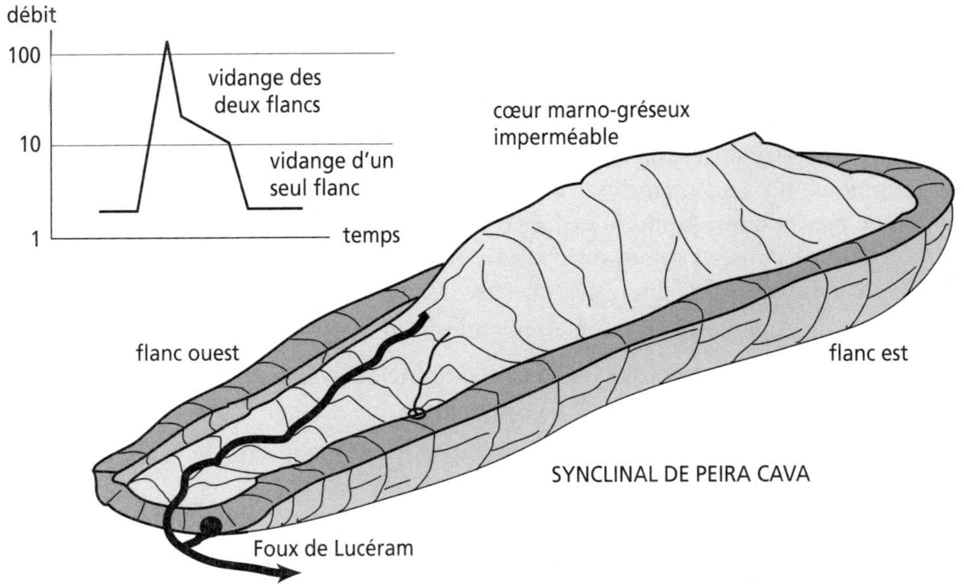


**Figure 83** Bloc diagramme du synclinal de Peira Cava (Alpes-Maritimes).
La Foux de Lucéram qui draine les calcaires est alimentée par les deux flancs du synclinal.

à le vidanger. Par ailleurs, les ruptures de pente observées lors de la vidange du système à la suite des crues, reflètent l'existence de deux compartiments, ce que confirment les conditions géologiques et structurales du système *(figure 83)*.

### b) Les paramètres physico-chimiques

De la même façon, comme les réactions de recharge et de décharge sont bien marquées et du fait de l'unicité fréquente de l'exutoire, l'étude des variations des différents paramètres physico-chimiques apporte des renseignements sur la structure profonde de l'aquifère *(cf. chapitre 14.6)*.

## 14.7.4 La spéléologie

Cette activité est née de l'hydrogéologie, avec l'ingénieur Lindner qui, pour soutenir l'alimentation en eau de Trieste (Italie), espérait trouver un regard sur le cours souterrain de la Reka, rivière disparaissant sous terre au village de Skojcan (actuelle Slovénie) et resurgissant à la source du Timavo près de Trieste. Des explorations audacieuses le mènent ainsi au gouffre de Trebiciano à 327 m de profondeur, où il trouve enfin la rivière souterraine, mais ne peut la capter compte tenu de la technologie de cette époque. Peu après, en 1888, E.A. Martel montre en France qu'il est possible de suivre le cours souterrain du ruisseau du Bonheur, qui disparaît sous terre près du village de Camprieu (Gard) et ressort quelques kilomètres plus loin à la source de Bramabiau.

En un peu plus d'un siècle la spéléologie a fait d'immenses progrès. Les méthodes de prospection, de déblayage des entrées et des passages souterrains, et les techniques de progression verticale sur corde unique ont reculé les limites de l'exploration, permettant de visiter des milliers de kilomètres de grottes et gouffres qui sont autant de témoins de l'infiltration et de la circulation de l'eau dans les aquifères karstiques. Plus de 550 km de galeries ont été explorées à Mammoth cave (États-Unis), et plus de 100 km de puits et galeries à la Coume Ouarnède (France). Les techniques, toujours plus audacieuses, de la plongée permettent d'explorer sur des kilomètres les drains majeurs au sein même des aquifères. Les systèmes karstiques commencent donc à être bien connus, depuis la surface d'infiltration jusqu'aux exutoires. Les données spéléologiques actuelles sont en train de modifier notre conception de l'hydrogéologie karstique périméditerranéenne *(cf. chapitre 9)*.

La spéléologie peut avoir plusieurs applications en hydrogéologie en permettant :

- la connaissance de la géologie et de la géométrie du système karstique *(figure 51)* ;
- l'accès direct aux nappes karstiques et aux drains noyés ;
- l'accès à des rivières souterraines contribuant à l'alimentation de la zone saturée ;
- l'accès à des points d'injection de traceurs.

### a) La localisation des drains accessibles

Un aquifère karstique et ses compartiments et systèmes annexes sont drainés par des conduits qui convergent vers un drain majeur alimentant l'émergence. La ressource est généralement accessible par forage sur l'ensemble de la zone saturée car la distribution des discontinuités, conjuguée au polyphasage des systèmes karstiques, permet généralement d'intercepter des zones productives, sous réserve de prévoir de descendre les ouvrages largement au-dessous de la surface piézométrique. La traversée sur plus de 100 m de blocs calcaires totalement étanches est fréquente. La sollicitation d'un aquifère karstique est optimale lorsque l'on peut prélever l'eau directement dans un drain. Par ailleurs les drains, perchés au-dessus des nappes karstiques qu'ils contribuent à alimenter, peuvent constituer d'intéressantes ressources proches de la surface dans les zones où le relief est très accusé.

La détection des drains noyés ou vadoses, depuis la surface, et leur localisation précise pour implanter un forage ou une galerie, est donc un objectif intéressant qui reste malheureusement problématique, même lorsque les cavités ont déjà été explorées par les spéléologues. Une seconde difficulté est d'être assuré de réaliser un forage parfaitement vertical.

#### ➤ Lever topographique

Avec les techniques spéléologiques classiques, boussole, clinomètre et télémètre laser, le lever topographique se fait par stations successives en cheminant le long des galeries de la grotte et la correction par triangulation est impossible. Bien que les erreurs se compensent en général, on peut difficilement espérer dépasser une précision de 1 %, rarement suffisante lorsqu'il s'agit d'atteindre par forage, à 300 ou 400 m de profondeur une galerie de quelques mètres de diamètre. Lorsqu'en 1957, EDF a souhaité capter la rivière souterraine du gouffre de la Pierre-St-Martin (Pyrénées-Atlantiques) en creusant un tunnel à flanc de montagne pour produire de l'électricité dans la vallée de S$^{te}$ Engrace, l'erreur de position sur la salle de la Verna (200 m de diamètre) était de 400 m. Un travail de géomètre avec théodolite et déclinatoire est nécessaire et on peut alors espérer une précision de 1 ‰, mais au prix d'importantes difficultés de mise en œuvre.

#### ➤ Radiorepérage

Les meilleurs résultats ont été obtenus en plaçant un émetteur électromagnétique sous terre et en détectant l'émission en surface à l'aide d'un récepteur. La bobine émettrice est placée à l'horizontale de façon à générer un champ magnétique vertical. Elle peut être installée dans un canot pneumatique à la surface d'un lac. Le signal est détecté en surface par une bobine réceptrice verticale pour laquelle le signal s'annule lorsque son plan est orienté vers l'axe magnétique. Différentes mesures en surface se recoupent donc à la verticale de la zone recherchée. Cette méthode a permis de localiser avec une précision de 1,5 m le lac terminal du gouffre de Qattine Azar au Liban sous une épaisseur de roche d'environ 300 m, l'opération étant destinée à renforcer les ressources en eau de l'est de Beyrouth (Courbon, 2002).

Plusieurs captages selon des méthodes similaires ont été réalisés, parmi lesquels on peut citer celui de la rivière souterraine du Trou du Garde par un forage de 120 m sous le plateau de la Féclaz en Savoie et celui du Trou qui Souffle dans le Vercors qui alimente les communes de Méaudre et Autran grâce à un forage de 300 m réalisé en 1989.

➤ Méthode magnétique

Lorsque la galerie est entièrement noyée et uniquement accessible aux plongeurs, on peut déposer un barreau aimanté et le détecter depuis la surface par magnétométrie. Cette méthode a permis la localisation précise du drain de la source du Lez *(cf. chapitre 20.4.2)*.

*b) La localisation des drains inconnus*

Les différentes méthodes géophysiques ont été définies au *chapitre 13.2*. Bien que les résultats soient généralement décevants, certaines ont parfois permis de confirmer depuis la surface la présence de vides remplis ou non, d'eau ou de sédiments :

- sondage électrique ;
- microgravimétrie ;
- résonance magnétique protonique MRS *(magnetic resonance sounding)*.

Cette dernière méthode est fondée sur l'excitation des protons de l'hydrogène de l'eau par un champ électromagnétique et la mesure de leur signal de résonance à l'arrêt de la stimulation. Le signal est proportionnel à la quantité d'eau présente dans le sous-sol. Elle permet de mettre en évidence d'importants volumes d'eau lorsqu'ils sont proches de la surface. Des essais réalisés sur le causse de l'Hortus (Hérault) ont permis de détecter, à 40 m de profondeur, le drain karstique alimentant la source de Lamalou (Vouillamoz *et al*, 2003).

## 14.7.5 Les traçages d'eau ou traçages d'essais

Ils sont indissociables de l'hydrogéologie karstique. On injecte dans le milieu un produit qui n'y est pas naturellement présent et on recherche ce produit à l'aval, dans les eaux d'une source, d'une rivière, d'un gouffre ou d'un forage. Suivant les buts recherchés et les produits utilisés, la détection se fait soit à l'œil nu, soit en prélevant l'eau pour analyse, soit en plaçant dans l'eau des fluocapteurs, sachets de charbon actif qui piègent certains traceurs. Compte tenu du coût et des difficultés de mise en œuvre de ces opérations, on réalise généralement des multitraçages en injectant simultanément plusieurs produits dans des lieux différents.

*a) Approche qualitative*

C'est un test binaire. Un traceur injecté en en point ressort ou non à une source. C'est ainsi que Norbert Casteret a prouvé, en 1931, que la Garonne naissait en Espagne et se perdait dans le Trou du Toro pour resurgir au Goueil de Jouéou avant d'entrer en France.

Un traçage peut être accidentel, comme ce fut le cas en 1901 où, à la suite de l'incendie de la distillerie Pernod à Pontarlier, il fallut vider les réserves d'alcool et de liqueur dans le Doubs pour éviter un embrasement général de la ville. Quelques jours plus tard, la source de la Loue fut contaminée par de l'absinthe, prouvant ainsi une liaison avec des pertes du Doubs.

### *b) Approche quantitative*

On étudie la restitution du ou des traceurs, en fonction du débit de la source, et des précipitations sur le bassin. Les temps d'arrivée, la forme de la courbe de restitution et les quantités récupérées donnent des indications sur l'aquifère :

- une restitution rapide et concentrée traduit une karstification évoluée et des réserves réduites. Le traceur a pu être injecté dans un drain en relation directe avec l'émergence *(figure 84)* ;
- une restitution lente, avec une dilution importante, montre que le traceur a traversé un secteur capacitif ou que la karstification est peu évoluée *(figure 84)* ;
- une restitution par bouffées successives à la suite d'épisodes pluvieux montre que le traceur est resté bloqué dans l'épikarst ou dans un compartiment annexe ;
- la présence de pics en période non influencée par les précipitations peut signaler des diffluences et un compartimentage de l'aquifère.

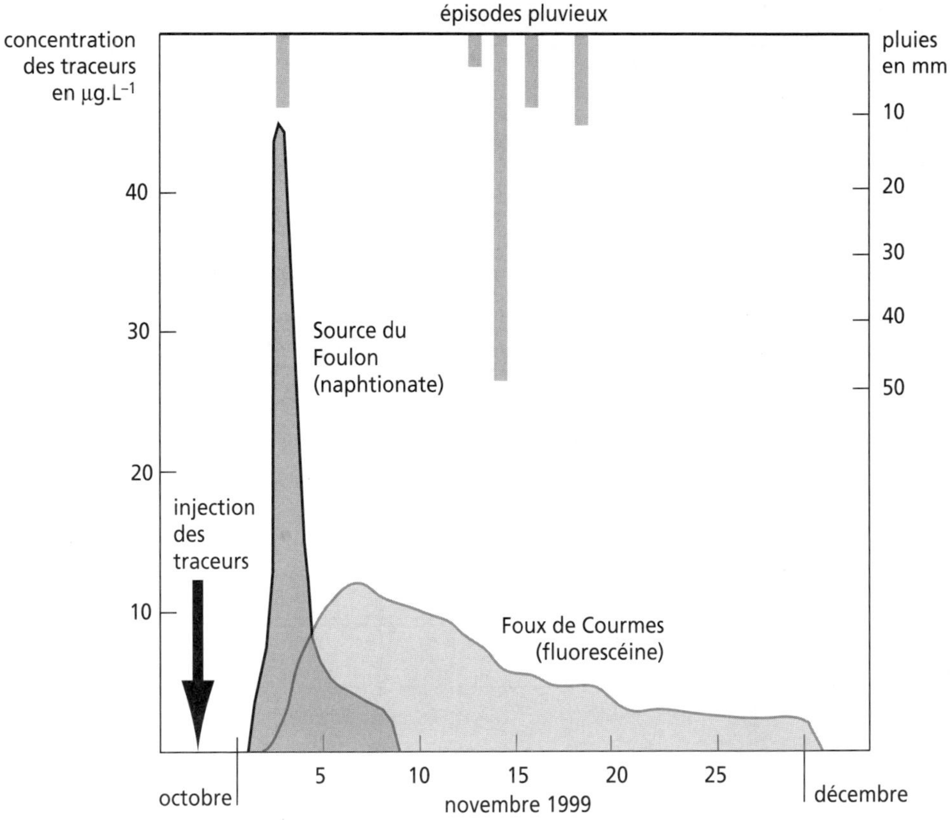


**Figure 84** Exemple de restitution de deux traceurs différents à deux sources voisines lors d'une opération de multitraçage (d'après Mangan, 1999).

Les traçages sont toujours des opérations délicates et coûteuses, qui nécessitent un protocole opératoire et une interprétation rigoureux. Quelques causes d'échec peuvent être signalées :

- quantité insuffisante de traceur ;
- points suivis insuffisants ;
- injection du traceur dans un compartiment étanche ;
- suivi de trop courte durée ;
- disparition des capteurs (crue, vol) ;
- érosion des capteurs ou saturation par de la matière organique ;
- absence de circulation dans le compartiment (étiage prononcé). (Cette dernière cause est très gênante car le traceur reste alors stocké et sera mobilisé lors des pluies suivantes. Il peut alors modifier les résultats d'une autre opération de traçage) ;
- contamination des échantillons par des mains ou des équipements souillés par le traceur.

TABLEAU 13 QUELQUES TRACEURS UTILISÉS EN HYDROGÉOLOGIE KARSTIQUE.

| Produit | Couleur | Méthode d'analyse | Seuil de détection | Fixation sur charbon actif | Inconvénient |
|---|---|---|---|---|---|
| Fluorescéine | Vert | Fluorescence | Qq µg/L | Oui | Peut être confondu avec la fluorescence naturelle |
| Rhodamines | Rouge | Fluorescence | Qq µg/L | Oui | S'adsorbe facilement |
| Éosine | Rose orangé | Fluorescence | Qq µg/L | Oui | Spectre voisin de la fluorescéine |
| Duasyne | Vert | Fluorescence | Qq µg/L | Oui | Non encore commercialisé en Europe |
| Naphtionate | Incolore | Fluorescence | Qq µg/L | Moyenne | Peut être confondu avec la fluorescence naturelle |
| Iodure de K | Incolore | Chromatographie ionique | 10 µg/L | Non | Analyse coûteuse |
| Chlorure de lithium | Incolore | Absorption atomique | 10 µg/L | Non | Analyse coûteuse |
| Na Cl | Incolore | Conductimétrie | 1 g/L | Non | Grosses quantités nécessaires |
| Produits radioactifs | Incolore | Comptage de particules | – | Non | Mise en œuvre délicate |
| Bactéries | Incolore | Microscope | – | Non | Mise en œuvre délicate |
| Virus bactériophages | Incolore | Microscope | – | | Détérioration en pompage |
| Spores colorées | Variable | Microscope | – | Non | Détection laborieuse |

Les produits les plus fréquents sont les traceurs fluorescents car les méthodes d'analyse par spectrofluorimétrie sont peu coûteuses et permettent des seuils de mesure très bas. De plus, des équipements de terrain permettent aujourd'hui d'effectuer des mesures en continu.

Éclairés par un faisceau monochromatique à une longueur d'onde caractéristique d'excitation, ces produits émettent une radiation spécifique d'émission.

On ne dose pas le produit directement mais on mesure l'intensité d'un signal de fluorescence. Il y a donc un risque de confusion avec des polluants ou des produits naturellement présents dans l'eau. De nombreuses substances organiques sont fluorescentes, avec un maximum voisin de 250 nm (acides humiques et fulviques). Le dosage des traceurs doit donc toujours être validé par une recherche qualitative, une forte teneur pouvant correspondre à un pic de fluorescence naturelle *(figure 85)*. Des valeurs trop faibles ne sont donc pas fiables et de nombreuses opérations de traçage anciennes, jugées positives, sont aujourd'hui considérées comme douteuses.

La recherche qualitative des traceurs est effectuée à l'aide de spectres d'excitation. Généralement, la fluorescence naturelle donne des pics très étalés en longueur d'onde (nombreuses substances fluorescentes), alors que les traceurs injectés donnent des pics étroits et intenses. Cependant, un faible pic peut parfois être masqué par un fond élevé de fluorescence naturelle.

Lorsque l'on utilise des fluocapteurs, le charbon actif qu'ils renferment offre une grande surface spécifique et, laissé en continu dans l'eau qui s'écoule, adsorbe les traceurs qui y sont présents. Le capteur a donc une fonction intégratrice du flux de traceur réapparu et permet un dosage semi-quantitatif. Les teneurs mesurées sur les éluats sont généralement 10 fois plus élevées que dans l'eau, la sensibilité serait donc améliorée. Malheureusement le capteur cumule aussi le fond de fluorescence naturelle et l'information est d'un usage plus difficile. Des enregistreurs électroniques de fluorescence permettent aujourd'hui des mesures en continu du passage des traceurs mais cela impose une confirmation qualitative.

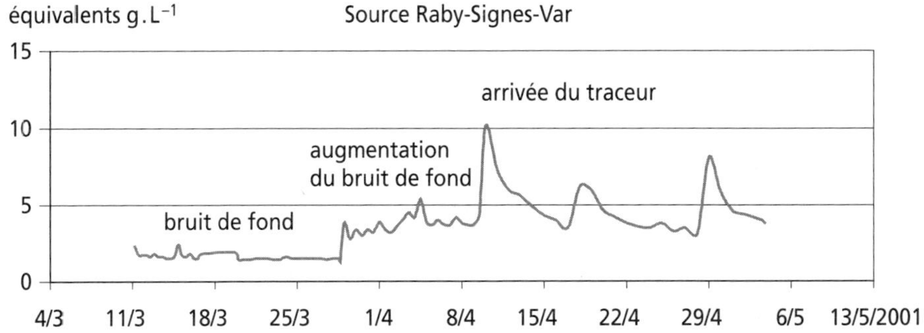


**Figure 85** Mesure de fluorescence caractérisant une restitution de naphtionate.
Les valeurs précédant le pic du 8/4 sont liées à la fluorescence naturelle.

### 14.7.6 Les essais de vidange prolongée

Cette méthode, développée en Algérie par Collignon (1986 et 1988), permet une évaluation rapide, simple et précise des réserves en eau des aquifères karstiques.

Elle repose sur un pompage prolongé en forage, assorti d'un suivi rigoureux des débits exhaurés et du niveau piézométrique dans l'ouvrage. Elle impose en outre que l'essai soit réalisé en période non influencée par la pluviométrie et que le volume pompé soit significatif (quelques centaines de milliers ou quelques millions de $m^3$).

Sur la base d'un grand nombre d'essais, Collignon a montré que, lors d'un pompage à fort débit dans un forage sollicitant une nappe karstique, la courbe d'évolution du niveau piézométrique en fonction du débit prélevé était reproductible et marquée par trois phases distinctes *(figure 86)* :

- un rabattement instantané en début de pompage et à chaque reprise suivant un arrêt de pompage, pouvant atteindre quelques mètres à quelques dizaines de mètres. Cette baisse rapide de l'eau dans l'ouvrage (en moins d'une journée en général) correspond à l'établissement d'un régime de drainage permanent de l'aquifère par le forage et représente l'effet de capacité de l'ouvrage et les pertes de charge dans les crépines et les fissures connectant le forage au drain karstique ;
- une période de lente descente du niveau de l'eau, de façon régulière (de 1 à 20 cm/jour), qui traduit la vidange de l'aquifère en l'absence de toute influence pluviométrique ;
- une remontée plus ou moins rapide de la nappe à l'arrêt du pompage. Le rabattement résiduel traduit la tranche de nappe sollicitée par l'essai.

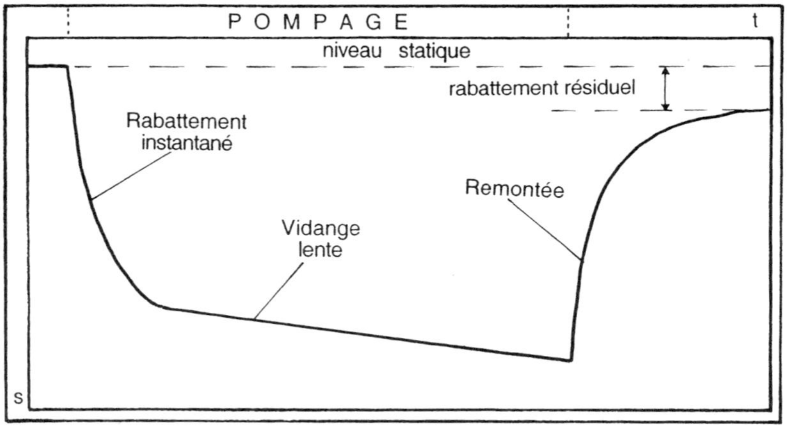


**Figure 86** Courbe type d'un essai de vidange. D'après Collignon, 1986.

La vidange lente est linéaire, ce qui signifie que l'unité karstique concernée a le même comportement qu'un réservoir cylindrique parfaitement connecté au forage et possède des limites étanches et des propriétés capacitives constantes avec la profondeur (du moins dans la tranche de terrain testée par l'essai). La relation de proportionnalité entre le rabattement et le volume prélevé offre un calcul aisé du volume spécifique

*Vs* de l'aquifère, qui correspond au volume d'eau exhauré par mètre de rabattement. Dans l'exemple présenté sur la *figure 87*, le volume spécifique *Vs* est donné par le rapport $\Delta V/\Delta s$ et offre une valeur de 220 000 $m^3/m$.

L'essai permet également d'estimer la réserve permanente sollicitable (qui représente le volume d'eau stocké dans l'aquifère à l'étiage moyen), en faisant le produit du volume spécifique par la hauteur utile de l'ouvrage de prélèvement.

Les vidanges de la nappe par pompage en périodes non influencées sont compensées par des recharges de l'aquifère sous l'effet de la pluie efficace. La quantification de ces recharges est fournie graphiquement par l'écart sur l'abscisse entre deux droites de vidange ou en faisant le produit du volume spécifique Vs par la hauteur de recharge sur l'ordonnée $\Delta s$. Dans l'exemple de la *figure 87*, le volume de recharge de l'année 1986 atteint 1,1 million de $m^3$.

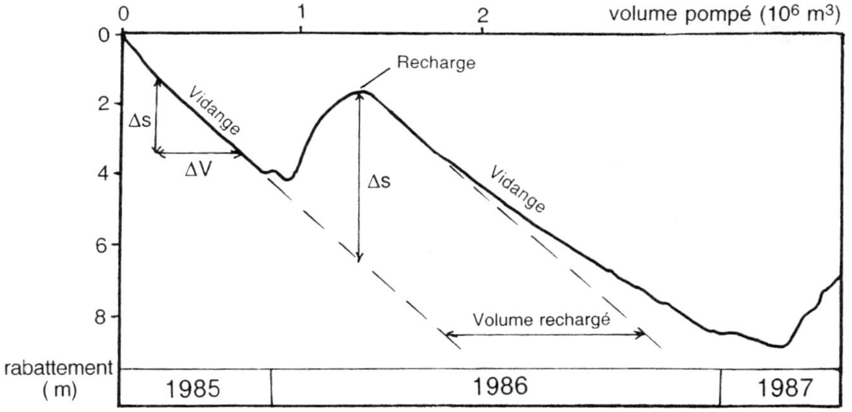


**Figure 87** Exemple de suivi prolongé d'un forage en exploitation. D'après Collignon, 1988.

L'alternance dans le temps de vidanges provoquées et de recharges pluviométriques permet en outre une évaluation de la réserve renouvelable, qui correspond au volume d'eau apporté à l'aquifère en une année par les effets directs et indirects des précipitations.

Ce type d'essai peut enfin révéler des modifications de la courbe de vidange dans le temps, traduisant des variations au sein du réservoir aquifère ou des effets éloignés sur l'environnement. Un accroissement de la pente, par exemple, caractéristique d'une limitation du volume spécifique, peut résulter d'une baisse de perméabilité du réservoir à une certaine profondeur ou de l'arrêt d'un apport latéral (perte de vallon, échange avec un aquifère bordier). À l'inverse, la diminution de la pente correspond à une augmentation du volume spécifique et peut s'expliquer par la sollicitation d'une tranche de réservoir plus perméable, par la mise en connexion avec un réservoir latéral, ou par la diminution des fuites (tarissement de source).

Cette méthode intéresse au premier chef l'exploitant d'un forage d'eau, car elle permet une évaluation directe des réserves de la partie de l'aquifère effectivement connectée à l'ouvrage de prélèvement. Son prolongement par des recherches complémentaires adaptées (traçages et suivis physico-chimiques) permet une très bonne optimisation de la connaissance des aquifères karstiques, en vue d'une véritable gestion spatio-temporelle de leurs ressources en eau souterraine. Deux exemples distincts de son utilisation sont présentés au *chapitre 21* (Mangan, 2000).

## 14.8 LA MODÉLISATION DES ÉCOULEMENTS SOUTERRAINS

Le milieu poreux, dans lequel la distribution tridimensionnelle des propriétés est la plus facilement prévisible, a été le premier type d'aquifère concerné par la modélisation numérique.

Selon la densité et la qualité des données quantitatives recueillies sur une nappe, plusieurs conceptions de modèles peuvent être mises en œuvre.

### 14.8.1 Modèles déterministes

Ils utilisent les équations de l'hydraulique des milieux poreux, en considérant le milieu intergranulaire comme continu. Ces modèles ont pour objectif de restituer le fonctionnement de la nappe : connaissant ses paramètres géométriques, sa porosité, sa transmissivité, sa perméabilité, son emmagasinement, la modélisation permet de simuler l'impact d'une recharge (précipitations, perte de rivière) sur la piézométrie de la nappe. Les différentes phases de mise en œuvre du modèle sont :

- la discrétisation verticale et spatiale des paramètres dans l'espace (maillage géographique) ;
- le calage de la piézométrie (corrélation entre observé et calculé); cette opération nécessite des allers-retours entre les résultats obtenus et les hypothèses faites sur paramètres ;
- la simulation prédictive de scénarios naturels ou de gestion (crue, sécheresse, changements climatiques, pompage, recharge artificielle...). Ils utilisent trois principes de base : conservation de la masse d'une maille aux autres, écoulement selon la loi de Darcy, comportement élastique de l'eau. Les modèles déterministes résolvent l'équation de diffusivité :

$$\mathrm{div}(\mathrm{K} * \mathrm{gradh}) = S_s\, \partial h / \partial t + q$$

avec $S_s$ : emmagasinement, $\partial h / \partial t$ : variation de charge, $q$ : débit.

À cette équation régissant l'écoulement de l'eau, peuvent être couplées des équations régissant le transport de substances polluantes. Les modèles prennent alors en compte la diffusion moléculaire de la substance dans l'eau (indépendante de l'écoulement) et la dispersion cinématique dans les pores (qui dépend de l'écoulement). Diffusion et dispersion sont en fait regroupées sous le terme général de dispersion. La dispersion a donc une composante transversale et une composante longitudinale. Dans la roche, l'eau circule à une vitesse qui varie entre les bords et le centre des pores selon une parabole, du fait des forces de frottement. La *figure 88* montre comment une source ponctuelle de pollution évolue en front de dispersion. La convection (ou advection) est l'entraînement des substances par l'écoulement.

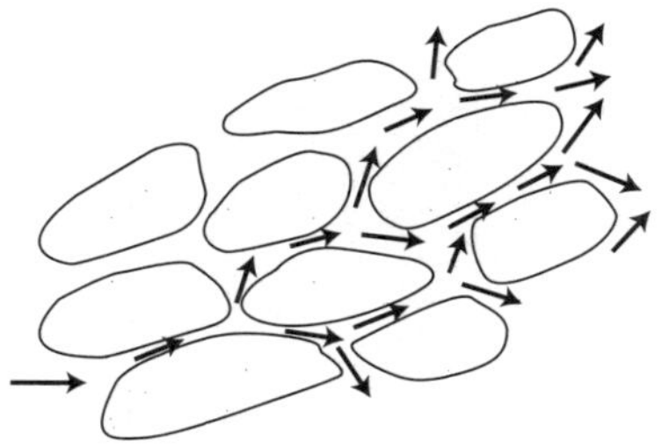

**Figure 88** Dispersion de traceur (ou de polluant) dans la porosité intergranulaire.

Il faut en outre prendre en compte l'interaction entre la substance polluante et les grains solides de l'aquifère. On peut opposer les polluants conservés (ou conservatifs) aux polluants évolutifs (ou non conservatifs).

Les modèles déterministes présentent à la fois un intérêt cognitif sur le fonctionnement de l'hydrosystème (validation des paramètres introduits et de leur répartition spatiale), et un intérêt dans sa gestion. Un modèle très répandu est MODFLOW diffusé par Waterloo.

La *figure 89* (page suivante) montre un exemple de restitution de la piézométrie dans le cône fluvioglaciaire de Pontarlier (Doubs), à partir du maillage présenté.

### 14.8.2 Modèles stochastiques ou globaux

Ils déterminent la fonction de transfert qui lie une variable d'entrée (la pluie efficace par exemple) à une variable de sortie (par exemple, le débit d'une source). Ces modèles *boîte noire* ne prennent pas en compte les propriétés réelles du milieu. Leur intérêt est purement gestionnaire, ils ne permettent pas de valider des paramètres. Les modèles à compartiments, dérivés du modèle MERO, utilisent des réservoirs successifs. Un modèle couramment utilisé est GARDENIA (BRGM).

a)

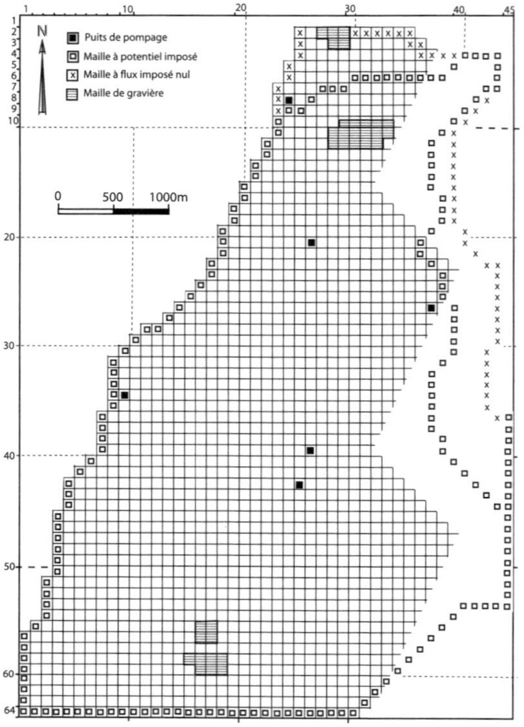


b)

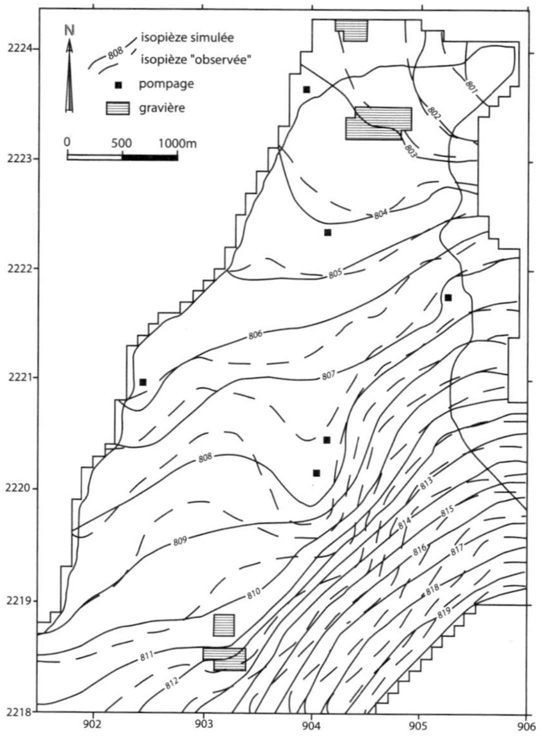


**Figure 89** Maillage du modèle plaine de Pontarlier (en haut) et restitution d'une piézométrie de hautes eaux (en bas) (d'après Gaubi, 1993).

Chapitre **15**

# Synthèses hydrogéologiques et bilans

Le rapport final d'une étude s'appuie le plus souvent sur des cartes structurales et hydrogéologiques précisant les conditions générales, sur des profils interprétatifs ou des blocs-diagrammes visualisant les limites des réservoirs aquifères et sur des schémas explicatifs montrant les conditions d'échanges entre réservoirs *(chapitre 13.5)*.

Lorsque les conditions naturelles sont complexes, il peut être nécessaire également de montrer certaines situations par des documents synthétiques, destinés à globaliser la présentation des problèmes qui intéressent plus directement l'utilisateur de l'étude.

### ➤ Le drainage des unités karstiques jurassiques du rebord oriental de l'arc subalpin de Castellane

Situé dans les Alpes-Maritimes il est principalement assuré par les vallons du Loup et de la Cagne qui entaillent, en gorges profondes, le réservoir aquifère jusqu'à sa semelle imperméable triasique. D'autres exutoires de moindre importance jalonnent son front méridional, au toit des imperméables triasique et miocène.

La *figure 90* présente, de façon synthétique, l'extension la plus probable des bassins d'alimentation des principales unités aquifères, sur la base des multiples arguments qui ont guidé le déroulement de l'étude, à savoir :

- les limites étanches du réservoir, constituées par le Trias basal (en fond de gorges, en remontées anticlinales et en front sud-ouest), le Miocène frontal (inséré sous le chevauchement au front sud-est) et le Crétacé sommital (conservé en gouttière synclinale en partie nord-ouest) ;
- les grands traits de la structure du massif aquifère, représentés par le chevauchement frontal, les principaux axes anticlinaux et les failles collectrices ;

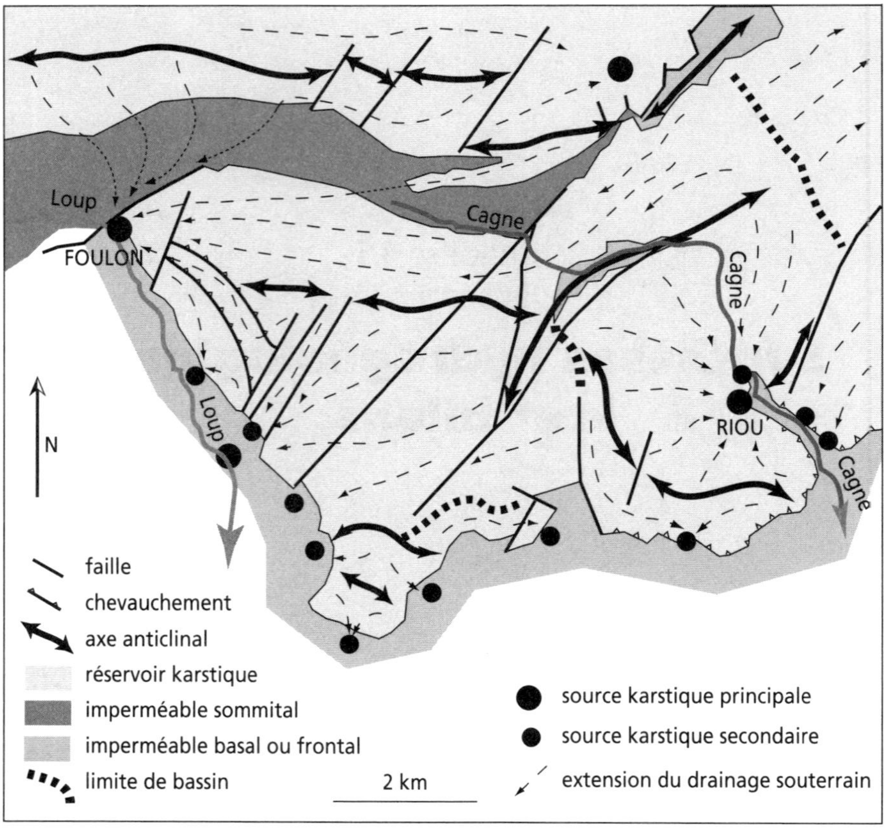


**Figure 90** Bassins d'alimentation des unités karstiques du front de l'arc subalpin drainé par le Loup et la Cagnes (Alpes Maritimes).

- le calage précis du drainage souterrain par les résultats d'essais de multitraçage ;
- l'analyse générale des relations entre débits des exutoires et surface des impluviums, sur la base d'un module spécifique d'infiltration, localement évalué à 18 $L.s^{-1}.km^{-2}$.

➤ Le drainage, dans l'avant-pays provençal, du massif karstique jurassique du bassin de la Brague, dans les Alpes-Maritimes

Il est compliqué par sa dissection verticale en deux unités de part et d'autre d'un horizon imperméable, par des échanges multiples avec son environnement et par des exutoires très largement occultés.

La présentation synthétique des mécanismes reconnus apparaît sur la *figure 91*, qui offre une perception d'ensemble des échanges entre les deux aquifères karstiques (inférieur et supérieur), le réseau hydrographique (la Brague et ses affluents, la Bouillide et la Valmasque), la nappe alluviale de la basse vallée et le milieu marin (Mangan, 1986). Les circulations d'eau souterraine y offrent, en particulier, les particularités suivantes :

- des échanges localisés entre les deux réservoirs aquifères, à la faveur de la tectonique cassante (fossés structuraux et décrochements) ;

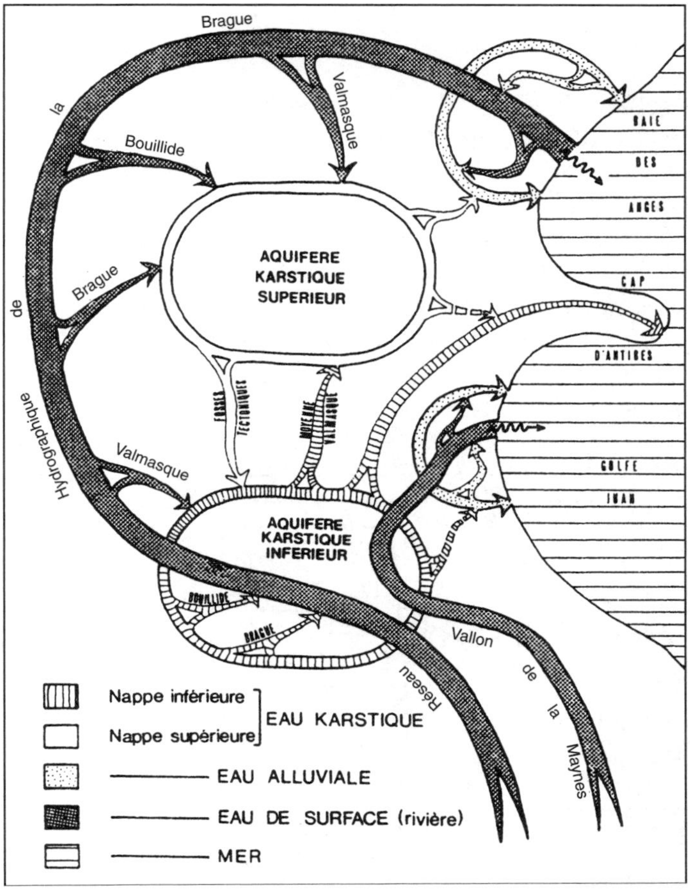


**Figure 91** Bassin de la Brague (Alpes-Maritimes). Schématisation des échanges entre les aquifères karstiques et leur environnement.

- un drainage partiel de l'aquifère inférieur en partie amont du bassin, par des sources localisées contre l'imperméable médian (Brague et Bouillide) ;
- des apports à l'aquifère supérieur, par des pertes plus ou moins prononcées du réseau hydrographique ;
- une alimentation de la nappe alluviale par l'aquifère supérieur dans la basse vallée de la Brague ;
- des sorties d'eau occultes en mer depuis les nappes karstiques et alluviales.

On retiendra en outre la différenciation suivante au niveau des relations entre les écoulements superficiels et souterrains :

- sur les assises de l'aquifère inférieur, le coefficient d'infiltration atteint 32 %, malgré une absorption karstique bien supérieure, mais partiellement restituée aux cours d'eau contre l'affleurement imperméable médian ;
- sur les assises de l'aquifère supérieur, l'infiltration prédomine largement, avec une valeur moyenne de 63 %, atteignant même 80 % dans le sous-bassin de la

Valmasque. Les exutoires y sont pourtant très réduits, du fait des importantes sorties occultes dans le remplissage alluvial de la basse vallée et en mer.

➤ Le drainage de la nappe alluviale de la basse vallée du Var (Alpes-Maritimes)

La nappe alluviale qui accompagne le fleuve est également très dépendante des apports de coteaux, aussi bien depuis la nappe karstique jurassique, que depuis la nappe des poudingues pliocènes (Guglielmi, 1993) *(cf. chapitre 14.6.1c)*.

Le schéma de la *figure 92* présente les conditions de drainage de ces différents aquifères, contrôlées par la structure et par des échanges mutuels.

Le bilan de la nappe alluviale pour l'année 1991, avec une entrée amont de 0,5 $m^3.s^{-1}$, oppose 3,4 $m^3.s^{-1}$ d'apports (2,2 depuis le Var et 1,2 depuis les rives) à 3,6 $m^3.s^{-1}$ de pertes (1,85 vers le Var et 1,75 en prélèvements pour AEP). Le solde positif de 0,3 $m^3.s^{-1}$ ressort en mer.

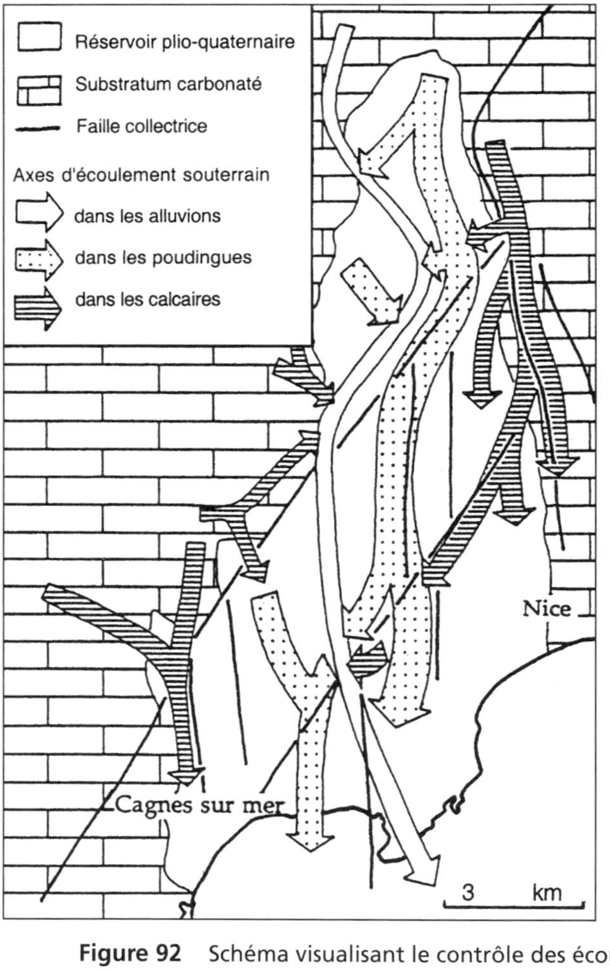


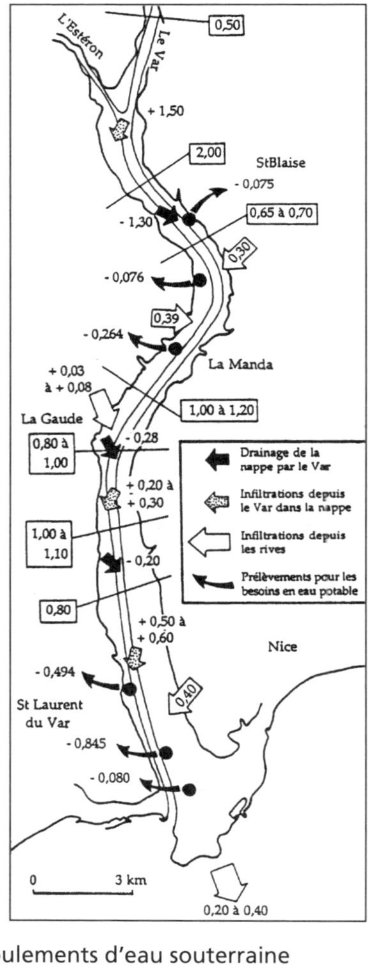


**Figure 92** Schéma visualisant le contrôle des écoulements d'eau souterraine vers la nappe du Var par les structures plio-quaternaires et bilan de la nappe alluviale pour l'année 1991 (Guglielmi, 1993).

Chapitre 16

# Sourciers et sourcellerie

Le sourcier est à l'hydrogéologue ce que le rebouteux est au médecin. Nul ne peut contester que des sourciers trouvent de l'eau depuis l'aube des temps et certains feront même remarquer qu'il existe de multiples exemples d'hydrogéologues dont les études ont échoué. Cependant, l'eau étant très fréquente dans le sous-sol, rares sont les forages totalement secs. Il reste donc à prouver que les succès rencontrés par les sourciers ne relèvent pas simplement du hasard, d'autant plus que la mobilisation par un sourcier d'un très faible débit est souvent considérée comme une réussite, alors qu'un hydrogéologue y verrait un échec. Le couple sourcier-foreur, intervenant à faible profondeur (< 100 m) dans des secteurs où de nombreux puits productifs sont déjà connus, peut se permettre une action reposant sur le hasard. Les échecs sont ignorés ou attribués à des ondes négatives et les succès sont en nombre suffisants pour asseoir une réputation locale. Le faible coût de l'échec est largement compensé par les bénéfices de la réussite permettant la pérennité de la structure commerciale.

Les sourciers utilisent divers instruments, baguette bifide de bois ou de métal, couple de baguettes coudées, pendule, etc., qui s'animent lorsque l'opérateur passe au-dessus d'une zone productive d'eau. Le sourcier parle en général de veines d'eau, parfois longues de plusieurs dizaines de kilomètres et provenant quelquefois de montagnes lointaines. Il définit la profondeur à atteindre et le débit probable par le nombre d'oscillations du pendule, l'inclinaison de la baguette ou le nombre de cailloux tombant de sa main.

Le pouvoir des sourciers a fait l'objet d'études avec des protocoles expérimentaux plus ou moins rigoureux. Il a été facilement démontré que les différents outils du sourcier n'étaient pas animés de mouvements propres, mais qu'ils amplifiaient des contractions imperceptibles des bras de l'opérateur. L'hypothèse généralement retenue par les moins sceptiques, est que la circulation de l'eau dans le sous-sol modifie le champ magnétique et que certains individus sont sensibles à ces variations. En France, le physicien Rocard (1997) supposait que des centres récepteurs de magnétisme existaient dans les avants bras des sourciers, mais il n'a pu le confirmer par l'expérience. Des approches statistiques ont été tentées. Le BRGM a ainsi fait quadriller un terrain par des sourciers et les résultats sont restés purement aléatoires. Un constat similaire est fait par le laboratoire de zététique de l'université de Nice qui a pu prouver, grâce à un site expérimental comportant un réseau de tuyaux et de vannes, que les sourciers qui ont bien voulu se prêter à cette expérience ne possédaient pas le pouvoir de déceler des circulations d'eau (Charpak et Broch, 2002). Les auteurs soulignent de plus que l'aspect quantitatif des études de sourcellerie ne tient pas compte des unités de mesure. Le sourcier compte le nombre d'oscillations du pendule ou le nombre de cailloux échappés de la main pour définir la profondeur dans l'unité de longueur de son pays. Or, si les procédés sont identiques en France et en Angleterre, nous utilisons le système métrique quand nos voisins comptent en pieds. L'étude la plus importante a été conduite en Allemagne sur 500 sourciers, parmi lesquels 43 individus semblant dotés de pouvoirs particuliers ont fait l'objet d'un complément d'étude tendant à révéler un pouvoir (Köning et Betz, 1989), 1990) Cependant l'analyse *a posteriori* des données brutes n'a pas permis de le confirmer (Enright, 1995).

Le pouvoir des sourciers semble donc plus relever de l'empirisme, de l'intégration inconsciente de stimuli visuels ou d'une bonne analyse de l'environnement naturel, que d'une manifestation extrasensorielle.

PARTIE III

# LA RESSOURCE EN EAU

Chapitre **17**

# Les besoins en eau et leur évolution

## 17.1 CONSOMMATION D'EAU

La consommation annuelle en France est d'environ 35 milliards de $m^3$, dont 6 milliards pour les besoins domestiques. 7 milliards sont fournis par les eaux souterraines, dont 50 % pour l'AEP (alimentation en eau potable) *(tableau 14).*

Les consommations par habitants tous usages confondus sont très variables selon les pays, compris entre 6 000 $m^3$/an pour les États-Unis et 7 $m^3$/an pour les pays du Sahel. La moyenne est d'environ 600 $m^3$/an/habitant.

La consommation d'eau dans le monde double tous les vingt ans. En 2025 la population mondiale devrait être d'environ 8 milliards d'habitants, or aujourd'hui environ 25 % des habitants de la planète n'ont pas accès à l'eau potable. Les perspectives à moyen terme sont donc très inquiétantes.

Les utilisations principales de l'eau, et pour partie de l'eau souterraine, sont les suivantes :

- usages domestiques :
  - besoins alimentaires : boisson, lavage et cuisson des aliments,
  - besoins ménagers : sanitaires, chasses d'eau, chauffage, lavage du linge et de la vaisselle,
  - besoins d'agrément : arrosage des jardins, lavage des voitures, remplissage des piscines ;
- usages collectifs et publics :
  - protection incendie,

**Tableau 14** Volumes prélevés en 2001 par usages de l'eau en France (en millions de m³) (d'après le Réseau national des données sur l'eau, 2004).

| Type d'usage | Nature de la ressource | Rhône-Méditerranée-Corse | Rhin-Meuse | Loire-Bretagne | Seine-Normandie | Adour-Garonne | Artois-Picardie | FRANCE |
|---|---|---|---|---|---|---|---|---|
| Production d'eau potable | Eaux superficielles | 474 | 53 | 466 | 788 | 456 | 17 | **2 253** |
| | Eaux souterraines | 1 288 | 328 | 542 | 938 | 287 | 330 | **3 713** |
| Usage industriel | Eaux superficielles | 494 | 482 | 135 | 492 | 386 | 181 | **2 170** |
| | Eaux souterraines | 568 | 413 | 76 | 209 | 103 | 111 | **1 480** |
| Irrigation | Eaux superficielles | 2 814 | 9 | 154 | 9 | 670 | 1 | **3 658** |
| | Eaux souterraines | 196 | 70 | 351 | 107 | 361 | 24 | **1 110** |
| Énergie | Eaux superficielles | 12 705 | 3 706 | 1 909 | 539 | 281 | 1 | **19 141** |
| | Eaux souterraines | 18 | < 1 | < 1 | < 1 | < 1 | <1 | **19** |

  - lavage des rues,
  - remplissage des piscines et des bassins d'agrément,
  - arrosage des parcs publics, des terrains de sport et des golfs ;
- usages agricoles :
  - irrigation des cultures,
  - élevage et abreuvement des animaux ;
- usages industriels :
  - production hydroélectrique,
  - utilisation dans la fabrication, la conservation et le fonctionnement de nombreux produits manufacturés,
  - refroidissement des unités de production (centrales thermoélectriques, groupes frigorifiques, usines diverses),
  - utilisation énergétique à des fins de chauffage et de climatisation (pompes à chaleur, tours de refroidissement),
  - lavage de matériaux (carrières, gravières), de linge (laveries industrielles), de véhicules.

## 17.2 USAGES DOMESTIQUES ET AGRICULTURE

### 17.2.1 L'AEP : alimentation en eau potable

Les besoins vitaux minima de l'être humain, boisson, cuisson des aliments, toilette, sont d'environ 10 L/j/pers. La consommation domestique aujourd'hui est d'environ 140 L/j/pers en France. En rajoutant les eaux de lavage urbain on atteint 250 L/j/pers. Elle varie selon les habitudes culturelles et la richesse. Elle atteint 400 L/j/pers. dans certaines grandes villes des États-Unis; à l'inverse elle est inférieure à 30 L/j/pers dans de nombreuses villes africaines. L'augmentation du niveau de vie s'accompagne donc d'un accroissement considérable de la consommation d'eau.

**TABLEAU 15** EXEMPLES DE CONSOMMATION PONCTUELLES.

| Usage | Consommation en L |
|---|---|
| Arrosage des jardins | de 100 à 1 000/foyer |
| Chasse d'eau | de 6 à 12 |
| Bain | 150 à 200 |
| Douche | 40 à 80 |
| Lavage de voiture | 200 |
| Lave-linge | de 70 à 100/lavage |
| Lave-vaisselle | 25 à 60/vaisselle |

TABLEAU 16 RÉPARTITION DES USAGES.

| | |
|---|---|
| Nettoyage ménager et arrosage | 8 % |
| Boisson et cuisine | 4 % |
| Vaisselle | 7 % |
| Hygiène | 32 % |
| Chasse d'eau | 36 % |
| Lessive | 13 % |

TABLEAU 17 COMPARAISON DES CONSOMMATIONS DOMESTIQUES EN L/JOUR/HABITANT (SOURCES : EUROSTAT 2001, IFEN 2002).

| | | | |
|---|---|---|---|
| Canada | 326 | États-Unis | 295 |
| Japon | 278 | Australie | 268 |
| Suisse | 252 | Finlande | 213 |
| Italie | 213 | Espagne | 200 |
| Portugal | 194 | Grèce | 175 |
| Suède | 164 | Royaume-Uni | 153 |
| France | 137 | Allemagne | 129 |
| Belgique | 112 | Pologne | 98 |

En France l'eau prélevée pour AEP se répartit entre 60 % d'eau souterraine et 40 % d'eau de surface.

On assiste heureusement aujourd'hui, dans les pays développés, à un infléchissement de la courbe de consommation. Ainsi en France est-on passé d'une progression de près de 2 % par an de 1950 à 1970, à 0,8 % par an de 1970 à 1985, pour atteindre 0,4 % par an depuis 1985. L'augmentation du prix de l'eau, qui atteint un mois de salaire minimum pour un foyer français, et la sensibilisation aux problèmes environnementaux expliquent cette tendance. L'évolution prévisible concerne donc essentiellement la recherche d'une meilleure qualité. La situation devient dramatique pour les pays du tiers-monde, pour lesquels l'augmentation des rejets non traités s'accompagne d'une diminution de la qualité des ressources pour AEP.

### 17.2.2 Fonctionnement urbain

Hormis les usages purement domestiques, les citadins consomment de l'eau pour l'entretien des rues, le commerce, l'artisanat et l'entretien des égouts. Cette consommation est d'environ 100 L/j/pers à Paris. Bien que certaines villes disposent d'un réseau d'eaux brutes, le nettoyage des rues et l'arrosage des jardins utilisent généralement de l'eau traitée pour AEP. Les besoins sont difficilement compressibles et la taille des villes augmentant régulièrement cette part devrait s'accroître dans le futur.

### 17.2.3 Agriculture

L'agriculture est la principale consommatrice d'eau de la planète. Il faut 500 litres d'eau pour faire un kilogramme de farine de blé.

Il est difficile de connaître la quantité d'eau réellement utilisée pour l'agriculture puisqu'une partie retourne aux aquifères par infiltration. On estime cependant que les besoins agricoles correspondent à 70 % de l'eau consommée en France, et que 90 % de cette quantité sert à l'irrigation. Environ 20 % de l'eau agricole proviennent des nappes.

Dans les pays arides, le recours à des méthodes d'irrigation moins gourmandes en eau (goutte à goutte en Israël) permet de diminuer la part de l'eau agricole. Des réflexions sont conduites pour favoriser le développement de cultures à plus forte valeur ajoutée, comme la tomate sous serre en remplacement du blé (Maroc).

### 17.2.4 Mise en bouteilles

En France, une enquête individuelle et nationale sur les consommations alimentaires (Institut de veille sanitaire et AFSSA. Rapport Inca1-1999) sur un échantillon de 3 000 individus, montre que 6 % de la population n'utilise pas l'eau du robinet pour les boissons froides ou chaudes (thé, café, infusions) et que 31 % de la population ne boit jamais d'eau du robinet froide au profit des eaux en bouteille. Ceci témoigne d'une méfiance accrue vis-à-vis de la qualité des eaux distribuées.

Le phénomène ne concerne pas que les pays riches *(figure 93)* ; dans les pays pauvres, où les réseaux ne permettent pas une adduction satisfaisante sur les plans qualitatif et quantitatif, on assiste à une explosion de la consommation des eaux en bouteille, rendue possible par le faible coût de production des emballages.

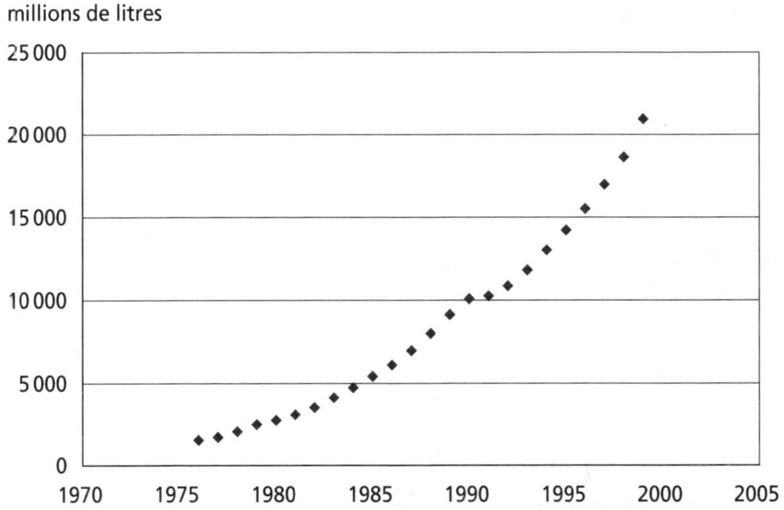


**Figure 93** Évolution de la consommation d'eau en bouteilles aux États-Unis (d'après l'International Bottled Water Association USA, © 2002).

# 17.3 USAGES TECHNIQUES DE L'EAU SOUTERRAINE

## 17.3.1 Énergie hydraulique et hydroélectricité

La transformation de l'énergie mécanique des eaux souterraines en énergie utilisable est rare. On peut toutefois citer quelques exemples en France, en Chine et en Croatie.

Le captage des eaux karstiques souterraines de la grotte de la Cigalère alimente la centrale hydroélectrique des Eylies (Ariège). La centrale de Miégebat dans la vallée d'Ossau récupère les eaux de la rivière souterraine de la grotte des Eaux Chaudes grâce à une galerie de 514 m de long permettant d'alimenter une chute de 400 m de hauteur. Un essai infructueux de captage de la rivière souterraine de la Pierre Saint Martin (Pyrénées Atlantiques) a été tenté dans les années 1960.

Quelques exemples de barrages souterrains pour capter l'eau des rivières karstiques afin de produire de l'hydroélectricité sont connus en Chine, dont celui de Luota (Hunan) dans un synclinal de calcaires permo-triasiques perché sur des niveaux de charbon imperméables, où un ouvrage souterrain a été construit afin de créer une réserve de 3 millions de m$^3$ qui alimente une centrale de 10 Mwe. En France, un

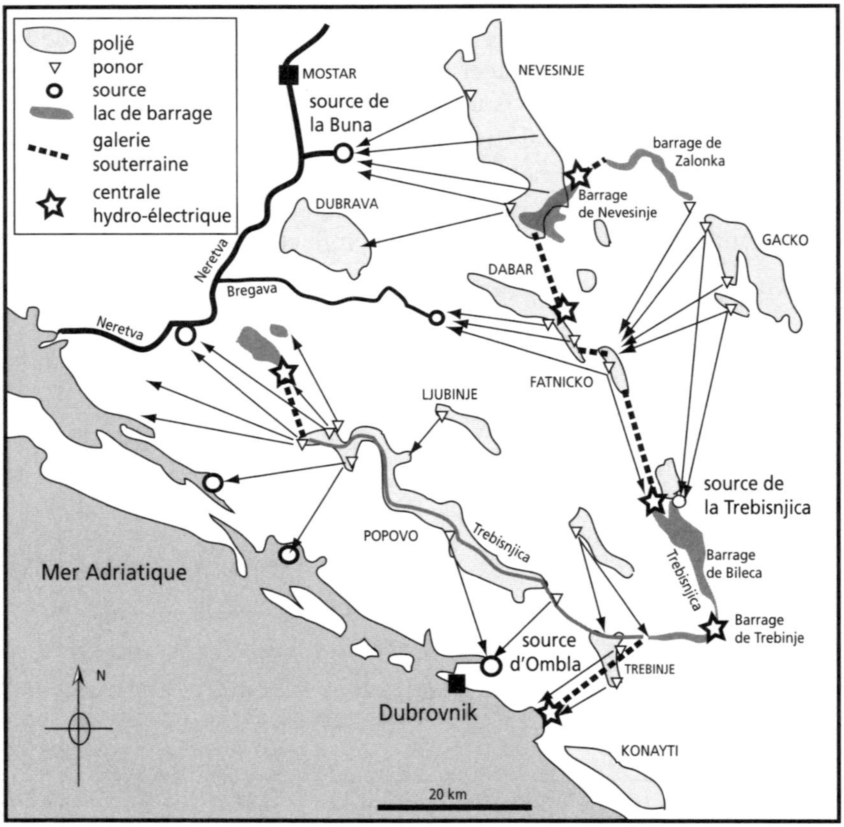


**Figure 94** Aménagements hydroélectriques de la Trebisnjicka (Croatie), d'après Milanovic, 2001.

barrage a été construit dans le porche d'entrée de la grotte de Bournillon (Vercors), pour alimenter la centrale du même nom dans les gorges de la Bourne.

Profitant d'un relief très escarpé avec de nombreux poljés étagés, de nombreux aménagements hydroélectriques ont été réalisés en Croatie, en interceptant les circulations de surface des poljés dinariques avant que les eaux ne disparaissent sous terre dans les ponors. L'eau est ensuite dirigée par des galeries souterraines de plusieurs kilomètres vers des poljés ou des rivières placés en contrebas, pour y être turbinée. Ces aménagements n'utilisent pas directement l'eau souterraine mais, en interceptant l'eau immédiatement avant son injection naturelle dans l'endokarst, ils modifient de façon importante le fonctionnement des différents systèmes karstiques de cette région. La *figure 94* présente les aménagements hydroélectriques de la rivière Trebisnjica, au nord de Dubrovnik. Une partie des eaux des poljés de Nevesinje, Dabar et Fatnicko, qui participait à l'alimentation des sources de Buna et Bregava est détournée du système. Une quarantaine de sources périphériques ont fait l'objet d'un suivi régulier sur plusieurs années. Le débit moyen des sources a généralement diminué. La source d'Ombla a ainsi vu son débit moyen annuel passer de 34 à 24 $m^3.s^{-1}$ après les travaux de captage. En revanche le débit d'étiage est parfois augmenté grâce aux fuites des lacs de barrage et des réservoirs souterrains qui soutiennent les circulations souterraines (Milanovic, 2001).

Ces projets ne peuvent cependant être développés que dans des environnements géologiques très particuliers.

### 17.3.2 Refroidissement des centrales thermiques et nucléaires

L'eau souterraine intervient très peu dans la production d'énergie *(cf. tableau 14).*

### 17.3.3 Pompes à chaleur et géothermie

La géothermie ne représente actuellement que quelques % de la production d'électricité mondiale. Il est probable que, sous la pression des mouvements écologistes antinucléaires et du fait de l'augmentation régulière du prix du pétrole, le recours à cette énergie se développe lorsque seront résolus les problèmes techniques *(cf. chapitre 10).*

L'usage de l'eau souterraine pour les pompes à chaleur permet de produire 3 kWh thermique pour 1 kWh électrique consommé. Ce mode de climatisation est en expansion et devrait donc favoriser les recherches sur les nappes aquifères de faible profondeur, importantes sources de calories.

### 17.3.4 Industrie

La fabrication des matières premières et des équipements consomme de l'eau *(tableau 18).* L'industrie utilise environ 25 % d'eau souterraine. Comme pour l'agriculture la tendance actuelle est à la recherche de procédés permettant d'économiser l'eau.

**Tableau 18** Eau consommée par l'industrie par tonne de produit fabriqué (Newson, 1994).

| Produit | Quantité d'eau $m^3$ |
|---|---|
| Aluminium | 120 |
| Automobile | 200 |
| Papiers | 1000 |
| Acier | 2500 |
| Pneus | 2600 |

Chapitre **18**

# L'exploitation des aquifères

## 18.1 RECHERCHES PRÉALABLES

Toute recherche de nouvelle ressource en eau doit répondre à l'usage envisagé, aux besoins exprimés et aux limites spatiales du champ d'investigation.

L'eau utilisée pour AEP doit être compatible, du point de vue de ses caractéristiques physico-chimiques, avec les normes sanitaires en vigueur. Les autres usages de l'eau sont moins exigeants, mais possèdent souvent leurs propres critères de qualité. Dans l'industrie, l'eau ne doit être ni corrosive, ni abrasive, ni trop incrustante ; son utilisation dans les systèmes de climatisation, de refroidissement ou de chauffage, impose que sa température soit adaptée au transfert de thermies ; en agriculture, ses teneurs en sulfates et en chlorures ne doivent pas être excessives.

Les besoins en eau peuvent être très variables en fonction des usages : de quelques $m^3.j^{-1}$ pour une habitation individuelle à quelques centaines ou milliers de $m^3.h^{-1}$ pour des alimentations collectives ou des usages industriels et agricoles. Ils peuvent aussi largement fluctuer dans le temps, avec des demandes de pointe parfois 5 à 10 fois supérieures à la demande moyenne.

Le champ d'investigation influe également sur les options envisageables. Souvent limitée à une unique possibilité, lorsque le site à explorer est restreint, la recherche peut par contre offrir de multiples opportunités et permettre une orientation optimale vers un réservoir aquifère et un site d'exploitation, lorsque la prospection couvre un vaste territoire.

L'étude hydrogéologique est conduite en fonction des objectifs assignés, afin d'identifier les horizons aquifères adaptés, de permettre une comparaison objective entre les diverses solutions envisageables et de proposer le site le plus favorable.

Des investigations spécifiques permettent ensuite de définir le mode de captage le plus judicieux et d'évaluer la productivité de l'ouvrage et ses éventuels impacts sur l'environnement.

Le choix est également dicté par d'autres contraintes, d'une part la vérification d'une possibilité réelle de protection de la ressource lorsqu'elle est destinée à un usage domestique, d'autre part la bonne adéquation des prélèvements envisagés aux aspects réglementaires et aux impacts possibles sur un environnement sensible (débit réservé des cours d'eau, risque d'influence sur d'autres points d'eau).

## 18.2 MÉTHODES DE CAPTAGE

Les modes d'exploitation de l'eau ont sensiblement évolué au cours du temps. Initialement, l'adduction gravitaire était privilégiée, et reposait sur le captage direct de sources situées à une altitude supérieure aux secteurs à desservir, ou sur des systèmes de tranchées ou de galeries drainants des nappes superficielles (éboulis, alluvions). Les puits assuraient surtout une production locale, par prélèvement manuel ou hydraulique, voire à l'aide de pompes aspirantes de surface dans le cas de nappes peu profondes. Le développement des méthodes de forage et des dispositifs de pompage a ensuite permis de solliciter des nappes de plus en plus profondes et d'accéder à des structures hydrogéologiques de plus en plus complexes.

Les prélèvements à l'émergence n'influencent pratiquement pas le régime des nappes. Lorsqu'ils sont conduits par drains ou galeries pour rechercher le gîte initial de l'eau souterraine, ils peuvent induire une modification de la cote d'émergence, répercutable sur les conditions de son drainage rapproché.

Les prélèvements en pleine nappe par pompages entraînent par contre des perturbations importantes sur le régime des eaux souterraines, pouvant affecter des sites plus ou moins éloignés durant des périodes plus ou moins longues.

Chaque captage constitue un cas particulier, en fonction des caractéristiques topographiques et hydrogéologiques de son environnement. Leur présentation reste donc schématique et relativement globale.

### 18.2.1 Captages de sources

Dans le cas d'un exutoire karstique issu d'une grotte de façon très concentrée, le captage se limite à un prolongement bétonné du lit de la rivière souterraine, souvent après édification d'un petit barrage frontal destiné à créer une réserve tampon, favorable à une dérivation vers un canal ou à l'immersion d'une crépine de prélèvement.

Lorsque l'émergence provient d'une fissure ou d'une zone de fissures très localisée (réservoirs karstiques et fissurés), le site productif est chapeauté par un ouvrage de captage dont la géométrie dépend directement des caractéristiques locales. Celui-ci est suffisamment encastré dans le rocher, après dégagement de sa couverture meuble et de sa frange d'altération, ce qui limite le risque de contamination des eaux exploitées par des apports superficiels de moindre qualité *(figure 95a)*.

Si l'eau sourd d'un matériau hétérogène, par exemple au droit d'un paléothalweg comblé d'éboulis (réservoir poreux), l'ouvrage de captage est totalement fermé et pourvu de barbacanes à la base de sa paroi amont. Il est descendu jusqu'au substratum imperméable, afin d'éviter des fuites sous son radier *(figure 95b).*

Dans tous les cas, l'ouvrage est équipé d'une chambre de stabilisation de l'eau, lui permettant de matérialiser son niveau naturel, et d'une chambre de mise en charge, alimentée par surverse.

La chambre de stabilisation joue également le rôle de décanteur et doit être pourvue d'une vidange de fond.

La chambre de mise en charge est munie d'un trop-plein latéral et d'une crépine immergée en tête de la canalisation de départ.

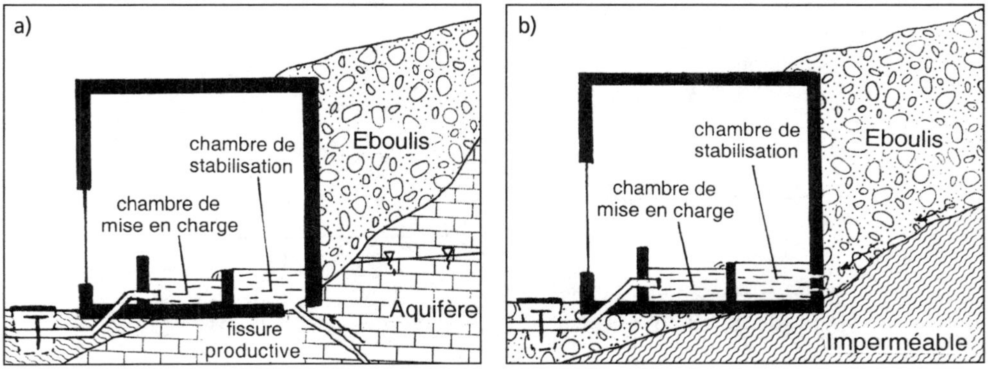


**Figure 95** Schémas types de captages ponctuels à la roche réservoir (a) et à la base d'un réservoir relais (b).

## 18.2.2 Tranchées drainantes et galeries drainantes

Lorsque la zone d'émergence est diffuse et jalonne le contact entre l'aquifère et son substrat imperméable sur une distance plus ou moins longue, il est nécessaire de reconcentrer les débits en recoupant le maximum de filets d'eau.

Ce résultat peut être atteint à l'aide de tranchées drainantes ou de galeries.

- Les tranchées sont terrassées avec une pente longitudinale élevée, puis comblées de matériau drainant propre, après mise en place d'un caniveau et d'une canalisation crépinée en partie inférieure.
- Les galeries ont un prix de revient plus élevé, mais restent visitables dans le temps. L'eau y est recueillie par des systèmes de barbacanes ouvertes à la base de leur paroi amont.

L'ouvrage de collecte est encastré dans le terrain imperméable, parallèlement au versant, sur une longueur suffisante pour éviter les fuites latérales *(figure 96a).* Lorsque l'eau sourd d'un réservoir relais, il peut aussi rentrer dans le versant pour atteindre le réservoir aquifère initial, ce qui permet d'améliorer sa productivité, mais conduit parfois à des réseaux de galeries très développés (quelques centaines de mètres). Le drainage du massif aquifère peut enfin être complété par des auréoles de drains subhorizontaux, forés depuis une chambre terminale de la galerie *(figure 96b)*.

Quel que soit le mode de captage adopté (tranchée drainante ou galerie drainante), les eaux collectées sont conduites dans un local de réception comportant, comme dans le cas précédent, un bac de décantation et une chambre de mise en charge, et équipé d'une vidange de fond, d'un trop-plein et d'une prise d'eau crépinée.

Cette méthode est parfois aussi mise en œuvre en partie supérieure de la zone noyée d'une nappe, soit par des tranchées disposées en arêtes de poissons, soit par des galeries organisées en réseau (nappes de versant et nappes alluviales). Le creusement se fait d'aval en amont, en conservant une pente longitudinale élevée pour permettre un écoulement gravitaire. Dans le cas de galeries, il peut également être procédé à des pompages d'exhaure, et les travaux sont facilités par des puits verticaux intermédiaires permettant un meilleur entretien ultérieur.

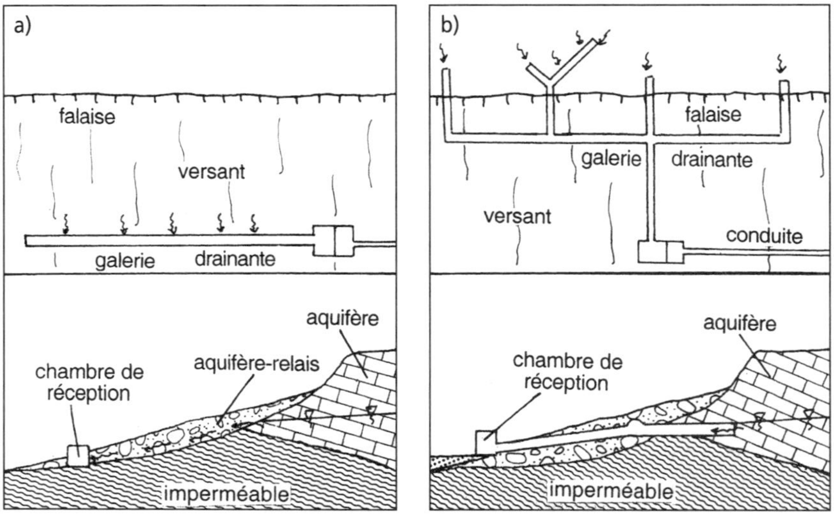


**Figure 96** Schémas types de galeries drainantes en plan et en profil, en pied d'un aquifère relais (a) et percée jusqu'au gîte initial (b).

## 18.2.3 Puits et puits à drains rayonnants

Un puits est un ouvrage de captage qui pénètre verticalement dans une nappe. Il offre généralement un grand diamètre (de 1 à 5-6 m) et une profondeur limitée à quelques mètres ou quelques dizaines de mètres, mais certains puits peuvent atteindre la centaine de mètres en terrain rocheux.

La principale difficulté de sa réalisation résulte de la nécessité d'évacuer l'eau dès qu'il pénètre dans la nappe. C'est pourquoi les ouvrages les plus anciens ne descendaient guère au-delà de cette limite et n'étaient captants que par leur base.

Aujourd'hui, on préfère ouvrir des barbacanes dans la paroi périphérique du puits à sa traversée de la zone noyée et le prolonger jusqu'au substratum imperméable, afin de solliciter toute l'épaisseur de la nappe et d'améliorer la productivité de l'ouvrage *(figure 97a)*.

On prend soin, dans ce cas, de disposer un massif de gravier jouant le rôle de filtre à sable en périphérie de la zone captante, lorsque ses conditions de réalisation le permettent, et de protéger la partie supérieure de l'ouvrage contre les entrées d'eau superficielles par une cimentation annulaire.

Lorsque la puissance de la zone perméable est limitée, il est fréquent que le puits soit foncé avec un cuvelage étanche jusqu'au terrain imperméable, puis que des drains horizontaux rayonnants soient forés dans la tranche la plus productive. Chaque drain est obturé par une vanne dès son achèvement, ce qui facilite l'épuisement de l'ouvrage durant l'exécution du dispositif complet *(figure 97b)*. Cette méthode permet une amélioration sensible du rendement du puits.

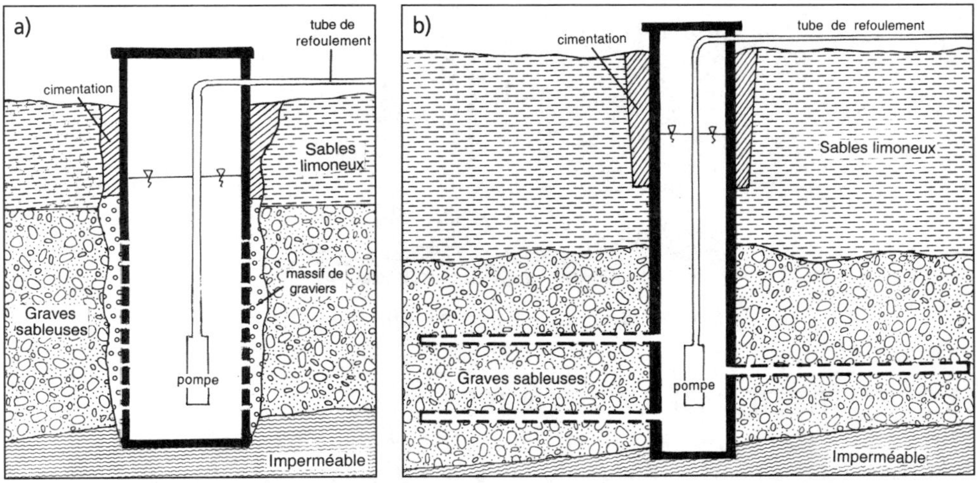


**Figure 97** Schémas types d'un puits (a) et d'un puits à drains rayonnants (b).

## 18.2.4 Forages d'eau

Les forages se caractérisent par leur petit diamètre (inférieur à 1 m et généralement compris entre 0,2 et 0,5 m), en comparaison avec leur profondeur, qui peut atteindre plusieurs centaines de mètres, rarement plus de 1 000 mètres (hormis en géothermie et en exploitation pétrolière).

Ces ouvrages permettent donc d'accéder à toutes les nappes souterraines, aussi bien libres que captives. Ils peuvent solliciter des horizons aquifères bien déterminés à l'aide de tubes crépinés, en isolant les nappes indésirables par des tubages pleins et des cimentations. De même une cimentation annulaire est-elle réalisée en partie supérieure pour éviter l'apport d'eaux superficielles *(figure 98)*.

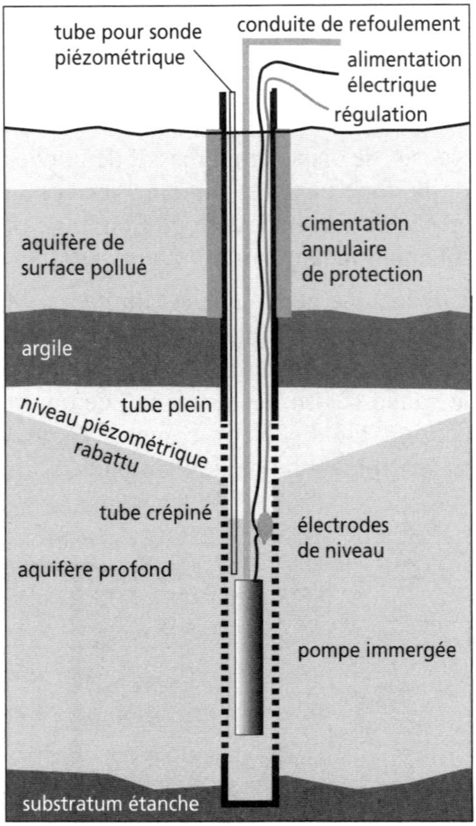


**Figure 98** Schéma type d'un forage d'eau.

## 18.3 ENTRETIEN DES CAPTAGES

Il est fréquent que la productivité des ouvrages de captage présente une dégradation au cours du temps. Cette évolution est provoquée par un colmatage obstruant les voies d'eau et/ou par une corrosion des organes drainants d'un forage. Elle dépend des conditions d'exécution du captage, de la composition chimique de l'eau souterraine et du mode d'exploitation de l'ouvrage.

- Dans le cas des captages de sources et des tranchées et galeries drainantes, la perte de débit résulte généralement d'un colmatage, dont les origines peuvent être diverses :
  - physico-mécanique, lorsque c'est l'entraînement des particules fines du terrain qui diminue l'ouverture des barbacanes ou l'indice des vides du matériau drainant ;
  - physico-chimique, lorsque l'obstruction est réalisée par un dépôt qui résulte de la précipitation de carbonates ou de sulfates de calcium ou de magnésium, ou encore d'hydroxydes de fer ;

– biochimique, lorsque le colmatage provient de boues gélatineuses résultant du cycle biologique de certains micro-organismes, en particulier lorsque les eaux contiennent des sels de fer (bactéries ferriques).

Des améliorations sensibles peuvent généralement être obtenues par des entretiens réguliers, lorsque les ouvrages sont visitables. S'ils sont en majeure partie constitués par des massifs drainants dépourvus de regards, les possibilités d'intervention y sont réduites. Il est donc fondamental de prévoir les possibilités de son entretien ultérieur, lors de la conception d'un ouvrage. De même convient-il de ne pas végétaliser un champ de captage et d'y enlever régulièrement la végétation arbustive ou arborée qui s'y implante naturellement, car les racines offrent une très forte capacité de pénétration jusqu'aux barbacanes et aux massifs drainants, où elles facilitent en outre la précipitation de dépôts chimiques.

• Dans le cas des puits et des forages, les mêmes processus interviennent et peuvent être aggravés par les conditions de pompage, en particulier l'entraînement de fines dans la zone de fort rabattement et la formation de précipités générée par les dépressions.

Les puits, du fait de l'ouverture des barbacanes de leur partie captante, sont sujets au risque d'ensablement ou d'envasement de leur partie inférieure ou de leur massif filtrant périphérique.

La sensibilité des forages tient également au risque de corrosion des parties métalliques de leur équipement (tubages de soutènement, tube de refoulement, dispositif de pompage), lorsque l'eau prélevée est chimiquement ou bactériologiquement agressive ou par réactions électrolytiques si les constituants sont multiples.

Le seul moyen d'éviter ou d'atténuer ces effets consiste à agir sur la réalisation de l'ouvrage captant et sur son mode d'exploitation : choix des équipements (matériaux constitutifs, joints d'isolation, protection cathodique ou revêtement de surface des tubes), choix de la crépine et du fourreau de gravier, développement prolongé du forage avant exploitation, adaptation du régime de pompage.

Les procédés de rénovation sont nombreux, mais d'une efficacité toute relative : grattage mécanique des parois, des barbacanes et des crépines, pompage alternatif ou injection d'air comprimé ou d'eau sous pression, injection de produits chimiques sélectifs (acide chlorhydrique, acide sulfamique, polyphosphates, chlore).

## 18.4 L'EXPLOITATION DES AQUIFÈRES LITTORAUX

### 18.4.1 Cas généraux

#### a) *Études du biseau salé*

L'étude de l'aquifère doit permettre d'identifier les secteurs par lesquels la contamination est possible ; une analyse structurale et paléogéographique est donc indispensable. Les sondages électriques, qui permettent d'une part de caractériser la géométrie de l'aquifère (profondeur du substratum, perméabilité...) et d'autre part de souligner l'interface, caractérisée par une chute brutale de résistivité, sont un outil bien adapté. On passe, par exemple, de 100 à 200 $\Omega$.m pour de l'eau douce dans un aquifère sableux, à 2 à 3 $\Omega$.m lorsque l'on atteint l'eau salée *(figure 99)*.

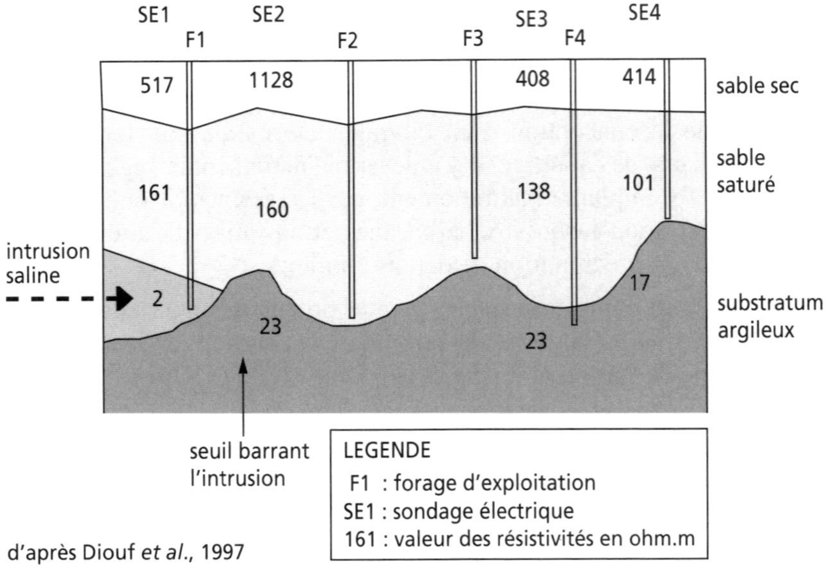


**Figure 99** Étude par conductimétrie du biseau salé des dunes du littoral de Dakar (Sénégal). D'après Diouf *et al*, 1997.

La contamination se faisant de l'aval vers l'amont et du bas vers le haut, les aquifères doivent être instrumentés de façon à pouvoir suivre la dynamique de l'intrusion en 3D, avec des réseaux de piézomètres munis de sondes de conductivité permettant d'acquérir des profils verticaux réguliers. Ceci permet de dresser des cartes d'isoconcentration qui permettent de suivre la progression d'une éventuelle intrusion marine.

La salinité n'est cependant pas toujours liée à une intrusion marine. Le lessivage d'évaporites continentales peut aussi augmenter la concentration en NaCl des eaux. Le dosage du Brome permet de différencier les deux types d'eau. En effet le rapport $Br^-/Cl^-$ (en $10^3$ meq.$L^{-1}$) est voisin de 1,53 pour l'eau de mer et compris entre 0,7 et 1,2 pour les évaporites (Edmunds, 1996) *(cf. chapitre 14.6.1c)*.

### *b) Traitement*

On peut limiter l'intrusion de l'eau de mer en augmentant artificiellement le niveau piézométrique en aval de la zone de prélèvement, soit à l'aide de barrages ou de voiles d'injection, soit en infiltrant de l'eau dans l'aquifère *(figure 100)*. La ville d'Orange (Californie, États-Unis) dispose de 28 forages alimentés en eaux usées épurées et en eaux profondes, afin de constituer une barrière hydraulique protégeant des intrusions marines l'aquifère de Fountain Valley.

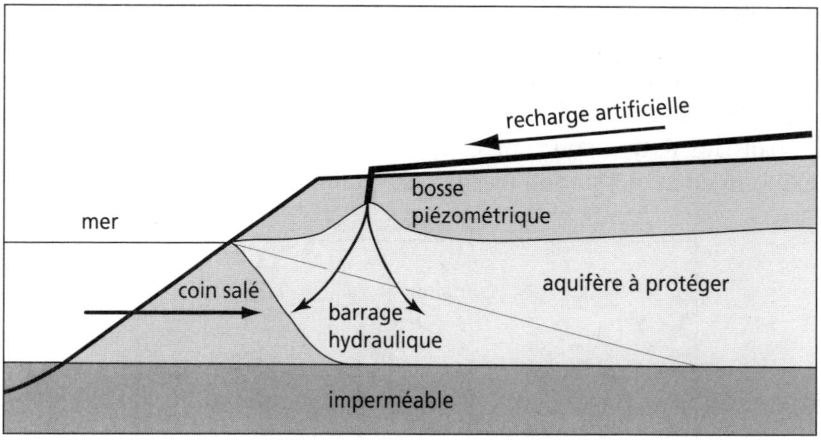


**Figure 100** Barrage hydraulique par injection en aquifère littoral.

### 18.4.2 Les aquifères karstiques littoraux

#### *a) Détection des émergences sous-marines*

Les sources d'importance économique sont toutes bien visibles en surface où elles forment des auréoles. Elles sont donc connues des autochtones et l'enquête auprès des pêcheurs permet de les localiser. Pour les plus petites, il existe diverses méthodes de détection :

- température : en été l'eau de mer se réchauffe rapidement en surface, tandis que les eaux du karst gardent une température constante. Elles peuvent donc apparaître très froides et être ainsi décelées lors des baignades. L'hiver c'est le contraire. Des mesures de température *in situ*, ou des campagnes de thermographie aéroportée, permettent de repérer les venues d'eau douce en été ou en hiver, lorsque le contraste thermique est important entre les deux milieux ;
- salinité : la différence de salinité peut facilement être mise en évidence par conductimétrie ;
- géomorphologie littorale : une encoche (visor) entaillant les calcaires au fil de l'eau est presque systématiquement associée à la proximité d'une source.

#### *b) Exploitation*

➤ Prélèvement à l'exutoire

L'exploitation directe à l'exutoire est rarement possible compte tenu de la salinité. Des essais en coiffant le griffon par une cloche en résine ont été tentés à la source Galeso de Mar Piccolo (Tarente, Italie) dans les années 1970 (Stefanon, 1972). Un dispositif de mesure en continu de la position de l'interface permettait d'ajuster les prélèvements ; ce système a cependant été abandonné car il n'a pas permis de s'affranchir des problèmes de contamination en amont. Un dispositif équivalent a été développé à la Mortola (Menton), en coiffant la source d'une bâche souple dans un premier temps, puis d'une cloche en acier, mais là aussi la salinité minimale de 1,4 g.L$^{-1}$ reste trop importante pour autoriser l'exploitation.

Certaines sources ont cependant une salinité nulle lorsque l'aquifère est bien protégé du milieu marin par des formations imperméables ou lorsque la pression est suffisante dans les drains pour empêcher l'intrusion de l'eau de mer. Il faut alors isoler l'exutoire de la mer par un barrage circulaire (Aurisina, Italie).

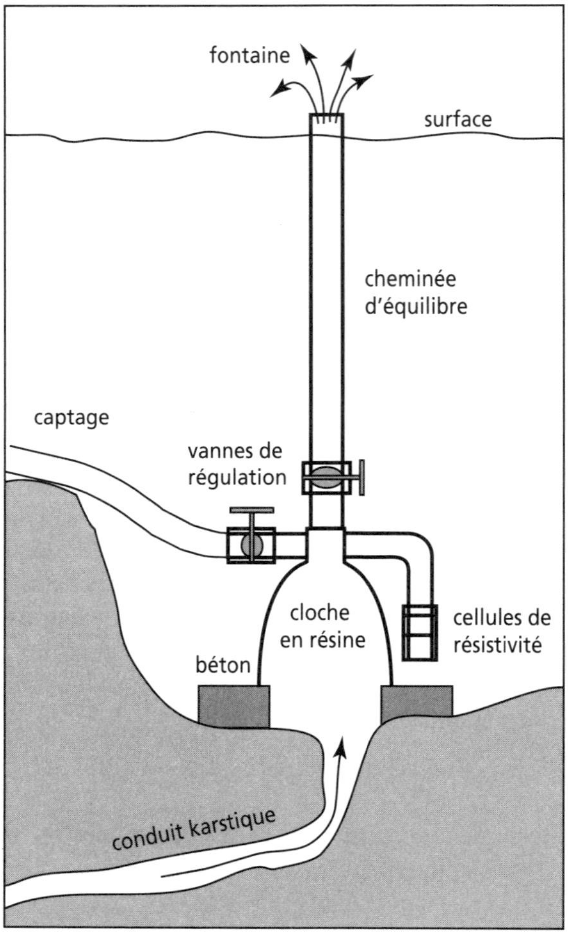


**Figure 101** Captage de Tarente d'après Stefanon, 1984.

Des essais de captage par augmentation de la charge hydraulique ont été tentés pour abaisser l'interface eau douce/eau de mer. Un barrage souterrain a ainsi été construit dans la galerie noyée de la source de Port Miou, mais il n'a pas donné les résultats escomptés *(cf. chapitre 9.2.5)*. Plusieurs tentatives de rehaussement du niveau de la vasque de l'Almyros d'Heraklion n'ont pas non plus permis d'abaisser la salinité de façon satisfaisante. Un essai de mise en charge par obturation totale du conduit a été tenté sans succès sur la source de Cabbé (France). Un barrage circulaire autour de la source d'Anavalos (Grèce) a, en revanche, donné de bons résultats. Le principe est de créer, au-dessus de l'émergence, une colonne d'eau douce dont la pression contrarie celle de l'eau de mer et empêche sa pénétration. L'eau est prélevée de façon à ne pas rabattre le niveau. Si le niveau du barrage est trop élevé, le débit de la source diminue, s'il est trop bas ou que l'on abaisse par pompage le niveau de la vasque, une pollution saline se produit.

➤ Prélèvement dans l'aquifère

Compte tenu des mécanismes de mise en place des systèmes karstiques littoraux qui autorisent des contaminations profondes, il est généralement préférable de mobiliser la ressource par forage en amont des émergences, mais pour des aquifères avec d'importants drains karstiques, le rabattement provoque une migration du biseau salé, dans les trois dimensions de l'espace, avec une forme très irrégulière. L'eau de mer peut atteindre et contaminer le captage de façon imprévisible. Si l'aquifère est vaste, on peut rechercher des compartiments isolés du milieu marin.

Une solution consiste à ne solliciter que la frange supérieure de l'aquifère à l'aide de plusieurs forages faiblement enfoncés dans l'aquifère, afin de provoquer un rabattement minime.

On peut aussi réaliser des galeries drainantes subhorizontales, au toit de la nappe. L'augmentation du débit se fait alors en allongeant les galeries. De nombreux exemples de tels captages sont signalés en Croatie, à Cuba et à Malte. Ces drains présentent l'avantage de permettre l'obturation des fissures actives lorsque leur salinité devient trop importante *(figure 102)*.

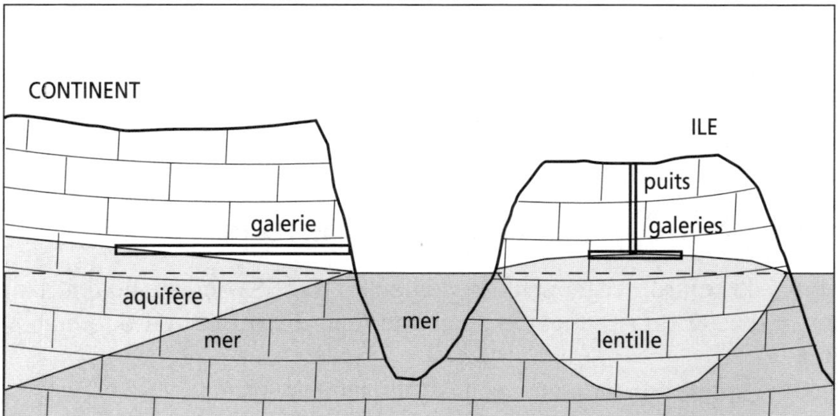


**Figure 102** Captage des eaux littorales par galeries drainantes.

Enfin, si l'on retient l'hypothèse d'une contamination saline par des paléodrains profonds selon les mécanismes visibles dans la baie de Bali ou à Argostoli *(cf. chapitre 9)*, leur localisation et leur obturation pourraient être tentées.

Chapitre 19

# La protection des aquifères

## 19.1 LA RÉGLEMENTATION EUROPÉENNE

La directive cadre sur l'eau des commissions européennes du 23 octobre 2000 demande aux états membres de développer des plans pour maintenir et améliorer l'environnement aquatique. Elle établit le cadre européen pour assurer la police de l'eau. Elle stipule que l'usage durable de l'eau soit fondé sur une protection à long terme des ressources, en rappelant que l'eau n'est pas un produit commercial comme les autres, mais un héritage qui doit être protégé et traité comme tel.
La directive 2006/118/CE porte sur la protection des eaux souterraines contre la pollution (voir annexe 1)
La France va transposer dans sa législation la directive européenne de 2006 sur les eaux souterraines (*cf.* annexe 1).

## 19.2 LE CONTRÔLE SANITAIRE DE L'EAU POTABLE

Les analyses du contrôle réglementaire de l'état (DDASS) ont une finalité sanitaire : l'eau doit respecter des normes de potabilité (eau distribuée) ou de potabilisation (ressource).

Les lieux de prélèvement pour ces analyses sanitaires sont :

- la ressource exploitée, afin d'en assurer la protection en gérant les bassins d'alimentation ;
- la sortie de l'unité de traitement, pour mesurer les modifications apportées à la composition naturelle (changement du pH, changement du degré d'oxydation de l'azote, reminéralisation en hydrogénocarbonate et calcium, réduction des teneurs en carbonate, fer, phosphore, fluor, arsenic…, oxydation du carbone organique, des pesticides…) ;

- la distribution, afin d'estimer la protection du consommateur. À ce point du réseau, en plus de la composition de base de l'eau, est mesuré l'impact des ajouts : le chlore résiduel, dont le taux doit être suffisant pour que ce consommateur soit protégé en bout de ligne, les sous-produits de traitement : trihalométhanes (chloroforme, bromoforme...), bromates...

La nature et la fréquence des analyses sont définies par le décret 2001-1220 du 20 décembre 2001, les limites de qualité par l'arrêté du 11 janvier 2007 (tableaux 19 et 20).

**TABLEAU 19** LIMITES DE QUALITÉ DES EAUX DESTINÉES À LA CONSOMMATION HUMAINE.

| | | |
|---|---|---|
| *Escherichia coli* | 0 | /100 mL |
| Entérocoques | 0 | /100 mL |
| Acrylamide | 0,1 | µg/L |
| Antimoine | 5 | µg/L |
| Arsenic | 10 | µg/L |
| Baryum | 0,7 | mg/L |
| Benzène | 1 | µg/L |
| Benzo(a)pyrène | 0,01 | µg/L |
| Bore | 1 | mg/L |
| Bromates | 10 | µg/L |
| Cadmium | 5 | µg/L |
| Chlorure de vinyle | 0,5 | µg/L |
| Chrome | 50 | µg/L |
| Cuivre | 2 | mg/L |
| Cyanures totaux | 50 | µg/L |
| 1-2-dichloroéthane | 3 | µg/L |
| Épichlorhydrine | 0,1 | µg/L |
| Fluorures | 1,5 | mg/L |
| Hydrocarbures aromatiques polycycliques (HAP) | 0,1 | µg/L (somme) |
| Mercure | 1 | µg/L |
| Total mycrocystines | 1 | µg/L |
| Nickel | 20 | µg/L |
| Nitrates | 50 | mg/L |
| Nitrites | 0,5 | mg/L |
| Pesticides (par substance individuelle) | 0,1 | µg/L |
| Aldrine, dieldrine, heptachlore, heptachlorépoxyde | 0,03 | µg/L |
| Total pesticides | 0,5 | µg/L |
| Plomb | 10 | µg/L |

**Tableau 19** Limites de qualité des eaux destinées à la consommation humaine. *(Suite.)*

| | | |
|---|---|---|
| Sélénium | 10 | µg/L |
| Tétrachloroéthylène + trichloroéthylène (somme) | 10 | µg/L |
| Total trihalométhanes (THM) | 100 | µg/L |
| Turbidité | 1 | NFU |

**Tableau 20** Références de qualité des eaux destinées à la consommation humaine.

| | | |
|---|---|---|
| Bactéries coliformes | 0 | /100 mL |
| Bactéries sulfito-réductrices (dont spores) | 0 | /100 mL |
| Numération de germes aérobies revivifiables à 22 et 37 °C | Variation dans un rapport de 10 par rapport à la valeur habituelle | |
| Aluminium total | 200 | µg/L |
| Ammonium | 0,1 | mg/L |
| Carbone organique total (COT) | 2 | mg/L |
| Oxydabilité au $KMnO_4$ | 5 | mg/L $O_2$ |
| Chlore libre et total | Absence d'odeur/de saveur | |
| Chlorites | 0,2 | mg/L |
| Chlorures | 250 | mg/L |
| Conductivité | 180 à 1000 | µS/cm à 20 °C |
| Couleur | 15 | mg/L (Pt/Co) |
| Cuivre | 1 | mg/L |
| Équilibre calco-carbonique | Équilibre ou légèrement incrustant | |
| Fer total | 200 | µg/L |
| Manganèse | 50 | µg/L |
| Odeur | Acceptable* | |
| pH (concentration en ions hydrogène) | 6,5 à 9 | unités pH |
| Saveur | Acceptable* | |
| Sodium | 200 | mg/L |
| Sulfates | 250 | mg/L |
| Température | 25 | °C |
| Turbidité | 0,5 | NFU |
| Activité $\alpha$ globale** | 0,1 | Bq/L |
| Activité $\beta$ globale résiduelle** | 1 | Bq/L |
| Dose totale indicative DTI | 0,1 | mSv/an |
| Tritium** | 100 | Bq/L |

* Pour le consommateur, aucun changement anormal.
** Si valeur supérieure, analyse des radionucléides spécifiques.

Les normes s'intéressent aux paramètres physiques, aux substances toxiques, indésirables, aux hydrocarbures aromatiques polycycliques (HAP), aux benzène toluène éthylbenzène xylène (BTEX), aux composés organiques volatils (COV). Elles ne prennent pas encore en compte les nouveaux contaminants (hormones, perturbateurs endocriniens…).

Les analyses bactériologiques effectuées sur les eaux ont une finalité réglementaire pour le respect des normes de l'eau potable. Les analyses du contrôle sanitaire se concentrent sur un faible nombre de bactéries, telles que *Escherichia coli*, Entérocoques, bactéries sulfito-réductrices. Le contrôle porte sur des micro-organismes banals, indicateurs de qualité. Leur présence en excès traduit la possibilité de survie d'organismes pathogènes dans le même milieu. Ces organismes pathogènes ne sont recherchés qu'en cas de problème.

Comme pour la chimie, les analyses sont faites à divers points du réseau, depuis la ressource jusque chez l'utilisateur.

Les analyses effectuées au point de captage mesurent l'état de santé de la ressource en eau qui va être potabilisée. Cette qualité à l'amont est fonction des aléas situés sur son bassin d'alimentation, ainsi que des conditions de « filtration » naturelle du milieu aquifère. Deux processus protagonistes s'opèrent dans le milieu : la taille des pores filtre mécaniquement les particules *(figure 81)* ; le temps de transit permet la mort des bactéries. Ainsi, dans les milieux à faible ouverture et faible vitesse de circulation (silts, sables argileux), les bactéries sont retenues. De plus, l'advection prend un temps (exprimé en mois) qui dépasse le temps de demi-vie des micro-organismes ($DT_{50}$) qui meurent. En revanche, dans les milieux ouverts (chenaux graveleux, fissures des roches dures, drains karstiques…), le temps de transit (exprimé en heures ou jours) est insuffisant pour permettre la mort des micro-organismes, dont la taille est par ailleurs inférieure à celle de la « porosité » de fracture.

En revanche, d'autres analyses sont opérées après désinfection, elles servent donc à mesurer l'efficacité du traitement. Enfin, des analyses sont effectuées chez les utilisateurs (bars, collectivités, particuliers…), servant à minimiser le risque de contamination du réseau (réservoirs, conduites).

Ces trois lieux d'analyse sont importants, celui de la ressource aide à gérer l'activité sur le bassin versant, celui de la sortie du traitement l'innocuité du produit distribué et celui chez l'utilisateur final la gestion des réseaux public et privé (nettoyage de réservoir, fuites d'eaux usées…). Les accidents de traitement peuvent induire des catastrophes, comme l'épidémie de cryptosporidiase à Milwaukee (États-Unis) qui a fait 104 morts parmi les 403 000 personnes contaminées en 1993. Il s'agissait d'eau de surface, mais 7 contaminations d'eau souterraine ont été observées entre 1984 et 1997 en Grande-Bretagne, aux États-Unis et au Japon et une à Divonne (Ain) à l'été 2003.

Certaines contaminations, comme celles avec les Légionelles, sont dues à une mauvaise utilisation finale de l'eau chaude (aérosols dans les douches, tours aéro-réfrigérantes…) et résultent d'une prolifération dans des branches mortes des réseaux intérieurs.

# 19.3 VULNÉRABILITÉ, ALÉA, RISQUE

## 19.3.1 Vulnérabilité

La vulnérabilité des aquifères est définie comme une propriété relative, non mesurable et adimensionnelle, basée sur la supposition que l'environnement peut fournir une protection des eaux souterraines contre les impacts anthropiques, en particulier ceux qui sont engendrés par les polluants entrant dans l'environnement souterrain. La vulnérabilité évalue donc la faiblesse de cette protection naturelle.

On peut distinguer une vulnérabilité intrinsèque, inhérente au milieu géologique et aux conditions climatiques locales, et une vulnérabilité spécifique, liée aux propriétés du contaminant lui-même.

La vulnérabilité intrinsèque est donc le cas extrême de vulnérabilité spécifique pour un traceur intégralement conservé (par exemple, les chlorures) entre son point de déversement et la cible (aquifère ou point de captage). À l'opposé, un corps organique peu mobile et facilement adsorbable ou dégradable ne passera pas de l'amont à l'aval.

La vulnérabilité spécifique sera, dans l'immense majorité des cas, moins grande que la vulnérabilité intrinsèque.

## 19.3.2 Aléa et risque

Un aléa environnemental est défini comme un événement instantané ou un processus continu qui, lorsqu'il se réalise, induit la possibilité de dégrader la qualité de l'environnement, directement ou indirectement.

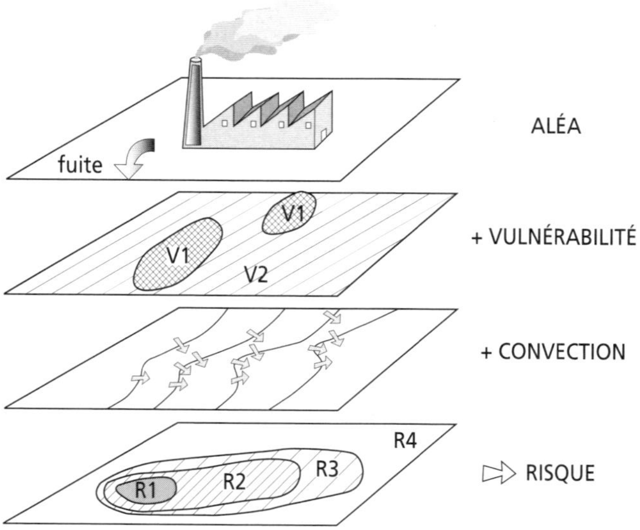


**Figure 103** Facteurs du risque de pollution de la nappe (Zwahlen, rédacteur en chef, 2004).

Le risque est la conjonction d'un aléa et d'un milieu vulnérable ; par conséquent, un aléa ne présente un risque que lorsqu'il est susceptible d'affecter quelque chose de valeur (la cible), en l'occurrence, les eaux souterraines *(figure 103)*. Le risque sur une nappe sera l'effet d'un aléa, par exemple une fuite de polluant industriel, sur la vulnérabilité du milieu, sans oublier l'écoulement de la nappe, susceptible de déplacer les impacts.

Le modèle conceptuel origine-trajet-cible envisage le transfert de l'aléa vers la nappe (vulnérabilité de la ressource), puis vers ses points de captage (sources, forages, puits).

## 19.4 LES PÉRIMÈTRES DE PROTECTION

En France, la protection des eaux souterraines n'est envisageable que dans deux cadres légaux : celui des parcs nationaux ou celui des captages d'eau potable. Aucune servitude ne peut actuellement être appliquée aux ressources en eau souterraine patrimoniales.

Quatre fonctions principales sont dévolues aux périmètres : protéger l'ouvrage de captage lui-même, maîtriser les causes de la non-potabilité, contrôler la dérive de la qualité dans le temps et/ou le risque de pollution accidentelle.

Les périmètres de protection des captages sont des zones emboîtées dans lesquelles les activités humaines sont contrôlées, donc réglementées. Le principe général est de faire décroître les contraintes en fonction de l'éloignement au point de captage, mais il s'agit d'un éloignement en temps de transit et non en distance, ce qui peut ne pas impliquer la concentricité des périmètres.

Trois périmètres sont définis : protection immédiate, rapprochée et éloignée. Le secteur extérieur aux périmètres n'est pas censé ne pas influencer la qualité de l'eau au captage, mais seulement lui faire courir un risque acceptable. Il n'est donc généralement pas pertinent de classer l'ensemble de l'impluvium d'une nappe dans un périmètre éloigné.

La mise en place de périmètres de protection ne peut être pertinente que si l'expert en charge du dossier dispose d'une connaissance approfondie sur la ressource exploitée. En particulier, le mode d'alimentation du captage doit être parfaitement connu pour zoner les périmètres en connaissance de cause *(figure 104)*.

Les périmètres de protection constituent donc à l'heure actuelle une source de travail importante pour les bureaux d'études spécialisés en hydrogéologie et environnement. Ainsi, en milieu poreux, l'expert doit disposer des données géométriques sur l'aquifère (limites, épaisseur, emmagasinement), de sa piézométrie, des données hydrodynamiques (transmissivité, perméabilité), de sa physico-chimie au cours du temps. Il a donc besoin de campagnes géophysiques, de forages de reconnaissance, de campagnes piézométriques, de pompages d'essais, de datations et d'analyses d'eau. Dans des milieux hétérogènes (fissurés ou karstiques), il est nécessaire de connaître en outre le temps de transit des eaux infiltrées en diverses zones de l'impluvium (multitraçages et traçage naturel).

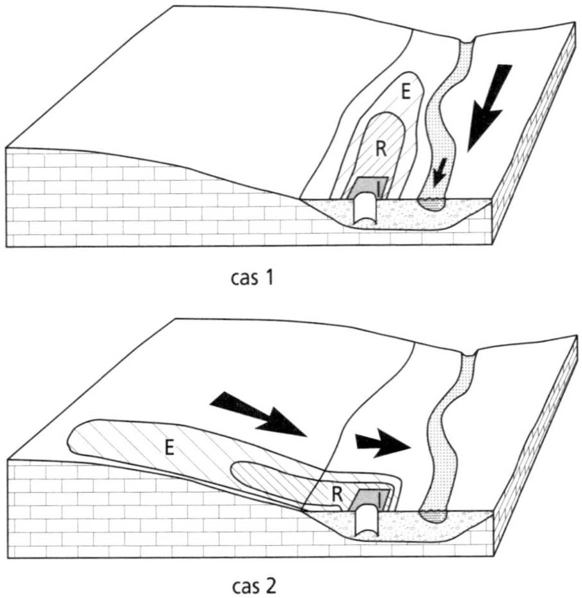


**Figure 104** Différence de conception de la protection d'un captage selon son alimentation.

### 19.4.1 Périmètre de protection immédiate (PPI)

Le périmètre de protection immédiate (ou périmètre immédiat) est un espace restreint destiné à la protection de l'ouvrage lui-même, dans lequel toute activité est interdite, à l'exception de l'exploitation de l'eau. La parcelle doit être acquise en pleine propriété par la collectivité. Un périmètre immédiat ne doit pas être un lieu de stockage de lampadaires de rue, de bois de chauffage, de véhicules pour curer les égouts, d'élevage de lapins pour la chasse ! (exemples véridiques observés dans le Vaucluse et le Gard).

Ce périmètre ne dispense pas d'une réalisation de l'ouvrage dans les règles de l'art : tubage cimenté aux morts-terrains et aux couches imperméables séparant deux aquifères, dalle étanche, margelle dépassant le niveau de crue décennale…

L'ouvrage de captage (galerie, bâche, forage, puits) doit empêcher l'accès du public par un bâtiment muni d'une porte métallique fermant à clef. La taille du périmètre immédiat est fonction de la nature de l'aquifère : périmètre de quelques m$^2$ pour un forage en nappe artésienne, de 10 m × 10 m pour un puits en nappe libre superficielle. La taille est également conditionnée par la nature de l'ouvrage de captage : un captage classique de source ponctuelle ne requiert qu'un périmètre de 10 m × 10 m, un captage de petite source avec une galerie d'accès de 20 m pourra mesurer 10 m × 40 m, un périmètre de champ captant comme celui de la ville d'Avignon sur la nappe de la Durance, qui exploite plusieurs puits et vingt forages, occupe un terrain de 500 m × 300 m.

Le périmètre immédiat et ses abords (15 m de distance à l'ouvrage) doivent être déboisés, les racines des arbres détériorant la maçonnerie des galeries de captage, les cuvelages de puits… et permettant ainsi l'apport d'eaux superficielles parasites. Il doit être entretenu : débroussaillé et tondu mécaniquement (pas d'herbicides !) chaque année, et les déchets végétaux doivent en être retirés.

Autant que nécessaire et possible, le périmètre immédiat doit être clôturé par un grillage infranchissable muni d'une porte fermant à clé. Cependant, un captage au pied d'une falaise et en pleine forêt pourra être dispensé de grillage ; dans le cas de puits en zone inondable avec un fort courant, il pourra n'être muni que de fils barbelés agricoles, un grillage risquant de faire obstacle à l'écoulement et d'être abattu par le courant.

### 19.4.2 Périmètre de protection rapprochée (PPR)

Le périmètre de protection rapprochée (ou périmètre rapproché) a une fonction de protection de la qualité de la ressource exploitée ; il est défini comme la zone de fort rabattement de la nappe.

En France, il est recommandé de dimensionner le périmètre pour un temps de transit de 40 jours, réputé suffisant pour abattre la contamination bactériologique et pour permettre la mise en œuvre de dispositifs de décontamination en cas de pollution.

Le périmètre de protection rapprochée (ou périmètre rapproché) correspond, dans un milieu continu et en conditions d'exhaure mécanique, au cône de rabattement de l'ouvrage. En milieu discontinu, ce périmètre correspond au lieu de l'aquifère situé à un temps court de transfert de masse (heures, jours).

Le périmètre rapproché a une double fonction de protection : protection quantitative de la ressource, protection de sa qualité.

Concernant la fonction quantitative, il stipule l'interdiction de nouvelles recherches d'eau : un privé ou une autre collectivité ne peut concurrencer la collectivité exploitante sur la même ressource. La collectivité elle-même peut bien sûr augmenter sa capacité de production (recaptage de source, foration de nouveaux ouvrages…).

Concernant la fonction qualitative, de nombreuses interdictions ou réglementations sont libellables. L'extraction de matériaux du sous-sol (carrières), qui modifie les conditions d'infiltration des précipitations, l'établissement de nouvelles installations classées, la délivrance de permis de construire avec réalisation d'assainissements individuels, l'installation de stabulations libres, d'élevages industriels de volailles, de porcheries… sont interdits. La réalisation de puisards d'injection d'eaux pluviales ou d'eaux usées, de canalisations d'eaux usées ou d'hydrocarbures, le stockage des produits radioactifs, chimiques, des combustibles et carburants pétroliers, des matières de vidange, des boues de stations d'épuration, des fumiers sont interdits, l'entreposage d'ordures ménagères, d'immondices, de déchets industriels, d'ensilages également.

Les prairies et cultures recevront exclusivement des épandages d'engrais organiques selon des plans d'épandage raisonnés : les doses et périodes d'épandage d'engrais organiques (sous-produits de l'élevage, boues de stations, urée de synthèse…) et chimiques (nitrate d'ammonium, potasse…) doivent être définis en fonction de la granulométrie, de la texture et de l'épaisseur du sol. Les épandages doivent s'effectuer exclusivement sur sol sec et pendant la période végétative, ce qui impose une capacité de stockage suffisante pour l'ensemble de l'hiver. Les cultures intensives grosses consommatrices d'engrais et d'herbicides, laissant un sol nu en hiver, seront exclues du périmètre rapproché, et si possible remplacées par de la prairie naturelle. L'occupation du sol dans les zones forestières ou pastorales extensives ne changera pas. Seuls des contextes particuliers rendent compatible l'installation de dispositifs d'exploitation d'énergies renouvelables (ANSES, 2011). En effet, si la nappe est captive ou semi-captive, des dispositifs dont la base des fondations ne s'approche pas à moins de 3 m du toit de la nappe (éoliennes, sondes géothermiques, capteurs horizontaux ou en corbeilles, panneaux photovoltaïques au sol) sont acceptables. Le cas des nappes libres superficielles (moins de 10 m de profondeur en hautes eaux) n'autorise que les capteurs géothermiques horizontaux ou en corbeille, ou les panneaux solaires au sol dans le cas où la perméabilité du sol ne dépasse pas $10^{-4}$ m · $s^{-1}$. Les nappes libres dont le niveau de hautes eaux est à plus de 10 m de profondeur permettent l'installation de capteurs horizontaux ou en corbeilles, des panneaux photovoltaïques au sol ou des éoliennes, si la base des fondations ne s'approche pas à moins de 3 m du niveau des plus hautes eaux. Tous les autres cas sont à proscrire dans un PPR.

### 19.4.3 Périmètre de protection éloignée (PPE)

Le périmètre de protection éloignée (ou périmètre éloigné), qui entoure le périmètre de protection rapprochée, est destiné à permettre une gestion de l'espace dans laquelle coexistent aménagement du territoire et protection de l'eau. C'est un outil d'orientation de l'occupation du sol agricole et de contrôle de l'aménagement de la commune dans ce secteur. Les activités-aléas sont donc déconseillées dans les zones vulnérables, et la création de carrières, usines, constructions, dépôts et canalisations, le rejet d'eaux usées ne pourront être envisagés qu'après étude complémentaire. Dans les plans locaux d'urbanisme (PLU), les zones de forêt et de prairies doivent autant que possible être maintenues pour garantir à long terme la qualité des eaux du captage.

### 19.4.4 Périmètres de protection satellites ($PPI_s$ ou $PPR_s$)

Dans un périmètre rapproché (par exemple), certains points lointains peuvent être plus proches du captage en temps que d'autres points plus proches en distance. Si l'un de ces points proches en temps est très vulnérable, par exemple s'il s'agit d'un ponor, un périmètre immédiat satellite peut être tracé autour de ce point. De même, si ce ponor est situé dans le périmètre éloigné, un périmètre immédiat satellite peut être tracé autour de la perte, et un périmètre rapproché satellite autour de son bassin-versant.

Ainsi l'exemple de la protection de la source d'Arcier, qui alimente une partie de Besançon depuis l'époque romaine, montre un périmètre autour du captage et quatre périmètres immédiats satellites *(figure 105)*, dont trois protégeant des ponors situés à l'aval de villages (en particulier la grosse perte du Creux-sous-Roche), et un couvrant une zone d'effondrement active située sur les circulations souterraines. Les périmètres rapprochés sont totalement disjoints de la source, mais ils protègent le bassin versant des cours d'eau disparaissant dans les ponors.

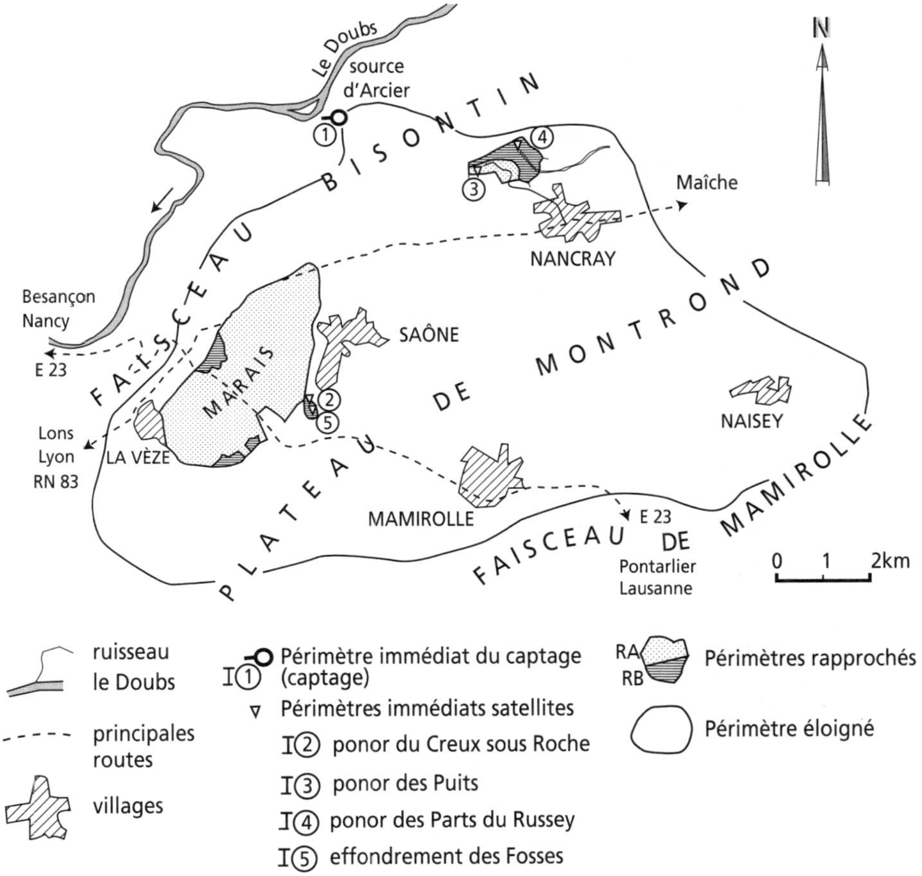


**Figure 105** Périmètres immédiats satellites du captage d'Arcier alimentant Besançon.

## 19.5 LE PROBLÈME DES NITRATES

Les nitrates sont la forme courante oxydée de l'azote. Naturellement présents dans le cycle de l'eau par la minéralisation de la matière organique azotée dans le sol, leur bruit de fond naturel n'excède pas 5 mg.L$^{-1}$ sous nos climats.

Soumis à des épisodes de pluie efficace, les sols sont lixiviés *(figure 106)*, et ces nitrates migrent vers les eaux souterraines. Sources et forages peuvent ainsi présenter de petits pics de nitrates.

Trois origines majeures de nitrates d'origine anthropique sont venues rehausser les teneurs des eaux souterraines : l'azote organique des eaux usées domestiques (eaux-vannes) et des engrais issus de la filière élevage (lisiers, purins, fumiers), ainsi que l'azote minéral des engrais azotés (nitrate d'ammonium).

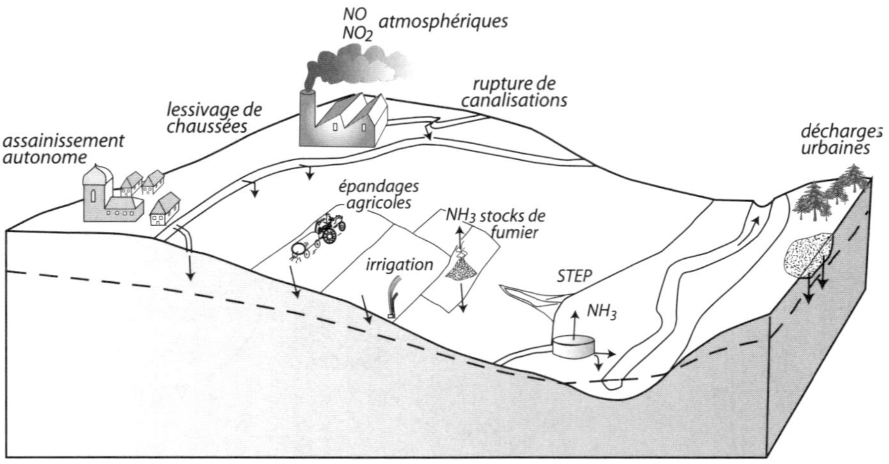


**Figure 106** L'azote d'origine anthropique dans les ressources en eau.

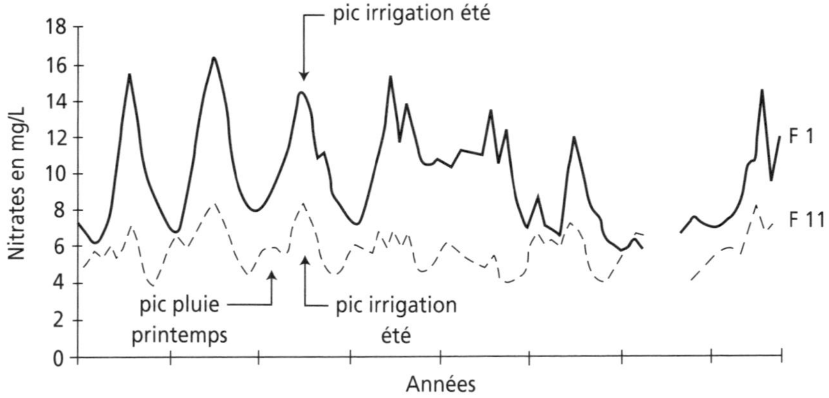


**Figure 107** Fluctuation saisonnière des teneurs en nitrate dans la plaine alluviale d'Avignon (d'après les données de la S^té^ Avignonnaise des Eaux).

Aujourd'hui, une part significative des eaux usées domestiques est traitée dans des stations d'épuration parfois munies d'un dispositif de traitement tertiaire, les rejets ponctuels d'azote d'origine domestique diminuent. Il n'en est pas de même pour les épandages agricoles dont les excédents azotés diffus sont entraînés vers les eaux de surface et/ou infiltrés vers les nappes sous-jacentes. Dans les régions d'agriculture irriguée *(figure 107)*, les sols produisent deux impulsions nitratées par an (courbe inférieure), l'une lors de l'infiltration naturelle des pluies de printemps, l'autre l'été, au cœur de la campagne d'irrigation. Le signal naturel n'est plus visible lorsque les teneurs minimales anthropiques dépassent son maximum (courbe supérieure).

La densité de cheptel (porcs, volailles) dans certaines régions d'élevage (Bretagne) engendre des excédents régionaux « structurels » d'azote organique, les épandages étant trop intenses sur la surface des parcelles concernées. Ainsi, dans certains bassins versants, les doses d'azote organique épandues dépassent 300 kg/ha, alors qu'elles ne devraient pas excéder 170 kg/ha. Cette valeur réglementaire, forfaitaire, ne tient en outre pas compte des spécificités agronomiques des parcelles (granulométrie, épaisseur et texture du sol).

Les seules solutions sont d'exporter les excès de sous-produits d'élevage vers des bassins déficitaires, ou, dans le cas fréquent où toute une région est excédentaire, d'incinérer ou de composter les fumiers en excès.

Dans les régions de grandes cultures, les épandages de nitrate d'ammonium, engrais très soluble, apportent à la fois du nitrate et de l'azote réduit susceptible de se nitrater en milieu aérobie. Un autre problème est que cet apport d'azote minéral se surajoute à celui d'azote organique dans les grandes régions d'élevage en excédent, sans tenir compte des doses déjà apportées sous forme organique. Cet azote inutile vient ainsi contaminer un peu plus les ressources en eau.

Les eaux souterraines de toutes les zones de grandes cultures sont atteintes par cette pollution qui condamne des captages ou oblige à de coûteux traitements (nanofiltration, osmose inverse). En France, les aquifères du bassin de Paris, d'Aquitaine, de la région viticole d'Alsace, des plaines de la Saône ou de Valence subissent cette pollution diffuse intense.

## 19.6 EFFLUENTS DOMESTIQUES ET ASSAINISSEMENT

Il existe deux modes de collecte de la pollution domestique : l'assainissement autonome, qui aboutit sur place à une installation d'épuration individuelle, et l'assainissement collectif, qui aboutit à une station d'épuration parfois située à plusieurs kilomètres du lieu de collecte. L'aléa infligé aux eaux souterraines est donc différent selon les deux modes : l'assainissement autonome ne présente que l'aléa de pollution locale par les effluents traités, alors que les réseaux collectifs d'assainissement sont fréquemment fuyards, l'aléa concerne donc les fuites d'effluents non traités en plus des rejets de la station. La pollution industrielle est généralement traitée sur le site même de sa production, mais certaines installations étant vastes, les fuites de canalisations s'y observent et les nappes sous-jacentes reçoivent des flux parfois énormes (par exemple des dizaines de Kg/j d'hydrocarbures aromatiques polycycliques vers une nappe alluviale captée pour l'AEP). La plupart des réseaux d'assainissement sont unitaires, c'est-à-dire qu'ils collectent ensemble les eaux usées domestiques et les eaux « pluviales » (eaux de voirie). Si le débit des eaux usées ne dépend que de la consommation, le « pluvial » dépend de la météorologie. De fortes précipitations peuvent ainsi mettre en charge les réseaux d'égout, en les « nettoyant ».

## 19.7 L'ÉPURATION

Les dispositifs d'épuration sont divers et adaptés à la nature de la pollution à traiter : les effluents urbains, dont la composition est similaire, subissent des procédés d'épuration fondés sur un faible nombre de principes de base. En revanche, les effluents industriels, de composition très diverse, ont des procédés spécifiques de la nature des polluants traités (matière organique, hydrocarbures, solvants, toxiques, métaux lourds…).

Les dispositifs sont également adaptés au nombre d'équivalents-habitants à traiter, donc à la taille de la collectivité desservie, ainsi qu'à sa variabilité saisonnière (stations touristiques).

### 19.7.1 L'épuration autonome

L'épuration autonome est la solution choisie pour une industrie, une petite collectivité (hameau éloigné du chef-lieu), une habitation éloignée du réseau de collecte. Le type d'assainissement autonome dépend de la perméabilité des sols : les dispositifs de lagunes requièrent des sols imperméables et faciles à terrasser (argiles, marnes), alors que ce contexte géologique ne convient pas pour faire du géoassainissement qui requiert une perméabilité minimale du sol (0,3 $mm.min^{-1}$).

Le lagunage et tous les systèmes d'épuration « à eau de surface » doivent rejeter l'effluent traité dans le réseau hydrographique. Les dispositifs de géoassainissement utilisent soit le sol en place (si sa perméabilité est adaptée), soit un sol de substitution pour traiter les effluents préalablement passés dans une fosse septique ou un décanteur-digesteur. Le rôle de la porosité du sol est de permettre d'encaisser les variations horaires de la charge hydraulique apportée par la maison et de permettre un temps de séjour suffisant de l'effluent, avec une grande surface de contact entre l'effluent, les grains solides et l'atmosphère du sol. Le géoassainissement permet la filtration physique des bactéries par le milieu granulaire, mais pas le traitement de l'azote. Il existe deux variantes de rejet : si le sous-sol est imperméable, si la zone non saturée est inexistante (nappe subaffleurante), ou si le sol est hydromorphe, le géoassainissement est opéré sur une dalle et le rejet se fait dans un fossé ou un ruisseau ; si le sol a une perméabilité comprise entre 0,3 et 2,5 $mm.min^{-1}$, l'effluent est infiltré à travers la zone non saturée.

L'assainissement autonome est une solution intéressante pour les habitations éloignées des réseaux de collecte, mais étant à la charge financière et technique des particuliers, il est difficile de s'assurer que l'installation a bien été réalisée dans les règles de l'art. La seule solution serait que la collectivité gère son assainissement individuel au même titre que le collectif (réalisation, diagnostic). Les petites unités de lagunage, installées en zone rurale, manquent de personnel qualifié et les collectivités territoriales ont mis en place des SATESE, pour pallier cet inconvénient.

### 19.7.2 L'épuration collective

Les installations d'épuration collectives utilisent des procédés biologiques ou physico-chimiques selon la régularité des débits à traiter, le coût du foncier et les températures hivernales.

Les systèmes physico-chimiques, dont le principe est d'ajouter des réactifs (chlorure ferrique, chaux…) permettent une bonne élimination du phosphore, mais pas de l'azote. Le réglage du dosage des réactifs autorise le traitement des charges variables caractéristiques des industries et des stations touristiques (littoral, stations de ski). Le traitement se fait en réacteur ; l'installation a donc une faible emprise au sol, ce qui facilite son intégration à des zones de terrain coûteux (villes, zones touristiques : stations de ski et stations balnéaires). De plus, les locaux fermés permettent un confinement des nuisances olfactives. Les inconvénients sont le coût en réactifs, la masse de boues produites et la technicité du traitement, incompatible avec le manque de compétences rencontré dans les petites collectivités. En revanche, le rendement épuratoire vis-à-vis de la bactériologie peut nécessiter un traitement à l'aval.

Au départ conçu pour la décantation des matières en suspension et l'oxydation de la matière organique, le système par boues activées demande une plus grande surface de bassins d'oxygénation. Ce traitement est aujourd'hui complété par le traitement tertiaire physico-chimique du phosphore et de l'azote.

Les systèmes d'épuration extensifs (lagunes à macrophytes, lits d'infiltration...) demandent de grandes surfaces par habitant, ils ne sont donc adaptés qu'à de petites collectivités en milieu rural (écarts, hameaux).

L'inconvénient spécifique des systèmes biologiques est leur faible tolérance aux variations de charge : ils sont donc adaptés aux collectivités à faible variation saisonnière de population (zones rurales et agglomérations). L'importante masse de boues produites ne doit absolument pas pouvoir repartir dans le réseau hydrographique. Ces boues, à bonne valeur agronomique, ont généralement une mauvaise image auprès des agriculteurs susceptibles de les épandre, il faut donc envisager l'incinération des quantités excédentaires.

Dans les réseaux d'assainissement unitaires, les eaux « pluviales » ont une composition physico-chimique variable au cours de la pluie : les premières eaux lessivent les chaussées chargées de matières en suspension, de métaux lourds et de lubrifiants automobiles. Après ce nettoyage, les eaux pluviales sont de meilleure qualité. L'incapacité à traiter les pointes de débit des réseaux unitaires durant les pluies a été pendant longtemps résolue en créant des « déversoirs d'orage » court-circuitant la station et rejetant directement le mélange eau usée – eau « pluviale » au milieu récepteur (rivière ou nappe). Aujourd'hui, les stations s'équipent de bassins de rétention d'une capacité de plusieurs milliers de $m^3$, capables d'accueillir au minimum les débuts des pointes de crues, afin de les traiter avec les effluents urbains normaux après le pic.

Chapitre 20

# La gestion des aquifères

## 20.1 DÉFINITION

Dans les sociétés traditionnelles où la ressource en eau est rare, la gestion de cette dernière obéit généralement à des règles strictes. Dans les oasis sahariennes, les systèmes de foggaras permettent traditionnellement l'exploitation gravitaire de l'aquifère grâce à des galeries drainantes alimentant des canaux d'irrigation pourvus d'un dispositif de peignes répartiteurs qui attribuent à chacun les quantités d'eau définies par le droit coutumier. La gestion de la ressource ne s'effectue donc qu'à la sortie du système. Il n'est pas possible de prélever plus que ce que le système peut fournir. L'apparition des puits et des forages où le prélèvement est réglé par la nature et la puissance du matériel, pose le problème de la gestion de la ressource. Il faut adapter les prélèvements aux possibilités de l'ouvrage et de l'aquifère, mais aussi aux besoins de la société. Faute de pouvoir le faire, c'est tout un système social qui peut s'effondrer.

Il en est de même chez nous où les progrès des technologies d'exploitation conjugués à l'augmentation des prélèvements et des rejets font émerger des problèmes d'ordre qualitatif ou quantitatif qui peuvent affecter tout ou partie de la société. Ainsi en Bretagne, l'épandage des lisiers de porcs produit plus de 200 000 tonnes d'azote par an et les agriculteurs épandent en plus 200 000 tonnes d'engrais azotés minéraux. La teneur en nitrates des eaux souterraines dépasse fréquemment 50 $mg.L^{-1}$ et l'eau n'est donc plus potable.

La gestion des aquifères est l'ensemble des actions permettant une utilisation optimale de la ressource qu'ils renferment, afin de répondre aux besoins de la société. La gestion peut être quantitative mais aussi qualitative.

La gestion de l'eau peut donc être étudiée à plusieurs niveaux :

- au niveau du captage *(cf. chapitre 18)* : quelles doivent être les caractéristiques de l'ouvrage (puits, forage, galerie, source), pour être adaptées aux possibilités de la ressource ? ;
- au niveau de l'aquifère : comment gérer les prélèvements pour profiter au mieux de la ressource ? ;
- au niveau du système hydrologique : quels seront les incidences des prélèvements dans l'aquifère sur les systèmes dont il dépend ou qui lui sont inféodés ? ;
- au niveau de l'ensemble d'un bassin réunissant plusieurs systèmes hydrologiques.

On pourrait opposer les eaux de surface, facilement accessibles mais vulnérables, aux eaux souterraines, protégées mais complexes à utiliser *(tableau 21)*, mais eaux souterraines et eaux de surface ne peuvent être dissociées puisqu'elles appartiennent à un même cycle. L'eau souterraine participe à l'alimentation des cours d'eau et des rivières, et joue donc un rôle primordial dans le maintien quantitatif et qualitatif des ressources en eau de surface et la préservation des zones humides. À l'inverse, les cours d'eaux participent par infiltration à la recharge des aquifères. Leurs interactions respectives doivent être correctement appréhendées pour permettre une gestion efficace de la ressource globale. En France, des schémas directeurs d'aménagement et de gestion des eaux (SDAGE) ont été définis pour chaque grand bassin en fonction de l'état actuel et des objectifs de développement, de conservation ou de réhabilitation des milieux aquatiques. Les SDAGE ont un caractère juridique et sont pris en compte par l'État et les collectivités locales, dans le cadre des décisions à prendre dans le domaine de l'eau. Les aquifères ont été classés selon leur intérêt stratégique et leurs potentialités et des plans d'actions ont été définis afin d'acquérir une meilleure connaissance des ressources en eau souterraine.

TABLEAU 21 PROPRIÉTÉS DES RESSOURCES EN EAU.

| Eau de surface | Eau souterraine |
|---|---|
| Acquisition rapide des caractéristiques | Caractéristiques difficiles à appréhender |
| Disponibilité immédiate | Études et ouvrages nécessaires |
| Écoulement rapide | Écoulement lent |
| Qualité rarement bonne | Qualité souvent excellente |
| Forte vulnérabilité | Protection naturelle |
| Retour rapide à l'état initial après pollution | Risque de contamination à long terme |

La gestion des aquifères obéit à plusieurs contraintes :

- techniques : quelles solutions actuelles existent pour résoudre tel problème ? ;
- économiques : les solutions sont-elles justifiables sur le plan économique ? ;
- sociales : la démarche retenue est-elle acceptable pour la société ? ;
- environnementales : les solutions sont-elles compatibles avec la protection de l'environnement.

La gestion peut être passive si l'on se contente de réguler les prélèvements en fonction des possibilités de l'aquifère. Elle peut être active si l'on considère l'aquifère comme une entité complexe, comportant trois fonctions (Detay, 1997) :

- capacitive : le réservoir permet l'emmagasinement d'une certaine quantité d'eau ;
- conductrice : entre les points d'entrée et de sortie, l'eau s'écoule, transmet des pressions et transporte des éléments ;
- réactive : l'eau qui s'infiltre dans le sous-sol subit une série de réactions physico-chimiques et biologiques qui modifient sa composition et qui participent à son épuration.

L'homme peut agir sur ces trois fonctions et, en particulier, sur le transfert, en procédant à des réalimentations artificielles de nappe (RAN), par infiltration ou injection, pour profiter du pouvoir épurateur naturel du milieu et bénéficier de ses capacités d'emmagasinement. L'action raisonnée permet la gestion du système, mais elle sous-entend une connaissance approfondie des trois fonctions.

## 20.2 LES ÉTUDES

### 20.2.1 L'acquisition des données, les contrôles et les suivis sur les bassins

C'est de leur efficacité que dépendra la qualité de la gestion. Le but étant de connaître les caractéristiques du milieu, il faut disposer de données fiables, mais il faut aussi que ces données soient homogènes, accessibles et conservées pendant une durée suffisante pour permettre les études et les comparaisons.

#### *a) Réseaux de données*

L'Union Européenne a adopté, en septembre 2000, une directive-cadre sur l'eau (DCE). Elle vise, sous quinze ans, un objectif général de « bon état » des différents types de milieux aquatiques sur tout le territoire européen, y compris les eaux souterraines. La stratégie adoptée pour mener à bien cette tâche inclut la définition d'un état des lieux et un suivi à long terme, afin de pouvoir définir les actions à conduire dans le futur. En France les compétences en hydrologie et hydrogéologie sont partagées entre le BRGM, les DREAL, les Agences de l'eau, les administrations déléguées, les conseils généraux, les exploitants d'eau, la météorologie nationale et de nombreux intervenants comme les universités, les bureaux d'études, les associations, etc. Les intervenants sont donc variés et l'information dispersée. L'État et les établissements publics gèrent des réseaux de connaissance patrimoniale qui assurent un suivi de l'évolution générale des milieux aquatiques sur les plans qualitatif et quantitatif, mais il existe aussi des réseaux locaux de gestion, à l'échelle d'une nappe, d'un cours d'eau ou d'un bassin versant. Afin de répondre aux besoins de la DCE et de permettre l'accès aux informations au plus grand nombre, un travail considérable de fédération des réseaux est en cours. Les données sont incluses dans le Réseau national des données sur l'eau et reprises dans le nouveau « Système national d'information sur l'eau ». À l'échelle du bassin, l'Agence de l'Eau assure la maîtrise d'ouvrage des réseaux de qualité des eaux de surface et des eaux souterraines, le suivi quantitatif est assuré par les DREAL pour les eaux de surface et par le BRGM pour les eaux souterraines.

Quelques sites peuvent être signalés :

- INFOTERRE, banque du sous-sol du BRGM, qui est accessible sur internet (www.infoterre.brgm.fr) mais qui est difficilement consultable et qu'il est intéressant de comparer au site de l'USGS (United States Geological Service ; http://water.usgs.gov/);
- ADES, banque d'accès aux données des eaux souterraines (http://ades.rnde.tm.fr/ades.asp);
- HYDRO, base de données hydrologiques et hydrogéologiques du réseau national des données sur l'eau (RNDE) de l'Agence de l'Eau, lui aussi accessible sur internet (http://hydro.rnde.tm.fr/).

### *b) État actuel de la connaissance en France*

Les objectifs fixés par la DCE ont relancé les études. Mais les sommes consacrées à l'acquisition des données restent encore très insuffisantes. Les coupes budgétaires, la décentralisation, les remaniements, les restructurations de service, fréquents en France, sont un frein considérable à la conduite d'une action de recherche à long terme. De nombreux secteurs du territoire sont donc sous-développés sur le plan de la connaissance hydrogéologique, ce qui ne permet pas d'assurer une gestion des eaux souterraines, mais aussi des eaux de surface, comme le montre la récurrence des inondations de ces dernières années, que l'on attribue trop facilement aux caprices de la nature.

« Gouverner, c'est prévoir » *(Émile de Girardin)*, et s'il est un domaine où la prévision à long terme est indispensable, c'est bien celui de la gestion de l'eau. Or un mal typiquement français est lié à des choix politiques au coup par coup, en fonction des événements et des échéances électorales trop fréquentes. Élus et scientifiques ne vivent pas sur la même échelle de temps. Suite à une année de sécheresse, des crédits sont débloqués pour mobiliser de nouvelles ressources, mais supprimés l'année suivante si des inondations ont eu lieu ! Or les études naturalistes sont longues (*cf.* partie 2) et demandent donc un investissement sur plusieurs années.

Les allocations de recherche sont distribuées au compte-gouttes et faire financer des thèses d'hydrogéologie sur des sujets régionaux, comme l'étude d'une nappe alluviale ou d'une source karstique, relève du casse-tête. Pourtant, si l'on fait le bilan financier des conséquences d'une année de sécheresse ou de grands épisodes d'inondation, les sommes mises en jeu sont considérables et permettraient de financer des milliers de thèses ! La facture de la catastrophe de Nîmes en 1988, liée à des aménagements urbains effectués en méconnaissance du fonctionnement des talwegs traversant la ville et des aquifères karstiques qui contribuent à les alimenter, s'élève à 600 millions d'euros. Une thèse coûtant environ 100 000 euros (salaire et frais), il y aurait eu de quoi financer 6 000 chercheurs.

### 20.2.2 L'acquisition de la connaissance au niveau de l'aquifère

#### a) *Objectifs*

Elle doit permettre de préciser les trois fonctions de l'aquifère :

- fonction capacitive : caractéristiques des matériaux, géométrie et limites de l'aquifère ;
- fonction conductrice : définition des apports naturels et artificiels, définition des caractéristiques hydrodynamiques, inventaire des prélèvements, appréciation des échanges avec les hydrosystèmes superficiels et les autres aquifères ;
- fonction réactive : définition des paramètres physico-chimiques et biologiques de l'eau, suivi de leur évolution, inventaire des pollutions.

Cette connaissance est très inégale selon les régions, la nature des aquifères et l'ancienneté de leur utilisation.

#### b) *Outils d'étude et de suivi*

Les méthodes d'étude des aquifères ont été décrites en partie 2. Les progrès de l'électronique et des nouvelles technologies permettent aujourd'hui d'envisager la mise en place de stations de télémesures autonomes à faible coût, transmettant l'information par réseau de communication GSM ou filaire. Il est possible de connaître les entrées et sorties des systèmes aquifères, ainsi que les caractéristiques des eaux souterraines *(figure 108)*.

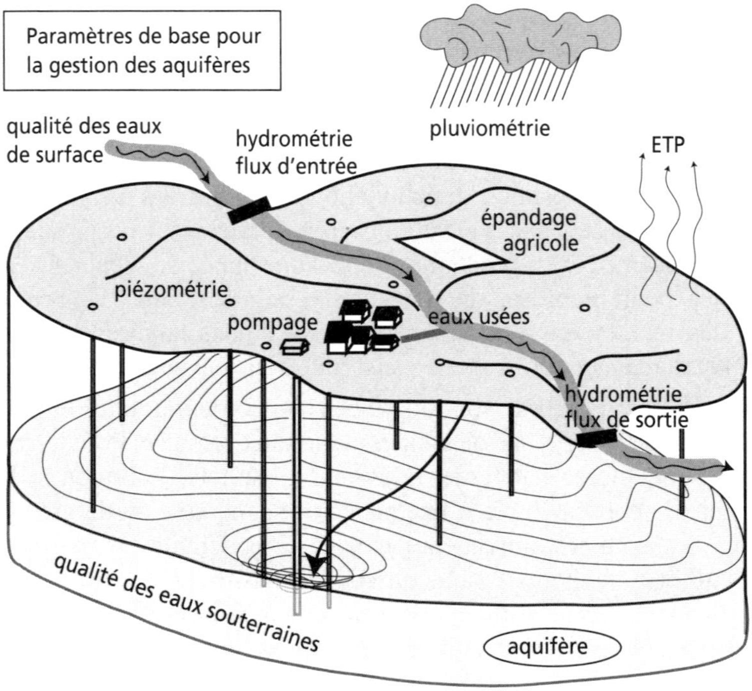


**Figure 108** Paramètres à acquérir pour permettre la gestion des aquifères.

Des sondes d'un diamètre de quelques centimètres peuvent être placées dans des forages et fournir des données piézométriques et physico-chimiques. Les plus perfectionnées permettent l'acquisition simultanée de 20 paramètres. Grâce aux données collectées, des modèles numériques permettent de simuler le comportement d'une nappe *(cf. chapitre 14.8)*.

Les systèmes d'information géographique (SIG) peuvent synthétiser ces informations et les coupler avec d'autres données sur l'environnement et l'occupation des sols, afin de produire automatiquement des cartes thématiques qui fourniront des aides à la décision.

Tous les outils existent donc pour permettre une gestion efficace. Les seules limites sont d'ordre politique et administratif. La gestion implique une action débordant largement le cadre communal ; elle devrait donc, en France, relever des conseils généraux et régionaux.

## 20.3 LES ACTIONS SUR LES AQUIFÈRES

### 20.3.1 Actions quantitatives

Elles sont destinées à restaurer l'équilibre d'une nappe ou à contrer les effets induits par l'exploitation. Une nappe est en effet dans un état d'équilibre défini par les caractéristiques intrinsèques au système aquifère et par les entrées et les sorties d'eau. Cet équilibre oscille entre des extrêmes liés aux variations climatiques. L'exploitation provoque une contrainte supplémentaire qui définit un nouvel équilibre. Les effets induits peuvent être les suivants :

- abaissement du niveau piézométrique ;
- assèchement des terrains superficiels ;
- diminution du débit des sources périphériques ;
- tassements et subsidence ;
- effondrements brutaux, en particulier dans les terrains gypseux ;
- intrusion d'eau salée en zone littorale ;
- soutirage d'eaux superficielles de qualité médiocre.

Pour restaurer à la nappe un niveau satisfaisant, on peut intervenir en favorisant l'infiltration, en rechargeant artificiellement l'aquifère ou en obturant les exutoires naturels dans le cas des systèmes karstiques *(cf. chapitre 20.4.1)*.

Sous l'effet des prélèvements dans une nappe captive au-dessus de laquelle elle est édifiée, la ville de Shanghai subit des tassements importants. La subsidence signalée depuis 1921 a atteint 1 cm par an dans les années 1956-1959. En 1964 des travaux d'injection d'eau de rivière dans l'aquifère ont débuté. En 1966, une centaine de forages ont permis de réinjecter l'eau directement dans la nappe captive. Ceci a permis de stopper la subsidence, et en 1976 la ville était remontée de 34 mm (Detay, 1997). Cependant, compte tenu de son urbanisation galopante, la ville de Shangaï subit encore aujourd'hui un phénomène de subsidence. Mexico, bâtie sur d'anciens marais, connaît le même sort, accentué par les tremblements de terre qui liquéfient le sous-sol.

Aux États-Unis, 18 sites majeurs sont affectés par la subsidence et pour six d'entre eux, la décision a été prise de stopper les prélèvements souterrains et d'utiliser de l'eau de surface. La ré-injection n'est en effet pas toujours possible. De plus les terrains ont été désorganisés par le tassement et le retour aux conditions initiales est rarement possible.

### *a) Méthodes de recharge des aquifères*

#### ➤ Infiltration autochtone favorisée

Une méthode fréquemment employée est la construction de petits barrages sur les cours d'eau afin de réguler les écoulements de surface et de favoriser l'infiltration dans les retenues ainsi créées. Les exemples sont nombreux en zones semi-désertiques, comme dans le Sud tunisien où une vaste campagne d'aménagement du cours des oueds est conduite depuis plusieurs années. Cette technique offre de plus l'avantage de stocker des terres arables et de permettre ainsi des cultures. Sur l'île de Malte, des retenues collinaires ont été mises en place sur les oueds pour favoriser l'infiltration, dans le but de limiter l'intrusion saline induite par les pompages.

Un abaissement du niveau de la nappe alluviale du Var (Alpes-Maritimes), obligeant maraîchers et exploitants d'eau à approfondir leurs forages, a pu être limité par la construction de plusieurs seuils en travers du cours du fleuve. Cependant ces retenues se sont peu à peu colmatées, limitant les possibilités d'infiltration. Le colmatage est le principal problème des systèmes de recharge. La création d'un parcours sinueux peut être envisagée pour ralentir les circulations et favoriser l'infiltration sur les berges.

L'agriculture peut jouer un rôle dans la recharge des aquifères. En Espagne, dans l'Alpujara, des canaux d'irrigation datant de l'époque romaine (Sabovik, 1973) détournent l'eau des rivières pour alimenter la nappe. En France, Lacroix et Blavoux (1994) soulignent ainsi le rôle bénéfique de l'irrigation sur la nappe de la Basse Durance dont le niveau montre des maxima en juillet-août. À l'inverse, une réflexion peut aussi être conduite pour favoriser l'infiltration dans les zones agricoles, afin de limiter les effets néfastes du ruissellement : érosion des sols, transport solide et contribution aux débits de crue.

Les eaux pluviales des surfaces imperméabilisées par l'urbanisation peuvent aussi être dirigées vers des dispositifs d'infiltration. Ce système offre le double avantage de remédier au déficit d'infiltration causé par l'imperméabilisation des surfaces et d'éviter les effets négatifs du ruissellement. 80 % des eaux pluviales de Valence-Lautagne (Drôme) sont ainsi dirigées vers trois bassins d'infiltration d'un volume total de 70 000 m$^3$ sur une surface de 4,1 ha. En zone karstique l'eau pluviale peut être dirigée vers des cavités naturelles, sous réserve d'une qualité satisfaisante car le milieu n'assure qu'une épuration naturelle réduite.

### ➢ Apport allochtone par dérivation de cours d'eau

L'eau de surface d'un cours d'eau peut être détournée pour alimenter un aquifère. Les milieux karstiques, grâce à leurs propriétés de recharge rapide, peuvent donner lieu à d'intéressantes recharges, comme c'est le cas en Cisjordanie où l'aquifère du Yarqon-Taninim (formation carbonatée du Cénomano-Turonien) sollicité à raison de $400.10^6$ $m^3$/an, reçoit un complément d'environ $100.10^6$ $m^3$/an par infiltration des eaux de surface du Jourdain.

Mais l'action quantitative peut aussi se faire en utilisant l'aquifère comme système capacitif régulateur. On peut ainsi réguler le débit de certains cours d'eau en injectant leur eau dans les aquifères bordiers. L'eau de l'Oise est ainsi prélevée en période de crues, infiltrée dans l'aquifère crayeux et restituée par pompage en période d'étiage pour augmenter le débit d'étiage de l'Oise d'environ $1 m^3.s^{-1}$ (Detay, 1997).

### ➢ Réalimentation artificielle des aquifères (d'après Detay, 1997)

La réalimentation artificielle d'une nappe (RAN) implique de disposer d'une ressource en eau superficielle (cours d'eau ou lac), d'une qualité suffisante pour éviter des traitements préalables trop coûteux, et d'un débit compatible avec les objectifs de recharge. Le réservoir aquifère doit de plus obéir à plusieurs contraintes :

- importante tranche de terrain non saturé au-dessus de la nappe pour autoriser le stockage et permettre l'autoépuration ;
- transmissivité favorable ;
- conductivité hydraulique verticale forte pour faciliter la formation d'une réserve ;
- conductivité hydraulique horizontale modérée pour permettre la conservation de la réserve constituée.

Ces paramètres se retrouvent dans les craies et les formations poreuses (sables, graviers). Les aquifères fissurés et les karsts, dans lesquels l'eau circule trop rapidement et n'est que mal filtrée, sont généralement peu favorables à la réalimentation artificielle, mais d'autres méthodes de gestion active peuvent être développées *(cf. chapitre 20.4)*.

La RAN est très développée aux États-Unis, et particulièrement en Californie. La ville de Los Angeles utilise pour AEP 40 % d'eau souterraine réalimentée artificiellement. La RAN est diversement utilisée en Europe.

En France les principaux sites de RAN sont situés dans la région parisienne (Croissy/Seine et Flins-Aubergenville), à Dunkerque, Dijon et Lyon. Ils représentent environ 200 millions de $m^3$/an infiltrés. Différentes méthodes décrites ci-dessous sont utilisées *(figure 109)*.

#### *RAN par infiltration*

La réalimentation artificielle des aquifères se fait généralement à partir de bassins ou de fossés d'infiltration *(figure 110)*, souvent équipés d'un lit de sable. Le taux d'infiltration est compris entre 15 m et 0,1 m/jour selon les installations. Il se situe en général autour d'1 m/jour. On peut aussi procéder à des aménagements des berges des cours d'eau pour augmenter la surface de contact avec la formation géologique

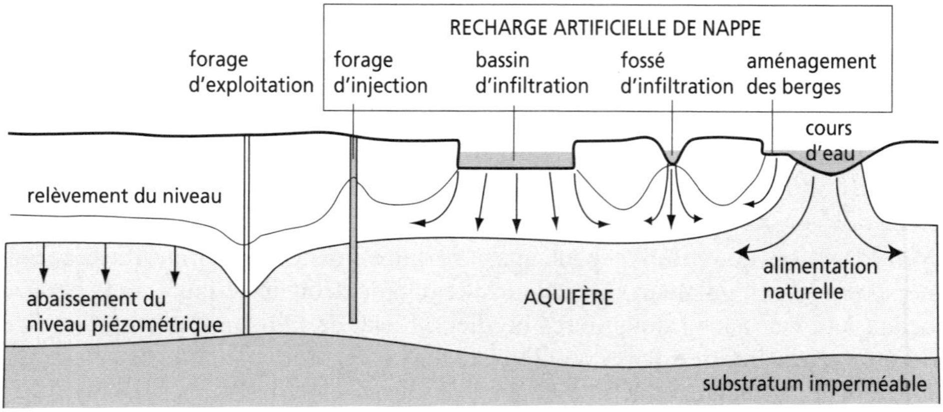


**Figure 109** Différentes méthodes de RAN.

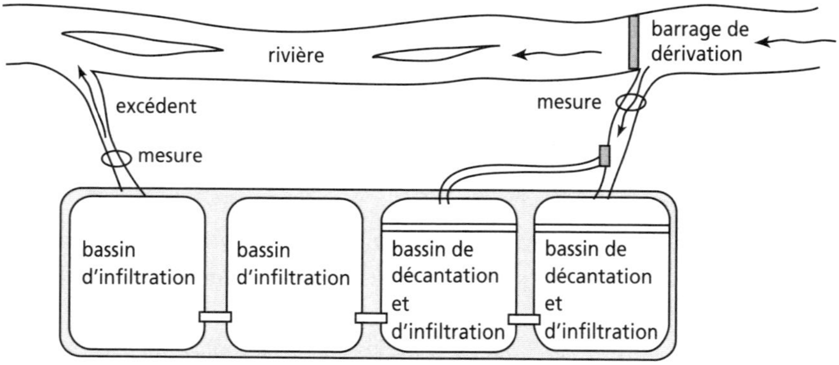


Réalimentation artificielle par bassin d'infiltration. Detay, 1997

**Figure 110** RAN par infiltration.

contenant l'aquifère. Des barrages de dérivation permettent de diriger l'eau des cours d'eau vers les bassins d'infiltration. Des barrages gonflables en caoutchouc sont utilisés en Californie (États-Unis), pour dériver vers des bassins d'infiltration l'eau de la rivière Santa Ana et recharger artificiellement un aquifère alimentant 2 millions d'habitants. 70 % de l'eau prélevée provient de ce dispositif. Les barrages sont gonflés et dégonflés à volonté, en fonction du débit de la rivière et de sa turbidité, afin de ne recueillir que des eaux limpides et éviter le colmatage des bassins (Detay, 1997).

*RAN par injection*

Des forages ou des puits atteignant la nappe peuvent être utilisés pour injecter de l'eau dans l'aquifère que l'on souhaite soutenir. Cependant les forages se colmatent rapidement ; aussi une méthode a-t-elle été développée aux États-Unis, l'ASR *(aquifer storage recovery)* utilisant le même forage pour l'injection et le pompage.

Ces actions alternées évitent le colmatage. Cette méthode offre l'intérêt de ne nécessiter que des espaces réduits contrairement aux bassins ou fossés d'infiltration.

### *b) Barrages d'inféro-flux*

Les méthodes précédentes concernent la fonction conductrice à l'entrée du système, mais on peut aussi agir à l'intérieur de l'aquifère, en modifiant localement les conditions de transfert. Des voiles étanches peuvent être construits dans l'aquifère pour y stocker l'eau et rehausser localement le niveau de la nappe *(figure 111)*. Cette méthode est utilisée au Sahel, ainsi qu'au Brésil dans les zones agricoles. L'eau ainsi stockée est protégée de l'évaporation.

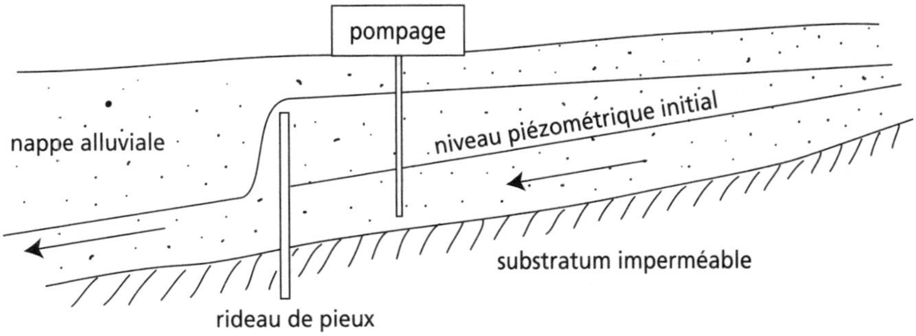


**Figure 111** Stockage d'eau par barrage d'inféro-flux.

### *c) Le problème du colmatage*

C'est le problème majeur de l'alimentation artificielle des aquifères. Le colmatage est lié à l'apport, par l'eau infiltrée, de fines qui colmatent les pores du sol, mais aussi à des réactions physico-chimiques ou biologiques dans le sol entraînant, par exemple, le gonflement des argiles ou la prolifération de bactéries ou d'algues créant un film biologique, que l'on ne peut éliminer totalement car il participe à l'épuration des eaux infiltrées. Lorsque les bassins sont profonds, la pression de l'eau peut aussi tasser les terrains et en diminuer la perméabilité, favorisant ainsi le colmatage.

Les bassins doivent donc être entretenus régulièrement. Pour limiter le colmatage on procède généralement à une décantation et une filtration de l'eau, et à l'addition de produits chimiques destinés à provoquer la floculation des argiles ou à limiter la prolifération des algues et des bactéries. Enfin l'oxygénation de l'eau, grâce à des cascades, favorise l'élimination par les bactéries des matières organiques en suspension. Les bassins d'infiltration peuvent aussi être équipés de membranes ou de géotextiles nettoyés et changés régulièrement. Dans certains cas, un gazon peut être planté en fond de bassin, mais cette solution ne permet que des recharges de courte durée, sous une faible tranche d'eau.

Dans les bassins d'infiltration, le fait d'alterner des phases de recharge de l'aquifère et des phases sèches permet généralement de limiter les effets du colmatage *(figure 112)*.

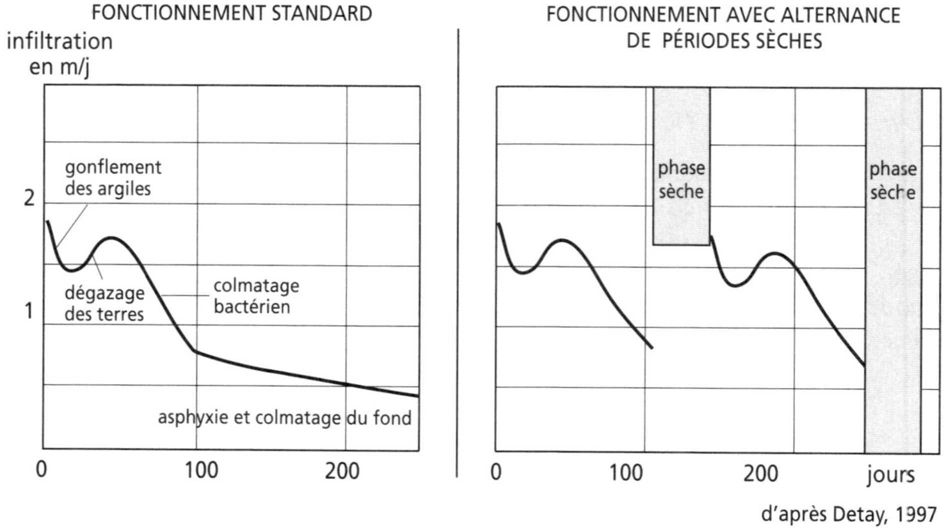


**Figure 112** Lutte contre le colmatage par alternance de phases sèches.

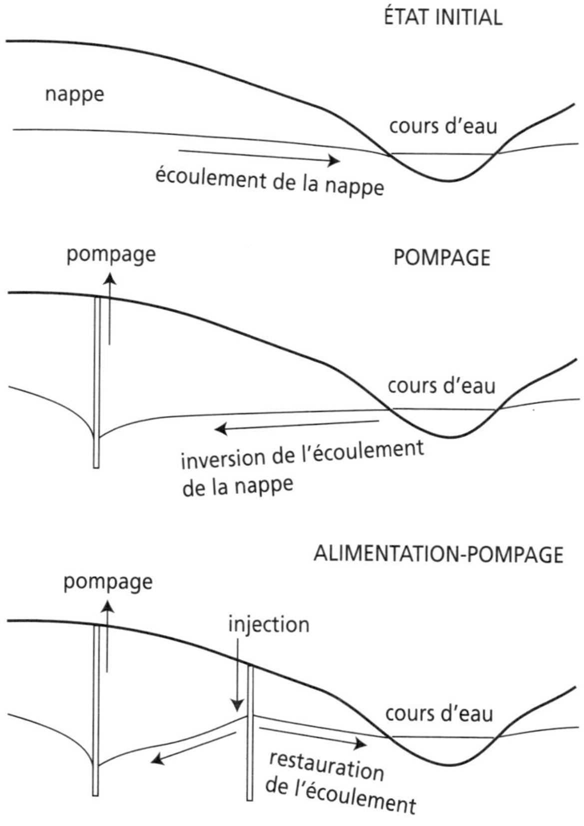


**Figure 113** Limitation d'une intrusion d'eau de surface dans un aquifère par barrage hydraulique.

### 20.3.2 Actions qualitatives

La première action est d'éviter de contaminer un aquifère. La réglementation française impose pour les points de captage d'eau de mettre en place des périmètres de protection *(cf. chapitre 19.4)* et la loi de 1992 précise bien les interdictions et restrictions destinées à protéger la qualité des eaux de surface et souterraines.

Comme pour les aquifères littoraux, une contamination par intrusion d'eaux polluées peut être limitée grâce à la mise en place d'une barrière hydraulique par recharge artificielle de nappe *(figure 113)*.

Ces dernières peuvent cependant être polluées accidentellement ou, du fait de l'ancienneté de leur contamination, nécessiter un traitement. L'homme peut aussi intervenir dans la gestion de la qualité d'un aquifère en agissant sur la fonction réactive du milieu. L'action peut être orientée vers la préservation d'une qualité existante, l'amélioration d'un aquifère dégradé, mais on peut aussi utiliser les propriétés du milieu naturel pour assurer le traitement d'eaux de surface. L'aquifère comprend en effet plusieurs réacteurs physiques, chimiques et biologiques qui vont interagir avec les fluides qui le traverse. Ainsi l'ammonium présent dans les eaux de la Seine, à l'aval de Paris, est-il oxydé en nitrates dans le site de Croissy-sur-Seine, grâce à la cascade d'aération placée à l'amont des bassins, ainsi qu'à l'atmosphère souterraine aérobie de la zone non saturée qui existe entre le fond des bassins et la nappe.

#### *a) Lutte contre les pollutions ponctuelles*

L'action peut être de deux types. Si les vitesses de circulation de l'eau dans l'aquifère sont importantes, comme dans les systèmes karstiques, un suivi qualitatif permet de

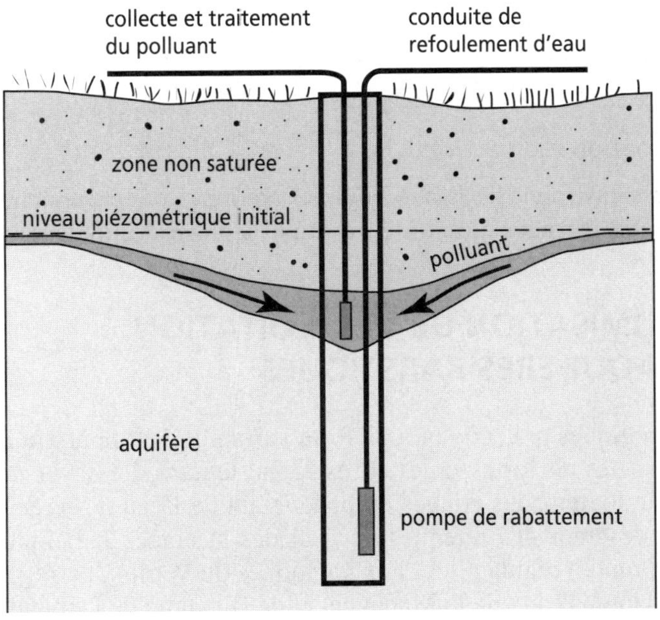


**Figure 114** Exemple de dépollution d'un aquifère par écrémage.

prévoir quand le panache de pollution atteindra les zones de captage. Les prélèvements pourront alors être stoppés pendant son passage.

Si les vitesses sont lentes, il devient nécessaire de dépolluer l'aquifère. Les procédés sont variés, selon que le produit flotte au-dessus de la nappe ou s'étend dans le corps de l'aquifère. On peut, par exemple, constituer une barrière hydraulique en injectant de l'eau dans l'aquifère autour du contaminant, et pomper l'eau polluée. Il peut être nécessaire d'injecter des réactifs ou des solvants. Les produits volatils peuvent être mobilisés par des injections d'air dans l'aquifère. On peut aussi, pour les polluants plus légers que l'eau, procéder à un écrémage de la nappe en créant par pompage d'eau un cône de rabattement, à la surface duquel une deuxième pompe récupérera le produit à éliminer *(figure 114)*. Des procédés de biodégradation sont utilisés pour certains produits organiques, en injectant des bactéries et en favorisant leur développement dans l'aquifère par ajout de nitrates.

#### *b) Lutte contre la contamination de fond*

➤ Dénitrification

La dénitrification se fait naturellement dans le sol grâce au carbone. Elle peut cependant être insuffisante, et on peut alors injecter dans l'aquifère du carbone organique liquide (méthanol, éthanol, acide acétique). Divers procédés sont utilisés, mais un problème majeur est le colmatage que ces méthodes induisent.

Un autre procédé consiste à pomper l'eau, à la traiter à l'extérieur en la faisant circuler sur de la matière organique (paille hachée), et à la réinjecter dans le sous-sol.

➤ Déferrisation et démanganisation

Fer et manganèse sont indésirables dans l'eau. L'injection, par des forages, d'eau enrichie en oxygène par aération permet de provoquer une précipitation du fer, puis du manganèse dans l'aquifère.

➤ Décontamination radioactive

À la suite de la catastrophe de Tchernobyl, les aquifères ont été contaminés. Le CEA a mis en place des barrages de zéolites, destinés à piéger les matériaux radioactifs.

## 20.4 L'OPTIMISATION DE L'EXPLOITATION DES AQUIFÈRES KARSTIQUES

Les sources karstiques ont souvent une forte variabilité, et montrent une alternance d'étiages sévères et de fortes crues. Il est donc tentant d'essayer de les gérer de façon à pouvoir soutenir les étiages en bénéficiant de l'eau des crues. La première possibilité est de créer des retenues en aval des systèmes karstiques [barrage de Sainte-Croix (France) régulant les eaux karstiques du Verdon, barrage d'Oymapinar (Turquie) régulant les eaux de la Manavgat et de la source de Dumanli (50 $m^3.s^{-1}$)]. Mais cette solution est gourmande en espace et, en France, peu de sites restent disponibles. Or, comme les calcaires, grâce à l'importance des vides (0,5 à 10 %) qu'ils contiennent, constituent des réservoirs, il est intéressant de bénéficier de leurs propriétés capacitives.

### 20.4.1 Barrages souterrains

Des barrages sont connus de longue date en Chine, à l'intérieur de réseaux karstiques (synclinal de Luota), pour stocker de l'eau pour AEP ou pour produire de l'électricité.

Un projet de l'Institut du karst de Guilin (Chine) et de l'université de Western Kentucky (États-Unis) serait en cours dans le Hunan (Chine), pour relever le niveau de la nappe karstique de 200 m grâce à un barrage souterrain et permettre l'AEP des villages établis sur le bassin de la source.

Un prototype construit à Coaraze sur une petite source karstique *(figure 115)* a permis de constater que la mise en charge de 8 m permettait, d'une part de remplir les drains karstiques, et d'autre part de favoriser la recharge du réseau de fissures du massif (Gilli et Mangan, 1994).

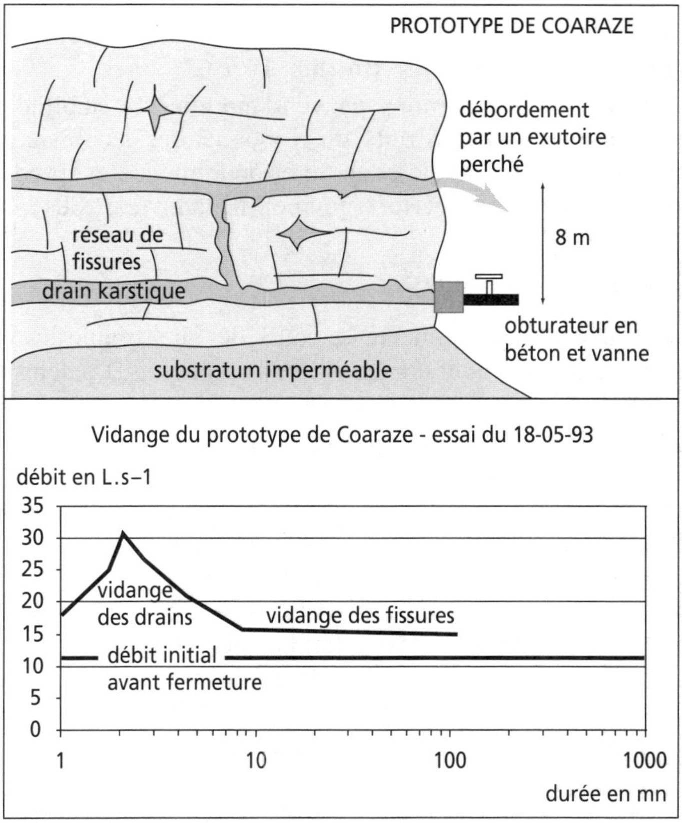


**Figure 115** Vidange du prototype de Coaraze (Alpes-Maritimes).

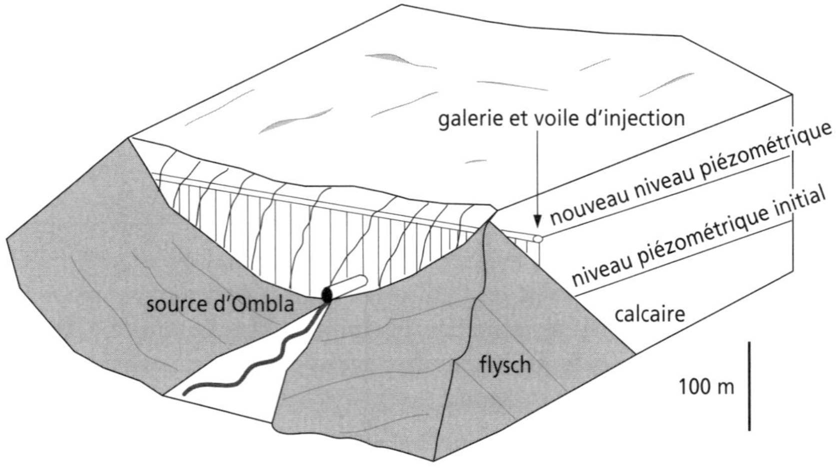


**Figure 116** Bloc diagramme du projet Ombla (d'après Breznik, 1998).

En Croatie, le projet Ombla *(figure 116)* consiste à barrer le cours des circulations karstiques alimentant la source d'Ombla et à étancher le massif à l'aide d'un voile d'injection de 100 m de hauteur s'appuyant sur des flyschs, pour former un barrage souterrain destiné à fournir de l'eau et à alimenter une centrale électrique de 68 MWe dans la région de Dubrovnik (Breznik, 1998).

Cependant les barrages souterrains peuvent modifier la stabilité des massifs calcaires dans lesquels ils sont construits, ou provoquer des décolmatages d'anciens conduits karstiques. À la suite d'une crue, un effondrement s'est produit au-dessus de la réserve souterraine de Jedres (Herzégovine) (Milanovicz, 2001).

## 20.4.2 Le cas de la source du Lez

L'émergence vauclusienne qui alimente le cours du Lez, draine les calcaires des causses nord-montpellierains dont elle constitue le point bas. Le débit naturel varie entre 300 et 10 000 $L.s^{-1}$.

La source alimente la ville de Montpellier depuis le XIX^e^ siècle. La demande en eau a augmenté régulièrement et la contribution du Lez est passée de 25 $L.s^{-1}$ en 1859 à 400 $L.s^{-1}$ en 1931. Les prélèvements gravitaires ont alors atteint les limites de la source. Pour tenter de les augmenter, des essais de pompage dans la vasque ont été réalisés en 1965. Ils ont permis d'augmenter le débit jusqu'à 1 000 $L.s^{-1}$ avec un rabattement de 8 m. À cette époque, les progrès de l'exploration spéléologique subaquatique ont permis d'explorer le conduit karstique en amont de la vasque et de constater que ce dernier s'enfonçait profondément à l'intérieur du massif. En 1979, à l'initiative de la Compagnie générale des eaux et de la ville de Montpellier, une équipe d'Hydrokarst, filiale de la COMEX, a pu atteindre 75 m de profondeur à 536 m de l'entrée. Un projet de captage a alors été proposé pour fournir une alternative à l'alimentation de Montpellier par l'eau du Rhône. À la suite d'une véritable guerre d'influence opposant les puissants partisans d'une adduction d'eau de surface et les hydrogéologues, menés par l'opiniâtre professeur J. Avias, la solution souterraine s'est imposée.

Le projet consistait à atteindre le conduit karstique grâce à des forages et à placer des pompes pour permettre un rabattement de plusieurs dizaines de mètres et pour accroître le débit d'exploitation durant plusieurs mois.

Les travaux ont été réalisés en 1981. Une usine souterraine a été creusée et quatre forages de 1,8 m de diamètre ont atteint le conduit. Trois pompes ont été installées qui permettent chacune un débit de 1 000 $L.s^{-1}$ *(figure 117)*.

La ressource est gérée de façon à permettre une recharge complète de l'aquifère lors des pluies d'automne. Actuellement le système fonctionne parfaitement. Le rabattement, limité à 38 m, permet d'extraire un débit de 1 700 $L.s^{-1}$.

Une partie de l'eau est dirigée vers Montpellier et l'autre partie soutient le cours du Lez, permettant d'y garantir un débit minimum de 160 $L.s^{-1}$ et de conserver une qualité satisfaisante aux eaux de surface.

Le système pourrait fournir des quantités plus importantes, mais au risque d'entraîner un assèchement des sources voisines et des problèmes de turbidité dépassant les capacités de l'unité de clarification des eaux. Pour contrôler ce risque, un suivi régulier est effectué sur la source et sur un réseau de 24 piézomètres répartis sur l'ensemble du bassin (Périssol, 2004). Ce dernier, dont les limites exactes restent encore imprécises, est estimé entre 170 et 200 $km^2$ de zones calcaires.

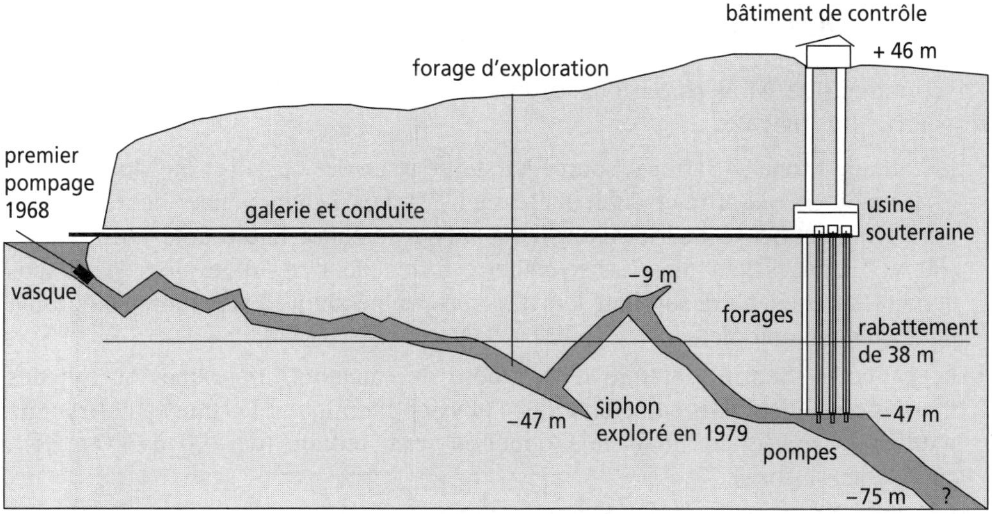


**Figure 117** Captage de la source du Lez (Montpellier) d'après un document CGE.

Un exemple similaire existe au Montenegro, à Opacica près des bouches de Kotor, où la nappe karstique peut être rabattue de 20 m sous le niveau de la mer, grâce à un environnement géologique favorable qui la protège d'une contamination marine.

# Chapitre 21

# Exemples de recherche d'eau pour AEP

## 21.1 EXPLOITATION D'UNE NAPPE LIBRE (MOUANS-SARTOUX, ALPES-MARITIMES)

La commune de Mouans-Sartoux disposait initialement pour son AEP de deux ressources très inégales :

- la Foux de Mouans-Sartoux, source karstique issue des calcaires du Muschelkalk (Trias moyen), qui offre un débit intéressant (250 $L.s^{-1}$ en moyenne annuelle), mais dont l'utilisation se heurte à plusieurs inconvénients : faible cote altimétrique (69 NGF), nécessitant un relevage coûteux, forte teneur en sulfates lors des étiages et pointes fréquentes de turbidité lors des crues, vulnérabilité à la pollution, imposant un traitement complet ;
- la source de Saurin, exutoire d'un rebord de calcaires jurassiques au toit des marnes du Keuper. Les caractéristiques physico-chimiques de cette eau offrent de meilleures conditions, mais la production reste réduite (de 100 à 300 $m^3.j^{-1}$, suivant les saisons).

La commune a entrepris de rechercher une autre ressource en eau pour renforcer et sécuriser son alimentation, sur la base d'une étude phasée qui s'est déroulée de 1990 à 1995 et a débouché sur l'utilisation du nouveau champ de captage de Pinchinade.

Les recherches préalables n'ont permis de retenir qu'un seul site favorable, à l'échelle du territoire communal. Il s'agit de la petite croupe carbonatée d'âge jurassique qui alimente, en particulier, la source de Saurin. L'affleurement est réduit, totalement limité par des formations imperméables du Trias supérieur, mais sa structuration partielle par un fossé tectonique de direction NNE-SSW, le graben de Pinchinade, constitue localement un piège hydraulique intéressant *(figure 118)*.

Après une analyse détaillée des limites géométriques du réservoir aquifère, des sondages de reconnaissance ont reconnu, dans le cœur du graben, 120 m de dolomies et calcaires du Jurassique inférieur au toit des formations triasiques, renfermant une nappe très riche avec un niveau statique à seulement 25 m de profondeur.

Le forage d'exploitation a été réalisé en 1993 et doublé en 1995, dans l'axe du graben, à la cote NGF 250. Après création d'un réseau de piézomètres le long du fossé et sur ses bordures, un pompage d'essai a révélé une limite étanche septentrionale, correspondant à une faille transverse, et une surface de rabattement très nettement ovoïde, dont le grand axe est allongé suivant la direction du graben.

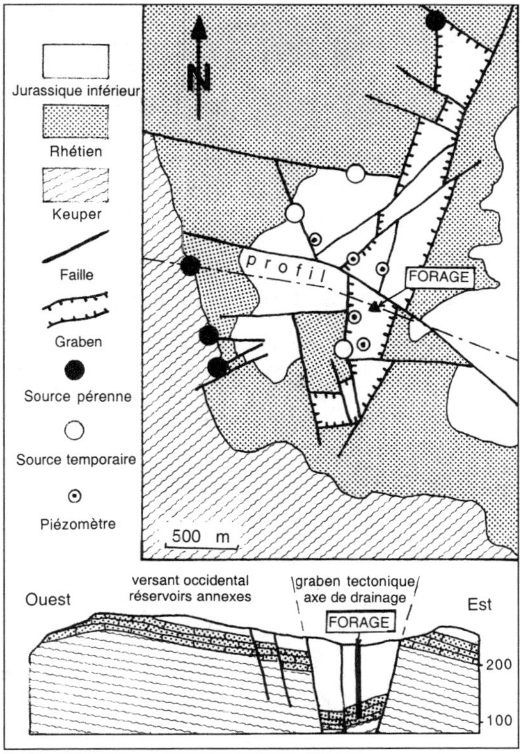


**Figure 118** Contexte hydrogéologique du champ captant de Pinchinade (Mouans-Sartoux, Alpes-Maritimes).

Un essai de vidange prolongée a été entrepris et les suivis ont été maintenus durant l'exploitation des ouvrages, sur la base d'un relevé journalier du niveau piézométrique, du volume exhauré et des paramètres physico-chimiques de l'eau (conductivité et TH). Des prélèvements réguliers ont en outre permis de connaître l'évolution des caractéristiques de l'eau pompée dans le temps *(figure 119)*.

Les prélèvements correspondent à l'exhaure de 950 000 m$^3$ en un peu plus de 3 ans. L'exploitation du graphique conduit à définir, pour la partie de l'aquifère connectée aux forages, un volume spécifique Vs de 4 000 m$^3$/m, et à estimer une réserve permanente exploitable de 260 000 m$^3$ et une réserve annuelle renouvelable de l'ordre de 270 000 m$^3$.

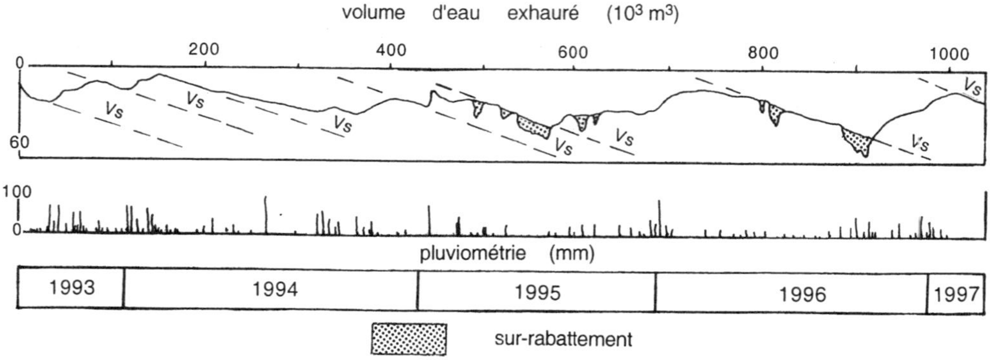


**Figure 119** Forages de Pinchinade (Mouans-Sartoux, Alpes Maritimes). Essai de vidange prolongée.

La gestion de la ressource se heurte par contre à des limites, mises en évidence par les suivis, sur le double plan quantitatif et qualitatif :

- du point de vue quantitatif, il a été observé, lorsque le débit de prélèvement dépasse 1 000 m$^3$.j$^{-1}$ (fonctionnement simultané des 2 forages), une augmentation importante du rabattement (de l'ordre de 15 à 20 m), qui cesse aussi rapidement lorsque le régime de pompage diminue ;
- du point de vue qualitatif, on constate, lors de ces pompages intensifs, une modification significative de la chimie des eaux, qui se matérialise par une baisse des teneurs en nitrates (élément marqueur des eaux d'infiltration) et une augmentation des teneurs en sulfates (élément marqueur de la formation triasique bordant le graben) *(cf. chapitre 14.6.1.d)*.

Ces constatations illustrent bien le fonctionnement du réservoir sollicité, qui comprend deux parties distinctes *(figure 118)* :

- d'une part, le réservoir principal du graben qui est fortement transmissif et qui constitue l'axe de drainage du système aquifère ;
- d'autre part, le versant occidental qui, du fait de son extension accrue et de sa position dominante, constitue un réservoir annexe favorisant l'emmagasinement, mais régulant fortement les apports souterrains à l'axe drainant.

On perçoit en fait les limites de réaction des réservoirs annexes à une vidange accrue des drains karstiques du graben, ce qui se traduit par un sur-rabattement très marqué, lorsque les prélèvements dans le graben excédent les compensations des réservoirs annexes, et par des apports latéraux depuis l'encaissant triasique (qui renferme des lentilles gypseuses), avec enrichissement en sulfates (Guglielmi *et al*, 1997 ; Reynaud *et al*, 1999).

Les caractéristiques du site conduisent donc à une ressource en eau parfaitement connue, mais dont l'exploitation doit impérativement se caler sur les limites quantitatives et qualitatives mises en évidence.

## 21.2 EXPLOITATION D'UNE NAPPE CAPTIVE (BASSIN DU PAILLON, ALPES-MARITIMES)

• Le SILCEN (Syndicat intercommunal des cantons de Levens, Contes, l'Escarène et Nice) regroupe une vingtaine de communes, dont l'AEP est principalement assurée par l'eau de La Vésubie, prélevée en rivière et véhiculée par un canal de 30 km de long, alimentant ensuite trois rigoles secondaires de 25 km de long.

Des apports complémentaires proviennent de la nappe alluviale du Var, mais le secteur du Paillon, situé à l'extrémité orientale du réseau de desserte, nécessitait un renforcement de l'ordre de 100 $L.s^{-1}$.

• Les études effectuées en 1989 ont conduit à rechercher cette ressource dans l'aquifère karstique d'âge jurassique, qui offre d'importantes surfaces d'infiltration dans le bassin du Paillon et dont le bilan est apparemment très déficitaire.

Les chaînons jurassiques du secteur sont arqués en périphérie du synclinal de Contes et sont organisés en plis anticlinaux, déversés vers le sud et chevauchants d'étroits synclinaux pincés de Crétacé, jusqu'au littoral où ils plongent sous la mer. Au droit de la vallée du Paillon, ces unités sont affectées d'un net plongement d'axe et s'ennoient profondément sous leur couverture crétacée (100 m de marne cénomanienne, surmontés d'une épaisse série de marno-calcaires turoniens) *(figure 120)*.

Du point de vue hydrogéologique, l'aquifère jurassique est limité par des imperméables continus, le Trias supérieur argileux à sa base et les marnes cénomaniennes à son toit.

L'intensité de la tectonique souple et cassante lui permet par contre d'avoir des relations géométriques complexes (et donc des échanges indéniables) avec les écailles anticlinales périphériques, avec le comblement alluvial des vallées et avec les marno-calcaires turoniens des synclinaux crétacés chevauchés.

Les différentes unités karstiques offrent un drainage préférentiel suivant l'axe des plissements et sont l'objet de fuites transversales importantes, surtout en périodes de hautes eaux, à la faveur de transferts entre les écailles étagées, du nord vers le sud (Emily, 2000). Deux exutoires drainent cet aquifère, d'une part la source de Ste Thècle, en bordure du Paillon, à la cote NGF 150, et d'autre part la source des Pissarelles, partiellement sous-marine, à la cote NGF 0. D'un débit moyen annuel de l'ordre de 130 $L.s^{-1}$, ces émergences témoignent d'un très net déficit de restitution, estimé à 250 $L.s^{-1}$, sur la base d'un impluvium de 42 $km^2$ et d'un module spécifique d'infiltration de 8 à 10 $L.s^{-1}.km^2$.

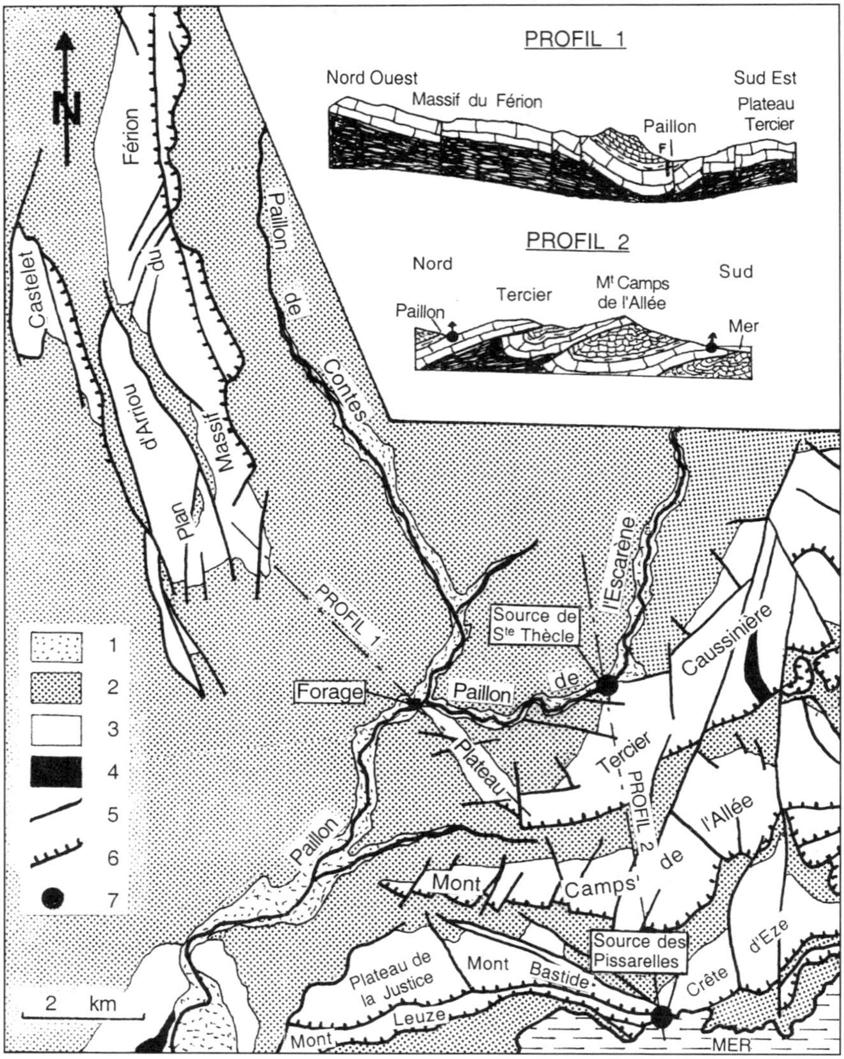


**Figure 120** Cadre hydrogéologique de l'aquifère karstique jurassique dans la vallée du Paillon (Alpes-Maritimes).

1 : nappe alluviale ; 2 : Crétacé sommital ; 3 : karst jurassique ; 4 : Trias basal ; 5 : faille majeure ; 6 : chevauchement ; 7 : source karstique.

Les recherches ont porté sur la zone de confluence entre les deux Paillons, sur le site de la Sagna, établi à la cote NGF 100, où la nappe karstique devient captive sous son chapeau de marne cénomanienne, alors que les infiltrations s'effectuent latéralement, sur des zones d'affleurement, où la nappe est libre et dont les altitudes sont comprises entre 300 et 1 000 m. Cette zone correspond à un magnifique piège hydraulique (profil 1 de la *figure 120*), et l'eau s'y est révélée fortement artésienne, avec une pression de tête variant de 2 à 5 bars suivant les saisons (nappe entre les cotes NGF 120 et 140).

Un essai de vidange prolongée a été réalisé en 1994, en utilisant l'artésianisme de la nappe, et a permis l'exhaure d'un volume d'eau de 900 000 m$^3$ en un peu plus de 5 mois *(figure 121)*.

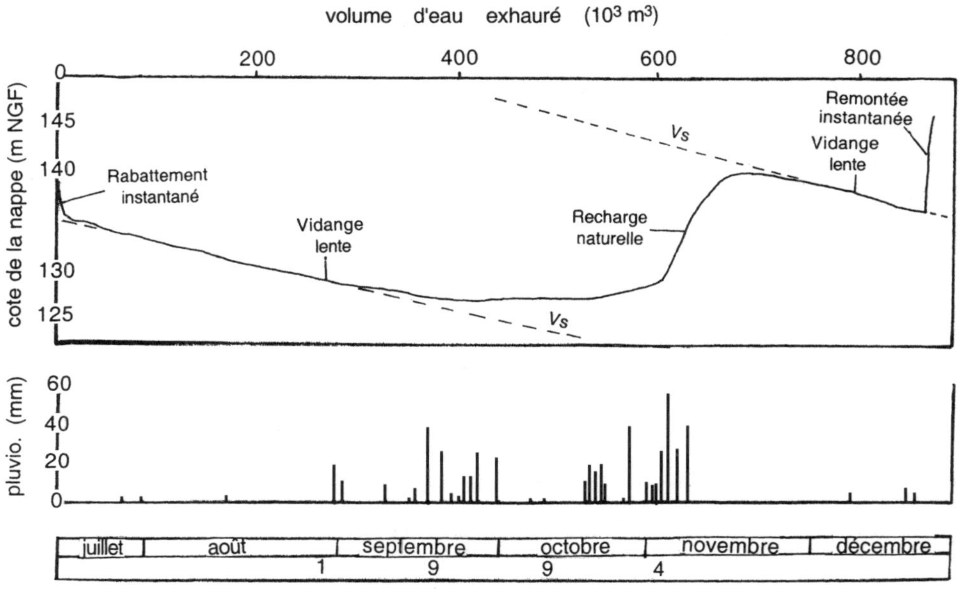


**Figure 121** Forage de la Sagna (Bassin du Paillon, Alpes-Maritimes).
Évolution piézométrique de la nappe en fonction du volume pompé lors de la vidange forcée.

Cet essai a permis d'estimer les caractéristiques suivantes pour la portion de nappe hydrauliquement connectée au forage :

- un volume spécifique Vs de 45 000 m$^3$.m$^{-1}$ ;
- une réserve permanente de 2,7 millions de m$^3$ jusqu'à la cote NGF 100 (correspondant au t.n. du site) et de 9 millions de m$^3$ jusqu'à la cote NGF 30 ;
- une réserve renouvelable de 1,6 million de m$^3$.

Les résultats obtenus vont au-delà des objectifs initiaux et ont permis de mettre en évidence une ressource importante et bien protégée.

Un autre forage a été réalisé par la suite dans le même secteur, pour compléter l'AEP de la commune de Drap, et deux autres ouvrages sont en projet pour renforcer l'alimentation de collectivités proches.

Des ponctions supplémentaires de cette ressource sont envisageables dans l'avenir, sous réserve de poursuivre le suivi des volumes prélevés et des variations piézométriques de la nappe et d'examiner avec soin les incidences inévitables d'une exploitation accrue sur l'environnement (perte d'alimentation de la nappe alluviale, tarissement de la source de S$^{te}$-Thècle).

Partie IV

# HYDROGÉOLOGIE DU GÉNIE CIVIL

Chapitre **22**

# L'eau et la construction

Les eaux souterraines jouent un rôle essentiel dans la plupart des travaux entrepris par l'homme et l'hydrogéologue tient une place de plus en plus importante au sein des équipes qui étudient et suivent les opérations de génie civil. Il doit en effet préciser l'influence des réalisations programmées sur le comportement de la nappe, évaluer leurs incidences environnementales et définir les éventuelles modifications ou mesures compensatoires à adopter.

Les difficultés liées à l'eau souterraine peuvent concerner tous les types d'ouvrages ou d'aménagements, que ce soit en phase de réalisation ou d'exploitation et quelles que soient leur nature, leur importance ou leur finalité. La résolution des problèmes passe par la mise en œuvre d'une étude hydrogéologique classique, bien évidemment adaptée au contexte naturel et aux particularités des aménagements concernés. Elle nécessite aussi la prise en compte des données historiques et des équipements périphériques, permettant de bien apprécier les fluctuations piézométriques de la nappe dans le temps et la portée des travaux sur l'environnement naturel et humain du site.

L'influence réciproque entre les ouvrages et les eaux souterraines tient principalement à leurs positions respectives, ainsi qu'aux conditions d'écoulement et aux variations intersaisonnières et interannuelles de la nappe.

## 22.1 FLUCTUATIONS NATURELLES DE LA NAPPE

La surface piézométrique d'une nappe est directement influencée par les conditions pluviométriques de son environnement et présente des variations permanentes qui régulent son état d'alimentation et ses possibilités de drainage.

L'amplitude des battements varie très sensiblement suivant la nature de l'aquifère, mais aussi d'un point à un autre de la nappe. Elle peut se traduire par des remontées importantes lors des périodes d'alimentation excédentaires, ou au contraire conduire à des baisses sensibles à la suite de périodes déficitaires.

Les aménagements doivent impérativement prendre en compte ces fluctuations naturelles, sous peine de subir des désagréments ou des dommages variables, pouvant aller de la simple inondation par débordement de nappe à des désordres aux structures sous l'effet des poussées hydrauliques ou, au contraire, du déjaugeage excessif des terrains.

Il est fréquent que les caves ou les sous-sols de constructions soient inondés lors d'une remontée de nappe. Ce cas est d'ailleurs très classique dans les plaines, où coexistent un cours d'eau et sa nappe d'accompagnement, celle-ci pouvant réagir très vite aux crues de la rivière.

Dans la vieille ville de Nice (Alpes-Maritimes), établie sur le remplissage alluvial de la vallée du Paillon, la plupart des constructions anciennes sont pourvues de puits de décharge établis dans les caves. Ces ouvrages, utilisables par ailleurs pour prélever l'eau de la nappe, sont pourvus d'une margelle remontée jusqu'au niveau des hautes eaux connues pour garantir la salubrité et la sécurité du bâti.

Aujourd'hui, avec la multiplication des sous-sols enterrés sur plusieurs niveaux en zones urbaines, des équipements spécifiques de protection sont mis en œuvre, soit en étanchant la totalité des parties menacées du bâtiment par un cuvelage, soit en prévoyant des dispositifs de collecte et d'évacuation des eaux souterraines (radiers drainants et puisards équipés de pompes).

Un autre exemple, tout à fait représentatif des effets d'une remontée de nappe, est fourni par un chantier de construction où une piscine enterrée venait d'être installée dans la fouille ouverte à cet effet. Cette excavation, très proche d'un cours d'eau, entaillait des alluvions limono-sableuses recelant une nappe superficielle d'accompagnement. Lors d'une crue subite du vallon, la piscine a été soulevée sous l'effet des sous-pressions générées par la brusque montée de la nappe, puis s'est disloquée lors de la baisse piézométrique.

Pour résister aux poussées hydrauliques, il est fréquent que des ouvrages enterrés soient lestés à leur base ou solidarisés à leur assise par des ancrages.

De tels événements sont souvent de courte durée et n'induisent que des sinistres épars et à portée limitée. Le drame généré par la crue de la Somme au cours de l'hiver 2001 est en revanche d'une toute autre ampleur. Ce phénomène a été d'une intensité rare, tant par sa durée (7 mois) que par l'étendue des zones concernées (départements de la Somme, de l'Aisne et de l'Oise). La conjugaison, d'une part d'une topographie et d'une géologie favorisant l'infiltration, et d'autre part d'une pluviométrie anormale et soutenue, a conduit à une rapide saturation de la couverture superficielle limoneuse et de son substrat crayeux. Au-delà des débordements du réseau hydrographique, c'est véritablement une remontée générale de l'ensemble des nappes qui a submergé les zones basses, inondé nombre de constructions et entraîné la fissuration et l'affaissement de bâtiments et d'ouvrages divers (Caudron, 2002).

L'effet inverse, correspondant aux baisses piézométriques anormales, peut également favoriser la désorganisation de certains ouvrages par modification des caractéristiques de leur sol porteur. Ce fut le cas, en particulier, dans plusieurs régions françaises lors de la sécheresse des années 1989 à 1992, où de nombreux bâtiments construits sur des terrains argileux ont été affectés par des fissurations multiples, résultant du retrait lié à la dessiccation du sous-sol.

## 22.2 INFLUENCE DES OUVRAGES ÉTABLIS EN TERRAIN AQUIFÈRE

Les infrastructures implantées dans une formation aquifère perturbent, de façon plus ou moins durable, l'état et le régime d'écoulement de la nappe, en créant des barrages ou des rétrécissements de sa section ou, au contraire, en accentuant son drainage.

Ces situations vont avoir des répercussions sur la conduite des travaux et demandent des études détaillées pour résoudre les problèmes de fondation et de stabilité. Elles peuvent également se répercuter sur l'environnement du chantier et nécessiter un examen des impacts prévisibles et des mesures de protection à mettre en œuvre.

### 22.2.1 Rôle de barrière hydraulique

La situation la plus simple correspond à un mur de soutènement établi au front d'un terrain temporairement aquifère. Ce cas est fréquent au droit des versants argilo-marneux empâtés par une frange d'altération ou par une couverture ébouleuse d'épaisseur variable. Il n'est pas rare, surtout lorsque les travaux sont conduits en saison sèche, que l'ouvrage soit sous-dimensionné et souvent même dépourvu de drainage. Les saisons pluvieuses et la saturation des terres soutenues vont généralement précipiter sa rupture, soit sous l'effet direct de la pression hydraulique, soit sous l'effet de la diminution de leur angle de frottement et de l'accroissement des poussées sur l'ouvrage dans le cas de terrains cohérents.

Le rôle de barrage s'exerce pleinement lorsqu'un ouvrage est encastré dans une nappe permanente sur une longueur représentative, ce qui est fréquemment le cas dans les zones urbaines, où l'utilisation du sous-sol tend à s'intensifier pour y établir des niveaux enterrés (parkings en sous-sol) et des tracés souterrains (métros). Dans certains secteurs, la concentration d'ouvrages enterrés est telle que la nappe, initialement libre, peut devenir captive sous les infrastructures réalisées.

C'est lorsque les ouvrages sont disposés transversalement à la direction d'écoulement de la nappe que les perturbations sont les plus sensibles. Elles peuvent se traduire par une remontée piézométrique amont et une baisse aval, ainsi que par une variation des directions d'écoulement de la nappe et une augmentation de son gradient hydraulique entre les ouvrages et à leurs extrémités. Les conséquences les plus fréquentes sur le bâti périphérique tiennent à l'inondation de caves ou de niveaux inférieurs à l'amont immédiat, du fait des remontées piézométriques, ainsi qu'à des affaissements localisés résultant de l'entraînement de fines et de la formation de renards, par accroissement des vitesses de circulation sur les sites à fort gradient hydraulique.

Dans un tel contexte, la conduite des travaux nécessite en effet de ceinturer le chantier par une paroi étanche, réalisée par divers procédés (voiles d'injection, paroi moulée, ceinture de palplanches, enceinte de pieux sécants), et d'assécher le fond de fouille par des pompages dans des puisards de collecte ou dans des forages crépinés.

Les dispositions mises en œuvre pour maintenir l'écoulement de la nappe permettent généralement de limiter les variations piézométriques induites à quelques décimètres ou quelques mètres, que leur action soit permanente ou temporaire.

Dans certains cas, le drainage de la nappe est assuré par la structure propre des parties enterrées de l'ouvrage souterrain, soit par des barbacanes ouvertes dans la paroi imperméable, soit par un radier drainant, ou encore par un dispositif mixte. Les écoulements, collectés vers des puisards et repris par pompage, sont ensuite rejetés dans le réseau de pluviales ou réinjectés dans la nappe à l'aval, si le contexte environnant le permet.

Dans d'autres cas, tant en phase de chantier qu'en phase définitive lorsque l'étanchéité de la structure est totale, les solutions de continuité hydraulique sont assurées par des dispositifs externes à l'ouvrage, qu'il s'agisse de massifs filtrants enveloppant les structures souterraines ou de drains subhorizontaux rayonnants établis sous les bâtiments. Haffen (1977) évoque des adaptations de ce type au droit des tronçons souterrains des métros de Munich et de Duisbourg en Allemagne et de Vienne en Autriche, enterrés dans les alluvions sablo-graveleuses aquifères de l'Isar, du Rhin et du Danube.

À Nice (Alpes-Maritimes), le parking souterrain du Cours Saleya, établi dans les alluvions aquifères du Paillon à proximité du littoral, est équipé d'un système original de quatre canalisations permettant de ponter la nappe d'amont en aval (Pline, 1991). Cette disposition n'a pourtant pas enrayé la remontée amont de la nappe, responsable, en particulier, de la déstabilisation de la chapelle de la Miséricorde, dont la sauvegarde a nécessité la récente reprise des fondations par micropieux.

### 22.2.2 Rabattement provoqué

Les drainages provoqués dans le cadre de grands travaux peuvent avoir des répercussions nettement plus importantes sur leur environnement que celles des chantiers limités par des parois étanches et donc réalisés en milieu confiné.

Leur influence peut en effet se traduire par des rabattements de plusieurs dizaines de mètres et être ressentie sur des sites relativement éloignés, avec toutes les conséquences résultant de telles modifications sur le régime des eaux souterraines :

- tarissement de sources, dénoyage de puits et de forages d'eau, assèchement de lacs ou de vallons suspendus, sous l'action directe du rabattement excessif de la nappe ;
- affaissements ou effondrements induits, en relation avec le dénoyage des terrains et avec l'accroissement du gradient hydraulique de la nappe (entraînement de fines et lessivage de remplissages meubles).

Ces effets sont en grande partie liés à la durée importante de certains chantiers nécessitant des rabattements par pompage (de plusieurs mois à plusieurs années) ou au grand linéaire de nappe concerné par les travaux (quelques centaines ou milliers de mètres). Les dommages sont en outre irréversibles lorsque les caractéristiques des ouvrages réalisés ne permettent pas de rétablir les conditions hydrauliques initiales.

Le rôle des tunnels traversant des terrains aquifères illustre parfaitement cette problématique *(cf. chapitres 24.3 à 24.5).*

L'origine des rabattements peut également être involontaire et résulter d'actions inadaptées ou d'un enchaînement de travaux réalisés sans réelle prise en compte des diverses composantes du milieu naturel et humain. Le cas de l'utilisation et de l'aménagement de la basse vallée du Var dans la région niçoise (Alpes-Maritimes) est très révélateur de cet état de fait. Dans sa partie basse, le Var se développe dans une plaine qui aboutit en Méditerranée et dont le remplissage alluvial contient une abondante nappe d'accompagnement, intensément exploitée pour l'alimentation en eau potable des zones urbaines littorales. En partie terminale de son parcours, les eaux du fleuve s'écoulaient initialement dans un vaste lit, d'une largeur variant de 600 à 1 000 m, qu'elles pouvaient occuper en totalité lors des crues et à l'intérieur duquel elles divaguaient en étiage. L'endiguement progressif de son cours entre les années 1850 et 1970 a réduit la largeur d'écoulement du fleuve à une valeur moyenne de 250 m, permettant de soustraire une partie des terres aux inondations et de conquérir de nouvelles surfaces cultivables et aménageables, mais favorisant également l'érosion et l'abaissement du fil d'eau par accroissement de la vitesse d'écoulement. Parallèlement, de nombreuses extractions de matériaux alluvionnaires ont été menées dans de profondes gravières, permettant de prélever un volume de matériaux estimé à 30 millions de $m^3$ entre 1946 et 1980. Cette utilisation intensive des dépôts alluviaux a entraîné une accélération rapide des reprises d'érosion du fleuve et, par voie de conséquence, une importante baisse piézométrique de sa nappe d'accompagnement, en particulier entre 1965 et 1978. En amont d'un champ de captage de la ville de Nice où la nappe affleurait en 1965, son niveau s'était affaissé de 8 m en 1967. L'évolution s'est poursuivie, entraînant l'assèchement de 370 puits agricoles et menaçant sérieusement la productivité des captages pour l'eau potable. La limitation des gravières dans le lit vif du fleuve a été très progressive et des mesures conservatoires ont été mises en œuvre dès 1971. Il s'agit de la réalisation de 10 seuils avec des hauteurs de chute de 4 à 6 mètres, établis transversalement au lit du fleuve et destinés à stopper les effets dommageables précités et à rétablir sa ligne d'eau. Ces aménagements, s'ils ont effectivement permis de stabiliser l'érosion du Var et la baisse piézométrique de sa nappe d'accompagnement, ont aussi modifié les conditions du transport solide du fleuve, aggravant l'attaque de certaines zones, par manque de dépôts, et diminuant l'alimentation de la nappe par le fleuve dans d'autres zones, par colmatage de son lit et de ses berges (Thèvenin, 1983).

Chapitre 23

# Les mouvements de terrain

## 23.1 L'EAU ET LES INSTABILITÉS

Les mouvements de terrain correspondent à des processus naturels qui participent largement, au même titre que l'érosion, au façonnement et à l'évolution des paysages. Ils peuvent générer des risques importants pour l'homme et ses aménagements, ce qui s'est traduit, au cours des dernières décennies, par la réalisation de différentes études de prévention, d'abord les cartes Zermos (zones exposées aux risques liés aux mouvements du sol et du sous-sol), ensuite les PER (plans d'exposition aux risques), et enfin plus récemment les PPR (plans de prévention des risques naturels prévisibles).

Les facteurs qui régissent ces phénomènes sont généralement multiples, mais deux d'entre eux jouent un rôle primordial sur le mécanisme de déstabilisation :

- la pesanteur, qui conduit également à les qualifier de mouvements gravitaires ;
- l'eau, qui agit souvent comme déclencheur de l'instabilité.

Les interventions de l'homme peuvent aussi aggraver la situation dans des sites sensibles ou générer de véritables instabilités d'origine anthropique à l'occasion d'aménagements inadaptés, ayant le plus souvent mal pris en compte les diverses composantes du milieu naturel.

Les mouvements les plus fréquents peuvent être regroupés dans les familles suivantes :

- les ravinements, qui entaillent plus ou moins profondément les versants sous l'effet des écoulements d'eau superficielle ;
- les écroulements et éboulements, qui affectent préférentiellement les massifs rocheux ;

- les glissements, qui façonnent les versants meubles ;
- les affaissements et effondrements, qui résultent de la dissolution de roches solubles ou de l'entraînement de matériaux fins à la faveur de circulations souterraines.

Seuls les deux derniers types de mouvements sont examinés dans la suite, en raison du rôle prépondérant joué par les eaux souterraines sur leur genèse et leur évolution.

## 23.2 LES GLISSEMENTS

### 23.2.1 Caractéristiques et particularités des glissements

Il s'agit de mouvements de masse qui mobilisent des volumes variables, pouvant aller de quelques $m^3$ (glissements élémentaires) à plusieurs millions de $m^3$ (glissements de versant). Ils affectent généralement des terrains plastiques et granulaires, mais les glissements de grande ampleur peuvent aussi concerner des versants rocheux déconsolidés ou broyés (exemple du glissement de la Clapière, au chapitre 23.2.4).

Il existe deux types principaux de glissement, caractérisés par la géométrie de leur surface de rupture (ou surface de cisaillement) :

- les glissements plans, dont la rupture s'effectue par simple translation le long d'une surface plane. Celle-ci correspond généralement à une discontinuité naturelle : joint de stratification, rupture tectonique (diaclase, faille) ou contact incliné entre deux formations distinctes (couverture superficielle sur substrat rocheux, par exemple) ;
- les glissements circulaires, qui se développent à la faveur d'une rotation sur une surface courbe et peuvent affecter des horizons relativement profonds.

Les vitesses d'évolution de ces processus sont généralement assez faibles, de quelques millimètres à quelques centimètres par jour, et dépassent rarement quelques mètres par jour, mais leur progression peut se poursuivre sur de longues périodes, marquées par des alternances de stabilisation relative et de reprise plus ou moins brutale, également par des régressions vers l'amont.

Lorsque la phase liquide devient prépondérante, certains glissements peuvent alors évoluer en véritables coulées boueuses, caractérisées par une dynamique rapide et par une propagation importante. Il s'agit de phénomènes très destructeurs comme le rappellent ces deux exemples qui ont profondément marqué le département des Alpes-Maritimes (Perriaux, 1927 ; Méneroud, 1976) :

- le 24 novembre 1926, le village de Roquebillière, établi sur le versant de rive gauche de La Vésubie, est atteint en pleine nuit par une coulée d'un volume estimé à 2 millions de $m^3$, après une pluviosité cumulée de 440 mm au cours des 3 jours précédents. Le mouvement a mobilisé des dépôts morainiques d'argile à gros blocs à la faveur de la vidange d'une poche d'eau de son substrat gypseux, faisant 19 morts et anéantissant une vingtaine de maisons ;
- le 24 avril 1952, la commune de Menton est touchée par des mouvements de terrain, à la suite d'une pluviométrie cumulée de 306 mm en 3 jours. La couverture

éluviale argileuse des versants de flysch, véritablement gorgée d'eau, a engendré plusieurs coulées, dont la propagation a entraîné la mort de 11 personnes et la destruction de 17 immeubles.

### 23.2.2 Causes des glissements

Les facteurs qui conditionnent la stabilité des pentes sont multiples (géologie, topographie, climatologie, hydrologie, état de désagrégation des roches) et il est souvent très difficile d'identifier avec rigueur les causes d'un glissement de terrain. C'est généralement la combinaison complexe d'un ensemble de facteurs qui conduit à la rupture, mais son déclenchement résulte, dans la majorité des cas, d'une action sur la géométrie des talus et du rôle de l'eau.

L'équilibre des pentes naturelles varie sensiblement en fonction des caractéristiques des roches constitutives et peut évoluer dans le temps sous l'effet de leur altération et de l'action de facteurs externes. Le déséquilibre peut à tout moment être atteint par la diminution des forces résistantes, suite à la suppression d'une butée de pied. C'est le cas classique d'un déblai important qui génère une instabilité brutale du talus dominant, mais également des processus naturels de l'érosion qui déstabilisent lentement le pied d'un versant (sape basale par la mer ou par un cours d'eau, fonte d'un glacier). Le déséquilibre peut aussi résulter de la création d'une surcharge ponctuelle qui accroît les forces motrices (mise en place d'un remblai sur versant, par exemple).

Le rôle de l'eau est toujours très important, même s'il n'est pas unique, et il existe une très bonne corrélation entre le déclenchement des glissements et les intensités pluviométriques. L'accumulation d'eau dans un versant sensible, soit par infiltration directe ou rapprochée, soit par apports souterrains de provenance plus lointaine, influe directement sur les caractéristiques du matériau constitutif, en minorant sa résistance au cisaillement par augmentation de la pression interstitielle et diminution de sa cohésion. Ces effets peuvent se manifester sur l'ensemble d'un site menacé et s'y traduire par des amplitudes marquées du toit de la nappe souterraine, avec des crises d'instabilité souvent en phase avec les remontées piézométriques. Ils peuvent aussi ne concerner que certaines passées perméables au sein d'une formation imperméable ou un horizon aquifère profond susceptible de se mettre en charge sous des formations imperméables. De telles sous-pressions permanentes ou épisodiques facilitent le déclenchement des ruptures.

### 23.2.3 Traitement des glissements

Les glissements de terrain étant essentiellement déclenchés par des facteurs d'ordre gravitaire et hydraulique, il est normal que les techniques de stabilisation agissent préférentiellement sur la géométrie et les masses ainsi que sur le drainage.

L'action sur la géométrie et les masses tend à restituer un profil d'équilibre aux zones instables, soit par terrassement (substitution des masses glissées par des matériaux frottants, butée de pied, déchargements de tête), soit par un soutènement de pied à l'aide d'ouvrages divers (murs poids, ouvrages ancrés, clouages).

L'eau joue un rôle primordial dans tous les phénomènes de glissement et son élimination doit rester un objectif absolu pour tendre vers la stabilisation. C'est pourquoi le drainage est utilisé presque systématiquement pour enrayer les glissements, soit comme méthode principale, soit en accompagnement d'une autre mesure stabilisatrice. Son but est de réduire les pressions d'eau interstitielle régnant dans le terrain, afin d'y augmenter la résistance au cisaillement et donc le coefficient de sécurité vis-à-vis de ruptures potentielles ou déclarées. Il est également nécessaire de maintenir ces pressions au-dessous d'un seuil jugé critique pour garantir la sécurité ultérieure du site. Une étude hydrogéologique très complète est alors indispensable pour concevoir un dispositif de drainage adapté. L'élaboration du projet nécessite, en particulier, une bonne connaissance de la nature des aquifères concernés, de leur extension et de leurs éventuels échanges, ainsi que de l'alimentation des apports d'eau qui entretiennent le mécanisme, afin d'être en mesure de maîtriser les facteurs hydrauliques défavorables par un type de drainage adapté (superficiel, amont, latéral, profond...). Des erreurs de conception ou de réalisation peuvent en effet conduire à une totale inefficacité du drainage, voire même à un effet néfaste sur la stabilité du site, à l'instar d'ailleurs d'un mauvais entretien ultérieur des dispositifs réalisés, même s'ils sont initialement très performants. Plusieurs modalités d'intervention peuvent être envisagées, en fonction de la profondeur des ruptures, de la géométrie globale du glissement, de la topographie des lieux et des conditions d'alimentation en eau : drainage de surface, tranchées drainantes, drains subhorizontaux, drainage vertical, drainage par galerie. Le drainage définitif d'un glissement ou d'un versant instable est généralement mis en œuvre de façon progressive, parallèlement à la création d'un réseau de piézomètres qui permet de contrôler son efficacité. Il est rarement figé et peut donner lieu, au cours du temps, à des travaux complémentaires ou de reprise, en particulier lorsque le contrôle met en évidence des inefficacités liées au manque d'entretien ou au colmatage de certains organes drainants.

### a) *Le drainage superficiel*

La bonne gestion des eaux de surface joue un rôle important sur la stabilité des versants et il est indéniable que l'abandon progressif des anciens systèmes de drainage et d'irrigation entraîne aujourd'hui une dégradation rapide de nombreux versants, fragilisés par une divagation anarchique des écoulements d'eau.

Dès qu'un glissement s'est déclenché, l'intervention superficielle est toujours très utile pour tenter d'enrayer sa progression et peut donner lieu à des actions d'urgence lorsque la protection des fonds inférieurs les justifie et que la surface concernée le permet. Le but est alors de limiter les apports d'eau dans les fissures et dans les contre-pentes (colmatage des fissures, imperméabilisations locales par des feuilles de polyane, régalage de la surface déstructurée) et de favoriser l'exhaure des eaux accumulées sur le site (débridage de sources, création de fossés de drainage).

Le drainage superficiel peut contribuer à un retour à l'équilibre, lorsque les ruissellements ou les écoulements subsuperficiels issus de l'amont participent largement à l'alimentation en eau. C'est le cas, en particulier, lorsque les fonds dominants permettent un important ruissellement concentré vers la zone sensible, soit naturellement (large impluvium imperméable), soit sous l'effet des actions humaines (irrigation intensive, rejet volontaire de pluviales, ruptures et fuites de canaux d'irrigation et de réseaux enterrés).

Le drainage amont de ces apports d'eau et leur collecte latérale vers des exutoires stables permettent fréquemment une nette amélioration de la situation.

### b) Les tranchées drainantes

Ce dispositif est fréquemment mis en œuvre lorsque l'horizon aquifère ne dépasse pas quelques mètres de profondeur. Il consiste à terrasser des tranchées, puis à les combler de matériau drainant propre, après mise en place d'une canalisation crépinée en partie inférieure et en prenant soin de limiter son colmatage ultérieur (choix d'une granulométrie respectant les règles de filtre ou interposition d'un géotextile anticontaminant). Ces tranchées doivent offrir une pente longitudinale élevée et être raccordées à un dispositif de collecte gravitaire.

De tels ouvrages sont parfois créés suivant les courbes de niveau pour intercepter les écoulements souterrains issus de l'amont et les collecter latéralement, hors de la zone sensible. Cette géométrie doit pourtant être déconseillée, en raison du risque réel de réinjection des débits collectés dans le corps du glissement, à la faveur de fuites résultant de reprises localisées ou d'un mauvais entretien.

Dans la majorité des cas, les tranchées drainantes sont ouvertes suivant la ligne de plus grande pente ou structurées en épis obliques raccordés à des tranchées collectrices implantées dans le sens de la pente. Leur objectif est de rabattre le niveau piézométrique en recoupant le maximum d'horizons ou de lentilles aquifères.

Les tranchées peuvent avoir de grandes dimensions lorsque les enjeux le justifient et que la profondeur du glissement le permet. Ainsi en est-il des fossés creusés au bouteur jusqu'à la surface de cisaillement et remplis de matériau drainant. Leur profondeur peut atteindre la dizaine de mètres et il s'agit alors de véritables contreforts encastrés sur toute la hauteur du glissement et combinant un renforcement mécanique notable à l'effet du drainage (exemple du glissement d'Ardisson, au chapitre 23.2.5). Dans le même ordre d'esprit, on a parfois recours à d'autres ouvrages mixtes établis au front du glissement pour rabattre la nappe et avoir une action mécanique favorable : les masques drainants, implantés suivant les courbes de niveau, ou les épis drainants, disposés suivant la ligne de plus grande pente.

### c) Les drains forés subhorizontaux

Ils sont très largement utilisés, le plus souvent en association avec d'autres modes de confortement. Il s'agit de tubes crépinés de petit diamètre (généralement en métal ou en PVC), installés dans des sondages faiblement remontants, sur des longueurs pouvant atteindre ou dépasser la centaine de mètres. Leurs principaux avantages tiennent à leur rapidité de mise en œuvre, à leur grande souplesse d'implantation et d'orientation et à l'écoulement gravitaire des débits recueillis.

Leur pérennité n'est malheureusement pas garantie et peut se traduire par une perte d'efficacité dans le temps :

- soit sous l'effet d'une reprise d'activité, entraînant la rupture des tubes drainants, surtout lorsqu'ils sont en PVC, et donc des réinjections d'eau dans la masse en mouvement ;
- soit sous l'effet d'un colmatage progressif des drains, en particulier lorsque les eaux sont incrustantes et lorsque les écoulements entraînent des fines ou sont par trop irréguliers.

Ces drains subhorizontaux sont généralement forés en faisceaux divergents depuis un nombre réduit de chambres de travail spécialement aménagées, ce qui permet de balayer l'ensemble de la loupe de glissement, parfois sur la base d'une succession de faisceau altimétriquement étagés.

Lorsque la zone à drainer s'avère trop profonde ou que la topographie de surface est trop douce, on peut être conduit à forer les drains depuis une chambre de travail spécifique encastrée dans le terrain, à laquelle on accède par une courte galerie ou par un puits.

### *d) Les drains forés verticaux*

Leur usage est moins fréquent, mais ils peuvent compléter d'autres dispositifs de stabilisation.

Il s'agit de tubes crépinés, implantés dans des forages verticaux et destinés à injecter l'eau de la nappe superficielle dans un réservoir aquifère profond. Cette opération nécessite de reconnaître préalablement les exutoires de la nappe profonde et de vérifier sa capacité d'absorption et ses variations piézométriques de pointe, pour éviter que d'importantes mises en charge en hautes eaux ne conduisent à l'inverse de l'effet recherché.

Lorsque l'injection profonde n'est pas possible, l'eau recueillie par le drain vertical peut être extraite par pompage, avec l'inconvénient d'une maintenance permanente. Le pompage est généralement assuré par des pompes immergées installées en fond de sondage. On a parfois recours à des pompes aspirantes de surface (pointes filtrantes) ou à des siphons non désamorçables qui garantissent une exhaure gravitaire (drains-siphons), mais ces dispositifs se limitent à des ouvrages dont la profondeur n'excède pas 10 mètres.

### *e) Les galeries drainantes*

Lorsque la surface de glissement est très profonde ou que la topographie des lieux ne se prête pas à des opérations de drainage depuis la surface, celui-ci peut être réalisé à l'aide d'une galerie dont le principal inconvénient tient à son coût élevé.

La galerie peut permettre d'obtenir un rabattement significatif de la nappe qui imbibe ou qui menace la zone en mouvement. Son efficacité peut également être renforcée par la création de drains subhorizontaux périphériques forés depuis le souterrain (exemple du glissement du Quiaus, au chapitre 23.2.6).

### 23.2.4 Exemple du glissement de la Clapière (Alpes-Maritimes, Saint-Étienne-de-Tinée)

Le glissement de la Clapière, l'un des plus importants d'Europe, résulte de ruptures profondes et mobilise, sur une superficie d'une centaines d'hectares et sur une dénivelée de 700 mètres, un volume de matériaux supérieur à 50 millions de m$^3$. Il se traduit sur le terrain par un escarpement amont de 800 mètres de long et de 100 mètres de haut, par une morphologie générale en gradins modelés par de multiples fissurations et de nombreuses contre-pentes, et par une nette remontée basale au niveau de la vallée (Follacci, 1987).

Ce mouvement se localise en partie nord-ouest du massif cristallin externe de l'Argentera-Mercantour, à l'aval immédiat du village de Saint-Étienne-de-Tinée. Il affecte le versant de rive gauche de la vallée de la Tinée jusqu'à sa confluence avec le vallon de Rabuons et les désordres s'y développent entre 1 100 et 1 800 m d'altitude, alors que le massif culmine à 3 000 m *(figure 122)*.

Le versant est constitué par un matériel métamorphique hercynien, repris par la tectonique alpine. Il s'agit de gneiss plagioclasiques à deux micas, dits « d'Anelle », dans lesquels s'intercale un corps stratiforme de métadiorites qui forme la barre d'Iglière. Celle-ci, nettement plus massive et compacte, est matérialisée par une saillie remarquable à mi-pente et constitue un bon marqueur cartographique. La foliation des roches qui apparaît très redressée sur l'ensemble du secteur, avec des pendages de 55 à 85° vers le nord-est, est beaucoup moins inclinée et parfois même subhorizontale dans l'environnement immédiat des désordres. Elle est en outre recoupée obliquement par une schistosité alpine. Le massif est enfin traversé par un réseau de fracturation organisé autour de plusieurs directions et s'inscrivant dans le système décrochevauchant N 120-140 qui commande le tracé de la Tinée et qui pince localement dans le socle d'étroits synclinaux triasiques.

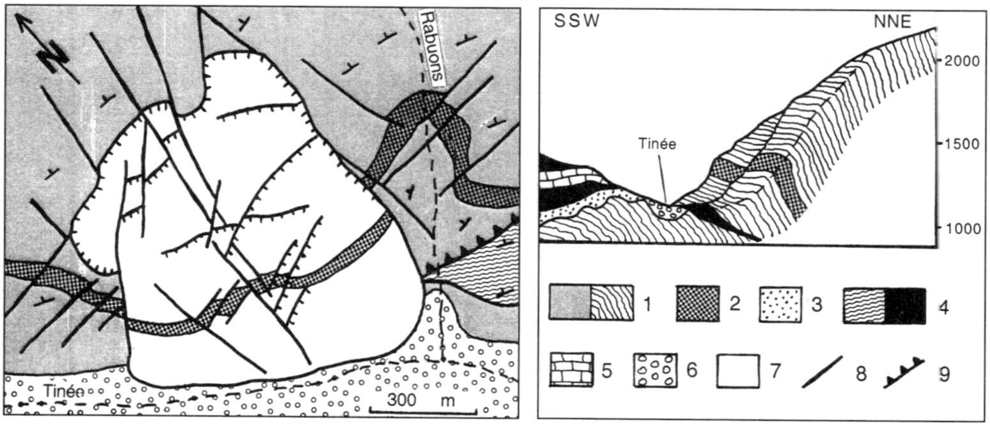


**Figure 122** Glissement de la Clapière (06, Saint-Étienne-de-Tinée). Vues en plan et en profil.

1 : Gneiss d'Anelle ; 2 : barre d'Iglière ; 3 : Permo-Werfénien ; 4 : cargneules triasiques ; 5 : calcaires triasiques ; 6 : alluvions ; 7 : glissement ; 8 : faille ; 9 : chevauchement.

L'activité du versant remonte vraisemblablement au début du XX^e siècle où elle a dû se manifester très progressivement, mais des reprises sensibles sont observées depuis les années 1970, puis à partir de 1983, avec des alternances saisonnières d'accélération et de décélération. Durant les phases d'activité, l'amplitude des mouvements peut atteindre 3 à 4 mètres par an, avec des valeurs de 8 cm/jour durant l'été 1987.

Les causes du glissement seraient d'ordre mécanique, puis hydraulique (Follacci, 1987 ; Follacci *et al.*, 1988) :

- dans un premier temps, la fonte des glaciers würmiens qui occupaient les vallées de la Tinée et de Rabuons aurait, par perte de butée, préparé le versant à son évolution ultérieure, en permettant un fauchage en grande masse et une déstructuration progressive du massif sous l'effet de la décompression ;
- dans un deuxième temps, l'action de l'eau dans ce milieu fortement fissuré aurait intitialisé des mouvements élémentaires plus ou moins emboîtés, évoluant progressivement vers un glissement profond de type rotationnel.

L'eau constitue sans aucun doute le facteur primordial de l'évolution historique du mouvement, avec une pluviosité annuelle de l'ordre de 1 000 mm à Saint-Étienne-de-Tinée et une lame d'eau équivalente de 600 à 900 mm induite par la fusion de la couverture neigeuse du massif. On constate d'ailleurs une très nette corrélation des phases d'accélération avec les précipitations locales et surtout avec la fonte des neiges (Follacci, 1987).

Les recherches hydrogéologiques les plus récentes, basées sur un inventaire détaillé et un suivi quantitatif des exutoires, ainsi que sur des analyses isotopiques et chimiques des eaux exhaurées, précisent le rôle de l'eau sur le déséquilibre du versant (Compagnon *et al*, 1997 ; Guglielmi *et al*, 2000 et 2002) :

- l'infiltration de l'eau s'effectue préférentiellement sur une aire de recharge supérieure aux limites du glissement, où une nappe superficielle perchée se développe sur une superficie de l'ordre de 4 à 5 $km^2$. Un drainage pérenne de cette nappe existe latéralement, mais la majorité de l'eau est injectée par drainance dans la masse en mouvement, où elle rejoint une nappe profonde ;
- un apport d'eau secondaire semble provenir du synclinal triasique tectonisé en bordure sud-est de la loupe et marque fortement certains exutoires de la nappe profonde d'une empreinte sulfatée-magnésienne forte avec, en particulier, des teneurs en sulfates pouvant atteindre 800 $mg.L^{-1}$ ;
- un bilan schématique permet de ne retrouver qu'une faible proportion des débits infiltrés aux divers exutoires (13 % aux sources latérales et 1 % aux sources basales), ce qui sous-entend une importante circulation interne et des apports occultes directement à la nappe alluviale de pied (86 % des infiltrations) ;
- c'est essentiellement lors de la fonte du manteau neigeux dominant que les débits d'apport sont suffisants pour permettre une mise en charge significative du réseau fissural du massif et pour entretenir le mécanisme en cours.

Compte tenu de l'ampleur du phénomène, de la topographie des lieux, de la profondeur apparente des ruptures (100 à 200 m) et de l'impossibilité d'y envisager un confortement économiquement admissible, les responsables ont opté pour une surveillance attentive et continue du phénomène et pour des mesures directement orientées vers la protection des biens et des personnes :

- la surveillance topométrique du versant est opérationnelle depuis 1982 et permet de contrôler avec une bonne précision et une totale régularité la cinématique du mouvement ;
- un plan d'alerte et de secours a été élaboré pour coordonner les interventions en cas de rupture soudaine ;
- des prescriptions ont été portées au PPR dès 1983 pour définir les zones exposées nécessitant une évacuation ou une interdiction de construire ;
- la route départementale 2205 qui passe en pied et mène à Saint-Étienne-de-Tinée a été déviée en 1985 sur la rive droite, suivant un tracé moins exposé ;
- une galerie de dérivation de la Tinée a été réalisée de 1989 à 1991, afin de pallier l'obstruction de la vallée dans la perspective d'une reprise brutale du glissement.

### 23.2.5 Exemple du glissement d'Ardisson (Alpes-Maritimes, La Trinité)

Lors des travaux de réalisation de la section Paillon-Turbie de l'autoroute A8 qui assure la liaison entre la région niçoise et l'Italie, un important glissement de terrain a affecté en 1977 un ouvrage en remblai au lieu-dit « Ardisson ».

Le tracé traverse les chaînons subalpins de l'arc de Nice, structurés en une suite de plis de direction est-ouest et chevauchants vers le sud. Il s'inscrit localement sur le flanc nord de l'unité du mont Camps-de-l'Allée, charpentée par les calcaires jurassiques qui affleurent largement sur la crête dominante et qui sont recouverts sur le versant par les marnes cénomaniennes, puis les marno-calcaires turoniens. Malgré les déformations souples et cassantes de direction est-ouest qui affectent les formations crétacées, la série est globalement monoclinale et découpée par d'importants décrochements méridiens *(figure 123)*.

Le remblai d'Ardisson est constitué d'un tout-venant calcaire et d'un noyau marneux, sur une longueur de 400 mètres et une hauteur maximale évoluant de 10 à 20 mètres. Il permet le franchissement d'une large concavité du versant, à pente transversale de 10 à 15°, dont le substratum de marne cénomanienne est masqué par une couverture ébouleuse plus ou moins développée.

Le glissement s'est manifesté à la suite d'un épisode pluvieux important par une évolution rapide, avec des déplacements de 1,0 à 1,5 mètre par jour dans certains secteurs lors des épisodes actifs, et par une grande extension, puisqu'il a affecté une superficie de 6 hectares et mobilisé un volume de terres supérieur à un demi-million de $m^3$. Il était représenté sur le terrain par une loupe tout à fait classique, caractérisée par son arrachement de tête entaillant le remblai, par des fissures de cisaillement latérales limitant un corps façonné en gradins étagés et par un bourrelet de pied localement canalisé vers un petit ravin *(figure 123)*.

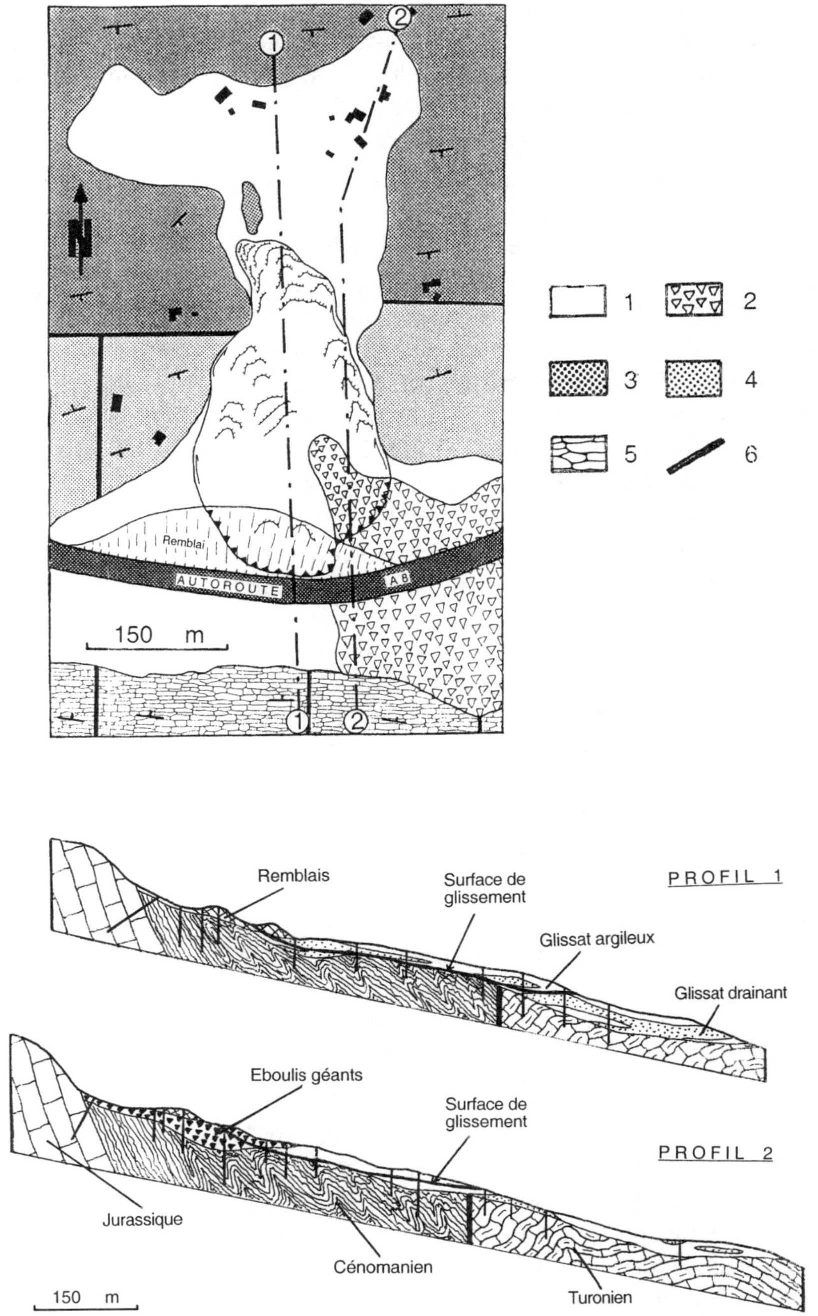


**Figure 123** Glissement d'Ardisson (Alpes-Maritimes, La Trinité). Vues en plan et en profil.

1 : Éboulis et glissats ; 2 : éboulis géants ; 3 : marno-calcaires turoniens ; 4 : marne cénomanienne ; 5 : calcaire jurassique ; 6 : faille.

Les désordres se localisent en fait sur un ancien glissement de versant de plus grande ampleur qui a été partiellement remobilisé lors des travaux autoroutiers. Ils laissaient craindre pour la stabilité ultérieure de la plate-forme autoroutière et pour la sécurité immédiate des habitations situées à l'aval.

Une étude complète et élargie a été mise en œuvre rapidement (levé topographique, suivi topométrique, levés de terrain, prospection géophysique, forages carottés et destructifs, inclinomètres, piézomètres) et a permis de préciser le rôle de la structure et de l'hydrogéologie sur le déclenchement du phénomène.

L'ancienne loupe de glissement fossilise un surcreusement du substratum crétacé sur une épaisseur de 10 à 15 m dans l'axe, pouvant atteindre jusqu'à 25 m au droit du bourrelet aval. Le matériau, représenté par des éboulis mêlés à des marnes et argiles remaniées du Cénomanien, constitue un « glissat » très hétérogène au plan hydraulique. Le glissement de 1977 a affecté le site sur une épaisseur moyenne de 10 m, dans un secteur riche en argile. Il a été stoppé à l'aval sur le glissat drainant constituant l'ancien bourrelet, mais son pied a progressé latéralement et s'est bloqué dans un petit thalweg sous l'effet de la topographie locale.

L'alimentation en eau est principalement assurée par la nappe du massif jurassique dominant qui collecte temporairement des débits notables jusqu'à la nappe superficielle du versant par le biais des failles décrochantes transverses. Un rôle important est joué dans le transfert de ces circulations par les éboulis géants qui forment une croupe continue en partie sud-est du site. Ils sont constitués d'éléments carbonatés de grande dimension dont la consolidation est fréquemment assurée par concrétionnement et dont la mise en place est vraisemblablement d'origine catastrophique (anciens éboulements de falaise, liés à la tectonique et à la sismicité). Leur puissance peut atteindre 40 mètres et ils sont plus ou moins profondément encastrés dans la marne cénomanienne et prolongés de diverticules divergents au sein des glissats. Leur perméabilité en grand permet le relais hydraulique des écoulements d'eau issus du massif jurassique, puis leur progression à la faveur des lentilles drainantes du glissat, favorisant des mises en charge notables dans les culs-de-sac dépourvus d'exutoire.

Au-delà des mesures d'urgence mises en œuvre dès la survenance des désordres, la confortation du sinistre repose essentiellement sur des travaux de drainage et comprend les aménagements suivants *(figure 124)* :

- un profond fossé drainant en Y, implanté au centre de la loupe de glissement en fonction de la piézométrie, de façon à recouper le maximum de lentilles et appendices drainants. Il présente une section trapézoïdale de 100 m$^2$ (base de 5 mètres et talus à 45°), une profondeur de 8 à 10 mètres et une pente longitudinale élevée. D'une longueur totale de 370 mètres, il comprend un tronc commun aval et deux branches amont divergentes, ainsi qu'un rameau latéral recoupant l'extrémité du réservoir aquifère des éboulis géants. Ce dispositif constitue une véritable armature mécanique au cœur du glissement et permet un drainage très efficace avec des débits collectés pouvant évoluer de 0,1 L.s$^{-1}$ à 30 ou 40 L.s$^{-1}$ suivant les saisons. Un remblaiement du même type a été réalisé dans le thalweg nord-ouest, pour buter le bourrelet frontal de la loupe et faciliter l'évacuation hydraulique ;

- dix faisceaux de drains forés subhorizontaux, réalisés en périphérie et destinés à drainer les bosses piézométriques résiduelles ;
- six drains forés verticaux, équipés de pompes immergées automatiques, le long de la plate-forme autoroutière pour rabattre en permanence la nappe dans la zone du remblai.

Cet équipement a été complété par un réseau d'évacuation des débits collectés et par un dispositif de contrôle des débits exhaurés et de la piézométrie de la nappe. L'évolution du glissement a été totalement stoppée et la surveillance entreprise confirme la performance du dispositif réalisé et l'importance des débits drainés.

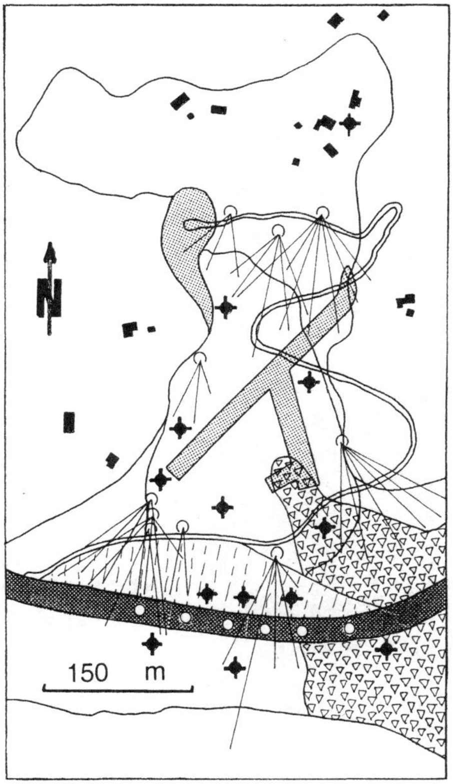


**Figure 124** Glissement d'Ardisson (Alpes-Maritimes, La Trinité). Dispositifs de confortement et de surveillance.

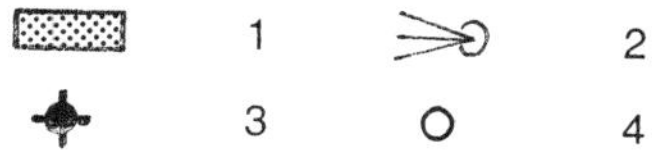


1 : Substitution drainante ; 2 : faisceau de drains subhorizontaux ; 3 : piézomètre de contrôle ; 4 : pompage en forage.

## 23.2.6 Exemple du glissement du Quiaus (Alpes-Maritimes, Gorbio)

Le remblai du Quiaus a été réalisé en 1967 et 1968 dans le cadre des travaux de réalisation de l'autoroute A8 qui relie la France à l'Italie. Il permet le franchissement de la zone de confluence de plusieurs petits vallons constituant un affluent de rive gauche du torrent de Gorbio. D'une longueur de 240 m pour une hauteur maximale de 25 m, il recouvre la majeure partie du versant, constitué par une série nummulitique à pendage amont *(figure 125)* :

- en partie basse du versant, une marne grise du Priabonien (Éocène supérieur), relativement imperméable ;

• en partie haute du versant, un flysch gréso-marneux d'âge oligocène, se comportant comme un aquifère multicouches à perméabilité fissurale.

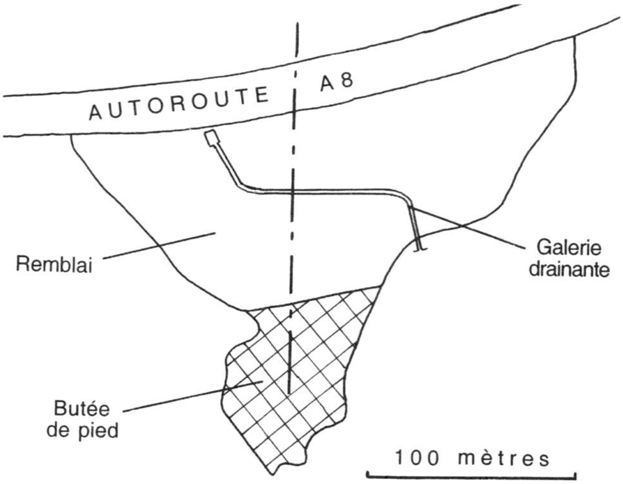


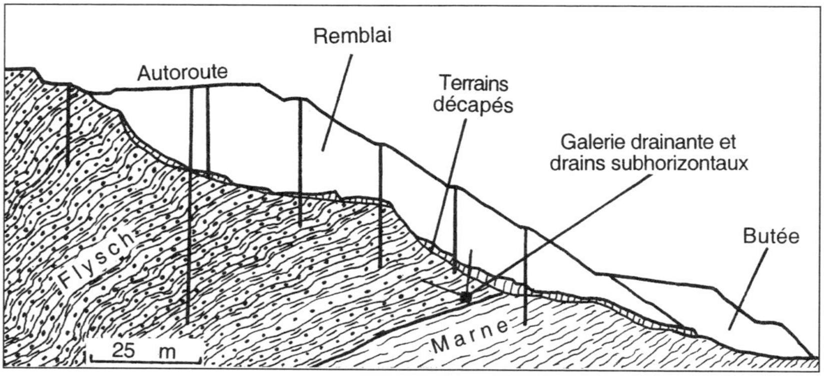


**Figure 125** Glissement du Quiaus (Alpes-Maritimes, Gorbio). Vues en plan et en profil.

En novembre 1969, des tassements spectaculaires ont affecté la chaussée sud de l'autoroute. Les désordres ont ensuite évolué lentement jusqu'à matérialiser en août 1971 l'enveloppe d'un glissement du remblai limité par des fissures continues. Ils se sont enfin accélérés brutalement en mars 1972, après une période très pluvieuse (Amar *et al*, 1975).

Les études entreprises ont permis de conclure que ces mouvements résultaient d'une importante mise en charge hydraulique, générant des remontées piézométriques anormales et de fortes augmentations des teneurs en eau dans le corps du remblai. C'est vraisemblablement la mise en place postérieure d'un remblai dans un vallon voisin qui, en obstruant l'exutoire naturel du massif aquifère, a favorisé des accroissements critiques de la pression hydrostatique dans le massif.

Le confortement a consisté à réaliser en urgence une butée de pied en enrochements, permettant de se prémunir contre un glissement profond, puis d'étudier une solution de drainage du flysch pour contrer le risque de glissements superficiels.

Les caractéristiques du site ont conduit à drainer l'assise du remblai à l'aide d'une galerie de 145 mètres de long, dans laquelle ont été forés des drains rayonnants. Par la suite, le dispositif a été complété par des drains forés verticaux équipés de pompes immergées, implantés le long de la plate-forme autoroutière.

## 23.3 LES AFFAISSEMENTS ET EFFONDREMENTS

### 23.3.1 Caractérisation et causes

Ces phénomènes naturels correspondent à des mouvements verticaux du sol, induits par l'existence de vides en profondeur. Ils résultent exclusivement de la circulation d'eau souterraine, évidant le sous-sol par dissolution de roches solubles ou par entraînement mécanique et hydraulique de matériaux fins. La genèse ou l'évolution de ces processus peut en outre être commandée ou aggravée par des actions humaines.

L'existence d'un vide en profondeur entraîne une redistribution des contraintes à sa périphérie et crée, en particulier, des efforts de traction et de cisaillement dans les terrains de couverture (phénomène de détente). L'accroissement des contraintes verticales et le lessivage des terres éboulées entretiennent le mécanisme qui évolue progressivement de manière ascendante. Dans certains cas, sa progression est stoppée par un autocolmatage des vides (foisonnement des terrains foudroyés ou remblaiement hydraulique), mais il est fréquent qu'elle atteigne la surface du sol où elle provoque affaissement ou effondrement.

L'affaissement correspond à un phénomène progressif et lent qui matérialise en surface une dépression topographique de faible profondeur et à grand rayon de courbure. Il marque l'aboutissement d'une déformation souple, correspondant au réarrangement continu des matériaux éboulés du sous-sol et à la résorption des vides.

L'effondrement se traduit par l'apparition brutale d'une ouverture ponctuelle, généralement cylindrique et de profondeur variable (de quelques mètres à quelques dizaines de mètres). Ces crevaisons du sol sont fréquemment qualifiées de fontis et résultent de la rupture brusque d'un horizon rigide qui, par sa résistance propre, a permis la constitution d'une voûte stable sous laquelle la cavité a pu se créer et s'étendre.

Les désordres de surface résultant de tels phénomènes sont comparables à ceux qui peuvent se produire au toit d'anciens ouvrages souterrains créés par l'homme (carrières, mines, tunnels). Ils posent des problèmes importants pour la stabilité des aménagements constructifs établis dans leur aire d'influence et peuvent conduire à de véritables catastrophes.

## 23.3.2 Évolution naturelle

### a) Effets de la dissolution

Les principales roches solubles sujettes à de tels mécanismes présentent des solubilités très variables, caractérisées par les ordres de grandeur suivants pour une eau pure et à la température ordinaire :

- 0,3 $g.L^{-1}$ pour le carbonate de calcium (calcaire et dolomie) ;
- 2 $g.L^{-1}$ pour le sulfate de calcium (gypse et anhydrite) ;
- 360 $g.L^{-1}$ pour le chlorure de sodium (sel gemme ou halite).

C'est essentiellement la vitesse d'évolution des phénomènes qui les distingue, car le processus général de création des réseaux souterrains reste comparable, avec une action initiale par dissolution le long des fissures permettant l'infiltration de l'eau, suivie d'une participation accrue de l'action mécanique des eaux au fur et à mesure de l'élargissement des conduits. L'organisation progressive des circulations souterraines permet l'établissement d'un réseau de drainage de type karstique et de son cortège de manifestations morphologiques : puits verticaux, galeries horizontales et salles au sein du massif ; vallées sèches, tables de lapiés et dolines sur les plateaux ; sources parfois étagées au bord des vallées.

Dans les roches carbonatées, l'évolution karstique est relativement lente à l'échelle humaine et ses répercussions superficielles restent rares en l'absence d'aggravations sensibles induites par l'activité même de l'homme. De telles manifestations, lorsqu'elles se produisent, concernent généralement les secteurs les plus actifs du système aquifère : apparition de pertes brutales dans des vallées pérennes ou temporaires suspendues ; affaissements localisés du fond de dépressions fermées, parfois en périphérie des ponors existants ; ouverture de fontis dans des vallées sèches ou des dolines ; modification temporaire des conditions d'émergence au droit des sources.

Dans cet esprit, les effondrements du Tournaisis en Belgique résultent d'une dissolution naturelle active des calcaires carbonifères sous la plaine de l'Escaut (Derycke, 1979).

Les roches salines et gypseuses se caractérisent par contre par une forte solubilité, ce qui peut conduire, lorsqu'elles sont soumises à des circulations d'eau permanentes, à l'exportation d'importants volumes de matières dissoutes.

Nicod (1991) évalue à 28,4 millions de $m^3$, dont 85 % de sulfates et de chlorures, le volume annuel de substances dissoutes évacué par la Foux de Draguignan (Var), qui émerge du Trias en rive gauche de la Nartuby avec un débit moyen annuel de 900 $L.s^{-1}$.

Reynaud (2000) estime les quantités annuelles suivantes, rejetées par la source Folle et la source de la Mescla (Alpes-Maritimes), qui drainent respectivement un diapir triasique et un massif carbonaté en rive droite du Var :

- source Folle (débit moyen de 20 $L.s^{-1}$) : 4 850 $m^3$ de halite et 1 180 $m^3$ de gypse ;
- source de la Mescla (débit moyen de 120 $L.s^{-1}$) : 5 610 $m^3$ de halite et 1 885 $m^3$ de gypse.

À cette caractéristique s'ajoute la faible résistance mécanique de ces roches, leur altération en présence d'eau générant fréquemment un matériau pulvérulent aisément mobilisable. L'évolution karstique y est donc très rapide, généralement visible à l'échelle de temps humaine, et peut s'avérer très dangereuse pour les biens et les personnes, surtout en zone urbaine et périurbaine.

Les effondrements de la région parisienne, résultant d'une dissolution des masses gypseuses lutétiennes, en sont une parfaite illustration (Toulemont, 1984 et 1987).

Des risques identiques sont générés par les évaporites triasiques dans le département du Var, en particulier dans le bassin amont de la Foux de Draguignan qui présente une minéralisation chlorurée sodique et sulfatée calcique de l'ordre de 1,78 $g.L^{-1}$ (Nicod, 1990 et 1991). Les effets de la dissolution souterraine touchent aussi bien la vieille ville de Draguignan et certains de ses quartiers récents (fréquents affaissements), que les rives de la Nartuby, régulièrement crevées d'effondrements subits qualifiés de « clapes » (1890, 1920, 1978, 1983). On peut également citer des événements similaires plus proches dans le temps, en particulier l'effondrement de Tourrettes qui, en 1987, a entraîné la destruction d'une habitation, et celui de Bargemon qui s'est ouvert en 1992 au milieu d'un lotissement (Nicod, 1993 et 1999).

La prévision de tels sinistres et l'adaptation des aménagements constructifs à ce type de risque nécessitent d'acquérir une bonne connaissance de l'hydrogéologie et des mécanismes de karstification des aquifères concernés. C'est rarement le cas dans la pratique, où le niveau d'information reste le plus souvent fragmentaire et où les délais d'intervention sont très limités.

Dans les formations carbonatées, les problèmes liés à la karstification peuvent souvent être résolus et traités avec une bonne fiabilité, compte tenu de la résistance mécanique élevée de la roche saine, des limites finies des hétérogénéités responsables et d'un délai d'évolution souterraine compatible avec la durée de vie des ouvrages (Mangan, 1985 ; Amar *et al*, 1988).

La difficulté est beaucoup plus grande dans le cas des roches gypseuses, où l'incidence d'une karstification active constitue l'un des problèmes géotechniques les plus délicats à résoudre. Au-delà de la faible résistance mécanique de la roche et de sa forte solubilité, il faut également composer avec les possibilités d'une évolution rapide du réseau souterrain et, parfois, d'une modification en plan et en profil de ses trajets ultérieurs, sous l'influence de son niveau de base. Nombre d'hypothèses subsistent fréquemment qui peuvent altérer les performances d'une solution de traitement. Les méthodes les plus couramment utilisées conduisent à reporter les charges des ouvrages au-delà de la zone dangereuse (pieux), à combler les cavités menaçantes ou à traiter le massif par injection. Si le réseau souterrain est le siège d'une activité hydraulique permanente, il faut en outre garder à l'esprit que le processus est irréversible et que certaines opérations (comblements bétonnés, injections) sont susceptibles de détourner les circulations souterraines de leur tracé initial et de reporter le problème sur des secteurs périphériques initialement sains.

Un traitement original et astucieux a permis de conforter et de protéger la fondation du viaduc de franchissement du vallon de Suès sur la ligne ferroviaire Nice-Breil (Sospel, Alpes-Maritimes). Réalisé en 1913 sur des gypses triasiques, cet ouvrage enjambait alors un vallon permanent qui s'est progressivement enfoui par érosion régressive en abandonnant son lit superficiel. Des recherches effectuées par la SNCF en 1963 ont permis de reconnaître, après de nombreux travaux de désobstruction et d'élargissement, une rivière souterraine circulant dans une galerie de 300 mètres de long et de constater que dans sa partie aval les fondations de l'ouvrage étaient partiellement suspendues dans le vide. Ce ruisseau recevait en outre sept petits affluents également souterrains et le débit de crue du réseau a été évalué à environ 3 $m^3.s^{-1}$. La solution retenue avait pour but d'éviter toute divagation ultérieure du ruisseau souterrain et de ses affluents et de maintenir les écoulements dans leur tracé initial, pour pouvoir garder la maîtrise des modifications qui pourraient intervenir. Elle a consisté à supprimer les sections étroites de la cavité pour en permettre la visite aisée, à reprendre l'assise du radier du vallon et les fondations affouillées du pont, à protéger par des revêtements maçonnés certaines parties de la galerie et à revêtir les parois gypseuses brutes de produits bitumineux. Les travaux, réalisés en 1964 et 1965, donnent toujours satisfaction aujourd'hui, mais nécessitent des visites de contrôle régulières et des travaux d'entretien adaptés, compte tenu d'une évolution toujours active de la rivière souterraine (Mangan, 1978 ; Marchand *et al*, 1999).

### *b) Effets de la suffosion*

La suffosion correspond aux processus d'érosion souterraine qui permettent un entraînement local de matière, dans des terrains meubles et non solubles. Ce sont les circulations d'eau qui enlèvent les particules les plus fines d'une formation hétérogène et favorisent des écoulements en chenaux suivant des axes préférentiels. Ce drainage peut se répercuter jusqu'en surface et permettre la formation d'affaissements ou d'effondrements, dont le tracé jalonne le cheminement des eaux souterraines.

Le processus affecte généralement un manteau superficiel à substratum imperméable, avec établissement d'un écoulement d'eau pérenne ou temporaire au contact et localisation des exutoires contre l'affleurement du substrat. Les désordres résultants sont qualifiés « d'entonnoirs d'ablation » par Barbier qui les décrit en 1953 dans le Vercors (éboulis de pente sur marne valanginienne), puis en 1959 au Brésil (arène sur granite). Un mécanisme analogue est étudié dans le Berry par Rat en 1956 (argile à silex sur marne cénomanienne) et dans le Brionnais par Letourneur en 1964 (argile à silex sur marne jurassique). De tels exemples sont également cités par Weidenbach en Allemagne, Schomer en Ukraine, Garald et Parker aux États-Unis.

Il s'agit en fait d'un mécanisme assez général qui induit le plus souvent des dépressions superficielles très limitées (de quelques décimètres à quelques mètres) lorsque le drainage naturel se produit à faible profondeur. Barbier (1953) signale par contre de véritables dolines de 15 à 20 m de diamètre et de plusieurs mètres de profondeur dans le Vercors, où les éboulis de pente ont une puissance excédant la dizaine de mètres.

De tels désordres entraînent rarement des risques élevés du fait de leurs dimensions réduites et de leur origine relativement superficielle. Une bonne compréhension des géométries locales et des mécanismes en jeu est toutefois nécessaire pour permettre une résolution aisée des problèmes et des difficultés qu'ils peuvent poser à un aménagement encastré ou à un équipement de surface.

Une quarantaine de petits affaissements étaient observables en 1993 à Valberg (Alpes-Maritimes), sur un site de 3 hectares réservé à l'implantation d'une retenue collinaire (Gilli et Mangan, inédit). Sur un substratum de calcaires liasiques, une ancienne dépression fermée y a révélé un remplissage argileux d'origine glaciaire d'une puissance maximale de 9 m, l'ensemble étant nivelé jusqu'à l'altitude moyenne 1 750 m par des colluvions limono-sableuses à passées caillouteuses, sur une épaisseur évoluant de 1 à 3 m. Les multiples affaissements qui défonçaient le terrain présentaient des dimensions réduites, avec un diamètre de 1 à 3 mètres en général, pouvant atteindre localement 5 à 6 m, et une profondeur comprise entre quelques décimètres et 1 m. Les études ont montré que ces désordres n'étaient pas imputables à un soutirage karstique profond, mais résultaient d'une bonne perméabilité des limons sableux de surface et de l'établissement de circulations d'eau temporaires au toit des argiles glaciaires. Seuls la chenalisation des écoulements le long de zones plus sableuses et l'entraînement progressif des limons étaient responsables de la création des entonnoirs d'ablation, qui jalonnaient d'ailleurs parfaitement les axes de drainage identifiés. La réalisation des aménagements projetés n'a pas posé de problème particulier, compte tenu de l'amplitude des terrassements en pleine masse qui excédait largement la frange très superficielle concernée par le processus de suffosion.

### 23.3.3 Impact des actions humaines

Les phénomènes d'affaissement et d'effondrement peuvent être générés ou aggravés par les interventions humaines, responsables de la dissolution provoquée d'horizons solubles, de la réactivation d'anciennes circulations karstiques ou du lessivage de remplissages meubles.

#### *a) Mise en solution*

Ce problème concerne essentiellement les gisements profonds de substances très solubles (sel gemme et sels de potasse) qui, après injection d'eau en forages, sont exploités par pompage sous forme de saumures, créant des vides résiduels importants.

Letourneur et Michel (1971) citent la formation d'un affaissement de 30 cm de profondeur et de 200 m de diamètre survenu à Hutchinson au Kansas (États-Unis), en 1,5 mois seulement, après extraction de 6 700 $m^3$ de saumure (d'après Ries et Watson).

Les conséquences superficielles peuvent parfois être beaucoup plus graves. Ainsi en est-il, sur le site d'exploitation des évaporites permiennes de Saxe (Allemagne), où l'ouverture à Vienneburg en mai 1930 d'un entonnoir de 60 m de diamètre et de 40 m de profondeur a englouti une voiture et entraîné de nombreux désordres aux habitations périphériques (Cramer *in* Nicod, 1976). De même, l'effondrement spectaculaire d'Haraucourt est-il consécutif à l'extraction des saumures de Lorraine (Nicod, 1993), tout comme les dommages aux constructions du village de Miery (Jura).

### b) Réactivation de circulations karstiques

Les pompages prolongés dans une nappe karstique peuvent perturber notablement son régime hydraulique, lorsqu'ils génèrent des rabattements importants. Le déséquilibre résultant, en partie lié à un accroissement des vitesses de circulation dans les axes de drainage et à un renouvellement accru de la nappe par des eaux agressives, peut s'accompagner d'une reprise de la dissolution, d'un entraînement de dépôts fins et du décolmatage d'anciens conduits fossilisés. Ce processus peut conduire à des problèmes ou à des désordres variés en périphérie des rabattements de grands chantiers maintenus sur de longues périodes ou sur les sites d'exploitation intensive des nappes.

Le rabattement prolongé en liaison avec les grands travaux peut être illustré par l'exemple récent du tunnel autoroutier de Toulon (Var), où les difficultés rencontrées lors de la traversée des formations karstifiées triasiques sont sûrement en partie imputables aux pompages continus nécessités par la mise hors d'eau du chantier. L'ouvrage s'y développe en effet à 20 m sous le niveau de la mer et à seulement 750 m du littoral. Le rabattement de la nappe s'est poursuivi durant de nombreuses années et a profondément modifié le régime d'écoulement du massif et les circuits de drainage souterrain, permettant, en particulier, la réactivation de certains conduits fossilisés et l'établissement de connexions nouvelles avec la mer (Mangan et Gilli, inédit).

La surexploitation des nappes karstiques s'accompagne également de dégradations superficielles de plus en plus fréquentes. Ainsi en est-il dans le Tournaisis (Belgique) où de très nombreux effondrements parsèment les rives de l'Escaut, en liaison avec l'exploitation par pompage de la nappe profonde des calcaires carbonifères. Leur survenance a très nettement progressé au cours des dernières décennies (97 de 1955 à 1984) et leur localisation se corrèle avec les zones de fort rabattement de la nappe sous l'effet des pompages et avec ses aires d'alimentation depuis la nappe alluviale (trouée de Kain) et depuis les pertes de l'Escaut facilitées par les effondrements, en particulier lors des événements de janvier 1977 et de mai 1984 (Delattre N., 1985 ; Laurent E., 1985).

Le même problème se pose dans la région parisienne où des réactivations karstiques affectent les gypses lutétiens sous l'effet des fortes sollicitations par pompage de la nappe sous-jacente. Les désordres superficiels montrent une nette recrudescence depuis les dernières décennies et se groupent en essaims géographiquement concentrés sur les principaux cônes de dépression piézométrique (Toulemont M., 1984 et 1987) *(figure 126)*.

Ce type d'évolution tend malheureusement à se généraliser en l'absence d'une réglementation suffisamment stricte et touche aujourd'hui les nappes les plus vulnérables de nombreuses régions, associant à un problème de gestion de la ressource un véritable problème de sécurité pour les biens et les personnes. Dans les formations triasiques de la zone provençale, la recrudescence des effondrements induits par la karstification des masses gypseuses du département du Var est en partie rapportée à l'exploitation intensive des nappes par Nicod (1990, 1991, 1993 et 1999). Le même constat peut-être fait dans le département voisin des Alpes-Maritimes *(voir chapitre 23.3.4)*.

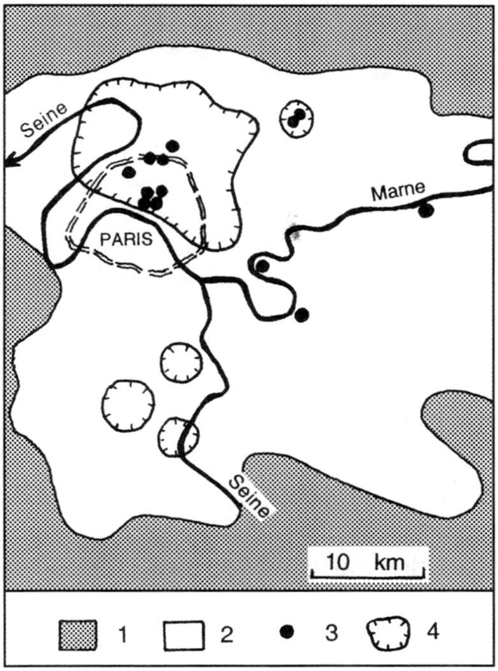


**Figure 126** Région parisienne : extension des faciès gypseux et des indices d'effondrement (d'après M. Toulemont, 1987).

1 : Absence de gypse ; 2 : zone d'extension du gypse ; 3 : secteurs d'effondrement ; 4 : cônes de rabattement de la nappe lutétienne.

### *c) Lessivage de remplissages meubles*

Dans ce cas, c'est la circulation d'eau dans des matériaux meubles qui peut entraîner les éléments les plus fins et évider localement le terrain. Ce phénomène progresse de l'aval vers l'amont et peut se concentrer sur des cheminements préférentiels (renards). Il est généralement irréversible tant que la circulation persiste et se traduit par des aggravations remontantes, susceptibles de se répercuter jusqu'en surface ou d'affecter l'assise des infrastructures et la fondation des ouvrages.

Ce lessivage concentré sur des chenaux d'écoulement matérialisés par des contrastes de granulométrie et de cimentation affecte également des karsts vieillissants et colmatés. Ses effets peuvent alors être plus importants et plus rapides, par vidange brutale de remplissages préexistants, soit le débourrage d'anciens conduits ou cavités au sein du massif, soit le soutirage des dépôts qui fossilisent l'ancienne surface topographique (doline, lapiés, vallées sèches).

Les rabattements prolongés par pompages d'exhaure dans une fouille ou par surexploitation d'une nappe ne sont pas les seules interventions de l'homme conduisant à de tels effets. L'apparition de dommages superficiels peut aussi résulter d'une importante mise en circulation d'eau en partie supérieure de la nappe (alimentation) ou en partie basse de la nappe (drainage).

Concernant l'alimentation, on relie fréquemment de telles évolutions à des fuites ponctuelles d'égout, de réseaux d'eau, de tranchées drainantes ou de canaux d'irrigation. Des désordres sont aussi imputables au rejet des eaux pluviales dans le sous-sol des zones karstiques. Cette pratique, très louable dans le principe car elle utilise l'aptitude naturelle du terrain à l'infiltration, peut conduire à des dispositifs adaptés et très bien intégrés lorsqu'elle est menée avec parcimonie. Sa mise en œuvre à grande échelle, basée sur la collecte d'importantes surfaces imperméabilisées et sur le rejet ponctuel de débits de pointe élevés dans des fissures, embuts ou gouffres, entraîne inéluctablement des problèmes différés, soit du fait d'un engorgement des conduits souterrains (inondations temporaires), soit à la suite du lessivage progressif des anciens remplissages du réseau fissural (affaissements de surface, désordres aux équipements).

Concernant le drainage, ce sont essentiellement les fouilles profondes et les tunnels qui sont à l'origine de soutirages importants et de débourrages pouvant être catastrophiques *(voir chapitre 24.3).*

## 23.3.4 Exemple d'effondrements à Mougins (Alpes-Maritimes) en 1998

### *a) Événements constatés et actions engagées*

À la fin de l'année 1998, deux effondrements proches se sont brutalement ouverts sur la voie nord de la RN 1085 (voie rapide à grand gabarit, assurant la liaison entre les villes de Cannes et de Grasse) et d'autres sinistres ont affecté les propriétés riveraines durant la même période et dans le courant de l'année suivante :

- 24 octobre 1998 : ouverture de deux entonnoirs distants de 20 m sur la route et affaissement dans un terrain privé, 40 m au nord ;
- 30 novembre 1998 : création d'un effondrement dans un jardin, 50 m au nord-ouest ;
- 28 décembre 1998 : apparition d'un effondrement dans un lotissement, 160 m au sud-ouest, emportant la route de desserte et fissurant une construction ;
- 24 octobre 1999 : développement d'un petit effondrement et de deux affaissements proches dans le jardin d'une propriété, 210 m à l'ouest - sud-ouest.

C'est en fait un essaim groupé de 5 effondrements et de 3 affaissements qui s'est produit au cours d'une année sur la commune de Mougins (Alpes-Maritimes), sur une emprise d'à peine 200 m de diamètre.

Des investigations approfondies du site ont rapidement été conduites par le laboratoire de Nice du CETE Méditerranée, pour permettre un traitement de la zone désorganisée et une remise en circulation de la pénétrante. Les sondages réalisés ont mis en évidence, sous une couverture argilo-marneuse d'une dizaine de mètres d'épaisseur, d'importantes masses gypseuses affectées d'une karstification très évoluée et ont permis de localiser les cavités à l'origine des désordres vers 20 à 30 m de profondeur.

Une étude beaucoup plus large a été entreprise par la suite, au cours des années 2000 à 2002, afin de préciser la structure géologique profonde le long du tracé routier, de définir et de hiérarchiser l'organisation et le rôle des circulations d'eau souterraine dans le développement des vides karstiques et dans la genèse du mécanisme d'effondrement, enfin de rechercher les facteurs permettant d'envisager une prévision de tels événements.

### *b) Structures géologique et hydrogéologique*

L'assise régionale est représentée par la couverture sédimentaire du socle gneissique du massif du Tanneron, régulièrement inclinée vers le nord-est. Les différents termes de la série triasique y affleurent en auréoles successives et sont couronnés par un plateau carbonaté d'âge jurassique *(figure 127)*. Ils débutent par des grès siliceux du Werfénien, se poursuivent par une centaine de mètres de calcaires du Muschelkalk, enserrés entre deux horizons marno-dolomitiques, et se terminent par les marnes bariolées du Keuper, renfermant des lentilles éparses de dolomie, cargneule et gypse, et coiffées par une trentaine de mètres de marno-calcaires rhétiens.

La structure d'ensemble est relativement simple et peut être assimilée à un monoclinal, penté vers le nord-est. Elle est en fait rendue complexe dans le détail par les déformations résultant de tectoniques superposées :

- des plissements d'axe N 20 à N 45, induits par la phase provençale ;
- des accidents subverticaux, de direction N 0 à N 20, qui décalent les structures souples à l'emporte-pièce, avec un jeu en failles normales à l'Oligocène (première phase alpine), puis un rejeu décrochant lors de la deuxième phase alpine.

La difficulté d'étude du Trias est localement accrue par de fréquentes variations d'épaisseur et de faciès, par le développement d'horizons argilo-marneux plastiques impliqués dans la tectonique, et par l'existence, dans toute la zone dépressive qui jalonne le Keuper, de comblements colluviaux quaternaires (plans de Grasse et plans de Saint-Martin). La synthèse géométrique s'est donc appuyée sur l'analyse structurale des zones périphériques, sur l'exploitation systématique des photographies aériennes et sur les reconnaissances spécifiques mises en œuvre (prospection géophysique par méthode électrique et sondages carottés et destructifs).

Les principaux traits de la structure locale révèlent une intense dissection du massif par un réseau serré de failles verticales, suivant les directions principales N 0 à N 30 et N 90 à N 130, et son découpage en une mosaïque d'unités relativement affaissées (grabens et synclinaux) ou exhaussées (horsts et anticlinaux). Les contacts entre unités sont fréquemment décalés en touches de piano ou relayés en faisceaux, ce qui ne permet pas de bien différencier le rôle mutuel joué par la tectonique souple et par la tectonique cassante *(figure 128)*. Les éléments les plus marquants sont constitués, au nord-ouest (commune de Grasse), par l'anticlinal-horst des Aspres qui forme une croupe carbonatée de Muschelkalk dominant un environnement de Keuper, et, en partie médiane (commune de Mougins), par l'étroit anticlinal-horst de Tournamy (calcaires du Muschelkalk) qui sépare deux synclinaux-grabens de Keuper. C'est dans l'un de ces fossés que se sont produits les effondrements.

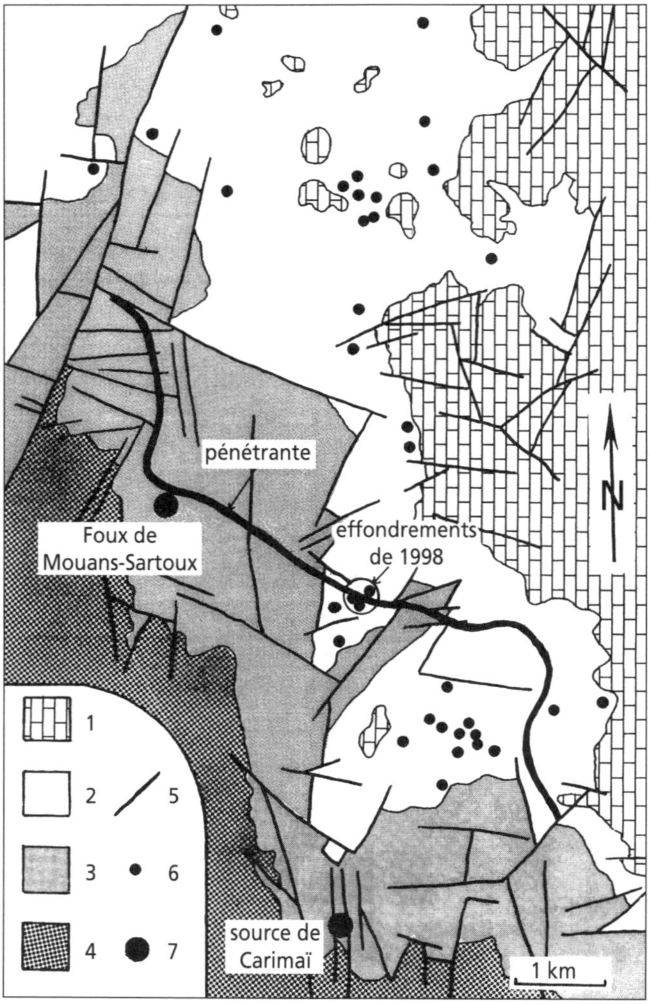


**Figure 127** Effondrements de 1998 à Mougins (Alpes-Maritimes). Situation géologique et hydrogéologique.

1 : Calcaires du Rhétien-Jurassique ; 2 : marnes et gypse du Keuper ; 3 : aquifère carbonaté du Muschelkalk ; 4 : imperméable basal ; 5 : faille ; 6 : principaux effondrements ; 7 : source karstique.

Du point de vue hydrogéologique, le socle gneissique et les grès werféniens constituent un imperméable basal continu, supportant la principale nappe souterraine du secteur. Celle-ci est de type karstique et se développe dans le réservoir carbonaté du Muschelkalk. Son drainage s'effectue en bordure sud-ouest, par la Foux de Mouans-Sartoux à l'altitude 69 et la source de Carimaï à l'altitude 32 *(figure 127)*.

La formation dominante du Keuper représente aussi un important imperméable régional, mais recèle des horizons perméables (dolomie, cargneule, gypse) qui contiennent des nappes réduites, nourrissant des petites sources éparses. Le drainage profond de ses lentilles gypseuses et dolomitiques est par contre relayé par la nappe sous-jacente du Muschelkalk, à la faveur de contacts lithologiques ou tectoniques, ce qui explique le faciès sulfaté calcique de l'eau des exutoires.

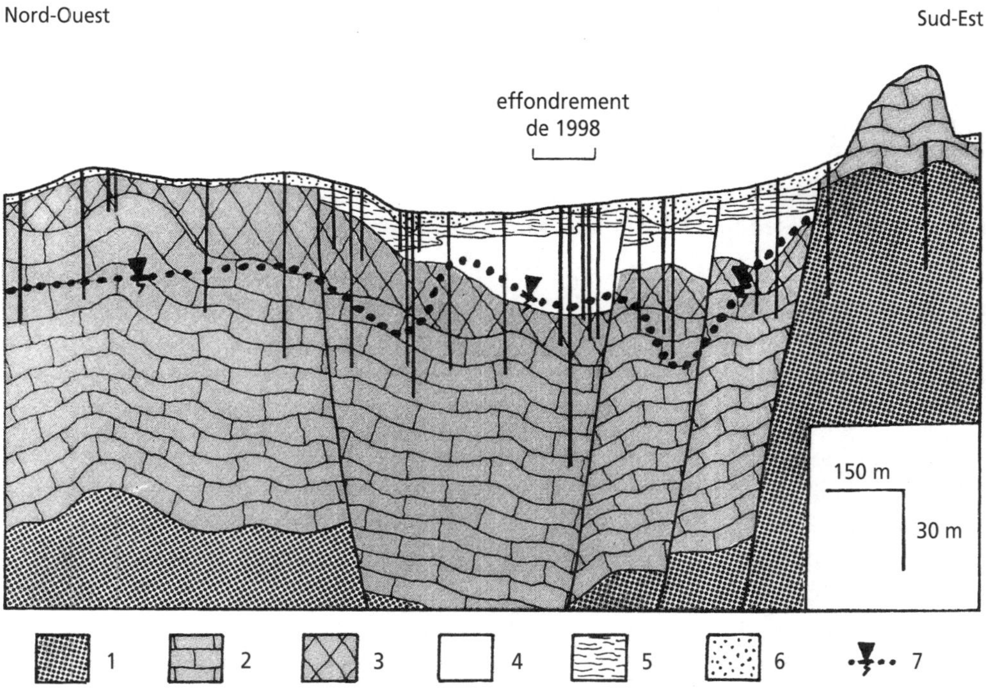


**Figure 128** Effondrements de 1998 à Mougins (Alpes-Maritimes). Profil en long de la Pénétrante dans la zone des désordres.

1 : Imperméable basal ; 2 : calcaires karstifiés du Muschelkalk ; 3 : marnes et dolomies du Muschelkalk ; 4 : masses gypseuses du Keuper ; 5 : marnes argileuses du Keuper ; 6 : colluvions et remblais ; 7 : piézométrie de la nappe triasique.

### *c) Caractéristiques locales*

Les effondrements de 1998 se localisent dans le graben de Saint-Martin dont la structure de détail est illustrée par la *figure 128*. Sous les colluvions superficielles, le remplissage triasique comprend des marnes argileuses bariolées, puis des masses gypseuses de 10 à 30 m d'épaisseur qui reposent directement sur le Muschelkalk carbonaté. La connexion hydraulique entre les deux formations a été vérifiée par des opérations de traçage, qui ont également montré le drainage de la nappe des gypses et des calcaires par la source de Carimaï, distante de 3,7 km. Ces conditions de drainage sont également étayées par les relevés piézométriques *(figure 129)* (Mangan et Gilli, inédit).

### d) Karstification du massif et cause des désordres

L'analyse élargie du problème d'effondrement, conduite par enquête et recherches historiques, a permis d'identifier un grand nombre d'indices de désordres superficiels antérieurs, très largement disséminés sur les zones d'affleurement du Keuper *(figure 127)*.

Un examen détaillé des conditions structurales montre que ces effondrements sont, pour l'essentiel, concentrés dans des secteurs renfermant de grandes lentilles gypseuses aquifères, offrant des similitudes d'alimentation et de drainage. Leur alimentation est en effet assurée par une eau peu minéralisée et agressive depuis leur flanc oriental et/ou par des pertes du réseau hydrographique, et leur drainage s'effectue vers la nappe profonde du Muschelkalk, avec laquelle s'établissent des contacts directs (sédimentaires ou tectoniques).

Certains de ces effondrements sont très anciens, mais il apparaît que 40 % d'entre eux sont postérieurs à 1960 et qu'une nette recrudescence de leur survenance caractérise les récentes décennies et, en particulier, les dix dernières années (12 événements importants de 1992 à 2001).

Il faut donc admettre que ce massif karstique, qui avait atteint un état d'équilibre relatif, subit aujourd'hui une reprise d'activité, laquelle ne peut être imputée, ni à une modification de la décharge naturelle (cote des exutoires imposée par la position de l'imperméable basal), ni à un accroissement des infiltrations amont sur les affleurements du Keuper (zones de recharge). Les perturbations affectent en fait les conditions d'écoulement de la nappe, en particulier dans ses axes de drainage, sous l'effet des pompages en forages qui ont très largement progressé durant la même période.

L'eau pompée n'est pas utilisée pour l'AEP publique du fait de sa minéralisation excessive, mais les prélèvements privés se multiplient néanmoins dans les lentilles gypseuses et dolomitiques du Keuper et surtout dans le réservoir carbonaté du Muschelkalk. Ses usages sont divers : arrosage des jardins et remplissage des piscines dans les zones pavillonnaires et d'urbanisation dispersée, prélèvements agricoles et industriels concentrés, irrigation de plusieurs parcours de golf.

Dans le graben directement concerné par les effondrements de 1998, certains utilisateurs d'eau ont constaté, depuis une dizaine d'années, une baisse très nette de la productivité de leur ouvrage, voire même un tarissement complet de certains d'entre eux. La nappe profonde circule en direction de la source méridionale de Carimaï et présente, dans la zone des désordres, un drainage organisé suivant plusieurs axes privilégiés convergeant vers un collecteur unique *(figure 129)*.

Les manifestations karstiques de tous âges sont parfaitement calées sur les axes de drainage matérialisés par la carte piézométrique, ce qui illustre bien une reprise accélérée des processus karstiques antérieurs sous l'effet de l'exploitation intensive de la nappe profonde.

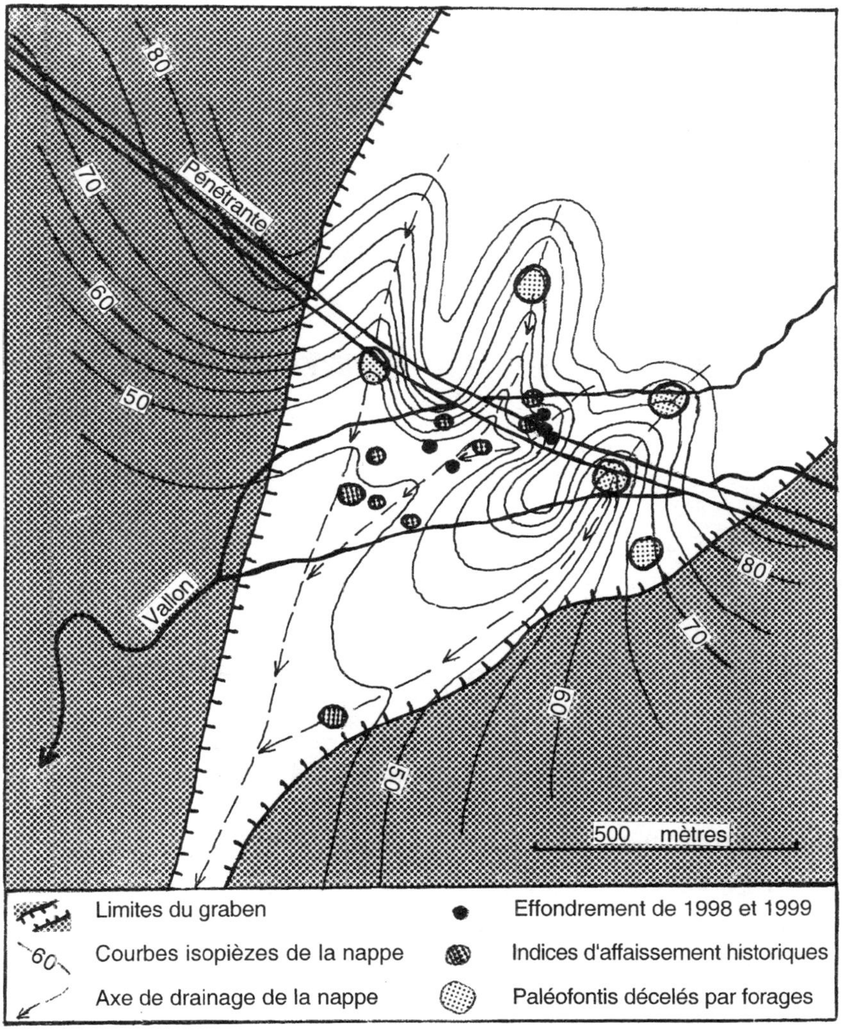


**Figure 129** Effondrements de 1998 à Mougins (Alpes-Maritimes). Piézométrie de la nappe triasique et indices karstiques dans la zone des désordres.

Chapitre **24**

# Les travaux souterrains

## 24.1 PROBLÈMES POSÉS PAR L'EAU SOUTERRAINE

Lorsqu'un ouvrage souterrain traverse un terrain aquifère, il fonctionne comme un drain et modifie très sensiblement les conditions d'écoulement de la nappe. Sa probabilité de rencontrer des venues d'eau est élevée, surtout s'il est réalisé sous une couverture rocheuse importante.

Deux conséquences distinctes doivent alors être envisagées :

- d'une part le rôle des eaux souterraines sur les conditions de réalisation et de stabilité de l'ouvrage ;
- d'autre part l'impact hydrogéologique de l'ouvrage sur son environnement naturel et humain.

## 24.2 INCIDENCE DES EAUX SOUTERRAINES SUR LA CONDUITE DES TRAVAUX

La rencontre d'eau souterraine dans un tunnel est fréquemment à l'origine de difficultés plus ou moins graves, aussi bien durant la phase chantier sous l'effet d'une brutale irruption d'eau ou d'un débourrage de terrains boulants, que de façon différée sous l'action de la pression hydrostatique maintenue en périphérie de l'ouvrage, de l'entraînement des particules fines du terrain environnant ou de l'altération progressive des formations concernées.

Les problèmes rencontrés tiennent bien entendu à la nature et aux caractéristiques des roches traversées, mais également à l'importance du débit d'eau collecté lors du creusement. Celui-ci peut évoluer de quelques dizaines à quelques centaines, voire quelques milliers de $L.s^{-1}$. Duffaut (1981) cite ainsi quelques débits très significatifs rencontrés en souterrain *(tableau 22)* :

**Tableau 22** Débits d'eau collectés par des ouvrages souterrains.

| | Débit en $m^3.s^{-1}$ |
|---|---|
| **Tunnels ferroviaires anciens** | |
| Simplon (Alpes italo-suisses) | 1,2 |
| Col de Tende (Alpes franco-italiennes) | 1,1 |
| Mont d'Or (Jura) | 3,0 à 10,0 |
| **Tunnels hydroélectriques (Savoie)** | |
| Ponturin | 1,8 |
| Versoyen | 6,0 |
| La Coche | 2,0 |
| **Tunnel autoroutier** | |
| Gran Sasso (Italie) | jusqu'à 20,0 |

Les conditions extrêmes, associées à des reconnaissances insuffisantes et à des inadaptations constructives, peuvent parfois conduire à de véritables catastrophes :

- Le tunnel ferroviaire du Lötschberg (Alpes bernoises, Suisse), projeté sur une longueur de 14,6 km, a recoupé le 24 juillet 1908 un ancien chenal sous-glaciaire remblayé par des alluvions très aquifères *(figure 130)*. Cette trouée a provoqué l'irruption en galerie de 80 000 $m^3$ de matériaux boulants envahissant, en 15 min seulement, 1 800 m de chantier et ensevelissant 24 ouvriers. L'effondrement s'est répercuté jusqu'en surface, 18 m plus haut, créant un entonnoir de 80 m de diamètre et de 5 m de profondeur dans la plaine de Gasteren. La galerie amorcée fut abandonnée et murée et le percement a été achevé le 31 mars 1911, suivant un nouveau tracé souterrain (Gignoux et Barbier, 1955).
- Le tunnel ferroviaire du Boubard (ligne de Vierzon à Saincaize), d'une longueur de 590 m sous une couverture de terrains n'excédant pas 26 m, a été mis en service en 1849. Le creusement de l'ouvrage, confronté à d'importantes arrivées d'eau au travers d'une structure plissée complexe associant des calcaires aquifères et des argiles de mauvaises caractéristiques mécaniques, a été marqué par de multiples accidents matériels et humains. Après sa mise en exploitation, les dégradations croissantes et les indices persistants d'eau en charge à l'arrière de la voûte ont nécessité de multiples phases de travaux confortatifs, en 1856-57, 1873-74, 1882 et 1945 (reprises du revêtement, travaux de drainage, injections). Le 13 février 1960, un éboulement brutal a obstrué le tunnel sur une longueur de 25 m, rompant la voûte sur 12 m de long et 6 m de large. Un fontis est en outre

apparu en surface, 23 mètres au-dessus de la voûte, 48 heures après l'accident. Le sinistre a été rapporté à la formation progressive d'une cloche remontante au-dessus de la voûte du tunnel sous l'effet d'un entraînement lent des fines particules argileuses par les écoulements d'eau. L'ouvrage a pu être remis en circulation le 20 juin 1960, après consolidation des masses éboulées par injection et reconstitution de la galerie et de la voûte (Remondet et Valentin, 1961).

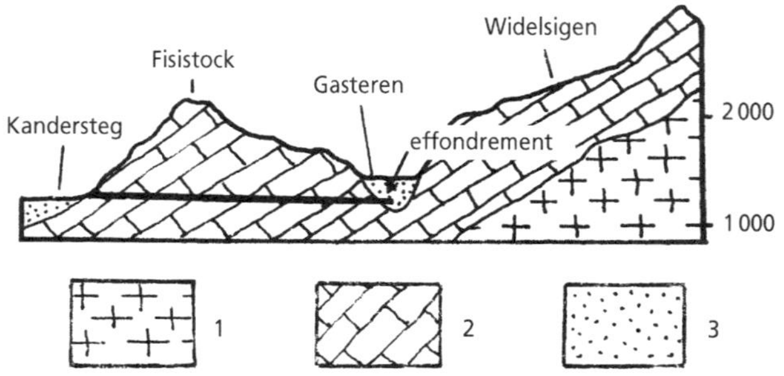


**Figure 130** Tunnel du Lötschberg (Suisse). Profil géologique de l'ancien tracé (D'après Gignoux et Barbier, 1955).
1 : Granite ; 2 : calcaire jurassique ; 3 : remplissage alluvial.

La prévision des arrivées d'eau lors d'un projet de souterrain n'est pas toujours aisée et des incertitudes notables peuvent parfois subsister à l'issue des études préalables. Dans les cas difficiles, des galeries de reconnaissance en petit diamètre sont parfois mises en œuvre pour vérifier la nature et la géométrie des terrains, ainsi que les caractéristiques hydrauliques du massif. La mise en perce d'une formation aquifère permet en outre de prévidanger le massif et de diminuer les pressions hydrostatiques avant la réalisation de l'ouvrage à grand gabarit. Il est fortement conseillé dans tous les cas, et surtout lorsque la probabilité de recouper des terrains aquifères est forte, de procéder systématiquement à des sondages éclaireurs au font d'attaque sur une distance représentative.

Le creusement d'un tunnel dans un terrain à perméabilité modérée permet souvent d'obtenir un rabattement progressif de la nappe et d'évacuer gravitairement les écoulements collectés lorsque l'attaque est montante. Dans le cas d'une attaque descendante, il est nécessaire de disposer sur place des moyens de pompage adaptés pour permettre l'exhaure des débits recueillis par l'ouvrage et éviter son immersion.

Dans les formations à forte perméabilité, il peut être nécessaire de provoquer des rabattements dans la zone d'influence du souterrain, à l'aide de pompages dans des puits creusés depuis la surface (si la profondeur du tunnel le permet) ou de drains forés à l'avancement en périphérie et au front de l'ouvrage.

Le captage et l'évacuation de l'eau peuvent parfois s'avérer difficiles, surtout à la traversée de conduits karstiques à régime pérenne ou temporaire, ainsi que l'illustre le cas du tunnel ferroviaire de Pouzergues (ligne de Brive à Montauban), réalisé de 1879 à 1882 sur une longueur de 880 mètres et sous une couverture maximale de

40 mètres. Cet ouvrage traverse un promontoire de calcaire sur un soubassement marneux. Lors des travaux, il a recoupé un karst temporairement actif, avec un débit de pointe de 300 $L.s^{-1}$, entraînant l'inondation du chantier. Seules des barbacanes ont alors été réalisées à travers le revêtement des parois. Ce n'est qu'en 1945, avant les travaux d'électrification de la ligne, que la cavité naturelle recoupée par l'ouvrage a été reconnue, ce qui a permis de capter la circulation d'eau accessible et d'étancher partiellement les autres zones humides de la voûte. La persistance des arrivées d'eau et des mises en charges temporaires à l'arrière du revêtement a conduit la SNCF à engager une nouvelle reconnaissance des lieux de 1957 à 1959 sur la base d'une exploration spéléologique poussée, de séances de désobstruction et de relevés topographiques détaillés. Cette investigation a permis de bien cerner la géométrie des réseaux karstiques et de comprendre le fonctionnement du système aquifère. Des dispositifs de captage complexes, par galeries drainantes dirigées pour intercepter les écoulements reconnus, ont alors été réalisés en 1963 et 1964, permettant de drainer efficacement et durablement le tunnel et d'éviter les mises en charge dangereuses pour l'ouvrage (Remondet A. et Marchand G., 1965).

Il est parfois nécessaire de procéder à une injection à l'avancement des terrains de mauvaise tenue, afin de reconstituer un massif cohérent et étanche permettant le creusement du souterrain en toute sécurité. Ces injections sont réalisées par le biais de sondages, soit en auréoles périphériques autour de l'ouvrage, soit en couronne frontale (voûte parapluie). Elles peuvent également être mises en œuvre préventivement à l'aide de sondages verticaux réalisés depuis la surface (lorsque la profondeur du tunnel le permet). Cette méthode a permis le franchissement d'une section très délicate d'une centaine de mètres de long lors du creusement de la galerie hydroélectrique de Pralognan (Savoie), réalisée de 1943 à 1949 sur une longueur totale de 12,9 km. La traversée de quartzites broyés et aquifères a été réalisée sans dommage à l'aide de 1 000 t de ciment et 100 t de silicate, injectés sous pression au moyen de 1 900 m de sondages (Rivière et Roger, 1950 ; Giron, 1955 ; Letourneur et Michel, 1971).

La congélation peut aussi être utilisée pour traverser des zones aquifères délicates, lorsque les terrains sont difficilement injectables, donc très peu perméables, et en zones urbaines, lorsque l'environnement est très sensible. Ce procédé consiste à transformer l'eau souterraine en glace dans l'emprise des travaux et constitue, à ce titre, une méthode de consolidation provisoire qui reste néanmoins coûteuse et difficile à mettre en œuvre. Cette technique a été utilisée avec profit pour traverser une zone de cargneules broyée et gorgée d'eau de 50 m de long, lors du percement d'une galerie d'adduction de l'Hongrin-Léman, dans le Valais suisse (1967-1970), ainsi que pour réaliser un collecteur d'assainissement à faible profondeur et sur une distance de 25 m dans l'agglomération du Bourget-du-Lac, en Savoie (1975) (Boutitie et Meyer, 1981).

Le drainage complet des eaux souterraines et la création d'écrans d'étanchéité peuvent également être nécessaires pour garantir la protection de formations fortement évolutives. Ainsi en est-il des terrains argileux, susceptibles de présenter des altérations notables en présence d'eau et, en particulier, des argiles gonflantes (famille des montmorillonites) dont la pression d'hydratation peut dégrader la paroi des ouvrages. Le même phénomène peut affecter certaines anhydrites qui, par hydratation, se transforment en gypse avec une augmentation de volume sensible. La galerie hydro-électrique de La Courbaisse-Massoins (Alpes-Maritimes), creusée de 1947 à 1950 sur une longueur de 9,2 km, a ainsi recoupé une masse d'anhydrite triasique sur une distance de 600 m, à la base d'une unité chevauchante de calcaire jurassique sur des marno-calcaires crétacés. La rapide transformation en gypse de cet horizon a conduit les services d'EDF à élargir localement à 17 $m^2$ la section de la galerie, initialement prévue à 10 $m^2$, à isoler le passage de l'eau dans une conduite médiane en acier de 3 mètres de diamètre et à protéger les parois par un badigeon au coaltar et par un bétonnage des zones broyées. Un problème identique est posé en tête NE du tunnel ferroviaire de Braus où la dissolution ultérieure des masses gypseuses conduit également aujourd'hui à des risques différés d'affaissement sous le radier *(cf. chapitre 24.4)*.

## 24.3 IMPACT HYDROGÉOLOGIQUE DES TUNNELS SUR LEUR ENVIRONNEMENT

La traversée d'un massif aquifère par un souterrain intercepte une partie de l'eau de la nappe et modifie totalement sa piézométrie et ses conditions d'écoulement. Un tel événement peut, en fonction des conditions hydrogéologiques réelles, entraîner la baisse de débit de certains exutoires naturels du massif, voire leur tarissement complet. Il peut aussi annuler ou diminuer la productivité de forages d'eau et conduire à la vidange de lacs ou à l'assèchement de vallons altimétriquement perchés par rapport à l'ouvrage incriminé.

Une telle situation peut être irréversible *(cf. chapitre 24.4)* ou nécessiter des travaux lourds et coûteux pour permettre un retour à la normale *(cf. chapitre 24.5)*. Un étanchement efficace des parois de l'ouvrage ou la création d'écrans injectés permettent, dans certains cas, d'éviter ces désagréments ou de les limiter dans le temps.

Une autre incidence sur l'environnement du drainage assuré par les tunnels en terrain perméable tient aux mouvements induits susceptibles de se répercuter jusqu'en surface dans toute la zone périphérique d'influence directe, qu'il s'agisse d'affaissements d'ensemble plus ou moins prononcés ou de véritables effondrements caractérisés par l'ouverture brutale de fontis. Ces désordres peuvent être générés par le tassement de formations meubles dénoyées, par l'entraînement de terrains boulants à la suite de débourrages en galeries, par le lessivage d'anciens remplissages karstiques ou par la reprise de dissolution induite de formations solubles (gypse, sel gemme).

De tels dommages ont souvent une portée limitée dans un environnement totalement naturel et dépourvu d'aménagements humains. Ils peuvent par contre avoir des conséquences très graves dans les zones urbaines et périurbaines. Leur prise en compte apparaît donc aussi nécessaire que celle des difficultés de réalisation de l'ouvrage, lors des études préalables et des suivis de travaux.

La galerie de dérivation de la Tinée (Alpes-Maritimes) réalisée de 1989 à 1991 près du village de Saint-Étienne-de-Tinée, dans la perspective de l'obstruction de la vallée en cas de reprise brutale du glissement de la Clapière, a été confrontée à ce type de problème *(cf. chapitre 23.2.4).* Il s'agit d'un ouvrage de 2,4 km de long et de 10 $m^2$ de section, creusé en rive droite du cours d'eau. Longeant le socle gneissique du Mercantour, il a principalement traversé des grès quartzitiques permo-werféniens et des cargneules et gypses triasiques sous un recouvrement variable de dépôts argilo-caillouteux fluviatiles et fluvio-glaciaires. En cours de travaux, d'abondantes venues d'eau (de 100 à 250 $L.s^{-1}$) ont été drainées par le souterrain. Elles relayaient la nappe du massif carbonaté dominant du Muschelkalk qui a subi un rabattement de plus de 40 mètres, et ont entraîné le tarissement de la source du Laus qui assurait l'alimentation en eau d'une pisciculture et d'un établissement horticole. Ces circulations permanentes ont en outre favorisé de multiples et volumineux débourrages de sable à la traversée des formations quartzitiques et le soutirage de dépôts fluvio-glaciaires colmatant d'anciens karsts à la traversée des dépôts de cargneule et de gypse. On déplore malheureusement l'apparition différée de 3 fontis ayant atteint la surface et l'évolution de plusieurs zones d'affaissements actifs.

## 24.4 EXEMPLE DU TUNNEL FERROVIAIRE DE BRAUS (ALPES-MARITIMES)

### 24.4.1 Caractéristiques générales

Cet ouvrage souterrain de la ligne Nice-Breil (Alpes-Maritimes) présente une longueur de près de 6 kilomètres sous une couverture maximale de terrains de 700 mètres. Il traverse vers l'altitude moyenne 410 une ligne de crêtes qui culmine à la cote 1 330 et qui sépare les bassins du Paillon à l'ouest et de la Roya à l'est.

Il a été exécuté par la Compagnie des chemins de fer PLM de 1912 à 1922, avec une interruption durant la guerre 14-18. Sa réalisation a été menée par deux attaques montantes simultanées jusqu'au point haut du radier situé vers le milieu du tunnel. La ligne, mise en service en 1928, est aujourd'hui exploitée par la SNCF.

Les travaux se sont heurtés à de grosses difficultés, liées à la nature géologique des terrains traversés et à des venues d'eau abondantes, ce qui a conduit à d'importants retards de chantier et à de multiples adaptations constructives (confortements et drainages).

### 24.4.2 Conditions géologiques et hydrogéologiques

Cet ouvrage s'inscrit au cœur des chaînes subalpines de l'arc de Nice, structurées par la tectonique alpine.

Le secteur concerné correspond au synclinal de Braus, de direction NNW-SSE, qui présente une bonne symétrie d'ensemble et peu de déformations tectoniques *(figure 131).*

Son cœur est constitué par des dépôts nummulitiques (marnes priaboniennes sur calcaires lutétiens) qui charpentent les reliefs, et les formations sous-jacentes du

Crétacé affleurent au niveau des versants périphériques (marno-calcaires sénoniens, sur calcaires en petits bancs du Turonien, puis marnes cénomaniennes).

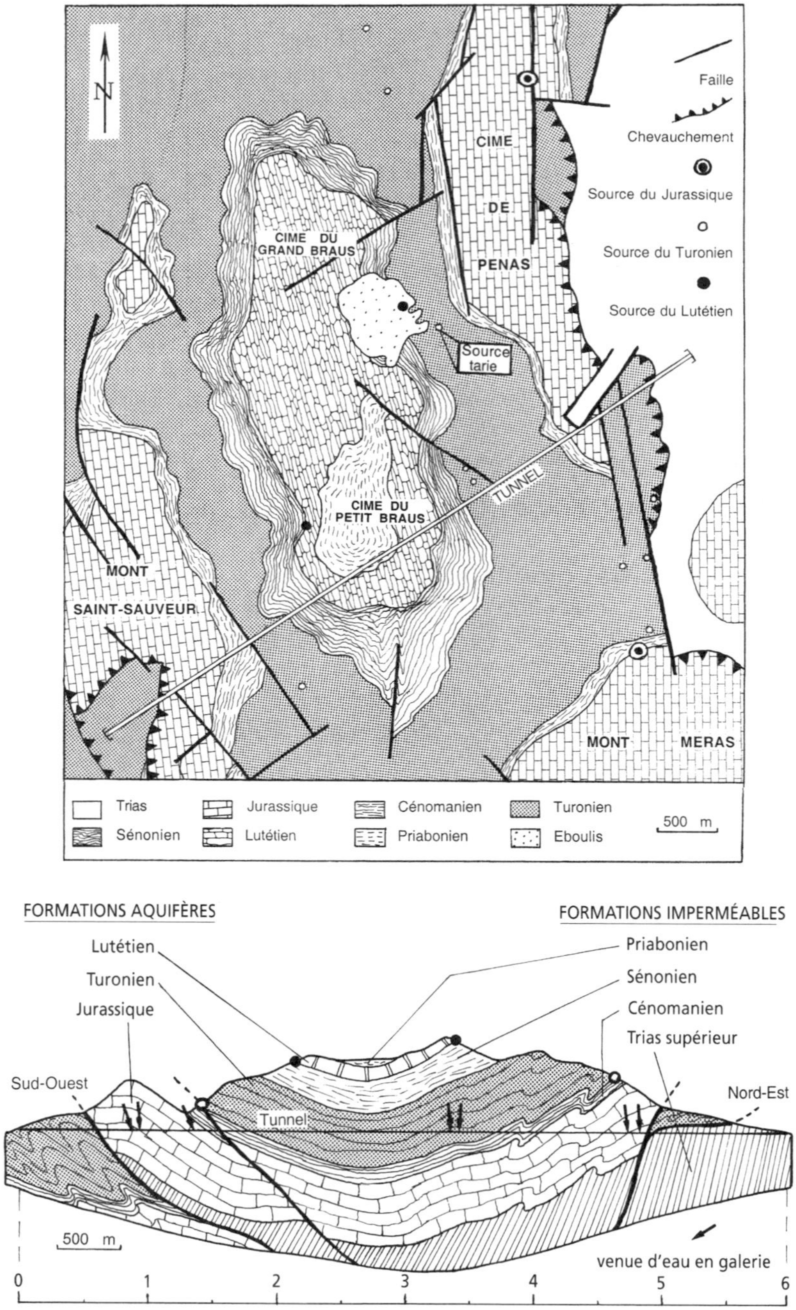


**Figure 131** Tunnel ferroviaire de Braus (Alpes-Maritimes). Structure géologique et profil en long du tracé.

Les assises carbonatées basales du Jurassique sont par contre fréquemment écaillées et donnent lieu à des chevauchements centrifuges, d'une part suivant la direction principale des contraintes compressives en bordure occidentale, d'autre part au front des argiles gypseuses triasiques, accumulées par diapirisme au droit de la dépression de Sospel, en bordure orientale.

La série géologique traversée par le tunnel recèle trois réservoirs aquifères distincts séparés par des écrans étanches ou des formations de moindre perméabilité *(figure 131)* :

- en partie haute, l'aquifère fissuré à karstique du Lutétien, parfaitement circonscrit au toit des marno-calcaires sénoniens qui jouent le rôle de radier imperméable. Il est drainé par deux émergences de bordure, la source du Pissaour au SW à la cote 850 et la source du Paraïs au NE, relayée à une cote inférieure par un manteau d'éboulis (cote 820). Ces exutoires présentent un débit moyen annuel de l'ordre de 10 à 13 $L.s^{-1}$ ;
- en partie moyenne, l'aquifère fissuré du Turonien, limité à sa base par les marnes cénomaniennes. Ce réservoir est très largement cloisonné en fonction de la répartition du réseau fissural et des intercalations marneuses. Les écoulements souterrains y sont mal hiérarchisés et son drainage est assuré par de multiples exutoires disséminés et à débit limité. Les sources reconnues y sont étagées entre les cotes 800 et 640 au nord, et les cotes 550 à 680 au sud ;
- en partie basse, l'aquifère karstique du Jurassique qui repose sur les argiles gypseuses triasiques (Keuper). La Cime de Pénas est drainée à la cote 450 par les sources de Piaon dans les gorges de la Bévéra et le mont Méras est drainé par les sources du vallon de Méras à la cote 600 et de la Sambora à la cote 520. Le débit de ces exutoires est mal connu, mais dépasse pour chacun d'eux 10 à 15 $L.s^{-1}$ en moyenne annuelle.

### 24.4.3 Problèmes hydrogéologiques posés par le creusement du tunnel

L'habillage géologique du profil en long du tunnel permet de constater que la nappe lutétienne n'a pas été affectée par les travaux, compte tenu de sa situation perchée. Le débit de ses exutoires est d'ailleurs resté inchangé.

D'abondantes venues d'eau ont par contre marqué l'avancement du souterrain à la traversée des autres réservoirs aquifères :

- d'une part dans le massif karstifié jurassique, aussi bien en partie occidentale, dans le prolongement méridional du mont Saint-Sauveur, vers le km 1,0, qu'en partie orientale, à l'extrémité sud de la cime de Pénas, vers le km 4,7 ;
- d'autre part dans le massif fissuré turonien, principalement vers le km 3,3.

Le débit d'écoulement a atteint 200 $L.s^{-1}$ en pointe et sa valeur résiduelle varierait de 20 à 80 $L.s^{-1}$ suivant les saisons depuis la mise en service de l'ouvrage.

Les conséquences hydrogéologiques les plus marquantes concernent la traversée du Turonien aquifère et les arrivées d'eau dans le Jurassique oriental bordant le Trias de Sospel.

### a) Traversée du Turonien aquifère

L'abondance des venues d'eau s'est principalement manifestée dans la zone la plus fracturée du massif aquifère, entre les km 3,32 et 3,34, où le débit a atteint 90 $L.s^{-1}$ lors du creusement de l'ouvrage. Malgré une baisse sensible de leur valeur, ces écoulements d'eau assurent encore aujourd'hui la majeure partie des apports recueillis par le souterrain.

Leur drainage a nécessité le creusement de galeries parallèles au tunnel, la réalisation de captages ponctuels contre les piédroits et l'exécution de sondages à travers les parois pour limiter les poussées à l'arrière de l'ouvrage. Les débits collectés sont évacués vers les deux têtes par un caniveau central et diverses canalisations.

Il ressort de la structure géologique locale et de la position des sources de l'aquifère que la hauteur piézométrique initiale de la nappe au-dessus de l'ouvrage devait avoisiner 200 à 400 m suivant les secteurs et que sa pression statique reste encore importante aujourd'hui.

Le drainage du massif par le tunnel a vraisemblablement asséché de multiples petits exutoires et diminué le débit de certains autres, mais il a surtout entraîné le tarissement complet et définitif en 1914 d'une importante émergence localisée 1 500 mètres au nord du tunnel à la cote 800, soit 390 m plus haut que l'ouvrage (situation sur le plan de la *figure 131*). Cette source permettait l'irrigation du plateau de la Vasta, sur la commune de Sospel, et son tarissement a causé un véritable drame à la cinquantaine d'exploitations agricoles concernées. De nombreux contentieux s'en sont suivis et les expertises ultérieures ont permis d'établir, dès 1919, l'existence d'une relation de cause à effet entre les deux événements et de reconstituer le débit initial de cette source, oscillant entre 40 et 60 $L.s^{-1}$ suivant les saisons.

Mais il faut bien reconnaître que cette catastrophe pour certains s'est révélée être une véritable manne pour les communes périphériques proches, qui ont pu bénéficier des débits collectés par le souterrain pour leur alimentation en eau potable. Cette fourniture d'eau a en effet été définie par des conventions établies entre la Compagnie des chemins de fer PLM et les communes de Sospel (en tête nord-est du tunnel) en 1926 et de l'Escarène (en tête sud-ouest du tunnel) en 1927. De fait, le tunnel ferroviaire constitue, par sa traversée sur une longueur de 1 900 m d'un massif aquifère à pression hydrostatique élevée, un captage de première importance, qui surpasse toutes les possibilités de production que l'on pourrait espérer obtenir avec des moyens classiques dans un massif aussi cloisonné et à perméabilité globalement médiocre.

### b) Traversée du Jurassique aquifère chevauchant le Trias

Les formations triasiques recoupées en tête est du souterrain sont principalement constituées d'anhydrite qui, sous l'effet des venues d'eau libérées lors de la traversée du massif jurassique chevauchant et compte tenu de la pente du radier, se sont progressivement transformées en gypse par hydratation. Cet effet a été aggravé par les apports d'eau issus de la formation turonienne et par l'interruption des travaux durant la guerre 14-18.

Cette altération de l'anhydrite en gypse, en s'accompagnant d'une augmentation de volume et de gonflements sensibles de la roche, provoqua de graves désordres dans la maçonnerie de l'ouvrage. Elle nécessita d'importants travaux de drainage sous le radier qui ne permirent pas d'éviter, par la suite, des attaques par dissolution des masses gypseuses, avec création de cavités et d'affaissements localisés. Cette nouvelle situation a conduit à la réalisation de renforcements et de réfections du radier et des piédroits et nécessite, aujourd'hui encore, une surveillance et un entretien constants.

### 24.4.4 Enseignements à tirer de cette expérience

La structure géologique du massif traversé par le tunnel de Braus est particulièrement simple et la coupe révélée par son tracé ne diffère que très peu de celle qui peut être tracée à partir des relevés de surface.

C'est l'illustration parfaite d'un cas d'école, où la géométrie des réservoirs aquifères peut être aisément précisée à partir des observations de terrain et où les contraintes hydrogéologiques peuvent être appréhendées par un inventaire rigoureux et quantifié des exutoires périphériques.

Les arrivées d'eau à la traversée de la formation turonienne étaient, en particulier, inévitables, compte tenu du piège constitué par la gouttière synclinale et de la pression statique de l'eau révélée par la position des exutoires.

Il est vraisemblable que les inconnues de l'époque résultent d'une approche géologique et hydrogéologique par trop sommaire, ce qui serait totalement inacceptable aujourd'hui.

## 24.5 EXEMPLE DU TUNNEL FERROVIAIRE DE MONTE-CARLO (PRINCIPAUTÉ DE MONACO)

### 24.5.1 Caractéristiques générales

La liaison ferroviaire Nice-Vintimille traversait initialement la principauté de Monaco sur toute sa longueur, suivant un tracé aérien longeant le littoral méditerranéen. La principauté ayant souhaité la libération des emprises ferroviaires de surface pour favoriser son développement urbain, une convention fut conclue avec la SNCF pour étudier le déplacement des voies et leur mise en souterrain. Les travaux ont été réalisés de 1958 à 1963 et la ligne a été mise en service en 1964.

Le principal ouvrage de cette déviation est représenté par le souterrain de Monte-Carlo, réalisé sur une longueur de 3 056 m et sous une couverture maximale de terrains de 110 m. Son radier est établi vers l'altitude moyenne 24 et son profil comporte une voûte en plein cintre, avec une ouverture de 8,60 m et une hauteur de 6,60 m. Son creusement a été effectué à partir de deux attaques montantes simultanées, depuis le territoire monégasque en tête sud-ouest, et depuis le territoire français en tête nord-est (commune de Roquebrune-Cap-Martin).

Les études géologiques préalables ont apparemment permis de bien appréhender les contraintes générales de réalisation, mais des difficultés ponctuelles liées à de brutales arrivées d'eau ont marqué l'avancement du chantier, induisant là aussi des retards d'exécution et des surcoûts à la construction.

## 24.5.2 Conditions géologiques et hydrogéologiques

Le secteur traversé par le tunnel de Monte-Carlo intéresse le front méridional des chaînes subalpines de l'arc de Nice, à l'amont immédiat de leur plongement en mer. Il est structuré par des plis couchés et des chevauchements de direction SW-NE *(figure 132)*.

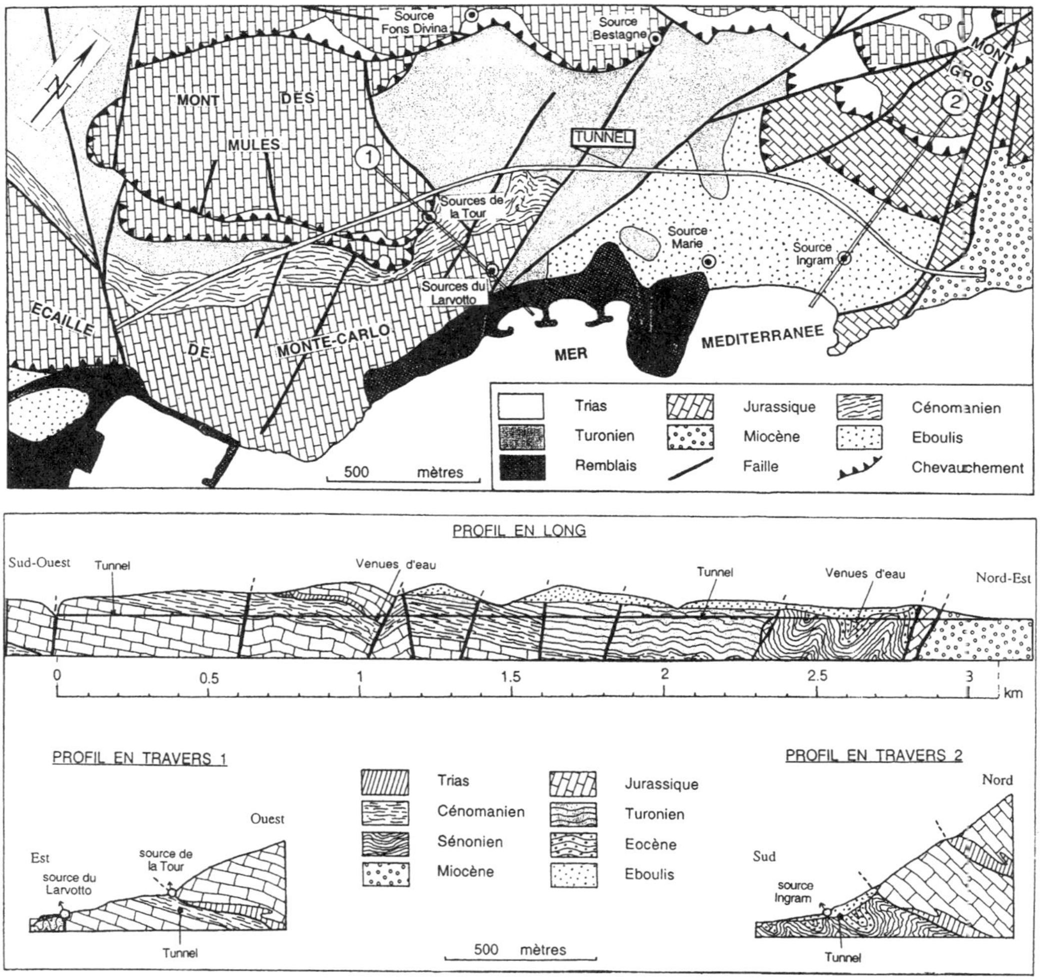


**Figure 132** Tunnel ferroviaire de Monte-Carlo (principauté de Monaco). Structure géologique et profils du tracé.

Le paysage est dominé par des croupes carbonatées d'âge jurassique qui, au-dessus des assises plastiques triasiques, constituent des anticlinaux écaillés en unités étagées ou chevauchant des lambeaux de marnes et marno-calcaires crétacés. L'ensemble est découpé par des failles transverses subverticales et, en particulier, l'important décrochement médian du Larvoto. À noter que le front chevauchant est totalement occulté par des éboulis de pente jusqu'à la mer en partie nord-est de la zone concernée.

Les massifs jurassiques constituent le principal réservoir aquifère du secteur, avec des circulations karstiques bloquées en profondeur par l'écran étanche triasique et barrées frontalement par les formations crétacées ou par des remontées tectoniques de Trias.

La distribution des écoulements souterrains est parfaitement calée sur l'extension des unités karstiques et se traduit par des exutoires étagés assurant le drainage souterrain des massifs périphériques :

- à l'amont, les plateaux du Justicier et de Sainte-Marie sont drainés aux cotes 200 et 220 par les sources Bestagne et Fons Divina qui totalisent un débit moyen annuel de 10 $L.s^{-1}$ ;
- le mont des Mules alimente les sources de la Tour à la cote 65 avec un débit moyen d'une dizaine de $L.s^{-1}$ ;
- l'écaille de Monte-Carlo est drainée par les sources du Larvoto contre la faille du même nom. Ces émergences se localisent à moins d'un mètre d'altitude et fournissent un débit moyen de 60 $L.s^{-1}$ ;
- le mont Gros, du fait de son intense cloisonnement tectonique, permet vraisemblablement un écoulement frontal plus largement diffusé, lui-même relayé par les éboulis de pente qui alimentent les sources Ingram à la cote 18 (débit moyen de 25 $L.s^{-1}$) et Marie à la cote 2 (débit moyen de 10 $L.s^{-1}$).

### 24.5.3 Problèmes hydrogéologiques posés par le creusement du tunnel

Les difficultés créées par le contexte hydrogéologique lors des travaux de percement du tunnel résultent de complications très localisées, d'ordre structural sous le chevauchement du mont des Mules et d'ordre paléogéographique à l'amont immédiat de la source Ingram.

#### *a) Traversée du chevauchement du mont des Mules*

La base chevauchante des calcaires jurassiques du mont des Mules sur les marnes cénomaniennes a donné lieu à des arrivées d'eau sur une distance de 50 m (PM 1 015 à 1 065), avec un débit de l'ordre de 14 $L.s^{-1}$. La zone concernée a été traitée par injection (à l'aide de 8 000 m de forages) et par revêtement complet de la paroi, étanchée à l'extrados (Maury et Carpentier, 1966).

L'examen de la carte et des profils de la *figure 132* permet de constater la difficulté de prévision d'une structure aussi particulière. Il s'agit en effet d'un véritable pivot basal de l'unité calcaire, enfoncé dans la marne sous-jacente. Cette géométrie en coin matérialise le contact entre la surface de chevauchement frontale faiblement pentée et le décrochement latéral subvertical.

Ce passage sensible a récemment présenté de nouveaux signes inquiétants d'instabilité, vraisemblablement liés à la pression de la nappe à l'arrière des parois et au vieillissement du traitement initial (fracturation du revêtement, chutes de blocs, déformations de la voie, nouvelles arrivées d'eau). La ligne a été fermée durant 9 mois (de juin 2003 à mars 2004), afin de permettre la réalisation d'un confortement adapté sur les 50 m concernés. Cette consolidation a consisté à poser des cintres métalliques tous les mètres et à les recouvrir d'une coque bétonnée sur la totalité de la section. Le dispositif a été complété par un captage des venues d'eau, avec évacuation dans un collecteur central (Doublot *et al.*, 2004).

### *b) Tarissement de la source Ingram*

Le 21 mai 1962, l'avancement du souterrain a été stoppé par une importante arrivée d'eau apparue en clé de voûte vers le PM 2 600. Le débit collecté par le tunnel a atteint 280 $L.s^{-1}$ au moment le plus difficile et a entraîné le tarissement de la source Ingram, située 150 m à l'aval et utilisée pour l'alimentation en eau potable de la principauté de Monaco (Maury et Carpentier, 1966 ; Varlan, 1981).

Les travaux avaient ouvert une brèche à la base de la couverture ébouleuse de versant, apparemment au droit d'un paléothalweg comblé par les dépôts de pente. Cette ouverture a dérivé les circulations d'eau souterraine provenant du massif du mont Gros et initialement relayées par la couverture ébouleuse jusqu'à la source Ingram.

La poursuite du chantier a imposé un captage des venues d'eau et un traitement de la voûte, ainsi qu'une restitution des débits collectés jusqu'au réseau monégasque.

Le captage de l'eau est établi au-dessus du tunnel et comprend un réseau de drainage formé par trois galeries transversales et une galerie longitudinale. Les débits collectés sont conduits par un aqueduc d'évacuation jusqu'à un puits maçonné, puis ramenés jusqu'à la source Ingram par une galerie de 150 mètres de long. La remise en service de la desserte d'eau a pu être effectuée en septembre 1964.

Pour limiter le risque d'autres infiltrations dans le souterrain, la clé de voûte a en outre été renforcée par un remplissage bétonné et la paroi du tunnel a été imperméabilisée par injections et applications de résines époxydes (Varlan, 1981).

## 24.5.4 Enseignements à tirer de cette expérience

L'incidence de l'hydrogéologie sur les conditions de réalisation du tunnel de Monte-Carlo confirme la difficulté de mise en évidence d'hétérogénéités locales, même dans le cadre d'une étude correctement conduite et assortie de reconnaissances mécaniques lourdes.

Cet exemple souligne la nécessité de procéder à des sondages pilotes à l'avancement, afin de repérer préventivement les éventuelles zones aquifères pouvant exister en avant du front et de permettre une prévidange du massif favorisant le creusement ultérieur.

Le tarissement de la source Ingram rappelle la nécessité absolue de vérifier préalablement les incidences possibles de l'ouvrage sur les captages périphériques. Dans le cas présent, la géométrie du paléothalweg aurait vraisemblablement pu être appréciée par l'établissement d'une carte en isohypses du toit du substratum à partir d'un maillage adapté de points de reconnaissance (géophysique et sondages).

Chapitre 25

# Les barrages et les retenues

## 25.1 CARACTÉRISTIQUES GÉNÉRALES

La vocation de ces ouvrages est de créer des réserves d'eau superficielle (retenues), en obturant localement le cours de vallons jusqu'à une cote adaptée (barrages). Leurs objectifs sont variés et peuvent être multiples :

- stockages d'eau consacrés à la production d'électricité (aménagements hydro-électriques) ;
- réserves destinées à l'irrigation ou à l'alimentation en eau potable ;
- régularisation des débits (écrêtement des crues ou soutien des étiages) ;
- constitution de plans d'eau d'agrément.

Les barrages sont de plusieurs types :

- les barrages-poids, en maçonnerie ou en béton, qui reprennent les poussées de l'eau sur l'ensemble de leur surface ;
- les barrages-voûtes en béton, qui transmettent les efforts qu'ils reçoivent aux rives ;
- les barrages en terre, ouvrages constitués de matériaux meubles ou d'enrochements, parfois utilisés de façon mixte.

Les dimensions des barrages et la capacité des retenues sont très variables. La hauteur des petits barrages, comprise entre quelques mètres et une vingtaine de mètres, permet généralement la mise en réserve de plusieurs milliers à plusieurs dizaines de millions de $m^3$ d'eau. Les grands barrages peuvent atteindre 300 m de hauteur et stocker un volume d'eau de quelques millions à quelques centaines de milliards de $m^3$. La capacité de la retenue est en fait totalement indépendante de la hauteur du barrage et dépend, pour l'essentiel, de la topographie et de la surface de son bassin-versant.

La création d'une réserve en eau, en modifiant très sensiblement les conditions hydrogéologiques de la surface noyée et de ses rives, peut avoir des conséquences importantes sur la tenue et l'exploitation des ouvrages, ainsi que sur son environnement périphérique et aval. C'est par l'établissement d'une pression hydrostatique accrue dans le massif, directement liée à la hauteur d'eau dans la cuvette, que des désagréments plus ou moins graves peuvent se manifester :

- apparition de fuites dans le bassin de retenue, pouvant nuire à l'exploitation de l'aménagement et entraîner des impacts variables, sur des sites parfois éloignés ;
- création de cheminements d'eau sous les fondations du barrage, avec des risques directs pour sa tenue ;
- modification des conditions de stabilité des rives de la retenue, susceptible d'influer sur la sécurité du barrage et des populations implantées à l'aval.

Les deux derniers cas peuvent conduire à de véritables catastrophes, ainsi que le rappellent certains des événements destructeurs qui ont touché nombre de pays :

- en 1802 : rupture du barrage-poids de Puentes (Espagne) : 680 victimes ;
- en 1889 : rupture du barrage en terre de Johnstown, en Pennsylvanie (États-Unis) : 2 200 victimes ;
- en 1895 : rupture du barrage-poids de Bouzey, dans les Vosges (France) : 86 victimes ;
- en 1911 : rupture du barrage-poids en béton d'Austin, en Pennsylvanie (États-Unis) : plus de 100 victimes ;
- en 1923 : rupture du barrage en voûtes multiples de Gleno (Italie) : 600 victimes ;
- en 1928 : rupture du barrage-poids en maçonnerie de Saint-Francis, en Californie (États-Unis) : 450 victimes ;
- en 1959 : rupture du barrage-voûte de Malpasset, dans le Var (France) : 423 victimes ;
- en 1963 : glissement d'une rive de la retenue du Vajont (Italie) : 1 700 victimes.

L'étude préalable à l'implantation et à la réalisation d'un barrage et de sa retenue requiert donc une analyse très sérieuse et nécessite, en particulier, des reconnaissances poussées de la structure géologique et du comportement hydrogéologique du massif concerné.

## 25.2 STABILITÉ DES BARRAGES

La mise en eau d'un barrage accroît la pression statique de la nappe qui baigne partiellement ou en totalité le massif d'appui de l'ouvrage et ses rives, augmentant, en particulier, le gradient hydraulique entre l'amont et l'aval, surtout dans le cas des grands barrages. Cet état facilite les infiltrations d'eau sous ses fondations ou par contournement de ses appuis.

De tels écoulements forcés peuvent permettre l'érosion régressive de formations altérables, l'entraînement de fines et la création de renards, ou encore l'apparition de sous-pressions, autant de situations qui peuvent s'avérer très dangereuses pour la stabilité de l'ouvrage et dont la possibilité dépend de la nature des formations qui constituent le site et de leur agencement spatial.

C'est au voisinage même de l'ouvrage que le risque de percolation est le plus élevé, puisqu'il correspond au cheminement le plus court, mais il peut aussi concerner des secteurs plus éloignés ou plus profonds, lorsque l'agencement des discontinuités naturelles le permet (plans de stratification, foliation, diaclases, failles).

### 25.2.1 Effet de l'érosion régressive et des renards

Ce risque concerne plus particulièrement les formations meubles, qui tapissent le fond de la vallée ou ses flancs, et à travers lesquelles des circulations d'eau pourront s'établir et créer progressivement des cheminements privilégiés et des entraînements de fines (alluvions, colluvions, moraines, éboulis, frange d'altération du substrat).

Il peut aussi concerner les formations rocheuses du substratum, lorsqu'elles sont hétérogènes et susceptibles de se dégrader en présence d'eau, puis de permettre des écoulements régressifs et un enlèvement de matière (grès sableux, poudingues, brèches, flyschs marno-gréseux).

Ces processus s'accompagnent parfois de sous-pressions localisées sous certaines conditions particulières (structures favorables et contrastes de perméabilité très marqués).

Le barrage-poids de Bouzey dans les Vosges (France) a été construit en 1880 sur une hauteur de 15 m et une longueur en crête de 472 m.

Entièrement fondé sur les grès du Trias inférieur, il a présenté dès 1884 une déformation partielle de son parement, simultanément à l'accroissement du débit de sources apparues à l'aval (de 75 à 232 $L.s^{-1}$).

Un massif de butée a été construit dans la zone sinistrée en 1889, mais l'ouvrage cède le 27 avril 1895 (Lugeon, 1933 ; Gignoux et Barbier, 1955 ; Letourneur et Michel, 1971). C'est apparemment la désagrégation en sable de niveaux gréseux mal consolidés qui a favorisé la migration de fines par des renards et la création de sous-pressions intolérables pour le barrage.

Le barrage du Cèdre près de Seattle (États-Unis) a été fondé sur des dépôts morainiques. Lors de sa mise en eau en 1918, des infiltrations ont emprunté un niveau graveleux, y provoquant la formation de renards. Un glissement localisé de l'assise de l'ouvrage a alors entraîné sa rupture partielle (Letourneur et Michel, 1971).

Le barrage des Cheurfas près d'Oran (Algérie) a été réalisé en 1880 sur l'Oued Mebtouh. Il est fondé en rive gauche sur des calcaires redressés du Tortonien (Miocène), mais sa rive droite repose sur des alluvions anciennes et des dépôts de versant remaniés qui masquent le substratum calcaire sous-jacent *(figure 133)*.

Le 8 février 1885, lors d'une forte crue, la rive droite a été profondément affouillée et l'appui du barrage s'est effondré. Les dépôts de couverture, initialement indurés lors des travaux, se sont progressivement déconsolidés sous l'action des infiltrations, affaiblissant de façon sensible le terrain de fondation de l'ouvrage (Gignoux et Barbier, 1955).

La partie détruite du barrage a été reconstruite à l'amont immédiat et ancrée dans le calcaire tortonien, ce qui explique la forme particulière en V du nouvel ouvrage *(figure 133)*.

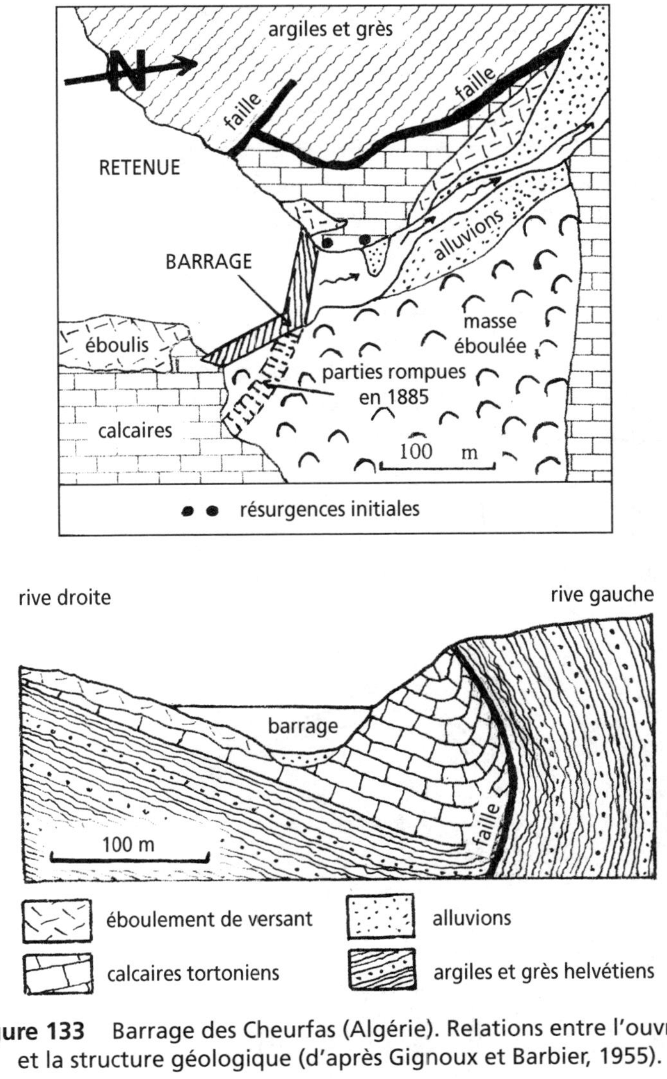


**Figure 133** Barrage des Cheurfas (Algérie). Relations entre l'ouvrage et la structure géologique (d'après Gignoux et Barbier, 1955).

Le barrage-poids de Saint-Francis en Californie (États-Unis), d'une hauteur de 82 m, est fondé, pour l'essentiel, sur des micaschistes feuilletés, en contact par faille avec des tufs volcaniques (conglomérat à ciment argileux) en rive droite *(figure 134)*.

L'altérabilité des tufs et le contraste de perméabilité entre les formations ont permis des passages d'eau à travers le tuf désagrégé contre la faille et vraisemblablement généré des sous-pressions, entraînant la rupture brutale de l'ouvrage le 13 mars 1928 (Lugeon, 1933 ; Gignoux et Barbier, 1955 ; Letourneur et Michel, 1971).

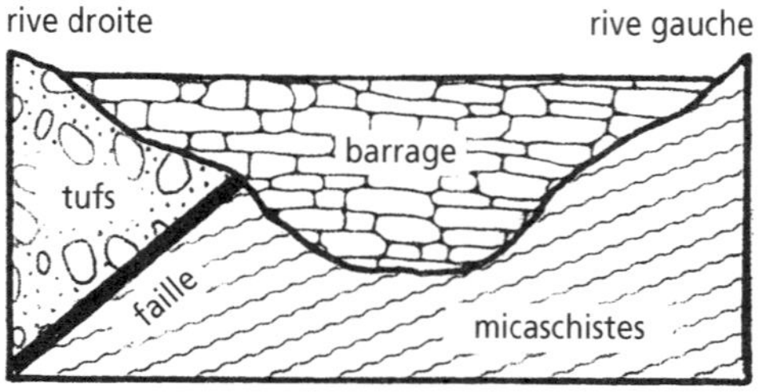


**Figure 134** Barrage de Saint-Francis (États-Unis). Relations entre l'ouvrage et la structure géologique. (D'après Letourneur et Michel, 1971.)

## 25.2.2 Effet des sous-pressions

L'exemple le plus remarquable est fourni par le barrage-voûte de Malpasset dans le Var (France), dont la construction s'est achevée en 1954 et dont la rupture brutale de son appui de rive gauche le 2 décembre 1959 a conduit à une vidange catastrophique de la retenue.

D'une hauteur de 66,5 m pour une longueur en crête de 222 m, l'ouvrage était entièrement fondé sur les gneiss à deux micas du massif du Tanneron, contenant des filons de pegmatite et présentant un débit feuilleté (alternance de lits foncés micacés

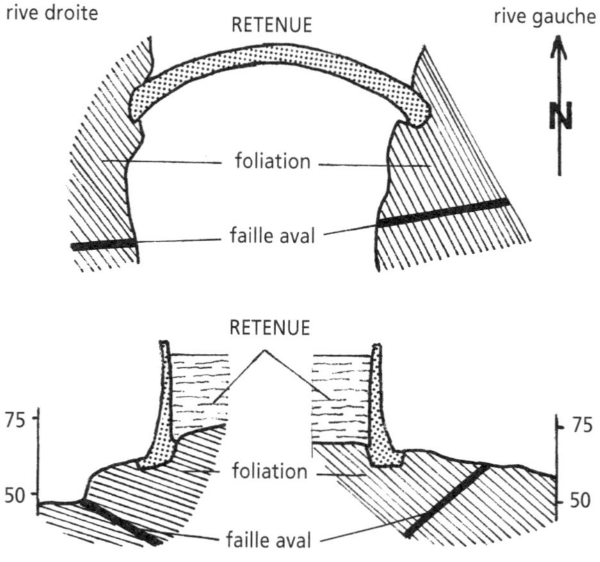


**Figure 135** Barrage de Malpasset (Var). Relations entre l'ouvrage et la structure géologique en plan et en profil (D'après Bellier, 1967).

et de lits clairs quartzo-feldspathiques). Le site est en outre découpé par un réseau de failles, suivant les deux directions principales N 80 à pendage nord et N 150 à pendage sud-ouest. Cette dernière famille se confond d'ailleurs avec la direction et le pendage de la foliation *(figure 135)*.

Les études entreprises après le sinistre ont mis en évidence l'existence d'une faille de direction N 80, qui limite la lèvre aval de la rupture de rive gauche et se retrouve également en rive droite. Cet accident, revêtu d'une brêche argileuse sur une épaisseur variable, est penté vers l'amont et passait sous le barrage à une profondeur comprise entre 15 et 30 m suivant les endroits.

Les essais réalisés sur la roche gneissique ont en outre montré une spectaculaire diminution de sa perméabilité sous contrainte, avec un rapport moyen de 100 entre les perméabilités mesurées sous des pressions de 1 bar et de 50 bars (Bellier, 1967).

Il résulte des investigations mises en œuvre que la faille aval à pendage amont a joué un rôle primordial de barrière hydraulique, à l'arrière de laquelle les feuillets de la roche, comprimés par la poussée P de l'ouvrage, se sont refermés jusqu'à créer un véritable « tapis imperméable » entre la base de l'appui et la faille. Les infiltrations induites par le remplissage de la retenue à la faveur de la foliation ont permis l'établissement, sous cette double barrière hydraulique, d'une pression hydrostatique H intolérable. Les sous-pressions R développées dans cette zone ont alors entraîné un véritable claquage du massif d'appui et libéré un dièdre rocheux limité par ces deux surfaces « imperméables » *(figure 136)*.

Les conditions structurales ont par contre permis la dissipation des pressions sous l'appui de rive droite.

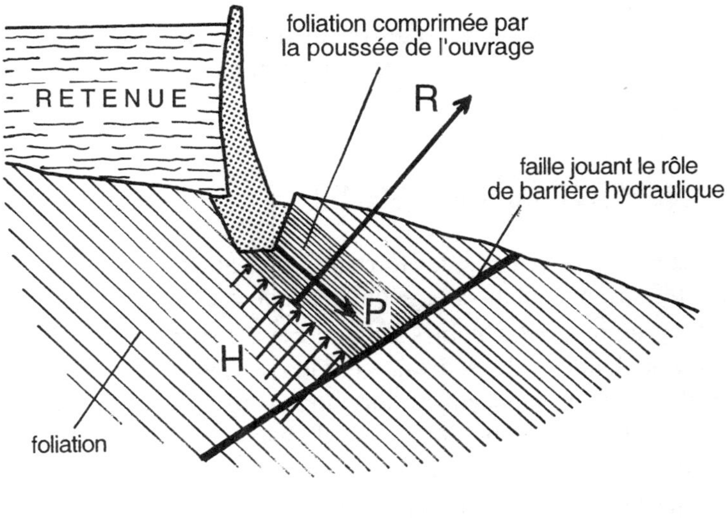


P poussée de l'ouvrage - H pression hydrostatique - R résultante de la pression

**Figure 136** Barrage de Malpasset (Var). Conditions ayant conduit à la rupture de l'appui de rive gauche. (D'après Bellier, 1967.)

### 25.2.3 Prévention et traitement

Pour éviter les problèmes précités, la meilleure garantie repose sur une étude soignée et complète des conditions structurales et hydrogéologiques du site d'un barrage dès le stade de sa conception, afin d'une part d'écarter les sites qui apparaissent comme trop dangereux ou trop contraignants, et d'autre part de prévoir les dispositions constructives les mieux adaptées.

Pour combattre efficacement les infiltrations sous l'ouvrage, différents dispositifs sont aujourd'hui réalisés sur la plupart des chantiers :

- mise en place d'un revêtement imperméable en continuité du parement amont sur le fond de la retenue (petits barrages en terre et retenues collinaires) ;
- réalisation d'injections de collage-consolidation, destinées à rétablir la continuité superficielle d'un massif rocheux ébranlé par les travaux et à assurer une liaison étanche entre la semelle de l'ouvrage et sa fondation. Elles sont réalisées à l'aide de sondages courts (quelques mètres de profondeur) ;
- création d'un écran d'étanchéité prolongeant le parement amont, soit un parafouille constitué d'une paroi bétonnée ou d'un rideau de palplanches (terrains meubles), soit un voile d'injection poussé jusqu'à un horizon imperméable ou jusqu'à une profondeur permettant un accroissement suffisant de la longueur des cheminements d'eau souterraine (terrains rocheux).

La création d'un réseau de drainage à l'aval immédiat du rideau d'étanchéité reste indispensable pour tenir compte de la « discontinuité » réelle de l'écran étanche. Il a pour but d'intercepter les circulations résiduelles d'eau et de dissiper les pressions interstitielles sous l'ouvrage. Il est constitué par des sondages de décharge verticaux ou inclinés, drainés à l'aval du barrage ou collectés dans une galerie drainante établie dans le corps de l'ouvrage.

De même est-il souhaitable de réaliser un réseau de piézomètres représentatif, afin de permettre un suivi ultérieur du comportement de la nappe à intégrer au contrôle de sécurité.

## 25.3 ÉTANCHÉITÉ DES RETENUES

Lorsqu'une retenue s'inscrit sur des terrains perméables, les risques de fuites sont d'autant plus importants que la charge hydraulique est élevée.

Les conditions les plus défavorables sont représentées par les remplissages fluviatiles ou glaciaires d'anciennes vallées divaguant latéralement (phénomène d'épigénie) et par les massifs rocheux intensément karstifiés, sous réserve que la géométrie des formations permette un réel contournement du barrage.

Les pertes de retenues peuvent avoir une incidence très importante sur l'utilisation de la réserve en eau et conduire, dans les cas extrêmes, à une impossibilité d'exploiter certains ouvrages réalisés ou à un abandon d'autres projets. C'est le cas, en particulier, lorsque le débit de fuite révélé ou estimé est égal ou supérieur au débit naturel d'apport à la retenue.

De nombreuses techniques permettent par contre aujourd'hui de réduire sensiblement le volume des pertes et de rendre certains projets situés en zone délicate compatibles avec les objectifs d'exploitation des ouvrages.

### 25.3.1 Phénomènes d'épigénie

L'exemple des aménagements hydroélectriques de la vallée du Drac en Isère (France) est tout à fait représentatif de ce type de difficulté.

Creusée au cours de la période interglaciaire Riss-Würm, la vallée du Drac a ensuite été remblayée par des alluvions caillouteuses, puis par des argiles glaciaires à gros blocs déposées au Würmien. Après le retrait du glacier, le Drac a recreusé son cours suivant un cheminement différent du tracé initial qu'il recoupe par endroits.

C'est dans ce contexte particulier qu'ont été implantés les ouvrages de stockage de la vallée du Drac, avec établissement de barrages dans les tronçons nouveaux, qualifiés d'épigéniques, entaillant en gorges profondes les formations jurassiques imperméables, et développement des retenues dans les anciens tronçons élargis par la reprise d'érosion *(figure 137)* (Gignoux et Moret, 1952 ; Antoine et Barbier, 1973).

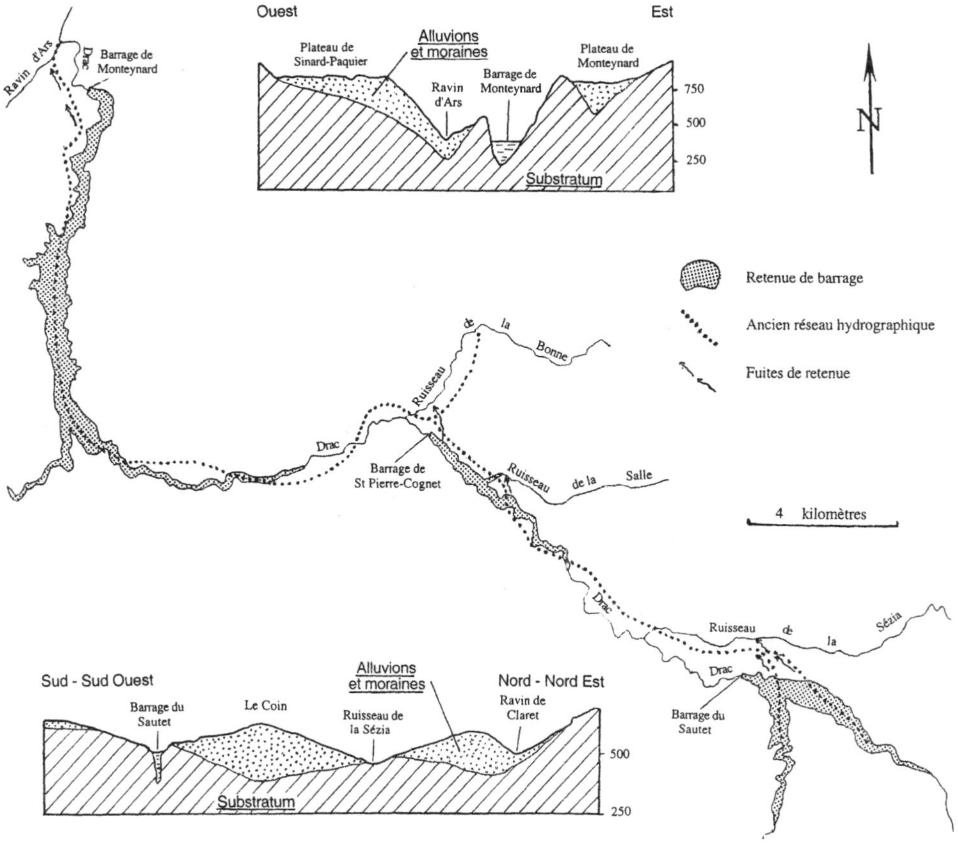


**Figure 137** Aménagements hydroélectriques de la vallée du Drac (Isère). D'après Gignoux et Moret (1952) et Gignoux et Barbier (1955).

Les retenues du Sautet, de St-Pierre-Cognet et de Monteynard baignent les remplissages würmiens et sont l'objet de fuites qui contournent les barrages et qui, en cheminant dans les anciens lits remblayés, se rejettent dans des vallons affluents.

Dans le cas du barrage du Sautet, terminé en 1935, le fond de l'ancienne vallée latérale se situe 60 m sous le niveau des hautes eaux de la retenue, provoquant des pertes de 2,5 $m^3.s^{-1}$ qui rejoignent le vallon de la Sézia.

Les pertes sont moins importantes au niveau des retenues implantées à l'aval. Elles se limitent à 250 $L.s^{-1}$ au barrage de St-Pierre-Cognet, terminé en 1957, où elles rejoignent le vallon de la Bonne, et à 400 $L.s^{-1}$ au barrage de Monteynard, terminé en 1962, où elles sont court-circuitées vers le ravin d'Ars (Letourneur et Michel, 1971).

## 25.3.2 Substratum karstique

Sur les formations calcaires et dolomitiques, l'étroitesse des canyons et les bonnes caractéristiques mécaniques de la roche sont des facteurs favorables à la construction de barrages. Cependant, la présence de réseaux karstiques plus ou moins évolués et de cavités naturelles de taille variable peut être un frein redoutable au remplissage des retenues.

### *a) Risque extrême de retenue vide*

L'exemple le plus représentatif est celui du barrage-voûte de Montejaque en Andalousie (Espagne), d'une hauteur de 73,5 m. Il a été établi sur le Rio Gaduares, qui coule sur un poljé avant de disparaître sous terre dans la grotte del Gato. Après un parcours souterrain de 3,8 km, l'eau résurge au sud, en bordure du Rio Guadiaro, 160 m plus bas en altitude.

Le barrage, placé 500 m en amont de la grotte, devait permettre la création d'une retenue d'une capacité de 5 millions de $m^3$ sur les flyschs imperméables. Dès sa mise en eau, des fuites se sont produites et ont accru le débit circulant dans la grotte del Gato et celui des sources de Benaojan *(figure 138)*.

Le débit des pertes a atteint 4 $m^3.s^{-1}$ et des expériences de traçage ont montré des vitesses de circulation souterraine atteignant 160 $m.h^{-1}$. Le débit moyen d'apport à la retenue étant de 0,8 $m^3.s^{-1}$, ces fuites ne permettent pas la création de réserves. N'ayant pu être jugulées malgré dix années d'étude et de travaux, elles ont entraîné l'abandon du projet en 1925, le barrage ne jouant aujourd'hui qu'un rôle d'écrêteur de crues lors des pointes hivernales.

Le même sort a été réservé au barrage de Maria-Christina, près de Castillon-de-la-Plana (Espagne) et au petit barrage de Saint-Guilhem-le-Désert dans l'Hérault (France), tous les deux édifiés sur des calcaires très karstifiés, sans réelle possibilité de stockage d'eau (Lugeon, 1933).

De tels échecs, souvent anciens, résultent évidemment d'études géologiques et hydrogéologiques inexistantes ou très nettement insuffisantes.

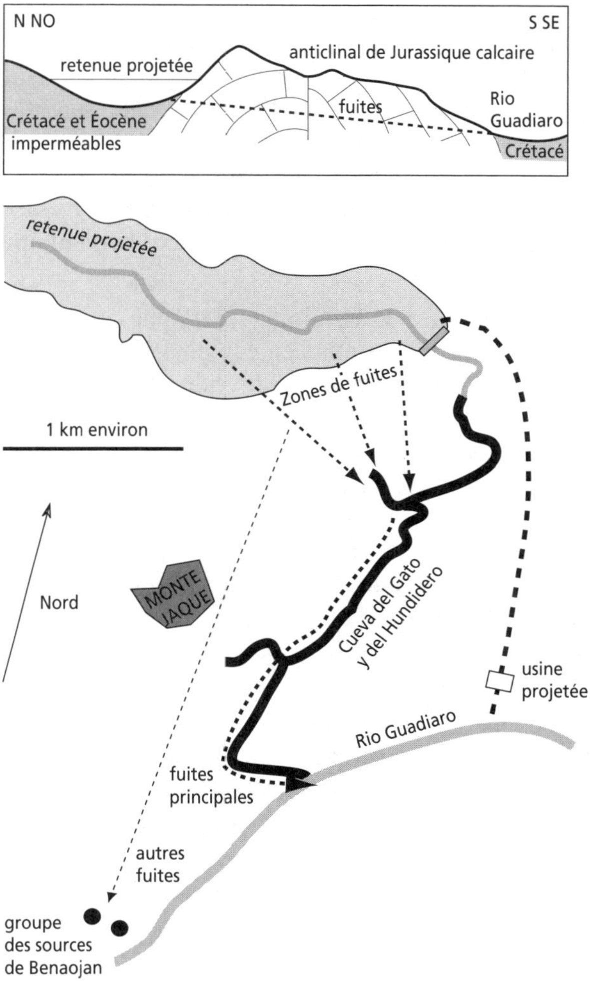


**Figure 138** Barrage de Montejaque (Espagne).
Plan du site et coupe géologique schématique (d'après Thérond, 1973).

### *b) Effet des travaux d'étanchéité*

Des travaux relativement limités peuvent parfois permettre de résoudre le problème, lorsque les fuites sont très localisées. C'est ainsi que les pertes élevées, générées par la mise en eau, en 1925, du barrage de Bouvante dans le Vercors (France), ont été réduites en 1937, en recouvrant la zone absorbante en fond de retenue d'une couche de béton, armée d'un treillis métallique (Gignoux et Barbier, 1955).

La mise en œuvre de traitements d'étanchéité *a posteriori* est pourtant difficile, longue et coûteuse dans la majorité des cas, et peut se solder par des résultats très partiels.

Le barrage du Hales Bar (États-Unis), établi sur la rivière Tennessee, atteint vraisemblablement des records. Débuté en 1905, sans étude géologique, il a été mis en eau en 1913, après une dépense quatre fois supérieures aux prévisions, du fait de travaux d'injection dans des cavités rencontrées lors des travaux. Des pertes se manifestèrent immédiatement et ne cessèrent d'augmenter, jusqu'à atteindre un débit de 250 $m^3.s^{-1}$ en 1930, date à laquelle les travaux furent stoppés. Lors de l'acquisition du barrage par une autre société en 1939, les fuites alimentaient treize grosses résurgences à l'aval immédiat, d'un débit total de 500 $m^3.s^{-1}$. La suppression presque totale des pertes fut néanmoins obtenue, par réalisation de deux écrans d'étanchéité descendant à 30 m de profondeur sous le parement amont de l'ouvrage (Gignoux et Barbier, 1955).

Le barrage-poids de Caramasa en Catalogne (Espagne), d'une hauteur de 92 m, a présenté d'importantes pertes dès sa mise en eau en 1920. Leur débit a montré une augmentation annuelle de 5 % et atteint en février 1927 une valeur de 11 $m^3.s^{-1}$, s'écoulant sur un front de 1,2 km. Après des études détaillées, étalées sur plusieurs années, le traitement a consisté à réaliser un voile d'injection de 1 km de long, constitué à partir de 224 sondages totalisant un linéaire de 132 km, pour des longueurs élémentaires comprises entre 112 et 394 m. Les pertes ont été ramenées à une valeur de 2,5 $m^3.s^{-1}$, après utilisation de 190 000 tonnes de matières injectées, comprenant des matériaux aussi divers que le ciment, les scories, le sable, le gravier, la sciure de bois, le sisal et l'asphalte (Lugeon, 1933).

Le barrage-poids de Keban (Turquie), d'une hauteur de 185 m, a été construit sur l'Euphrate (débit moyen de 655 $m^3.s^{-1}$), en vue de créer une réserve en eau de 30 milliards de $m^3$, destinée à l'irrigation et à la production d'électricité. Lors des travaux, une cavité karstique de 100 000 $m^3$, la grotte du Crabe, a été découverte à 300 m de profondeur sous le site de l'ouvrage. Elle a été comblée par du béton et l'étanchéité du massif sous le barrage a été réalisée avec succès à l'aide d'un voile d'injection. En rive gauche, des indices karstiques ont été mis en évidence lors des reconnaissances géologiques et au cours du percement d'une galerie de dérivation. Un voile d'injection a été réalisé pour étancher ce secteur jusqu'à une profondeur de 250 m, apparemment insuffisante compte tenu de la position de la grotte du Crabe. L'augmentation des fuites a conduit, en 1976, à un débit de pertes de 26 $m^3.s^{-1}$, alors qu'il était initialement de 6 $m^3.s^{-1}$, et à la vidange partielle du lac révélant l'ouverture d'une importante cavité, la grotte Petek. Son entrée a été ceinturée par une cheminée en béton, afin de diminuer sa capacité d'absorption, puis la cavité a été comblée à l'aide d'un million de $m^3$ de matériaux et une partie de la rive gauche a été étanchée par un tapis de béton de 50 cm d'épaisseur. Ces travaux ont permis de ramener les fuites à une valeur de 9 $m^3.s^{-1}$, ce qui ne représente qu'un peu plus de 1 % du débit de l'Euphrate et reste donc économiquement acceptable.

Le barrage de Cheurfas (Algérie), après sa reconstruction faisant suite à sa destruction partielle en 1885 (*cf. chapitre 25.2.1*), a nécessité d'importants travaux d'étanchement pour juguler les pertes de sa retenue à travers son assise calcaire karstifiée d'âge Tortonien. Les eaux infiltrées résurgeaient à l'aval immédiat de l'ouvrage, au niveau de plusieurs sources en rive gauche de l'Oued Mebtouh (*figure 133*). En rive droite, un voile d'injection a été réalisé sans difficulté jusqu'aux argiles gréseuses sous-jacentes de l'Helvétien. En rive gauche, la structure particulière du site (synclinal faillé) a imposé le creusement d'une galerie légèrement supérieure au plan d'eau de la retenue, servant de chambre de travail pour constituer un écran. Sa réalisation a nécessité 5 824 m de longueur de forages injectés et 2 631 tonnes de produit d'injection. Les travaux mis en œuvre ont permis de réduire de 90 % le débit des pertes.

Les fuites qui affectent une retenue en site karstique alimentent généralement des sources préexistantes et utilisent des conduits karstiques vides ou remblayés avant la mise en eau. Les débourrages de cavités peuvent être très brutaux et les résurgences apparaissent le plus souvent à moins de 2 km de la retenue. Thérond (1973) a montré que le bassin d'alimentation naturel des émergences subissant une augmentation de débit par collecte des fuites s'étend jusqu'aux retenues. Il estime que la présence d'un conduit karstique à moins de 150 m d'une retenue lui fait courir un risque important. L'étendue du bassin d'alimentation d'une source peut être évaluée rapidement, si l'on connaît les modules spécifiques d'infiltration des secteurs concernés (une source de $10\,L.s^{-1}$ correspond à un bassin de $1\,km^2$ pour un module de $10\,L.s^{-1}.km^{-2}$).

Dans le cadre des projets les plus récents, les exemples de succès sont heureusement plus nombreux que les échecs, du fait, en particulier, de la mise en œuvre de longues études hydrogéologiques, permettant de préciser les grands traits des circulations karstiques, et de recherches paléogéographiques, permettant d'évaluer la profondeur de la karstification et donc la profondeur à donner aux voiles d'étanchéité.

En France, les barrages de Génissiat sur le Rhône (104 m), de Vouglans sur l'Ain (130 m), de Castillon (100 m) et de Sainte-Croix (90 m) sur le Verdon ont été édifiés en site karstique et ont parfois été confrontés à la présence d'importantes cavités souterraines (Caborne de Ménouille, Fontaine l'Évêque). La mise en œuvre de longues études et la réalisation d'importants voiles d'étanchéité (44 400 $m^2$ à Castillon, 50 000 $m^2$ à Sainte-Croix) ont permis le succès de ces réalisations.

### c) *Cas particulier des stockages en poljés*

L'utilisation des poljés pour créer des retenues est particulièrement développée dans les karsts dinariques. Il s'agit de bassins endoréiques, drainés par des cavités karstiques absorbantes, appelées ponors. Lorsque le débit collecté par le bassin dépasse la capacité d'infiltration des ponors, le poljé s'ennoie et un lac se forme. L'ennoiement peut aussi être provoqué par des remontées de la nappe karstique, les ponors fonctionnant alors en sens inverse, sous la dénomination d'estavelles. Les inondations successives façonnent le relief, donnant naissance à de vastes dépressions fermées pluri-kilométriques, avec un fond plat dont l'altitude est commandée par celle des ponors.

Les sédiments accumulés en fond de poljés sont relativement imperméables, formés le plus souvent d'alternances irrégulières de cailloutis et d'argile. Il est donc tentant de profiter de ce colmatage naturel pour conserver l'eau en dehors des périodes de hautes eaux, en obturant les ponors. Le succès d'une telle entreprise dépend de la nature et de l'épaisseur des dépôts accumulés dans la dépression, de la possibilité d'obtenir un bon étanchement au droit des ponors et de l'absence de risque de débourrage en d'autres points. Les exemples d'échecs sont nombreux, car l'eau contourne fréquemment les ouvrages et décolmate d'anciens conduits.

Le ponor de Slivlje, drainant le poljé de Niksicko, dans le Montenegro (Yougoslavie) a ainsi été ceinturé dans les années 1950 par une cheminée de 50 m de diamètre et de 20 m de haut, pour permettre la création d'une réserve en eau. L'ouvrage était fondé directement sur le substratum calcaire, à travers une dizaine de mètres de silts argileux. Dès la première mise en eau, de nouveaux points d'absorption se sont ouverts en bordure du ponor ceinturé et d'anciennes cavités ont été débourrées, permettant la fuite d'importants volumes d'eau.

À Thorenc, petite station touristique des Alpes-Maritimes (France), la création d'un lac d'agrément a été tentée vers 1900 sur la base d'un aménagement comparable. Il s'agit d'un petit poljé, établi au contact de marnes crétacées et de calcaires jurassiques, alimenté par un ruisselet permanent, et drainé par deux ponors situés au point bas de la dépression. Le poljé se développe à l'altitude 1 165 m et des traçages ont montré une liaison rapide des eaux infiltrées avec la source de la Mouna, à l'altitude 1 000 m. Les ponors ont été ceinturés par des ouvrages fondés au rocher. Il s'agit de cheminées en béton, pourvues d'une vanne, afin de réguler le niveau de remplissage de la retenue et de permettre l'évacuation des débits de trop-plein dans les ponors naturels *(figure 139)*. Le lac a été constitué dès la première mise en eau, mais des courts-circuits hydrauliques sont rapidement apparus en périphérie immédiate des cheminées, absorbant la totalité des eaux accumulées. Le projet a été abandonné et les deux cheminées en béton qui se dressent au milieu d'une plaine herbacée témoignent aujourd'hui de cette tentative avortée.

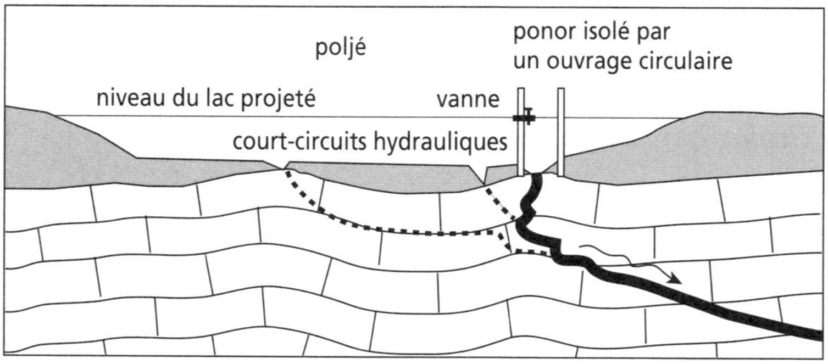


**Figure 139** Poljé de Thorenc (Alpes-Maritimes). Principe de l'aménagement réalisé.

Pour permettre une étanchéité suffisante du fond des poljés, la mise en place d'une membrane imperméable est souvent nécessaire, mais sa stabilité peut être compromise par les remontées d'eau, au droit des estavelles, lorsque le massif karstique se met en charge. Le réservoir du poljé de Popovo (Bosnie-Herzégovine) a ainsi été étanché par une membrane, et équipé de puits de décharge permettant l'évacuation de l'air poussé par les remontées temporaires de l'eau, dans les conduits situés sous le poljé.

## 25.4 INSTABILITÉS DES RIVES DE RETENUES

### 25.4.1 Instabilités naturelles

Il arrive que des mouvements de versant de grande ampleur (éboulements ou glissements) barrent une vallée et y provoquent la création d'un lac.

Celui-ci se résorbe en général assez vite sous l'action érosive des apports d'eau amont, qui ouvrent une brèche dans le barrage naturel ainsi créé. Ce fut le cas dans le département des Alpes-Maritimes, où les conditions pluviométriques exceptionnelles de novembre 1926 entraînèrent la multiplication de grands glissements dans le haut bassin de La Vésubie et l'obstruction complète du vallon de la Madone de Fenestre et du cours de La Vésubie au lieu-dit « La Muselle » (Perriaux, 1927).

La vidange de ces lacs est parfois favorisée artificiellement par l'homme, lorsqu'il s'agit de protéger les infrastructures et les aménagements bordiers. Le 30 janvier 1948, un important mouvement de terrain a affecté le versant de rive droite de la vallée du Var, à l'aval immédiat du village de Puget-Théniers (Alpes-Maritimes). C'est la mobilisation d'une centaine de milliers de $m^3$ d'argiles gypseuses, au lieu-dit « Le Breuil », qui a barré le cours d'eau sur toute sa largeur, entraînant la création d'une retenue de 440 000 $m^3$ et coupant les infrastructures routières et ferroviaires qui longeaient la rive gauche. Des brèches ont alors été ouvertes à l'explosif dans la masse glissée pour accélérer le retour à l'état hydraulique initial.

Il existe enfin des lacs permanents qui résultent du même processus : lac de Sillans, dans le Jura, et lac de Parouard, dans la Haute-Ubaye (Goguel, 1967).

Les anciens mouvements de versant peuvent aussi entraîner à terme une déviation du cours d'eau (tracé caractéristique en baïonnette) ou produire un simple resserrement local de la vallée, qui se prête bien à l'implantation d'un barrage. Il y a pourtant grand danger à mener le projet à son terme, avec le risque d'une rupture de l'ouvrage ou de travaux de stabilisation très onéreux. Rappelons le sort réservé au barrage de Cheurfas (Algérie), dont l'appui de rive droite, fondé sur un versant éboulé, a été emporté en 1885 *(cf. chapitre 25.2.1* et *figure 133)*. Sa reconstruction a dû être reportée à l'amont immédiat, hors de la zone remaniée.

Le risque concerne également les retenues, lorsqu'elles noient la base d'anciens mouvements. Des remobilisations sont toujours à craindre, même si la réserve en eau crée une contre-pression stabilisatrice. Les phases les plus délicates sont en fait représentées par les variations du plan d'eau (mise en eau et vidange de la retenue), qui modifient les conditions hydrodynamiques antérieures et peuvent générer des mouvements d'importance variable.

Gignoux et Barbier (1955) citent l'abandon d'un projet de barrage sur la Romanche, près du village de Villar-d'Arène (Hautes-Alpes), après que les premières investigations aient mis en évidence de grandes masses de Lias schisteux glissées constituant la rive droite *(figure 140)*. Sous ces terrains remaniés, un sondage a en effet recoupé les alluvions anciennes de la Romanche, mettant ainsi en évidence le barrage constitué par le glissement sur une hauteur de 40 m et le report de son cours d'environ 70 m vers sa rive gauche.

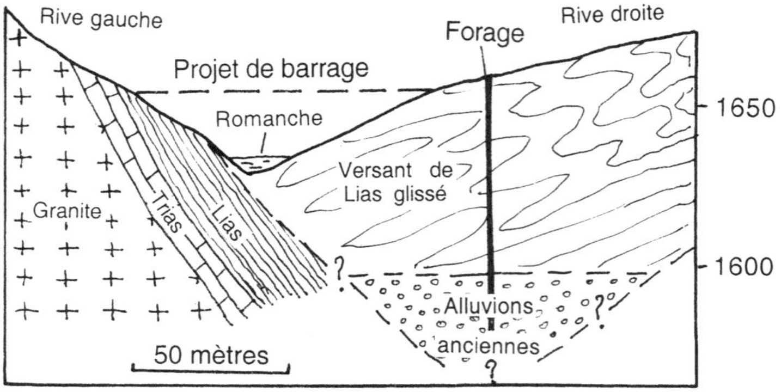


**Figure 140** Site du projet de barrage de Villar-d'Arène (Hautes-Alpes). (D'après Gignoux et Barbier, 1955.)

## 25.4.2 Rôle des vidanges

Lorsque le niveau de la retenue est relativement fixe, les nappes de versant sont soutenues par le plan d'eau, avec lequel s'établit un niveau hydrostatique stable et donc un nouvel état d'équilibre.

Les variations du plan d'eau, résultant de l'exploitation de l'ouvrage (oscillations périodiques des retenues hydroélectriques) ou des opérations de surveillance et d'entretien (vidanges partielles ou totales), vont par contre déconnecter plus ou moins rapidement les nappes de versant du lac. Cette situation peut générer des gradients hydrauliques élevés, surtout dans les terrains peu perméables, et entraîner des mouvements de la couverture superficielle, voire même plus en profondeur. Antoine et Barbier (1973) alertent d'ailleurs sur le risque encouru par les constructions légères, qui ont de plus en plus tendance à vouloir s'établir « les pieds dans l'eau » en bordure des lacs artificiels.

En France, sur les rives de la retenue de Sainte-Croix (Alpes de Haute-Provence), un glissement lent est actif depuis des décennies. Il est suivi avec attention, même si le remplissage du lac a entraîné une réduction de sa vitesse (Anonyme, 2003).

Au niveau du barrage de Génissiat établi sur le Rhône, la cote de retenue fut ramenée à 330 au lieu de 337 (projet initial), afin de limiter l'extension des remous créés par les oscillations journalières (pouvant atteindre 5 à 6 m). Cette décision repose sur la nécessité de protéger les versants amonts, fortement dégradés par des glissements actifs qui se développent dans la couverture morainique, aussi bien en rive droite française (voie ferrée) que sur la rive gauche suisse (village de Chancy) (Gignoux et Barbier, 1955).

## 25.4.3 Exemple du glissement du Vajont (Italie)

Le barrage du Vajont a été établi sur un affluent de la Piave, dans les Alpes de Vénétie, dans un but d'exploitation hydroélectrique. Il s'agit d'un ouvrage-voûte de 262 m de hauteur, devant permettre, par remplissage à la cote 722,5, le stockage d'un volume d'eau de 17 millions de m$^3$.

Le 9 octobre 1963, un glissement de terrain exceptionnel affecte la rive gauche de la retenue qu'il comble partiellement et chasse l'eau du lac par-dessus le barrage, en créant une vague estimée à 200 m de haut, faisant 1 700 morts à Longarone et dans les localités voisines, alors que le barrage a résisté au choc *(figure 141)*.

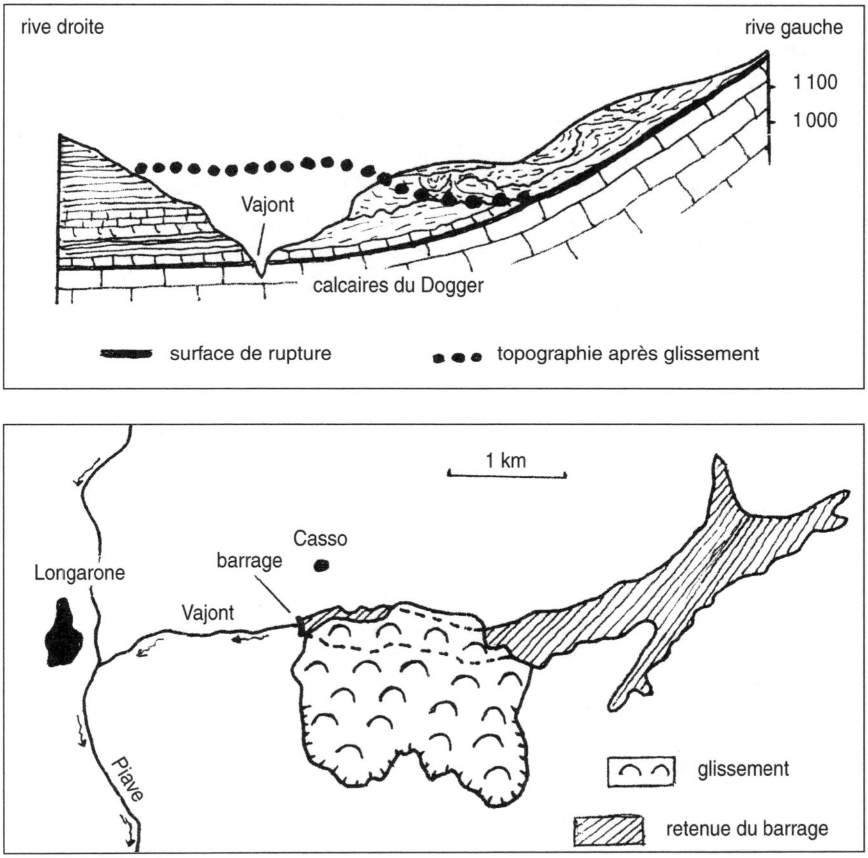


**Figure 141** Glissement du Vajont (Italie). Plan et profil type du site. (D'après Letourneur et Michel, 1971.)

La masse en mouvement s'est détachée du mont Toc, sur un front de 1,9 km et une épaisseur de 150 à 330 m, ce qui conduit à un volume total de l'ordre de 280 millions de m$^3$. Sa vitesse de déplacement estimée aurait été de 60 à 90 km.h$^{-1}$.

Le glissement s'est produit dans des formations jurassiques, le long d'une surface structurale entre le Dogger et le Malm, les bancs étant localement redressés à 40°, alors qu'ils sont subhorizontaux en pied de versant (profil de la *figure 141*).

Il est clair aujourd'hui que des glissements anciens avaient façonné la morphologie adoucie de ce versant (à comparer avec celle redressée de la rive droite). Des indices de mouvement y ont d'ailleurs été constatés lors du premier remplissage, dès juin 1960, ce qui a conduit à l'équiper pour des suivis topographiques et piézométriques et à creuser une galerie de dérivation sous la rive droite pour pallier à la perspective d'une obstruction de la vallée (Letourneur et Michel, 1971).

Lors du second remplissage, en 1962, le versant se réactive lorsque le plan d'eau atteint la cote 700, mais sa stabilité revient avec la baisse du niveau.

Au troisième remplissage, en 1963, c'est également à partir de la cote 700 que des accélérations sensibles du mouvement apparaissent. Il est décidé de revenir à la cote 700 pour limiter les risques, mais dès le début octobre, les vitesses de déplacement s'accroissent, pour atteindre 20 $cm.j^{-1}$ le 9 octobre (Anonyme, 2003).

Cette catastrophe résulte, d'une part du choix inadapté d'un site déjà modelé par d'anciens glissements de terrain de grande ampleur, et d'autre part des phases successives de remplissage et de vidange de la retenue et, en particulier, de la dernière vidange rapide pour revenir à la cote 700, ce qui a favorisé après saturation des terrains déjà remaniés, le déclenchement du mécanisme de rupture par augmentation brutale du gradient hydraulique.

Chapitre 26

# Les stockages souterrains

Le stockage souterrain est essentiellement lié à des problèmes d'énergie. On l'utilise pour le stockage du gaz dont l'approvisionnement régulier par les producteurs s'oppose à l'irrégularité de la consommation. Hormis les pointes quotidiennes liées à la cuisson des repas, la consommation est en effet très variable : importante en hiver du fait du chauffage et réduite l'été. Un autre besoin est celui de la gestion des déchets nucléaires. Les problèmes hydrogéologiques rencontrés sont différents. Pour le gaz la présence d'eau est indispensable car elle permet l'étanchéité et la mise en pression. Pour les déchets nucléaires on cherche au contraire des milieux dépourvus de circulation d'eau.

## 26.1 LE STOCKAGE SOUTERRAIN DU GAZ

Quatre types de stockage sont couramment utilisés :

- le gaz peut être stocké dans d'anciens gisements de gaz épuisés et cette méthode est la plus employée. Un projet est en cours à Trois-Fontaines (Marne) où la reconversion d'un gisement de gaz naturel permettra un stockage d'environ 3 milliards de $m^3$ ;
- le stockage en cavité saline, où une cavité est créée en injectant de l'eau dans un gisement de sel et en extrayant la saumure. Le gisement de Manosque (Alpes-de-Haute Provence), à 150 m de profondeur, a une capacité d'un milliard de $m^3$. Ceux de Tersanne (Drôme) et d'Etrez (Ain) ont une capacité de 1,4 milliards de $m^3$ ;
- le stockage en aquifère, où le gaz est injecté, à une pression supérieure à la pression hydrostatique, dans un aquifère captif sous un aquiclude, et repousse latéralement

l'eau qui le comprime. On recrée ainsi l'équivalent d'un gisement naturel. Les contraintes d'exploitation imposent de conserver en permanence un volume (le coussin) d'environ la moitié du gaz stocké. Une partie du gaz peut alors être remplacée par de l'azote. En France le site de Chémery (Loir-et-Cher) d'un volume total de 6,8 milliards de m$^3$, permet le stockage utile de 3,5 milliards de m$^3$. Les forages ont une profondeur de 1 120 m. L'aquifère des grès est captif sous des argiles ;
- enfin d'anciennes exploitations minières peuvent être utilisées.

Les besoins sont en constante augmentation et plusieurs projets sont en cours d'étude ou de réalisation en France.

## 26.2 LE STOCKAGE DES DÉCHETS NUCLÉAIRES

La filière énergétique nucléaire et quelques autres activités produisent des déchets dont la nocivité peut s'étaler sur des centaines de milliers d'années et constitue, de ce fait, un risque pour les générations futures. Un des principaux griefs des opposants au nucléaire, hormis le problème d'éthique, est que le coût du traitement des déchets et celui du démontage des réacteurs vétustes rendent cette énergie finalement plus chère que les autres procédés (barrages, centrales thermiques). L'avenir du nucléaire passe donc par la preuve que la gestion des déchets est possible. Le problème du stockage de ces produits est essentiellement celui du risque de contamination durable des aquifères. L'accident de Tchernobyl a provoqué une réelle contamination et des barrages souterrains de zéolites ont été mis en place sur le site, par le CEA, pour tenter de fixer la radioactivité.

### 26.2.1 Nature des déchets

Les déchets liés à l'extraction, à la purification et à l'enrichissement de l'uranium contiennent du radon, de l'uranium appauvri et du radium. Ces déchets ont une longue durée de vie mais leur activité radioactive est faible et le danger, hormis sur les sites de traitement, est donc limité. Le radium peut toutefois être entraîné par l'eau et s'infiltrer. Les problèmes viennent surtout des produits de fission. Ces produits à longue vie sont les actinides majeurs (uranium et plutonium) qui, par des techniques futures, pourront devenir des combustibles ou des déchets ; leur avenir est donc en suspens. La fission produit aussi des actinides mineurs (neptunium, américium, curium), sans intérêt économique, et des produits à vie très longue PFVL, qui sont définitivement des déchets. Le stock de produits dangereux est donc variable selon les solutions. En France, trois classes ont été définies. Les produits dits de catégorie A ont une activité réduite et une durée de vie courte. Ils sont entreposés en surface sur des sites de stockage prévus pour être fonctionnels pendant 50 ans et surveillés pendant 300 ans. Celui de l'Aube, d'une capacité d'un million de m$^3$, reçoit 20 000 m$^3$/an. Les déchets de catégorie B ont une activité moyenne mais une vie longue, enfin ceux de catégorie C ont une activité forte et dégagent de la chaleur. À l'usine de la Hague, les actinides mineurs et les PFVL constituant la classe C sont vitrifiés et refroidis pour environ 50 ans en attendant leur stockage définitif sous terre, mais d'autres déchets sont générés par le traitement (ciments et bétons), qui attendent aussi leur stockage définitif. Le volume total pour 2030 est estimé à 95 000 $m^3$. Il est envisagé dans la plupart des pays d'enfouir les déchets dans des structures géologiques profondes, à l'écart des zones d'activité tectonique. Les deux propriétés recherchées sont l'absence de risque d'intrusion humaine accidentelle dans le futur et l'absence de circulation d'eau. Ceci implique donc de connaître précisément le fonctionnement hydrogéologique des sites potentiels.

Les déchets sont stabilisés et placés dans un conteneur ; l'ensemble constitue le « colis » qui doit obéir à des normes très strictes pour permettre son stockage à long terme. Le principe de l'enfouissement est de créer une barrière souterraine autour des colis. Au moins un des éléments du système colis - barrière ouvragée - formation géologique, doit rester stable pendant des centaines de milliers d'années. Or personne n'est aujourd'hui capable de prévoir les interactions des eaux souterraines avec les systèmes de confinement pendant une telle période. Les sites géothermaux et la découverte à Oklo (Gabon) de réacteurs nucléaires naturels vieux de 2 milliards d'années offrent heureusement des laboratoires naturels en cours d'étude, dont on pourra s'inspirer (Alexandre, 1997)

## 26.2.2 Contexte hydrogéologique des sites de stockage

### *a) Stockage de surface*

Les déchets doivent être entreposés sur une formation drainante, au-dessus d'un aquifère bloqué en profondeur par un substratum parfaitement étanche, sans risque de remontée de la nappe en surface. L'aquifère doit posséder un exutoire unique bien identifié pour permettre le suivi de la qualité de l'eau.

Le site de l'Aube est installé à Soulaines Dhuys sur les sables de l'Albo-Aptien, au-dessus des argiles imperméables de l'Aptien supérieur.

### *b) Enfouissement*

Sur le plan mondial, aucun site n'est encore opérationnel et des laboratoires étudient la faisabilité du stockage *(tableau 23)*. Les sites doivent obéir aux contraintes suivantes :

- absence de richesses dans le sous-sol ;
- absence de circulation d'eau ;
- environnement tectonique stable ;
- plasticité permettant les faibles déformations.

En France, trois sites ont été étudiés par l'ANDRA : les argiles du Gard, le granite de la Vienne, et les argiles de l'Est (Haute-Marne et Meuse). Le site du Gard a été abandonné.

TABLEAU 23 PROJETS DE STOCKAGES PROFONDS DES DÉCHETS NUCLÉAIRES.

| Formation géologique | Pays intéressés | Avantages | Inconvénients |
|---|---|---|---|
| Sel | États-Unis<br>Allemagne<br>Russie | Absence d'eau<br>Plasticité | Ressource naturelle<br>Piège à pétrole |
| Granite | France<br>Suède<br>Canada<br>Suisse<br>Japon | Résistance mécanique<br>Faible porosité (1 %)<br>Absence de minerai | Fractures perméables<br>Sensible à la tectonique |
| Argile | France<br>Belgique | Capture naturelle des cations radioactifs<br>Plasticité importante | Présence d'eau (20 à 40 %)<br>Fracturable et perméable lorsqu'elle est tassée |
| Tufs volcaniques | États-Unis | Résistance mécanique<br>Absence de minerai | Forte porosité |

# Conclusion

## 1 L'ENTITÉ EAU

L'eau est un tout indissociable. Indispensable à la vie, son absence est une calamité, mais, à l'inverse, les inondations représentent la principale des catastrophes naturelles et ont fait plus de 5 millions de victimes depuis 1850. Excédent *versus* déficit, l'eau doit être gérée. Or, intégrée dans un cycle sans fin, l'eau des aquifères ne peut être dissociée des sources et des cours d'eau qu'elle alimente. En France, la loi sur l'eau de 1992 a pris en compte cette unicité de l'eau. Mais, pour assurer une bonne gestion, il est indispensable de connaître au mieux cette entité et beaucoup reste à faire pour accéder à cette connaissance. En ces périodes d'interrogations sur les effets du réchauffement climatique, nous ne saurions trop insister sur la nécessité d'une approche globale.

## 2 L'IMPORTANCE SOCIO-ÉCONOMIQUE DE L'EAU

Les estimations de population pour le siècle sont alarmistes. Selon les scénarios, le nombre d'habitants pourrait atteindre 9 milliards en 2050. Et si les espaces sont suffisants pour que l'agriculture puisse nourrir cette population, de grandes interrogations se posent : comment garantir l'eau potable et l'eau agricole, alors qu'aujourd'hui 1 personne sur 5 ne dispose pas d'eau potable et que chaque jour 5 000 enfants meurent de diarrhée provoquée par des eaux souillées ?
Dans les régions arides, la gestion traditionnelle de l'eau a souvent cimenté les sociétés. Construction des ouvrages, répartition de l'eau et corvées d'entretien, concernaient tous et le droit coutumier instaurait une gestion rigoureuse. Les forages profonds et les pompages ont déséquilibré ces sociétés. L'eau, bien commun traditionnel, est devenue un produit du pouvoir central ou un bien réservé à celui qui dispose des

moyens financiers suffisants pour y accéder. Le problème devient crucial pour les pays pauvres. Par ailleurs en 1900, 90 % de la population vivait en zone rurale, proche des ressources en eau. En 2000, 50 % vit dans les villes et il est probable qu'en 2100, 90 % de la population mondiale sera citadine. Or dans les zones à forte densité, où l'assainissement n'existe pas ou fonctionne mal, l'eau est trop polluée pour être bue. Le delta du Nil en est un exemple, les villes grignotent les zones de cultures, les gens vivent dans leurs ordures, lavent et cuisinent dans leurs égouts. On assiste paradoxalement à une explosion de la consommation d'eau en bouteille dans les pays les plus pauvres.

Une interrogation se pose : L'eau gratuite est-elle un droit ? Si l'air reste gratuit (certains disent que c'est parce que l'on pas encore inventé de compteur) le coût de l'eau ne cesse d'augmenter. Dans la plupart des pays occidentaux, l'eau est gratuite, mais son traitement et sa distribution sont payants. Comme les fontaines publiques sont rares, il est donc nécessaire de payer pour disposer de l'eau. En France le budget de l'eau d'une famille représente aujourd'hui environ un mois de salaire minimum. Ce qui est acceptable compte tenu du revenu moyen des Français n'est pas abordable pour la grande majorité des habitants de la Terre. Or il faudra obligatoirement, compte tenu de la démographie et des problèmes de pollution, se lancer dans de vastes plans de mise en valeur des aquifères, de traitements des eaux usées et de transfert de l'eau pour permettre l'alimentation en eau des pays pauvres. Le recours aux aquifères profonds, moins sensibles à la pollution que les eaux de surface, devrait se développer. Mais tout cela a un coût et de nombreuses voix s'élèvent pour demander que l'accès à l'eau reste gratuit pour les plus pauvres.

## 3 LE RÔLE STRATÉGIQUE DE L'EAU ET LES RISQUES DE CONFLITS INTERNATIONAUX

Les aquifères se moquent des frontières. De grands problèmes peuvent naître de l'exploitation unilatérale d'un aquifère, appauvrissant les pays tributaires du même aquifère, en asséchant les sources et en abaissant le toit de la nappe phréatique plus bas que les forages. Les grands barrages qui détournent de l'eau pour l'irrigation peuvent appauvrir à l'aval les aquifères tributaires de leur recharge. La conquête de l'eau, ou tout au moins la conservation des acquis en matière de ressource, pourront justifier des conflits importants. Nous vivons depuis plusieurs décennies au rythme des guerres pour l'or noir, celles de l'or bleu se profilent.

### 3.1 Exemples en Europe

#### *a) Monaco*

Le rocher de la principauté de Monaco était jusqu'au XIX^e^ siècle doté de citernes permettant une autonomie de six mois en cas de siège, à raison de 3 L/jour/pers., mais, le niveau de vie augmentant, les besoins ont considérablement progressé et le recours à d'autres sources d'approvisionnement est devenu nécessaire. Grâce à l'invention des pompes à vapeur permettant de relever l'eau, il a été possible au XIXe siècle de fournir de l'eau courante à partir de sources captées, puis, au fur et à mesure de la densification de l'urbanisation, les ressources locales sont rapidement devenues insuffisantes. Pourtant, malgré l'exiguïté de son territoire, la Principauté de Monaco, placée au point de convergence de plusieurs aquifères, possède des ressources souterraines abondantes mais le développement urbain limite aujourd'hui leur utilisation. Une adduction depuis la France fournit aujourd'hui une bonne partie des besoins, et l'importance de cette adduction allochtone augmente régulièrement rendant la principauté dépendante de son voisin. C'est ainsi que dans les années 1960, le siège de Monaco par la France, pour interdire aux français de disposer d'un compte bancaire anonyme dans ce paradis fiscal, n'a duré que quelques heures.

### *b) Malte*

L'alimentation en eau de Malte est un sujet intéressant. La Valette exploitait gravitairement un aquifère perché dans les calcaires du sommet de l'île, puis cet aquifère, alimenté par des zones de culture et d'habitations dépourvues de systèmes d'assainissement collectif, est devenu trop contaminé pour être buvable. L'aquifère inférieur dans les calcaires à globigérines, séparé du précédent par un important écran de marnes, a été largement sollicité. Mais ce dernier est en contact avec la mer et des intrusions salines irréversibles sont rapidement apparues. Des systèmes de captage ont été réalisés, par puits verticaux jusqu'au toit de la nappe et galeries rayonnantes. Ils permettent de ne capter que la frange supérieure de la ressource pour éviter les remontées de l'interface saline, mais ces dispositifs sont insuffisants et dans de nombreux cas l'invasion saline n'a pu être maîtrisée. La mise en place de barrages collinaires destinés à retenir l'eau de ruissellement et à favoriser l'infiltration dans les calcaires ne permet qu'une recharge insuffisante de l'aquifère. Malte, dont la densité de population (1 265 habitants.$km^{-2}$) est une des plus importantes du monde méditerranéen, doit aujourd'hui dessaler l'eau de mer, mais, pour ce faire, elle est totalement dépendante de son approvisionnement en énergie. Compte tenu du fort ensoleillement de l'île, le recours à l'énergie solaire est envisageable.

## 3.2 Exemples dans le monde arabe

### *a) L'assèchement de l'Irak par ses voisins*

Les rapports entre la Turquie, la Syrie et l'Irak au sujet des eaux du Tigre et de l'Euphrate sont très tendus. Le projet turc GAP *(Great Anatolian Project)* vise à irriguer de gigantesques surfaces en Anatolie à partir des eaux de l'Euphrate, privant ainsi la Syrie d'une partie de ses ressources en eau. Plusieurs ouvrages pharaoniques dont les barrages de Keban et Atatürk modifient considérablement l'hydrologie et l'hydrogéologie de ces secteurs *(figure 142)*. Une convention a été signée entre les deux pays, mais les Syriens accusent la Turquie de ne pas la respecter. À l'aval, le barrage syrien de Tabka prive à son tour l'Irak d'un apport important.

De même les barrages turcs sur le Tigre causent-ils un préjudice majeur à l'Irak.

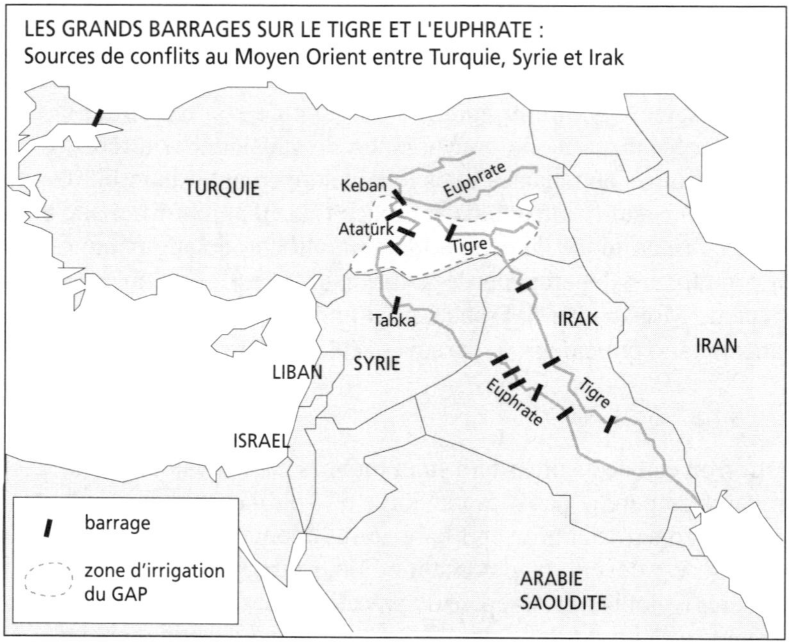


**Figure 142** Ouvrages majeurs du Proche Orient, sources de conflits.

### *b) Le conflit Israélo-palestinien*

Les tensions au Proche Orient reposent en grande partie sur des problèmes d'eau *(figure 143)*. En Israël, la nappe côtière est surexploitée et l'approvisionnement en eau des systèmes d'irrigation dépend des eaux de surface du Jourdain et de l'aquifère de Cisjordanie, où les stations de pompages des colonies israéliennes représentent 90 % des prélèvements dans cette ressource. Si la Palestine, libre, exploitait ses aquifères, elle priverait donc Israël d'une partie de ses ressources en eau. La construction du mur de Cisjordanie est probablement destinée à protéger de nombreuses stations de pompage. La conquête en 1967 du plateau du Golan, annexé en 1981, a permis à Israël de protéger les sources du Jourdain et d'éviter le détournement de ses eaux vers la Syrie.

Sans mobilisation de ressources alternatives (dessalement, transferts massifs d'eau depuis la Turquie), il semble difficile de voir Israël renoncer à ces deux zones stratégiques.

### *c) La Grande Rivière de l'Homme*

La Libye exploite aujourd'hui les aquifères fossiles du Sahara. Le projet GMR : *Great Man made river* (Grande Rivière de l'Homme), d'un budget total d'environ 30 milliards d'euros, comprend des centaines de forages dans des champs captants qui prélèvent l'eau des nappes fossiles pour la diriger par des aqueducs souterrains vers Tripoli et les zones côtières *(figure 144)*. À la fin des travaux, probablement vers 2015, compte tenu de la révolution de 2011, le débit prélevé sera de 6,5 millions de $m^3$/j.

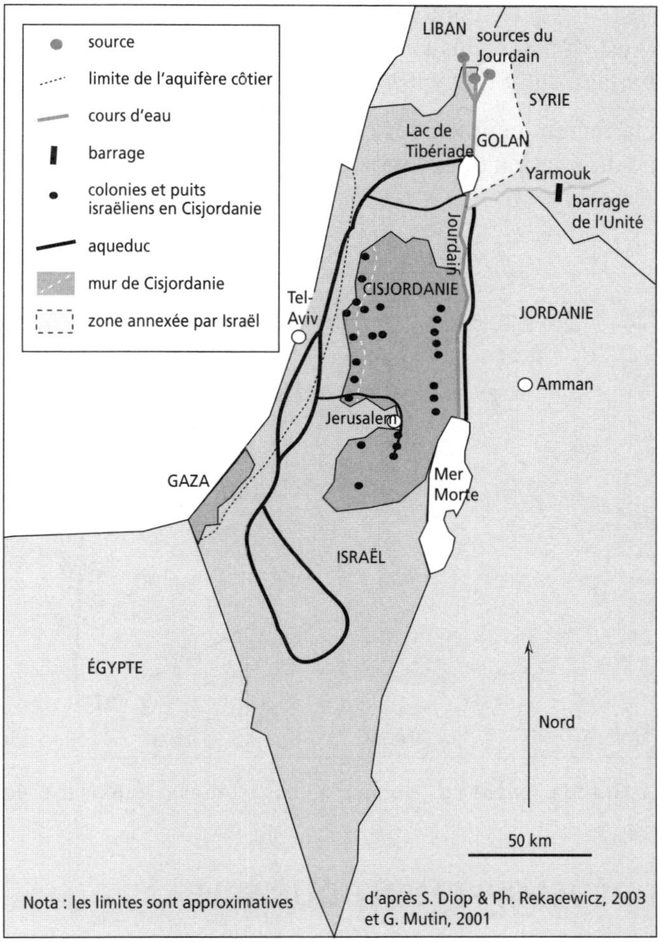


**Figure 143** La protection des ressources en eau d'Israël.

On espère environ 50 ans de réserve. L'impact sur les pays alentour, déjà handicapés par la sécheresse, est inconnu. Quelle sera la position des pays voisins lorsque les premiers effets se feront sentir ?

Trois bassins sont exploités :

- à l'ouest : le Bassin du Sahara septentrional intéresse la Libye, la Tunisie et l'Algérie. Une institution régionale de concertation a été créée : l'observatoire du Sahel afin de permettre une exploitation respectant les intérêts des trois pays. Les débits prélevés annuellement sont estimés à 600 millions de m$^3$ pour la Tunisie, 400 millions de m$^3$ pour la Libye et 1,5 milliard de m$^3$ pour l'Algérie. L'eau est prélevée dans l'aquifère du Continental intercalaire (grès de l'Albien) ;
- au centre : le bassin de Murzuk (aquifère des formations continentales du Trias-Jurassique et du Crétacé inférieur) se développe essentiellement en Libye ;

- au sud et à l'est : l'Aquifère nubien (grès, sables et conglomérats du Cambrien au Crétacé sup.) est l'un des plus vastes aquifères artésiens du monde (2 millions de km²). Il est partagé entre l'Égypte, la Libye, le Soudan et le Tchad.

L'Égypte a clairement exprimé ses craintes et menacé la Libye de représailles, si elle constate une diminution de ses ressources profondes dans l'aquifère des Grès de Nubie.

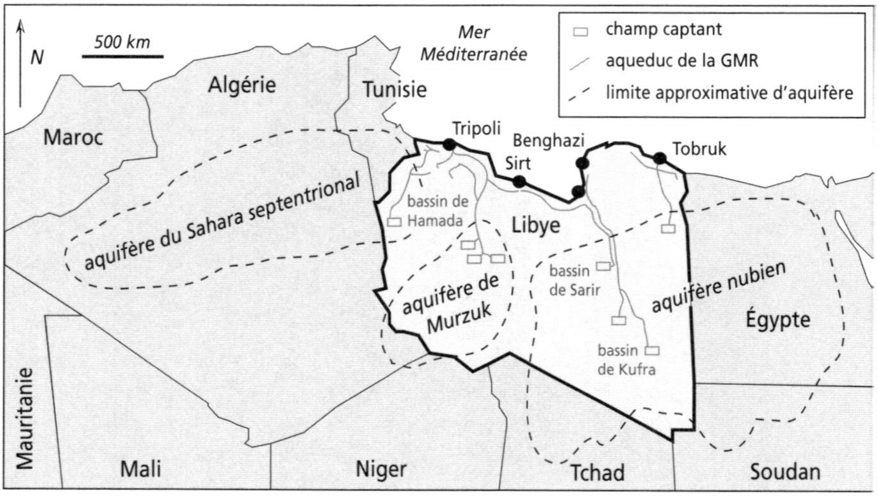


**Figure 144** La Grande Rivière de l'Homme en Libye et ses relations avec les pays voisins.

# 4 EAU ET DÉVELOPPEMENT DURABLE

Il est possible de perturber durablement un aquifère sur les plans qualitatif et quantitatif. La migration des polluants au sein de l'aquifère et le renouvellement des ressources peuvent durer des décennies. Par ailleurs la surexploitation d'un aquifère peut avoir des conséquences sur son environnement naturel, en asséchant les sols et en détruisant la végétation ou en provoquant des affaissements de terrain *(cf. chapitre 23.3.3)*.

## 4.1 Aspect quantitatif

Le problème des prélèvements dans les ressources profondes non renouvelables a été soulevé plus haut. La surexploitation des aquifères sahariens se fait au détriment des générations futures qui n'auront pas d'autre solution que de quitter ces zones. En France, M. Detay (1997) cite l'exemple de la surexploitation, depuis un siècle, de la nappe captive des grès du Trias inférieur de Lorraine, faiblement réalimentée ce qui entraîne un abaissement continu du niveau piézométrique affectant tout le bassin lorrain et atteignant 72 m à Nancy.

### 4.2 Aspect qualitatif

#### *a) Les intrusions salines*

Dans les secteurs littoraux ou insulaires, la surexploitation des aquifères littoraux peut entraîner une migration durable du biseau salé. Le cas de Malte a été décrit plus haut.

L'intrusion saline est difficile à maîtriser et le retour aux conditions initiales par arrêt ou diminution des prélèvements n'est pas toujours possible.

#### *b) Les nitrates*

L'eau des nappes de Bretagne et de Normandie est actuellement hors norme de potabilité, du fait d'un taux trop élevé de nitrates liés à l'agriculture et plus particulièrement à l'épandage des lisiers de porcs *(cf. chapitre 19.4)*. En l'absence de nouvelle contamination, on estime à 30 ans le temps qu'il faudrait pour revenir à l'état initial. De plus, compte tenu de la lenteur des migrations dans le sous-sol, le front de pollution aux nitrates n'a pas encore partout atteint les nappes.

#### *c) Les pesticides*

Le comportement des pesticides dans le sous-sol reste mal connu, malgré de nombreuses études, et les risques de contamination à long terme sont importants. Par ailleurs, le problème de leur identification se pose, puisque des produits nouveaux sont régulièrement proposés par les fabricants.

#### *d) Les polluants récents ou inconnus*

Les études sanitaires font apparaître l'existence de polluants d'un type nouveau, pouvant avoir des conséquences graves sur la santé publique : les antibiotiques et les hormones, largement utilisés dans les médecines humaines et animales. Ils sont rejetés dans les eaux par les urines, ne sont pas dégradés et leur concentration ne cesse d'augmenter.

Enfin n'oublions pas que l'on ne peut analyser et doser que ce que l'on recherche, et de ce fait il existe très probablement dans les eaux des produits dont l'évaluation de risque sanitaire n'a pas encore été réalisée et qui ne sont donc pas recherchés lors des analyses.



## 5 L'HYDROGÉOLOGUE DU FUTUR : GESTIONNAIRE DES EAUX SOUTERRAINES

Le XIX<sup>e</sup> siècle a vu la naissance de l'hydrogéologie moderne, autour des problèmes de creusement des puits dans les aquifères poreux. Au cours du XX<sup>e</sup> siècle, d'immenses progrès ont été effectués dans la connaissance des aquifères et dans les techniques d'étude et d'exploitation des eaux souterraines. La première décennie du XXI<sup>e</sup> siècle n'a pas encore relevé le défi d'offrir de l'eau de bonne qualité à une population mondiale en pleine croissance. Cela fait surgir de nouveaux problèmes, qui dépassent largement le cadre physique de l'aquifère. La notion de gestion s'impose à l'échelle de l'aquifère, du bassin, du pays ou même d'une portion de continent comme dans la zone saharienne. L'homme passe de la cueillette de l'eau à la culture de l'eau. De spécialiste de l'aquifère, l'hydrogéologue devient gestionnaire des eaux souterraines. Confronté à des problèmes qualitatifs ou quantitatifs, dans des sociétés dont les besoins, les mentalités et les réglementations évoluent sans cesse, il doit s'adapter rapidement. Il peut pour cela s'appuyer sur les outils mathématiques, informatiques, physico-chimiques, géologiques, biologiques et technologiques de notre époque. Mais chaque domaine est aussi affaire de spécialiste et, tout comme en médecine, la spécialisation à outrance fait courir le risque d'erreur d'appréciation. L'approche globale et pluridisciplinaire devient une nécessité. Performant dans tel ou tel domaine étroit, l'hydrogéologue doit pouvoir néanmoins apprécier et comprendre, au moins pour partie, l'ensemble des problèmes auxquels il est confronté, y compris les problèmes sociaux et politiques qui vont définir son action. Il pourra ensuite faire appel aux compétences nécessaires pour affiner son travail.

Nous avons essayé dans cet ouvrage d'offrir une vision très large de l'hydrogéologie et le lecteur aura compris que chacun des thèmes abordés mériterait qu'on lui consacre un autre volume.

Annexe 1

# Directive 2006/118/CE du Parlement européen et du Conseil

La Directive 2006/118/CE du Parlement européen et du Conseil porte sur la protection des eaux souterraines contre la pollution et la détérioration.

Les eaux souterraines sont considérées comme une ressource naturelle précieuse pour la production d'eau potable (principale ressource en eau de l'UE) et pour les écosystèmes en relation avec elles. Du fait de sa sensibilité, elle doit être protégée pour éviter la détérioration de sa qualité et ainsi réduire le degré de traitement pour la potabiliser. Cette protection s'applique à ses usages actuels et futurs.

L'un des objectifs du 6e programme d'action communautaire pour l'Environnement est de ne pas induire d'impact ni de risque notable pour la santé humaine et l'environnement.

À cette fin, il faut éviter, prévenir ou limiter les concentrations de polluants nocifs (notion de substances dangereuses) dans les eaux souterraines, en établissant des critères d'évaluation de l'état chimique (normes et valeurs seuils), d'appréciation des tendances à la hausse et de détermination des points de départ des inversions de tendance. Ces tendances seront déterminées par procédures statistiques normalisées à l'échelle internationale, afin de rendre les résultats comparables.

Les normes de qualité sont importantes pour évaluer l'état des masses d'eau souterraine, particulièrement pour les nitrates, les produits phytopharmaceutiques et biocides.

Le respect des normes requiert des méthodes fiables et comparables d'analyses et de surveillance (standardisées).

Dans la politique agricole commune, des mesures financières sont prévues pour le respect des normes.

Les dispositions ne concernent pas les substances naturellement présentes à concentration élevée dans les eaux, ni aux changements temporaires (limités et brefs) des flux d'eau.

Une analyse de l'impact environnemental et socio-économique des valeurs seuils est souhaitable. Des recherches (avec diffusion des connaissances acquises) sur la définition de critères de garantie de la qualité seront encouragées et financées.

Une masse d'eau est considérée en bon état chimique lorsque :

- les conditions de la directive sont respectées ;
- les conditions sont dépassées, mais :
  - les concentrations ne sont pas considérées comme présentant un risque, du fait par exemple de la taille du réservoir,
  - la capacité de la masse d'eau à satisfaire aux utilisations humaines n'a pas été compromise.

Les sites de contrôle doivent fournir une image cohérente et globale de la qualité, ainsi que des données représentatives, dont les états membres publieront un résumé.

### *Tendances*

L'identification des tendances significatives et durables à la hausse déclenchera une action visant à réduire la pollution. Le point de départ d'une tendance à la hausse devra être précisé.

Des évaluations complémentaires vérifieront si le panache provenant d'un site contaminé ne s'étend pas, ne dégrade pas l'état chimique des eaux souterraines et si la ressource ne constitue pas un risque pour la santé et l'environnement. Les résultats de ces évaluations seront résumés dans les plans de gestion.

### *Dangers*

Afin d'atteindre l'objectif de prévention et de limitation de l'introduction de polluants, les États membres devront préciser les cas dans lesquels les substances sont dangereuses ou non, et prendre en compte les pollutions diffuses. Peuvent être exclues de ces programmes de mesure les introductions de polluants par rejets directs ou recharges autorisés, les concentrations sans risque présent ou futur, les conséquences d'accidents ou de catastrophes naturelles.

### *Futur*

De 2009 à 2013, toute nouvelle procédure d'autorisation devra tenir compte de la directive. La liste des substances pourra être complétée par de nouveaux polluants.

### *Annexe I : normes de qualité*

La norme nitrates est 50 mg/L. Pour les pesticides, elle est de 0,1 µg/L pour chaque molécule ou métabolite, la somme ne pouvant excéder 0,5 µg/L.

Si les objectifs environnementaux ne peuvent être atteints, ou que des dommages significatifs peuvent apparaître sur des écosystèmes en relation avec le réservoir d'eau souterraine contaminé, des valeurs seuils plus strictes peuvent être utilisées.

### Annexe II : Valeurs seuils

Les seuils sont fixés de manière à prendre en compte l'interaction eau souterraine – écosystème contigu, les entraves à l'utilisation (même future) de la ressource, les concentrations de référence (bruit de fond naturel) et le bilan hydrologique. En outre, l'origine des polluants, leur toxicologie, leur profil de dispersion, leur persistance et leur potentiel de bioaccumulation seront utilisés.

La fixation de seuils devrait s'appuyer sur un contrôle des données collectées, fondé sur la qualité des données, les performances analytiques et le niveau des bruits de fond.

Une liste minimale initiale des substances demandant la définition de valeurs seuils comprend : arsenic, cadmium, plomb, mercure, ammonium, chlorures, sulfates, trichloréthylène et tétrachloréthylène. La conductivité indique les intrusions d'eau salée.

Les États membres communiquent le nombre de réservoirs souterrains à risque, ainsi que les polluants et indicateurs de pollution qui contribuent à cette classification, avec leurs concentrations, la taille des réservoirs, leur relation avec les eaux de surface, ainsi que les bruits de fond géochimiques, et enfin les valeurs seuils. Seront également précisés la relation entre valeur seuil et bruit de fond, les objectifs de qualité environnementale et autres normes de protection, les informations toxicologiques, écotoxicologiques, les données sur la persistance, le potentiel de bioaccumulation et les profils de dispersion des polluants.

### Annexe III : Évaluation de l'état chimique des eaux souterraines

Pour tout réservoir à risque et pour chacun des polluants identifiés, les États membres utilisent les informations recueillies, en comparant la moyenne arithmétique annuelle de la concentration avec la valeur seuil. Une estimation de l'étendue de la zone de dépassement de la valeur seuil ou de la norme est alors souhaitée.

Afin de déterminer si les conditions garantissant le bon état de qualité chimique sont remplies, sur la base des résultats de la surveillance et à l'aide d'un modèle conceptuel de la nappe, les conséquences des polluants sur la ressource, des quantités et concentrations probables transférées vers les eaux de surface et de leur impact, de l'ampleur de l'intrusion salée, du risque sanitaire pour la qualité de l'eau potable seront évalués

L'état chimique d'une ressource en eau souterraine sera cartographié, avec report des points de mesure des teneurs dépassant les seuils.

### Annexe IV : Identification des inversions de tendance à la hausse significatives et durables

Elle repose sur une fréquence et des lieux de surveillance suffisants pour :

- distinguer ces tendances des variations naturelles ;

- donner le temps de mettre en œuvre des mesures de prévention et/ou d'atténuation. Un premier exercice d'identification sera mené en 2009, et renouvelé au plus tous les 6 ans ;
- tenir compte des caractéristiques temporelles de la nappe (écoulement, infiltration).

Les données, conformes aux principes internationaux de contrôle, devront présenter une qualité scientifique et une comparabilité équivalente. Des méthodes statistiques de type régression seront utilisées sur des points de surveillance distincts. L'identification de tendances fera également appel aux données d'archives, antérieures au démarrage du programme de surveillance.

On considérera le départ d'une inversion de tendance lorsque la concentration dépassera 75 % de la valeur de la norme, sauf dans le cas où un point de départ plus précoce ou plus tardif est nécessaire pour limiter le coût économique de la dégradation. Un point de départ d'inversion de tendance sera valide pendant toute la période de 6 ans qui suit.

# Problèmes

## Problème 1. Altitude de recharge des eaux circulant dans un glissement de terrain

Le glissement de terrain de la Clapière, dans le massif du Mercantour, comporte des sources à sa base. Le problème principal concernant la nappe de versant qui alimente ces sources est la détermination de son aire de recharge. À cette fin, deux campagnes de prélèvements d'eau ont permis d'échantillonner des sources dont l'impluvium peut être aisément évalué (*tableau.1* et *figure 1*), afin de tracer un abaque oxygène-18/altitude, puis de déterminer l'altitude moyenne de recharge des sources de la base du glissement, dont l'impluvium est inconnu.

**TABLEAU 1** DELTA $^{18}O$ de différentes sources.

| Point d'étalonnage | Altitude de recharge (m) | $\delta\,^{18}O$ | |
|---|---|---|---|
| | | 1^re^ campagne | 2^e^ campagne |
| 1 | 2 718 | – 12,16 | – |
| 2 | 2 371 | – 11,80 | – |
| 3 | 2 024 | – 11,83 | – 11,73 |
| 5 | 1 735 | – 11,53 | – 11,59 |
| 6 | 1 707 | – 11,55 | – 11,40 |
| 17* | 1 089 | – 9,82 | – |
| 18 * | 1 355 | – | – 10,92 |
| 19 * | 1 307 | – | – 10,76 |

* Hors carte.

**Tableau 1** Delta $^{18}O$ de différentes sources. *(Suite)*

| Point | Altitude du point (m) | $\delta\ ^{18}O$ | |
|---|---|---|---|
| | | 1re campagne | 2e campagne |
| 11 | 1 212 | – 11,02 | – 11,35 |
| 12 | 1 249 | – 11,37 | – |
| 14 | 1 105 | – 10,98 | – 10,86 |
| 15 | 1 110 | – 10,75 | – 10,84 |
| 16 | 1 128 | – | – 10,75 |

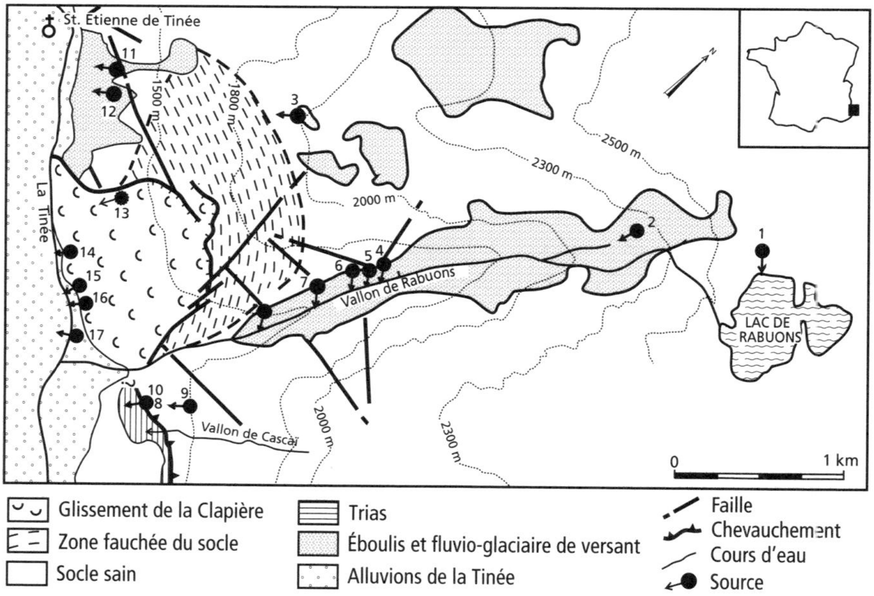


**Figure 1** Schéma de situation du glissement de la Clapière.

**1.** Tracez l'abaque du gradient d'oxygène-18 en fonction de l'altitude.

**2.** Déterminez l'altitude moyenne de recharge des sources 12 et 14.

**3.** Quelles conséquences pouvez-vous tirer de ce résultat ?

**Réponses**

**1.**

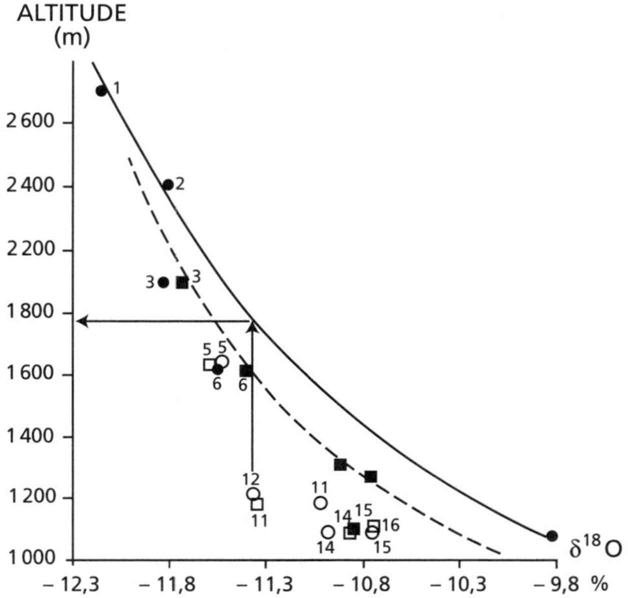


**Figure 2** Abaque du gradient d'oxygène-18 en fonction de l'altitude.

**2.** L'altitude moyenne de recharge de la source 12 est de l'ordre de 1 800 m, celle de la source 14 d'environ 1 400 m.

**3.** Conséquences : le versant tout entier alimente l'aquifère. L'infiltration consécutive à la fonte de neige constitue un signal d'entrée variable dans l'espace : il remonte de la zone glissée vers les crêtes du Mercantour en fonction du temps. Dans une modélisation hydrodynamique de la nappe de versant, il faudra spatialiser ce signal en fonction du temps.

## Problème 2. Bilan hydrologique

Dans un hydrosystème alimenté uniquement par les précipitations, les teneurs en ions conservatifs permettent de quantifier leur reconcentration par évaporation. Cette approche globale entrée-sortie présente l'avantage de n'avoir à formuler aucune hypothèse sur l'humidité du sol, ni sur sa capacité au champ. En revanche, l'ion choisi doit être conservatif, et exclusivement apporté par les précipitations (ni d'origine géologique, ni anthropique).

La méthode utilise l'équation de conservation de flux :

$$C_p * P = C_s * PE$$

$C_p$ & $C_s$ : concentrations dans la pluie et à la sortie (source), P & PE : précipitation & pluie efficace.

Cette équation de conservation du flux permet de calculer :

– le coefficient de recharge $R_c = PE/P = C_p/C_s$ ;

– la pluie efficace PE = P * $C_p/C_s$ ;
– l'évapotranspiration réelle ETR = P (1 – $C_p/C_s$).

Appliquez cette méthode au calcul de bilan d'un écoulement de stalactite de la grotte de Nerja (Andalousie, Espagne, d'après Liñán *et al.*, 1999) en complétant le tableau ci-dessous *(tab. 2)*, la hauteur de pluie moyenne annuelle étant de 490 mm.

**TABLEAU 2** BILAN D'UN ÉCOULEMENT DE STALACTITE DE LA GROTTE DE NERJA (À COMPLÉTER).

| | Concentration moyenne (données brutes) (mg/L) | Hauteur de pluie/ débit stalactite (mm/cm³/j) | Concentration moyenne pondérée (mg/L) |
|---|---|---|---|
| $C_p$ : $Cl^-$ pluie | 8,20 | 764,3 | |
| $C_s$ : $Cl^-$ stalactite | 30,18 | 5 256,8 | |

| | (données brutes) | (pondéré par précipitations/débit) |
|---|---|---|
| $R_c = C_p/C_s$ | | |
| PE = P * $R_c$ | mm | mm |
| ETR = P * (1 – $R_c$) | mm | mm |

**Réponse**

**TABLEAU 3** BILAN D'UN ÉCOULEMENT DE STALACTITE DE LA GROTTE DE NERJA.

| | Concentration moyenne pondérée (mg/L) |
|---|---|
| $C_p$ : $Cl^-$ pluie | 7,85 |
| $C_s$ : $Cl^-$ stalactite | 21,05 |

| | (données brutes) | (pondéré par précipitations/débit) |
|---|---|---|
| $R_c = C_p/C_s$ | 0,35 | 0,37 |
| PE = P * $R_c$ | 171 mm | 183 mm |
| ETR = P * (1 – $R_c$) | 318 mm | 307 mm |

## Problème 3. Échanges entre composantes de l'écoulement

Le système karstique de Fourbanne (Charmoille, 2005) comprend les pertes de Verne et de Luxiol, l'infiltration diffuse, les galeries de la grotte de Fontenotte qui plongent dans la zone noyée et se terminent à la source karstique de Fourbanne *(figure 3)*. L'eau a été tracée à la fluorescéine à la perte de Verne afin d'être échantillonnée à Verne, Fontenotte et Fourbanne. Les concentrations en magnésium et nitrates de la masse d'eau tracée apparaissent sur la *figure 3*.

Comment interpréter les différences entre ces 3 points de suivi ?

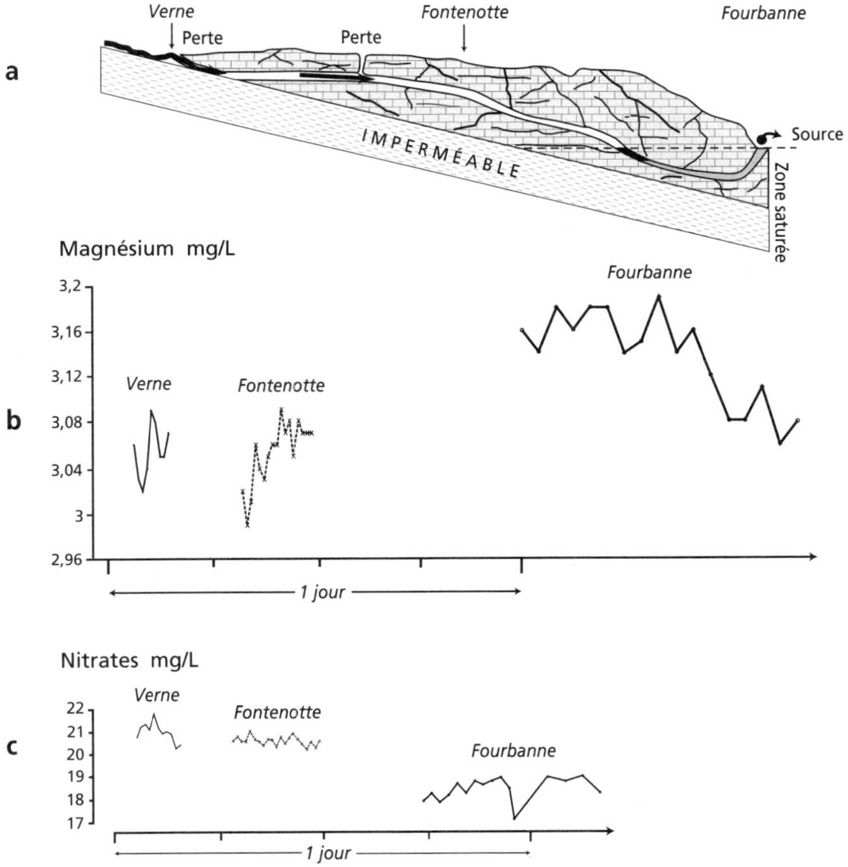


**Figure 3** Coupe du système de Fourbanne **(a)** ; teneur en magnésium **(b)** ; teneur en nitrates **(c)**.

**Réponse**

Verne et Fontenotte montrent les mêmes concentrations pour les deux ions, démontrant l'absence de mélange d'autres eaux avec l'eau des pertes (infiltration localisée), entre les pertes et la rivière souterraine. En revanche, à la source de Fourbanne, cette eau d'infiltration localisée est mélangée avec des eaux d'autres composantes (infiltration diffuse et/ou zone noyée), plus concentrées en magnésium (temps de séjour plus long dans les mêmes calcaires) *(figure 3b)* et moins en nitrates (moins soumises à la lixiviation des terres agricoles) *(figure 3c)*.

## Problème 4. Piézométrie d'une nappe

La nappe alluviale de la plaine de Pontarlier se développe dans la partie superficielle d'un cône de déjection fluvio-glaciaire hétérogène (Gaubi, 1993).

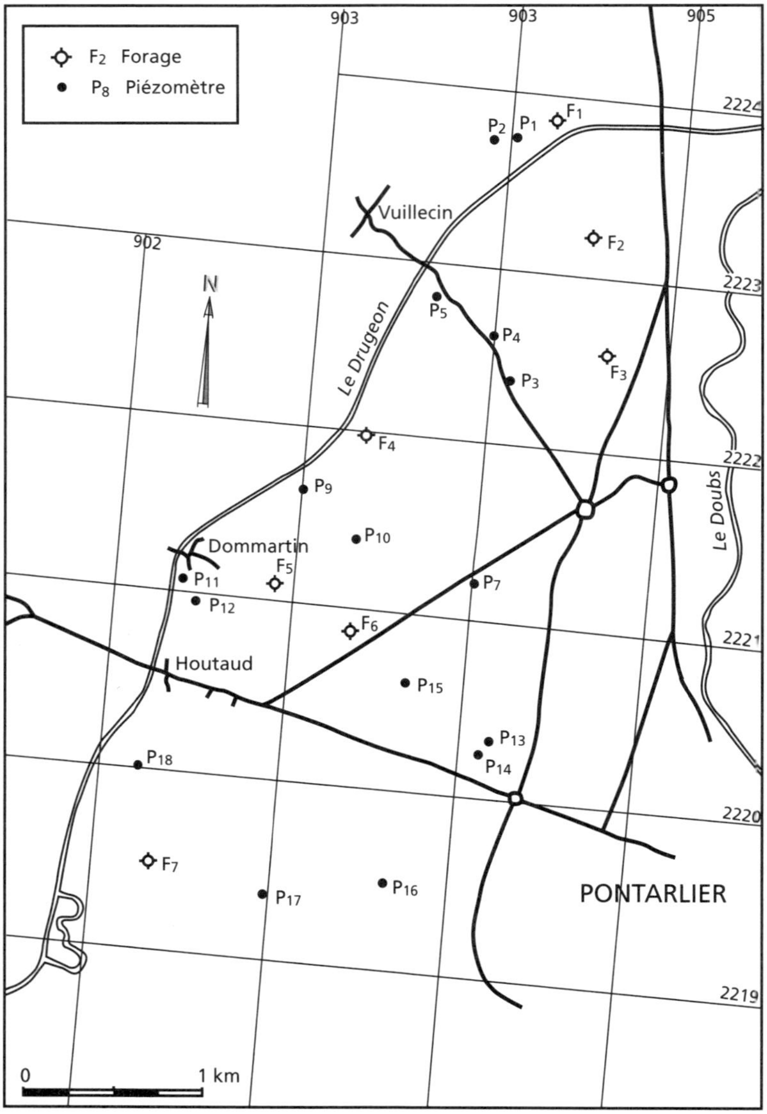


**Figure 4** Schéma d'implantation des forages et piézomètres de la plaine de Pontarlier.

Plusieurs forages et piézomètres *(figure 4)* permettent de mesurer le niveau de la nappe. Au cours d'une campagne de basses eaux, on relève les cotes NGF du *tableau 4*.

TABLEAU 4 MESURES PIÉZOMÉTRIQUES (EXPRIMÉES EN ALTITUDE AU-DESSUS DU NIVEAU DE LA MER).

| | | | | | | | | | | | |
|---|---|---|---|---|---|---|---|---|---|---|---|
| F1 | 802,87 | F2 | 802,80 | F3 | 804,43 | F4 | 804,74 | F5 | 806,35 | F6 | 807.12 |
| F7 | 808,26 | P1 | 802,94 | P2 | 803,01 | P3 | 804,08 | P4 | 804,05 | P5 | 803,87 |
| P7 | 805,74 | P9 | 804,97 | P10 | 805,53 | P11 | 805,60 | P12 | 805,77 | P13 | 806,70 |
| P14 | 806,70 | P15 | 807,53 | P16 | 809,40 | P17 | 808,83 | P18 | 807,57 | | |

**1.** Tracez la carte piézométrique correspondante.

**2.** Quelles caractéristiques principales sont ainsi mises en évidence ?

**3.** Donnez quelques valeurs du gradient hydraulique.

**Réponses**

**1.** Voir *figure 5* p. 302.

**2.** Entre Pontarlier et Houtaud, la nappe diverge, elle est alimentée par le sud. Entre Houtaud et Vuillecin, le Drugeon draine la nappe. La gravière du Pont Rouge draine l'aval de la nappe.

**3.** • À l'amont (sud d'Houtaud), le gradient est : 2/1 250 = 0,0016, soit 1,6 m/km ou 1,6 ‰ ;

• au centre (sud de Dammartin) : 2/750 = 0,0027 soit 2,7 m/km ou 2,7 ‰ ;

• au nord (est de Vuillecin) : 2/1 350 = 0,0015 soit 1,5 m/km ou 1,5 ‰.

## Problème 5. Mélanges dans une nappe alluviale (Durance, d'après Lacroix, 1991)

Comme toute nappe alluviale, la nappe superficielle de la basse Durance est alimentée à la fois par la rivière et par les nappes des versants. D'un point de vue isotopique, la rivière se caractérise par des teneurs appauvries en oxygène-18, liées à l'altitude moyenne alpine du bassin-versant. Cette eau à marque négative arrive dans la nappe, soit au droit du lit mineur de la Durance, soit sous les parcelles irriguées avec l'eau de la rivière. La pluie locale (sur la plaine et les collines de bordure) est plus enrichie en oxygène-18 (climat méditerranéen et faible altitude).

Différents points de prélèvement ont fourni les valeurs suivantes d'oxygène-18 au cours d'une campagne d'été *(tableau 5)* :

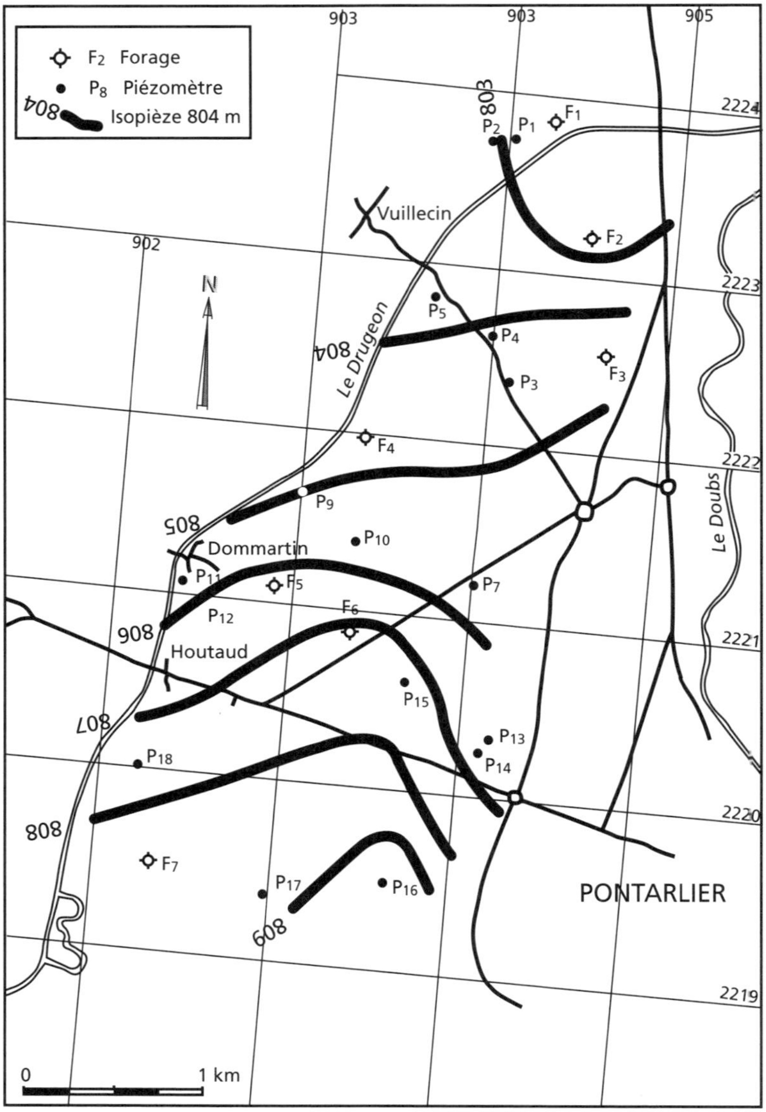


**Figure 5** Carte piézométrique de la nappe alluviale de la plaine de Pontarlier.

TABLEAU 5 TRAÇAGE EN OXYGÈNE-18 DES EAUX DE SURFACE ET SOUTERRAINES.

| Lieu | Type | delta |
|---|---|---|
| Sénas | Durance | – 10,90 |
| Orgon | Durance | – 10,80 |
| Jou P 111 | Versant | – 8,00 |
| Mey P 101 | Versant | – 6,95 |
| Repa SE 4 | Versant | – 7,50 |
| Mal FE | Versant | – 7,15 |
| Mer F0 | Versant | – 6,95 |
| Che ROQ | Versant | – 6,35 |
| Pla JF | Versant | – 7,00 |

| Lieu | Type | delta |
|---|---|---|
| Pey FOR | nappe | – 10,25 |
| Puyv P 12 | nappe | – 9,35 |
| Mal F 14 | nappe | – 8,20 |
| Sen P 20 | nappe | – 10,00 |
| Sen F 14 | nappe | – 8,40 |
| Mer P 2 | nappe | – 8,75 |
| Nov | nappe | – 10,40 |
| Gre STP | nappe | – 8,75 |
| Cav TAP | nappe | – 8,90 |

**1.** Comment peut-on évaluer la proportion d'eau en provenance de la Durance ou de l'irrigation ?

**2.** Quels sont les résultats de cette évaluation ?

**3.** Quels phénomènes peuvent entacher d'erreur cette évaluation ?

## Réponses

**1.** En considérant un signal moyen de la Durance (moyenne des mesures) D = – 10,85 ‰ et celui de la recharge locale L = – 7,13 ‰, on peut alors considérer que l'eau de la nappe est un mélange parfait de ces deux seuls pôles.

Le pourcentage X d'eau de Durance est alors donné par une équation de conservation des flux (N : teneur de la nappe ; D : teneur de la Durance ; L : teneur des aquifères locaux).

$$N * 100 = [D * x] + [L * (100 - X)], \text{ soit}$$
$$X = [N - L]/ [D - L]$$

**2.** TABLEAU 6 PROPORTION D'EAU EN PROVENANCE DE LA DURANCE ET DE L'IRRIGATION.

| Lieu | Type | X Durance | 100-X Local |
|---|---|---|---|
| Pey FOR | nappe | 84 % | 16 % |
| Puyv P 12 | nappe | 60 % | 40 % |
| Mal F 14 | nappe | 29 % | 71 % |
| Sen P 20 | nappe | 77 % | 23 % |
| Sen F 14 | nappe | 34 % | 66 % |
| Mer P 2 | nappe | 44 % | 56 % |
| Nov | nappe | 88 % | 12 % |
| Gre STP | nappe | 45 % | 55 % |
| Cav TAP | nappe | 48 % | 52 % |

**3.** L'irrigation amène des conditions d'évaporation qui peuvent enrichir les eaux infiltrées, et faire donc sous-estimer l'apport par la Durance.

Le prélèvement simultané d'eau de forage et d'eau de surface n'est licite que dans le cas d'aquifères très transmissifs, véhiculant dans la nappe des eaux de la même saison que dans la rivière.

- Cette évaluation n'est faisable que s'il n'existe pas d'autres composantes dans l'hydrosystème (décharge de nappes profondes).
- Le calcul n'est valide que si la nappe est bien homogénéisée. Dans le cas d'un mauvais mélange (chenalisation des écoulements), ce calcul est faux.

## Problème 6. Débit de nappe

> La *figure 6* (d'après Lacroix, 1991) montre la piézométrie de la nappe de la basse Durance. Celle-ci fait apparaître des limites à flux entrant.
>
> Quels débits traversent les sections I à VI ?

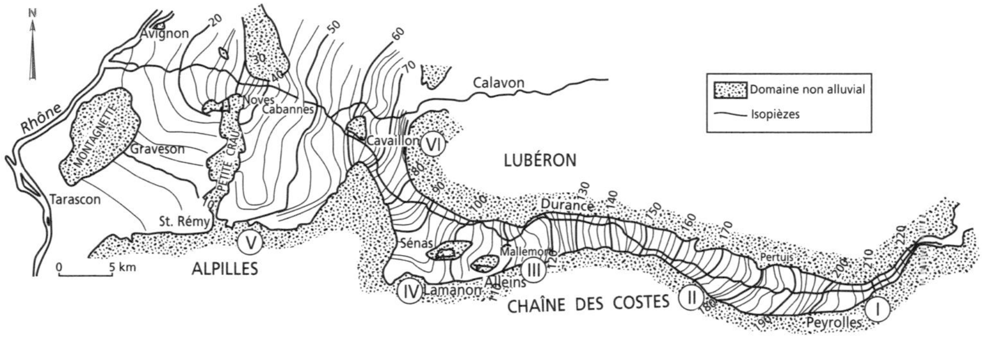


**Figure 6** Piézométrie de la nappe de la basse Durance.

**Tableau 7** Données hydrodynamiques et géométriques de la nappe de la Basse Durance (à compléter).

| Lieu | Perméabilité m/s | Largeur de section m | Épaisseur mouillée m | Section mouillée m² | Gradient hydraulique m/m | Débit m³/s |
|---|---|---|---|---|---|---|
| I Jouques | $1.10^{-2}$ | 500 | 4 | | 1/120 | |
| II St Estève-Janson | $2.10^{-2}$ | 600 | 1 | | 1/200 | |
| III Mallemort | $5.10^{-3}$ | 1 500 | 2 | | 1/600 | |
| IV Sud Sénas | $4.10^{-3}$ | 3 500 | 2 | | 1/500 | |
| V Nord Alpilles | $3.10^{-3}$ | 19000 | 1 | | 1/100 | |
| VI Ouest Lubéron | $1.10^{-2}$ | 10000 | 7 | | 1/1 500 | |

**Réponse**

À partir de la carte piézométrique, de données hydrodynamiques (perméabilités) et de quelques données géométriques, on peut estimer le débit des nappes en appliquant la loi de Darcy :

$$Q = K \cdot S \cdot i.$$

Avec : Q débit en $m^3/s$ ; K perméabilité en m/s, S section mouillée en $m^2$ ; i gradient hydraulique en m/m.

TABLEAU 8 DONNÉES HYDRODYNAMIQUES ET GÉOMÉTRIQUES DE LA NAPPE DE LA BASSE DURANCE.

| Lieu | Perméabilité m/s | Largeur de section M | épaisseur mouillée m | section mouillée $m^2$ | gradient hydraulique m/m | débit $m^3/s$ |
|---|---|---|---|---|---|---|
| Jouques | $2.10^{-3}$ | 1 000 | 4 | 4 000 | 1/120 | 0,067 |
| St Estève-Janson | $2.10^{-2}$ | 600 | 1 | 600 | 1/200 | 0,060 |
| Mallemort | $5.10^{-3}$ | 1 500 | 2 | 3 000 | 1/600 | 0,025 |
| Sud Sénas | $4.10^{-3}$ | 3 500 | 2 | 7 000 | 1/500 | 0,056 |
| Nord Alpilles | $3.10^{-3}$ | 19000 | 1 | 19000 | 1/100 | 0,570 |
| Ouest Lubéron | $1.10^{-2}$ | 10000 | 7 | 70000 | 1/1500 | 0,467 |

## Problème 7. Irrigation, piézométrie et qualité des eaux (d'après Blavoux & Lacroix, 1991)

La *figure 7* montre la variation piézométrique saisonnière de deux ouvrages de la nappe de la Basse Durance (Plan d'Orgon et Eyragues).

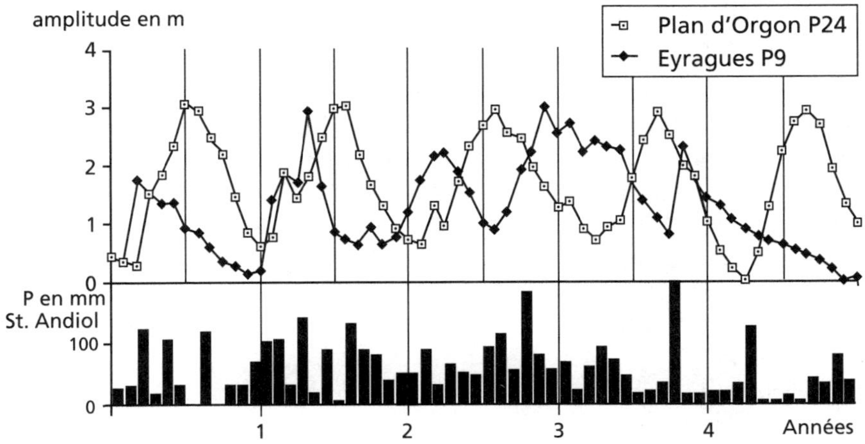


**Figure 7** Cycles hydrologiques et piézométrie sur les ouvrages de la nappe de la Durance.

La *figure 8* (d'après Mudry, 1988) montre la teneur en nitrates de deux ouvrages du champ captant de la Saignonne à Avignon dans la nappe de la Basse Durance (F1 situé à 800 m de la Durance et F11 situé à 560 m de la rivière).

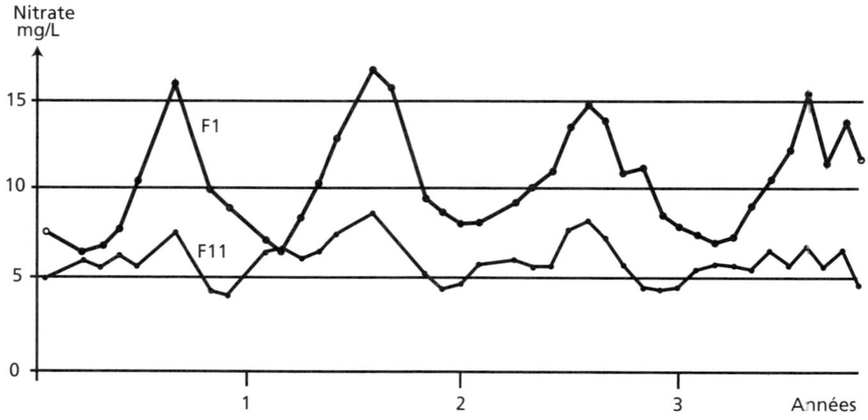


**Figure 8** Cycles hydrologiques et teneurs en nitrates sur les ouvrages de la nappe de la Durance (Mudry, 1988).

**1.** Comment réagit la piézométrie de cette nappe soumise à l'irrigation ?

**2.** Quel fonctionnement nous révèle le suivi de la teneur en nitrates ?

**Réponses**

**1.** Le piézomètre d'Eyragues, soumis à la seule recharge locale (régime naturel), montre des maximums piézométriques centrés sur les épisodes pluvieux. La piézométrie à Plan d'Orgon est plus régulière et élevée de mai à septembre, à cause du retour à la nappe d'une partie de l'eau d'irrigation.

**2.** Le forage F11, proche de la Durance, montre un signal sinusoïdal saisonnier avec un pic principal en été (8 mg/L), et un pic secondaire en hiver (6 mg/L). Le minimum de 4 mg/L s'observe en automne. Le forage F1, plus éloigné de la rivière, montre un signal sinusoïdal saisonnier avec un pic principal plus marqué en été (16 mg/L), mais pas de pic secondaire. Le minimum de 7 mg/L s'observe en automne.

Le petit pic du forage F11 correspond à la lixiviation des nitrates du sol par les précipitations naturelles, le grand pic du F11 et le pic unique du F1 à leur lixiviation par les retours à la nappe des eaux d'irrigation. Le pic naturel est invisible sur le F1 dont le bruit de fond est plus élevé que ce pic.

Le gradient de concentration observé sur le champ captant est expliqué par la dilution des eaux circulant sous les parcelles irriguées par de l'eau moins chargée provenant de la rivière.

## Problème 8. Traçage d'essais

Dans la Craie du Pays de Caux (Lacroix *et al.*, 2000), un traçage d'essai a été pratiqué dans la perte du Bébec. La source de Norville, située à 4 km à vol d'oiseau a permis de suivre la restitution de la courbe supérieure de la *figure 8* : pic à 130 μg/L, 2 jours après l'injection. Un forage voisin, foncé dans 18 m d'alluvions de la Seine reposant sur 15 m de craie, a donné la courbe de restitution inférieure, avec un pic de 10 μg/L, 2 jours et demi après l'injection.

**1.** Quelles conclusions pouvez-vous tirer de ces résultats sur le fonctionnement du milieu ?

**2.** Quelles conclusions pouvez-vous tirer sur la vulnérabilité des deux points de captage ?

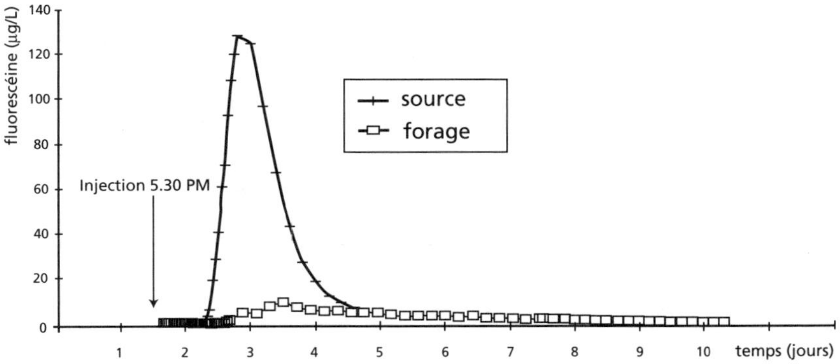


**Figure 9** Courbes de restitution du traçage des pertes du Bébec à la résurgence et au forage de Norville (d'après Lacroix *et al.*, 2000).

### Réponses

**1.** En milieu karstique, une source est le point de convergence ultime des drains souterrains. La source permet le transfert rapide et concentré de l'eau qui s'engouffre aux pertes. En revanche, le forage, qui n'a pas été foncé sur le drain aboutissant à la source, ne reçoit qu'une alimentation limitée en provenance des pertes du Bébec. L'eau de la nappe de la Seine dilue ces venues en provenance de la craie fissurée.

**2.** Les vitesses des circulations dans le karst aboutissant à la source et au forage de Norville (80 et 70 m/h) sont du même ordre de grandeur, mais le facteur 13 observé entre les concentrations est expliqué par la dilution par les eaux de la nappe alluviale de la Seine. La source est donc très vulnérable aux pertes concentrées du Bébec, le forage présentant une vulnérabilité moindre à ces eaux du karst est cependant très vulnérable à l'apport par la nappe alluviale.

## Problème 9. Recherche de l'origine de fissures affectant une habitation individuelle

L'habitation A est affectée depuis deux années par l'apparition de fissures sur sa façade sud *(figure 10)*. On soupçonne que la construction de l'habitation B, quelques années auparavant, puisse être à l'origine des désordres *(figure 11)*.

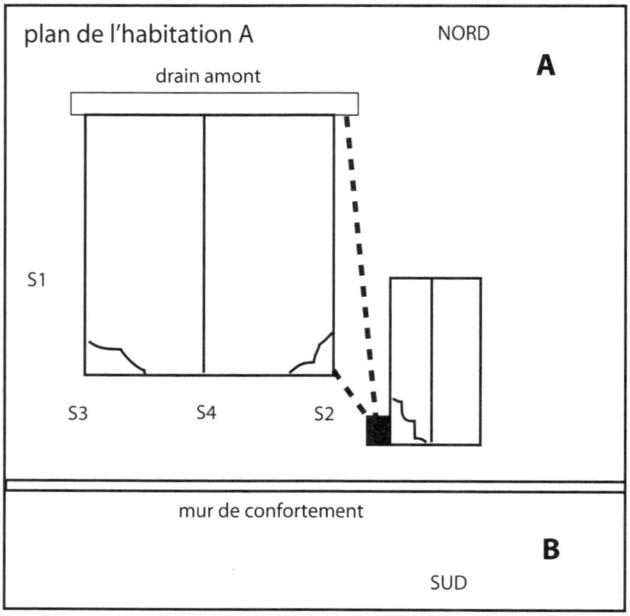


**Figure 10** Plan de l'habitation A avec l'emplacement des fissures et des sondages.

Une reconnaissance du terrain a été effectuée autour de l'habitation A, à l'aide d'un pénétromètre (appareil de géotechnique mesurant la résistance du sol, un bélier frappe une tige verticale équipée d'une pointe calibrée, on compte le nombre de coups par unité de longueur pour enfoncer la tige). Cette investigation a donné les résultats suivants *(tableau 9)*.

**Tableau 9** Résultats des sondages au pénétromètre (nombre de coups de bélier).

| Profondeur en cm | 0-20 | 20-40 | 40-60 | 60-80 | 80-100 | 100-120 | 120-140 | 140-160 | 160-180 |
|---|---|---|---|---|---|---|---|---|---|
| S1 | 1 | 1 | 9 | 45 | 60 refus | | | | |
| S2 | 1 | 1 | 2 | 10 | 24 | 20 | 42 | 72 | 120 refus |
| S3 | 1 | 1 | 2 | 19 | 70 | 89 | 92 | | |
| S4 | 2 | 3 | 1 | 3 | 24 | 36 | 98 | | |

Le géologue a ensuite étudié le terrain et fait les constatations suivantes (*figure 11*).

Les deux constructions sont situées sur des andésites. L'habitation A est ancienne, ses fondations sont superficielles. Elle repose sur des produits d'altération des andésites. À l'amont, l'habitation est protégée par un drain qui dirige les eaux souterraines vers un ancien puits d'infiltration. Ce dernier recueille aussi une partie des eaux des toitures.

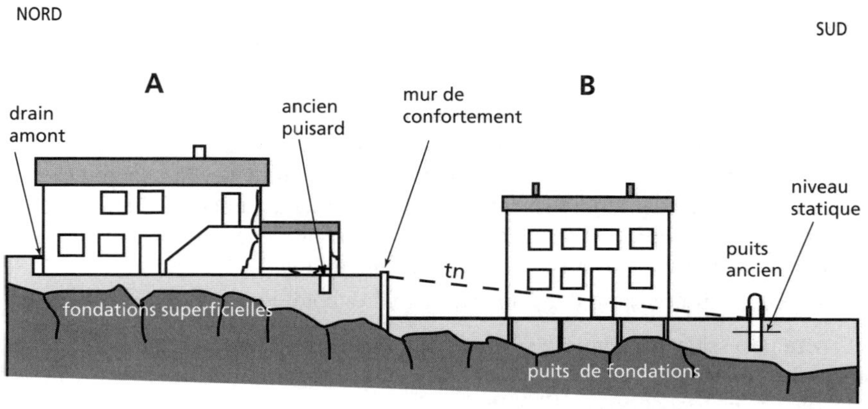


**Figure 11** Coupe schématique des deux habitations.

L'habitation B est fondée sur pieux descendus au substratum andésitique. À l'aval un puits ancien contient de l'eau. Les travaux ont nécessité la création d'un talus de 2 m en limite séparative. Ce talus a été conforté par un mur en béton décrit sur la *figure 12*.

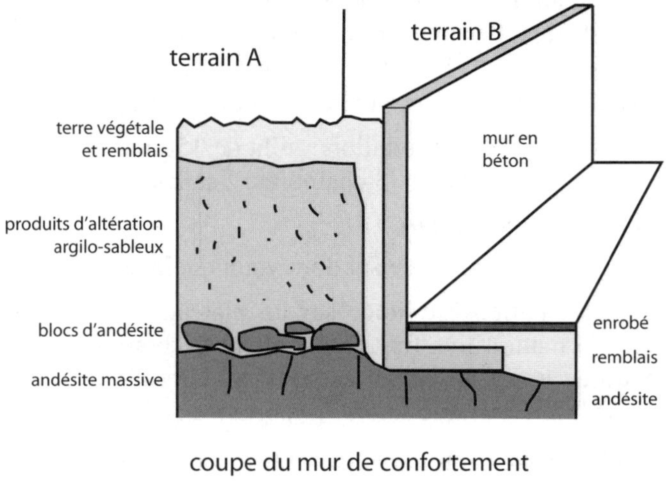


coupe du mur de confortement

**Figure 12** Détail du mur séparatif des deux habitations.

**1.** À partir de ces données que peut-on déduire sur l'origine des désordres ?

**2.** Que peut-on proposer pour y remédier ?

**Réponses**

**1.** Les résultats du pénétromètre montrent que le terrain est désorganisé en S3, S4 et surtout S2 sous les fondations superficielles de l'habitation A. Le rôle du puisard ne fait aucun doute, cependant les dégâts sont apparus récemment. L'existence d'un puits ancien à l'aval traduit la présence d'une nappe superficielle. Les produits d'altération superficielle des andésites, lorsque la matrice argileuse est peu importante, ont une forte perméabilité et peuvent en effet se gorger d'eau.

L'examen de la coupe du mur de confortement montre que ce dernier ne possède ni barbacanes ni drain amont. Il joue donc un rôle de barrage hydraulique. Les eaux infiltrées sur le terrain A ne peuvent plus s'écouler en profondeur et alimenter la nappe du terrain B. Elles s'accumulent donc en amont du mur de confortement. Leurs oscillations, en provoquant pendant plusieurs années une hydrolyse des matériaux et une redistribution des fines, ont désorganisé le terrain sous les fondations de l'habitation A.

Les désordres observés ont donc une cause hydrogéologique.

**2.** Il sera nécessaire de revoir le système de collecte des eaux du terrain A et de munir le mur de confortement d'un drain et de barbacanes. Il sera par ailleurs nécessaire de reprendre en sous-œuvre les fondations de l'habitation A.

➤ Cet exemple, tiré d'un cas réel, est très fréquemment rencontré.

## Problème 10. Implantation d'un assainissement non collectif

Une habitation est en cours de construction. Elle est entourée d'autres constructions et est située dans une zone non raccordée à un réseau d'assainissement collectif. Un assainissement individuel doit être prévu comprenant une fosse septique toutes eaux et des tranchées de dispersion des effluents. Les relevages sont interdits et les distances suivantes doivent être respectées : 5 m de l'habitation et des limites, et 10 m à l'aval. L'hydrogéologue disposait des informations suivantes :

– Description de l'habitation : villa de 150 m $^2$ sur deux niveaux : entrée, séjour, salon, bureau, 3 chambres, 2 salles de bains, 1 cuisine.

– Plan de masse *(figure 13)*.

Il a réalisé une étude de sol dont voici quelques extraits :

« …L'habitation est située sur un plateau de grès massifs de l'Eocène, cette formation très fracturée s'altère en boules de taille décimétrique à métrique et donne en surface des produits d'altération sablo-argileux de perméabilité variable selon l'importance de la fraction argileuse…

…vers l'aval, à une centaine de mètres de distance, le massif de grès est bordé d'une ligne de sources à l'altitude moyenne de 80,00 m qui s'appuient sur les marnes du Crétacé supérieur…

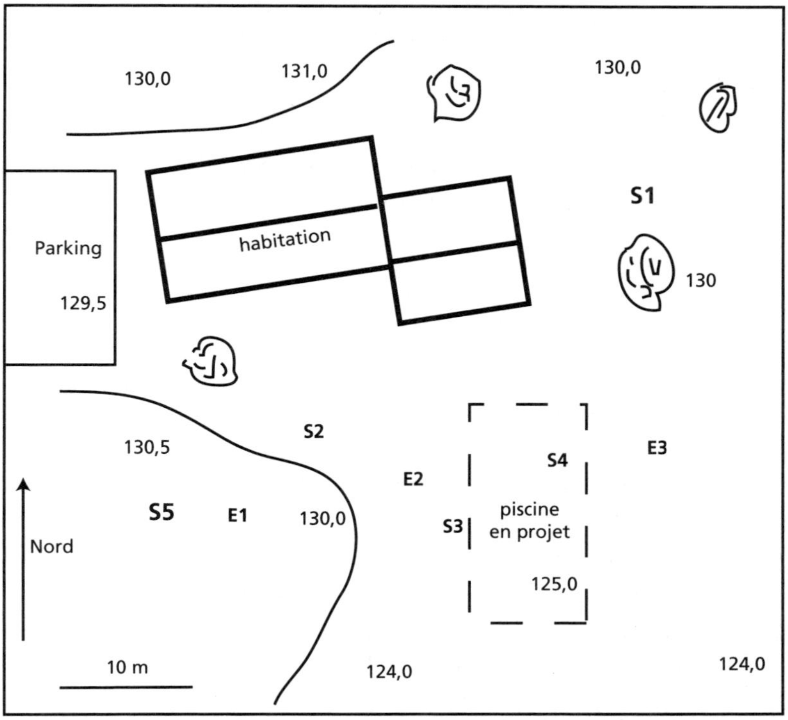


**Figure 13** Plan de masse et position des sondages et essais de perméabilité.

Il a effectué les travaux suivants :

– Reconnaissance à la tarière :

**Tableau 10** Résultats des sondages de reconnaissance à la tarière (*cf.* points d'implantation sur la fig. 13).

| | | |
|---|---|---|
| S1 :<br>00-30 cm : terre végétale<br>30-50 cm : sable<br>50 cm : refus sur grès | S2 :<br>00-20 cm : terre végétale<br>20-100 cm : sable argileux<br>100 cm : refus sur grès | S3 :<br>00-30 cm : terre végétale<br>30-50 cm : sable<br>50-150 cm : sable argileux et grès<br>150 cm : limite de l'outil |
| S4 :<br>00-30 cm : terre végétale<br>30-50 cm : sable argileux<br>150 cm : limite de l'outil | S5 :<br>00-20 cm : terre végétale<br>20-150 cm : sable argileux<br>150 cm : limite de l'outil | |

– Essais d'infiltration à niveau constant (cf. points d'implantation sur le plan de masse) :

**TABLEAU 11** RÉSULTATS DES ESSAIS DE PERMÉABILITÉ (*CF.* POINTS D'IMPLANTATION SUR LA FIG. 13).

| | | |
|---|---|---|
| E1 : K = 5 mm/h | E2 : K = 40 mm/h | E3 : K = 50 mm/h |

À partir de ces observations, quels conseils l'hydrogéologue peut-il donner pour ce projet de construction ?

### Réponse

Les grès fracturés sont perméables et la ligne de sources traduit ici la présence d'une nappe située à 40 ou 50 m de profondeur sous le terrain. L'épaisseur des produits d'altérations apparaît suffisante en plusieurs points pour permettre l'assainissement individuel sous réserve que la fraction argileuse ne soit pas trop importante. Divers secteurs du terrain peuvent ainsi être éliminés :

- les zones à l'extérieur des distances réglementaires ;
- la moitié nord, plus haute que l'habitation et incluse dans la zone précédente ;
- le secteur autour de S1 où le sol est peu épais ;
- le secteur S5, E1, où le sol trop argileux n'offre pas une perméabilité suffisante.

Il reste donc une surface d'environ 250 m$^2$ d'une perméabilité moyenne de 45 mm/h, laquelle devrait être suffisante pour accepter l'épandage des eaux usées.

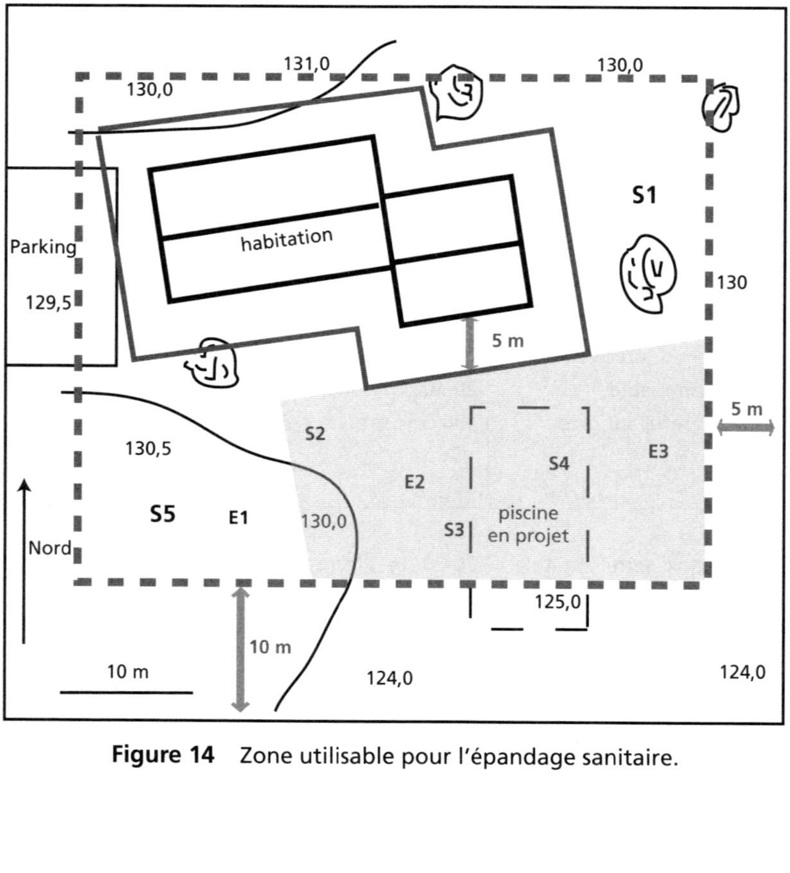


**Figure 14** Zone utilisable pour l'épandage sanitaire.

L'habitation est prévue pour recevoir 6 personnes (5 pièces) ce qui représente une production d'eaux usées d'environ 1 500 l/j. Il faut donc disposer d'une surface d'épandage d'environ 45 $m^2$ soit une longueur totale de tranchées de 90 m (avec 50 cm de largeur). Les tranchées doivent être espacées d'1,5 m. On peut par exemple prévoir 3 tranchées de 30 m, soit une surface totale pour le champ d'épandage de $30 \times (0{,}5 + 1{,}5 + 0{,}5 + 1{,}5 + 0{,}50) = 135$ $m^2$.

Le terrain permet donc l'assainissement individuel. Par contre la future piscine, qui apparaît sur le plan, ne pourra pas être construite à l'endroit projeté. Elle pourra éventuellement être déplacée vers l'ouest mais il faut aussi étudier les problèmes liés à la collecte des eaux pluviales et à la vidange de la piscine.

## Problème 11. Étude des conditions d'émergence et de la vulnérabilité d'un captage

Située dans le sud-est de la France, à 1 500 m d'altitude, la source karstique X d'un débit moyen annuel d'environ 100 l/s est captée pour AEP. Dans ce secteur le module spécifique d'infiltration a été estimé grâce à des études précédentes à 15 l/s/km$^2$. Le captage gravitaire est équipé d'un système de siphonage qui permet d'augmenter ponctuellement le débit en abaissant le niveau de la nappe karstique. Afin d'étudier la vulnérabilité de la source, une étude comprenant une analyse géologique, un inventaire des activités humaines, un suivi des paramètres physiques de la source et un multitraçage ont été effectués. Pour ce dernier les produits suivants ont été injectés le 6 janvier :

- naphtionate 10 kg dans la bergerie B ;
- éosine 5 kg dans l'effluent de la station d'épuration S à 1 km au nord de la source ;
- fluorescéine à 5 km dans l'embut E, dans lequel se déversent les eaux d'un ruisselet qui reçoit les effluents d'une autre station d'épuration.

Les documents suivants ont été réalisés *(figures 15 à 17)*.

**1.** Que peut-on en déduire sur le bassin d'alimentation de la source et sa vulnérabilité ?

**2.** Quels conseils pourrait-on donner pour améliorer la qualité des eaux prélevées ?

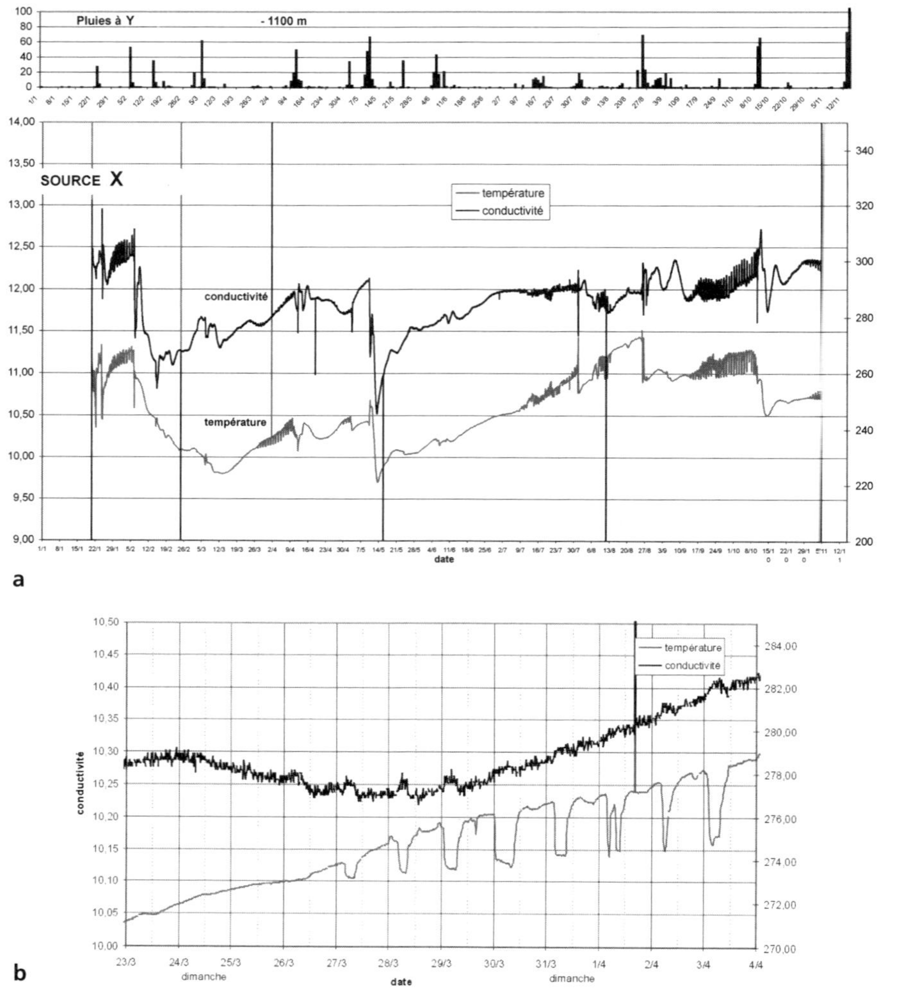


**Figure 15** Pluviométrie sur le bassin d'alimentation et variations des paramètres physiques de la source X **(a)** ; détails en mars-avril **(b)**.

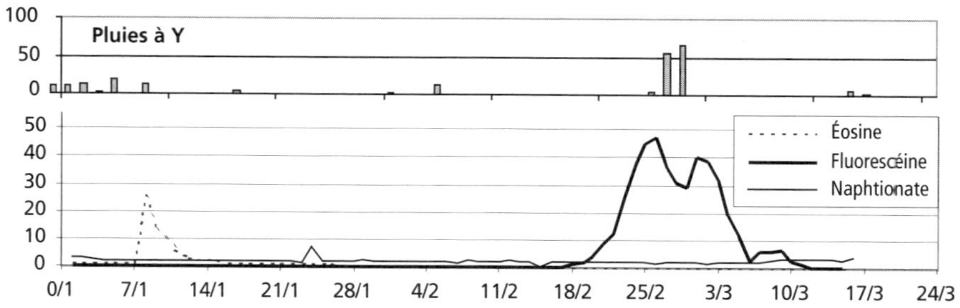


**Figure 16** Courbe de restitution des traceurs.

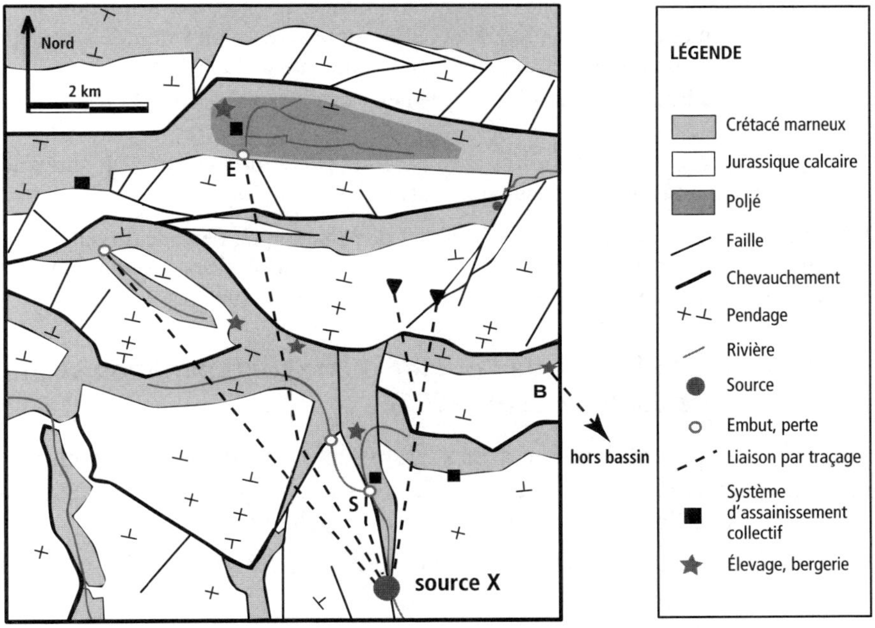


**Figure 17** Schéma géologique des chaînons calcaires alimentant l'émergence.

## Réponses

**1.** Le bassin peut être sommairement estimé, grâce au module, à environ 10 km² à rechercher dans les unités calcaires en amont de la source. La carte géologique montre que la source est placée dans un graben qui recoupe un ensemble de chaînons calcaires dont la structure en cuvettes chevauchantes laisserait plutôt augurer d'un drainage est ouest.

Ce fossé qui est rempli de marnes imperméables du Crétacé joue donc un rôle primordial dans les drainages aériens et souterrains. Le bassin est précisé par les résultats des traçages.

L'examen des courbes de température et conductivité montre que la source subit des variations importantes et réagit rapidement aux précipitations. La température et la minéralisation augmentent régulièrement avec l'étiage mais elles chutent immédiatement après les précipitations. Les circulations sont donc rapides et les réserves réduites ce qui ne favorise pas la dilution d'une éventuelle contamination.

L'analyse des courbes en février période durant laquelle les eaux de surface sont plus froides que l'eau du karst montre que d'importantes chutes de températures ont lieu chaque jour en période diurne. Un examen plus attentif permet d'observer des variations différentes les dimanches et jours fériés. L'origine anthropique ne fait donc aucun doute. Ces variations, qui ne sont perceptibles qu'en périodes d'étiage, sont donc liées au système de surexploitation qui en abaissant la nappe karstique provoque une intrusion d'eau de surface dans le captage.

Les résultats du traçage montrent que l'éosine injectée dans les effluents d'une station d'épuration défectueuse située sur les marnes du graben en amont de la source est restituée quelques heures à peine après l'injection. L'eau chargée d'effluents se perd donc dans les calcaires jurassiques et contamine le captage.

La même remarque peut être faite pour la restitution de la fluorescéine qui prouve une relation rapide entre l'embut E et la source. La courbe montre deux pics dont le deuxième est lié à l'épisode de pluie de fin février qui a provoqué une chasse du colorant.

L'absence de restitution du naphtionate permet d'exclure du bassin les chaînons situés plus à l'est.

Cette source présente donc une forte vulnérabilité liée, d'une part à la surexploitation, et d'autre part aux aménagements sur son bassin d'alimentation.

**2.** Il sera nécessaire de limiter l'abaissement de la nappe en période d'étiage ou de garantir une qualité irréprochable des eaux de surface. Il faudra alors redéfinir les installations d'assainissement collectif en prévoyant par exemple des lagunages.

## Problème 12. Recherche de l'origine d'une contamination saline (d'après Blavoux *et al.*, 2004)

Les sources sous-marines de Cassis (Bouches-du-Rhône) pourraient permettre le renforcement des ressources en eau de la région à l'est de Marseille mais l'eau est saumâtre (*cf.* chapitre 9).

L'origine de la salinité de la rivière saumâtre de Port Miou a donné lieu à deux hypothèses :

– un lessivage d'évaporites continentales dont la présence est constatée dans certaines formations géologiques du bassin d'alimentation (Oligocène ou Muschelkalk) ;

– une contamination d'origine marine.

Une contamination par des évaporites, acquise au niveau du bassin d'alimentation et concernant de ce fait l'ensemble de l'aquifère car les séries géologiques concernées y sont largement réparties, ne permet pas d'envisager l'exploitation de l'eau. Une contamination marine liée à la présence de la mer permettrait au contraire d'étudier un éventuel prélèvement en s'éloignant des zones côtières.

Pour tenter de répondre à cette question des prélèvements d'eau ont été effectués en plusieurs points :

– en mer ;

– dans un aquifère karstique voisin ;

– à différentes hauteurs du conduit karstique dans lequel s'écoule la rivière souterraine.

Les éléments majeurs et le Br ont été dosés pour ces différents échantillons. Le rapport Br/Cl (en milliéquivalents/1 000) a été effectué.

**1.** Analyser graphiquement ces données en effectuant différents rapports entre les éléments conservatifs majeurs (Cl, Na, $SO_4$, Mg, K).

**2.** Qu'observe-t-on ?

**3.** Quelles conclusions peut-on en tirer sur l'origine de la salinité des eaux de Port Miou ?

**TABLEAU 12** ANALYSES CHIMIQUES DES EAUX DE MER, D'UN FORAGE DANS LE KARST ET DE PORT MIOU À DIFFÉRENTES PROFONDEURS.

| | Conductivité | $Cl^-$ | $SO^{4-}$ | $HCO^{3-}$ | $Na^+$ | $Mg^{++}$ | $Ca^{++}$ | $K^+$ | $Br^-/Cl^-$ |
|---|---|---|---|---|---|---|---|---|---|
| **Lieu- profondeur** | µS $cm^{-1}$ | $mg.L^{-1}$ | $mg.L^{-1}$ | $mg.L^{-1}$ | $mg.L^{-1}$ | $mg.L^{-1}$ | $mg.L^{-1}$ | $mg.L^{-1}$ | [mequiv].$10^{-3}$ |
| Mer | 55 700 | 23 137 | 2 764 | 154 | 11480 | 1 328 | 444 | 565 | 1,58 |
| forage karst | 540 | 14 | 43 | 281 | 6,7 | 22,3 | 70,6 | 0,8 | 1,36 |
| Port-Miou - 0 m | 8 580 | 3 077 | 352 | 375 | 1 688 | 194 | 191 | 70 | 1,57 |
| Port-Miou - 2 m | 10650 | 3 754 | 470 | 324 | 1 671 | 203 | 173 | 85 | 1,42 |
| Port-Miou - 3 m | 21 300 | 7 806 | 975 | 254 | 3 722 | 411 | 233 | 186 | 1,44 |
| Port-Miou - 4 m | 21 300 | 7 688 | 1 039 | 255 | 3 785 | 412 | 232 | 185 | 1,44 |
| Port-Miou - 6 m | 21 200 | 7 725 | 937 | 257 | 4 073 | 416 | 267 | 157 | 1,63 |
| Port-Miou - 8 m | 21 300 | 7 667 | 948 | 254 | 4 121 | 445 | 236 | 186 | 1,72 |
| Port-Miou - 10 m | 21 300 | 7 508 | 922 | 257 | 3 748 | 430 | 239 | 184 | 1,61 |
| Port-Miou - 12 m | 21 400 | 7 544 | 803 | 255 | 3 688 | 431 | 253 | 183 | 1,83 |

**Réponses**

**1.**

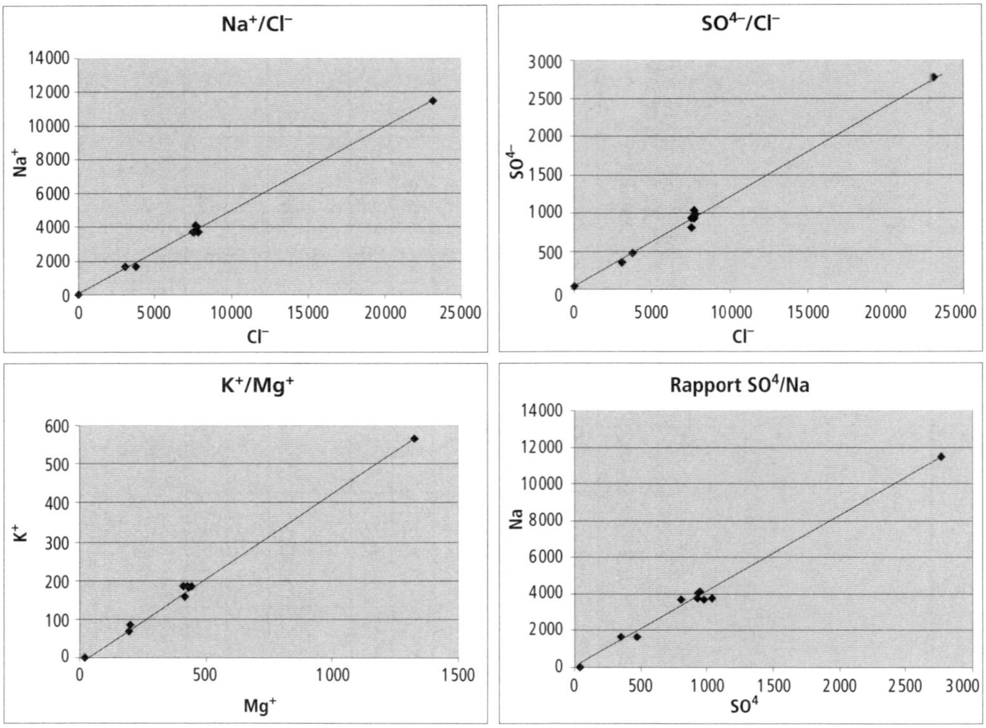


**Figure 18** Rapports Na/Cl, $SO_4$/Cl, K/Mg et Na/$SO_4$.

**2.** En effectuant différents rapports (Na/Cl, $SO_4$/Cl...) on observe que tous les points mesurés dans l'eau saumâtre s'alignent sur une droite de mélange entre l'eau de mer pure (en haut à droite) et l'eau du karst (en bas à gauche). De plus le rapport Br/Cl en milliéquivalents/L.$10^{-3}$ est proche de 1,51 ce qui est caractéristique du sel marin. Un rapport compris entre 0,7 et 1,2 aurait traduit la présence d'évaporites.

**3.** L'ensemble de ces données prouve que la salinité de l'eau saumâtre résulte donc d'une contamination marine et qu'une exploitation de l'aquifère pourrait être envisagée en se plaçant loin de la côte.

## Problème 13. Essai de vidange sur forage en aquifère karstique

Dans la région niçoise (Alpes-Maritimes), un forage pour A.E.P. a sollicité le réservoir karstique du Jurassique après avoir traversé sa couverture de marnes cénomaniennes, sous laquelle la nappe est captive.

Afin de juger de la productivité de l'ouvrage et des conditions de réalimentation de la nappe, un essai de vidange par pompage a été mis en œuvre durant une période de 5 mois, couvrant la sécheresse estivale et les pluies automnales.

Durant cet essai, le volume d'eau exhauré et le niveau de la nappe raccordé au NGF ont fait l'objet d'un suivi journalier *(tab. 13)*.

## Tableau de mesures

| Temps mois | Temps jour | Volume pompé cumulé ($m^3$) | Cote NGF de la nappe (m) |
|---|---|---|---|
| JUILLET | 19 | 0 | 139.60 |
| | 20 | 6 831 | 135.50 |
| | 21 | 13 941 | 135.00 |
| | 22 | 21 015 | 134.60 |
| | 23 | 28 292 | 134.60 |
| | 24 | 35 379 | 134.55 |
| | 25 | 42 568 | 134.50 |
| | 26 | 49 833 | 134.10 |
| | 27 | 57 038 | 133.90 |
| | 28 | 64 119 | 133.70 |
| | 29 | 71 202 | 133.60 |
| | 30 | 78 272 | 133.40 |
| | 31 | 85 308 | 133.20 |
| AOUT | 01 | 92 282 | 133.00 |
| | 02 | 99 005 | 132.90 |
| | 03 | 105 652 | 132.70 |
| | 04 | 112 265 | 132.65 |
| | 05 | 118 874 | 132.45 |
| | 06 | 125 430 | 132.20 |
| | 07 | 131 956 | 132.15 |
| | 08 | 138 484 | 131.95 |
| | 09 | 144 989 | 131.85 |
| | 10 | 151 471 | 131.65 |
| | 11 | 157 897 | 131.55 |
| | 12 | 164 334 | 131.45 |
| | 13 | 170 692 | 131.20 |
| | 14 | 177 059 | 131.15 |
| | 15 | 183 413 | 130.95 |
| | 16 | 189 738 | 130.85 |
| | 17 | 196 058 | 130.75 |
| | 18 | 202 349 | 130.70 |
| | 19 | 208 635 | 130.45 |
| | 20 | 214 882 | 130.25 |
| | 21 | | 130.20 |
| | 22 | | 130.05 |
| | 23 | | 129.95 |
| | 24 | | 129.75 |
| | 25 | | 129.70 |
| | 26 | | 129.45 |
| | 27 | | 129.45 |
| | 28 | | 129.25 |
| | 29 | | 129.25 |
| | 30 | | 129.05 |
| | 31 | | 128.95 |
| SEPTEMBRE | 01 | | 128.95 |
| | 02 | | 128.95 |
| | 03 | 297 736 | 128.95 |
| | 04 | 303 714 | 128.75 |
| | 05 | 309 681 | 128.50 |
| | 06 | 315 635 | 128.45 |
| | 07 | 321 590 | 128.35 |
| | 08 | 327 519 | 128.25 |
| | 09 | 333 420 | 128.35 |
| | 10 | 339 318 | 128.25 |
| | 11 | 345 202 | 128.00 |
| | 12 | 353 910 | 128.00 |
| | 13 | 359 750 | 127.95 |
| | 14 | 364 954 | 127.75 |
| | 15 | 369 727 | 127.70 |
| | 16 | 374 496 | 127.60 |
| | 17 | | 127.55 |
| | 18 | | 127.50 |
| | 19 | 389 015 | 127.30 |
| | 20 | 393 872 | 127.30 |
| | 21 | 398 702 | 127.30 |
| | 22 | 403 543 | 127.20 |
| | 23 | 408 369 | 127.10 |
| | 24 | 413 210 | 127.15 |
| | 25 | 418 044 | 127.20 |
| | 26 | 422 862 | 127.20 |
| | 27 | 427 905 | 127.20 |
| | 28 | 432 757 | 127.20 |
| | 29 | 437 606 | 127.30 |
| | 30 | 442 442 | 127.30 |
| OCTOBRE | 01 | 447 302 | 127.40 |
| | 02 | 452 164 | 127.40 |
| | 03 | 457 048 | 127.45 |
| | 04 | 461 927 | 127.40 |
| | 05 | 466 796 | 127.45 |
| | 06 | 471 652 | 127.45 |
| | 07 | 476 521 | 127.45 |
| | 08 | 481 401 | 127.45 |
| | 09 | 486 152 | 127.45 |
| | 10 | 491 515 | 127.50 |
| | 11 | 495 646 | 127.50 |
| | 12 | 500 399 | 127.60 |
| | 13 | 505 131 | 127.55 |
| | 14 | 509 864 | 127.55 |
| | 15 | 514 597 | 127.60 |
| | 16 | 519 324 | 127.50 |
| | 17 | 524 060 | 127.50 |
| | 18 | 528 797 | 127.50 |
| | 19 | 533 511 | 127.50 |
| | 20 | 538 207 | 127.50 |
| | 21 | 542 901 | 127.45 |
| | 22 | 547 604 | 127.45 |
| | 23 | 552 300 | 127.50 |
| | 24 | 557 025 | 127.70 |
| | 25 | 561 769 | 127.70 |
| | 26 | 566 534 | 127.90 |
| | 27 | 571 300 | 128.00 |
| | 28 | 576 070 | 128.20 |
| | 29 | 580 854 | 128.40 |
| | 30 | 585 867 | 128.50 |
| | 31 | 590 494 | 128.60 |
| NOVEMBRE | 01 | 595 329 | 128.70 |
| | 02 | 600 189 | 128.90 |
| | 03 | 605 072 | 129.10 |
| | 04 | 609 952 | 129.15 |
| | 05 | 614 898 | 129.80 |
| | 06 | 620 007 | 131.30 |
| | 07 | 625 191 | 132.40 |
| | 08 | 630 429 | 133.40 |
| | 09 | 635 745 | 134.40 |
| | 10 | 641 172 | 135.80 |
| | 11 | 646 681 | 137.45 |
| | 12 | 652 258 | 137.75 |
| | 13 | 657 873 | 138.50 |
| | 14 | 663 521 | 139.05 |
| | 15 | 669 168 | 139.20 |
| | 16 | 674 835 | 139.50 |
| | 17 | 680 512 | 139.60 |
| | 18 | 686 192 | 139.70 |
| | 19 | 691 878 | 139.70 |
| | 20 | 697 569 | 139.70 |
| | 21 | 703 262 | 139.70 |
| | 22 | 708 940 | 139.70 |
| | 23 | 714 625 | 139.70 |
| | 24 | 720 299 | 139.60 |
| | 25 | 725 993 | 139.50 |
| | 26 | 731 674 | 139.50 |
| | 27 | 737 323 | 139.50 |
| | 28 | 742 965 | 139.20 |
| | 29 | 748 600 | 139.10 |
| | 30 | 754 231 | 139.00 |
| DECEMBRE | 01 | 759 860 | 138.95 |
| | 02 | 765 472 | 138.70 |
| | 03 | 771 078 | 138.50 |
| | 04 | 776 674 | 138.50 |
| | 05 | 782 258 | 138.30 |
| | 06 | 787 830 | 138.20 |
| | 07 | 793 398 | 138.00 |
| | 08 | 798 950 | 137.90 |
| | 09 | 804 493 | 137.70 |
| | 10 | 810 023 | 137.70 |
| | 11 | 815 541 | 137.50 |
| | 12 | 821 058 | 137.30 |
| | 13 | 826 559 | 137.25 |
| | 14 | 832 051 | 137.25 |
| | 15 | 837 543 | 137.05 |
| | 16 | 843 001 | 136.80 |
| | 17 | 848 470 | 136.75 |
| | 18 | 853 905 | 136.50 |
| | 19 | 859 342 | 136.50 |
| | 20 | 864 782 | 136.30 |
| | 21 | 870 199 | 136.30 |
| | 22 | 872 108 | 136.30 |
| | 23 | 872 108 | 144.60 |
| | 24 | 872 108 | 144.60 |
| | 25 | 872 108 | 144.80 |
| | 26 | 872 108 | 144.84 |
| | 27 | 872 108 | 144.84 |
| | 28 | 872 108 | 144.84 |

**TABLEAU 13** VARIATIONS PIÉZOMÉTRIQUES ET VOLUMES D'EAU EXHAURÉS.

**1.** Rétablir la relation graphique au droit du forage entre l'évolution piézométrique de la nappe et le volume d'eau exhauré durant l'essai de vidange, renseigner la courbe par des éléments caractéristiques (rabattement instantané, vidange lente, recharge naturelle, remontée instantanée) et expliquer son évolution.

**2.** Calculer les caractéristiques suivantes de l'ouvrage :

– la valeur du rabattement instantané initial de la nappe et celle de sa remontée instantanée finale ;

– la valeur du volume spécifique Vs de l'aquifère ;

– la valeur de la recharge naturelle constatée durant l'essai, sachant que les pluies sont restées minimes durant les 2 premiers mois (10 mm en juillet et 20 mm en août), mais furent abondantes par la suite (261 mm en septembre, 128 mm en octobre, 194 mm en novembre), pour se réduire à nouveau le dernier mois (13 mm en décembre).

**Réponses**

**1.** *Figure 19.* Après le rabattement instantané initial, la lente descente du niveau de la nappe (12 cm/jour) traduit la vidange du réservoir en période non influencée.

Les pluies automnales entraînent une recharge progressive de la nappe, marquée dès les pluies de septembre par une stabilisation du niveau, suivie dune légère remontée, et accentuée lors des pluies d'octobre et surtout de novembre.

À partir du 21 novembre, l'absence de pluie se traduit à nouveau par une baisse du niveau piézométrique, et donc une vidange de nappe, jusqu'à la remontée instantanée à l'arrêt du pompage.

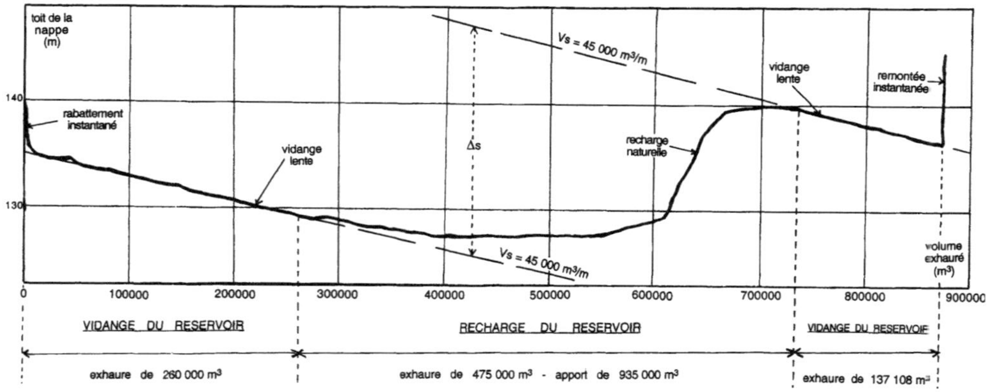


**Figure 19** Relation entre la piézométrie de la nappe et le volume d'eau exhauré durant l'essai.

**2.** Valeur du rabattement instantané = 5 m.

Valeur de la remontée instantanée = 8,5 m (plus importante, du fait de l'importante recharge de la nappe par les pluies).

Valeur du volume spécifique Vs = 45 000 m³/m.

Valeur de la recharge naturelle induite par les apports pluviaux = 935 000 m³ (calculée en faisant le produit de Vs par Δs, ou par lecture directe sur le graphique).

## Problème 14. Piézométrie de deux nappes superposées

Dans une plaine de la région grassoise (Alpes-Maritimes) établie vers la cote NGF 100 à 110, des colluvions superficielles recouvrent un substratum d'âge triasique montrant la succession suivante :

– au sommet, des marnes argileuses bariolées chapeautant des gypses (Keuper) ;

– à la base, des calcaires et dolomies (Muschelkalk).

Les marnes argileuses isolent deux réservoirs aquifères distincts :

– une nappe superficielle, localisée dans la couverture colluviale ;

– une nappe profonde, établie dans les horizons gypseux et carbonatés, et dont le drainage s'effectue en direction d'une source karstique située 4 km au sud à la cote 32.

Dans le cadre d'une étude générale, des relevés piézométriques réalisés en février 2002 ont donné lieu aux mesures suivantes (plan de localisation et tableau de mesure).

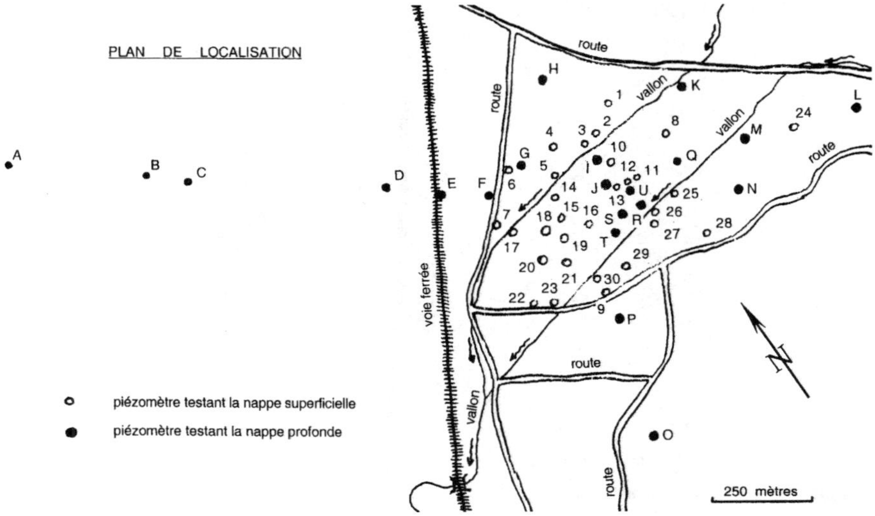


**Figure 20** Plan de localisation.

TABLEAU 14 MESURES.

| | | | | | | | | | |
|---|---|---|---|---|---|---|---|---|---|
| **TABLEAU DE MESURES** | | | | | | | | A | 72,89 |
| B | 65,93 | C | 71,98 | D | 80,96 | E | 67,69 | F | 51,10 |
| G | 86,65 | H | 67,24 | I | 64,72 | J | 48,64 | K | 79,50 |
| L | 83,01 | M | 84,80 | N | 69,65 | 0 | 45,30 | P | < 50,50 |
| Q | < 51,60 | R | 77,85 | S | 68,50 | T | 55,40 | U | 84,40 |
| 1 | 105,21 | 2 | 103,10 | 3 | 103,12 | 4 | 101,89 | 5 | 96,60 |
| 6 | 98,10 | 7 | < 95,36 | 8 | 105,24 | 9 | 101,86 | 10 | 104,02 |
| 11 | 103,33 | 12 | 97,49 | 13 | 102,34 | 14 | 98,00 | 15 | 99,97 |
| 16 | 100,79 | 17 | 98,72 | 18 | 97,80 | 19 | 98,91 | 20 | 98,20 |
| 21 | 98,25 | 22 | 96,18 | 23 | 96,35 | 24 | 121,53 | 25 | 104,85 |
| 26 | 101,73 | 27 | 101,84 | 28 | 114,11 | 29 | 102,41 | 30 | 100,40 |

**1.** Tracer les cartes piézométriques des nappes superficielle et profonde.

Préciser les conditions d'écoulement de chacune des nappes.

**2.** La piézométrie permet-elle d'identifier des échanges entre les nappes ? Si oui, à quoi pourraient être attribués de tels échanges ?

**Réponses**

**1.**

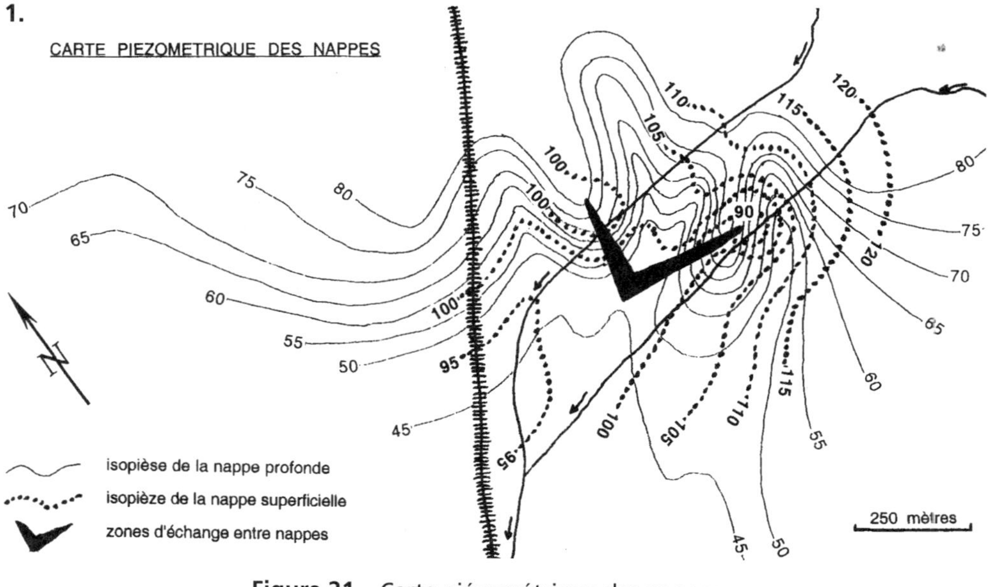


**Figure 21** Carte piézométrique des nappes.

La nappe superficielle offre un drainage général d'est en ouest, suivant la direction locale d'écoulement du réseau hydrographique. Son toit n'est situé qu'à quelques mètres sous le terrain naturel.

La nappe profonde montre un drainage vers le sud, organisé suivant plusieurs axes qui convergent vers un collecteur unique en direction de la source méridionale (confirmation par des traçages). La profondeur de son toit évolue de 15 à 70 m.

**2.** Deux zones d'échanges internappes sont mises en évidence par la synthèse cartographique et indiquent des recharges localisées de la nappe profonde par la nappe superficielle. Ces aires de mélange se traduisent par des dépressions bien marquées de la nappe superficielle au droit de bosses piézométriques de la nappe profonde.

Ces échanges sont localement générés par deux facteurs complémentaires :

- d'une part, la mise en communication des deux nappes par des forages profonds n'ayant pas isolé la nappe superficielle ;
- d'autre part, des échanges *per descensum* au toit d'anciens effondrements de cavités gypseuses ayant décomprimé les terrains sus-jacents et accru leur perméabilité verticale.

## Problème 15. Prospection d'une zone alluviale en vue d'y implanter un forage d'eau

Un cours d'eau et sa nappe d'accompagnement sont établis dans une zone alluviale, au toit d'un substratum rocheux qui constitue également les rives de la vallée.

Dans l'optique d'exploiter la nappe alluviale par un forage, une prospection géophysique de la vallée a été entreprise, afin de préciser la géométrie et la nature du gisement alluvionnaire et d'orienter au mieux le positionnement de l'ouvrage.

Le site prospecté est partiellement représenté sur la *figure 22* et les résultats des sondages électriques mis en œuvre sont reportés dans le tableau suivant.

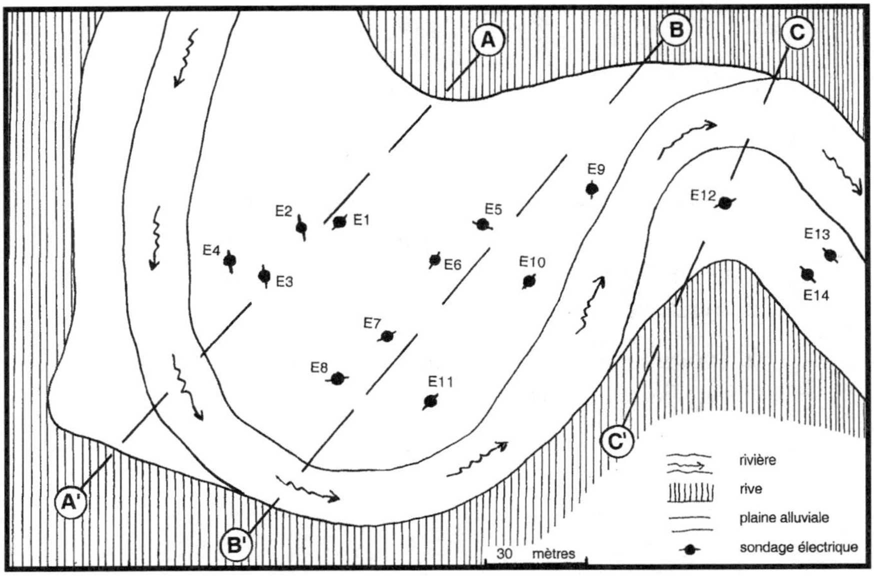


**Figure 22** Carte d'implantation des sondages électriques.

**Tableau 15** Résultats des sondages électriques.

| Sondage électrique | Résistivité (Ω,m) | Épaisseur (m) | Sondage électrique | Résistivité (Ω,m) | Épaisseur (m) |
|---|---|---|---|---|---|
| E1 | 1 = 570<br>2 = 1000<br>3 = 450 | 1 = 0,65<br>2 = 1,50 | E2 | 1 = 290<br>2 = 870<br>3 = 150<br>4 = ∞ | 1 = 0,80<br>2 = 5,60<br>3 = 7,50 |
| E3 | 1 = 330<br>2 = 1900<br>3 = 150<br>4 = ∞ | 1 = 0,65<br>2 = 3,00<br>3 = 10,50 | E4 | 1 = 130<br>2 = 400<br>3 = 150<br>4 = ∞ | 1 = 1,20<br>2 = 14,00<br>3 = 8,00 |
| E5 | 1 = 185<br>2 = 1800<br>3 = 190<br>4 = ∞ | 1 = 0,70<br>2 = 0,90<br>3 = 10,50 | E6 | 1 = 140<br>2 = 500<br>3 = 110<br>4 = 1 000 | 1 = 0,60<br>2 = 1,60<br>3 = 4,80 |
| E7 | 1 = 270<br>2 = 550<br>3 = 300<br>4 = 1500 | 1 = 0,70<br>2 = 1,20<br>3 = 19,80 | E8 | 1 = 750<br>2 = 1 500<br>3 = 100<br>4 = ∞ | 1 = 2,50<br>2 = 4,00<br>3 = 8,00 |
| E9 | 1 = 190<br>2 = 1330<br>3 = 290<br>4 = 2600 | 1 = 0,70<br>2 = 1,40<br>3 = 14,40 | E10 | 1 = 140<br>2 = 430<br>3 = 150<br>4 = 3 000 | 1 = 1,10<br>2 = 4,50<br>3 = 8,00 |
| E11 | 1 = 270<br>2 = 800<br>3 = 230<br>4 = ∞ | 1 = 0,65<br>2 = 5,20<br>3 = 14,00 | E12 | 1 = 300<br>2 = 620<br>3 = 300<br>4 = ∞ | 1 = 0,90<br>2 = 1,90<br>3 = 12,50 |
| E13 | 1 = 260<br>2 = 400<br>3 = 130<br>4 = 8000 | 1 = 1,10<br>2 = 2,50<br>3 = 6,00 | E14 | 1 = 225<br>2 = 450<br>3 = 70<br>4 = ∞ | 1 = 0,60<br>2 = 0,90<br>3 = 2,50 |

**1.** Restituer les profils en travers AA', BB' et CC' avec leur habillage géologique, en considérant que les rives offrent une pente de l'ordre de 40° sous l'horizon et que la rivière est encastrée de 3 à 4 m dans une plaine alluviale pratiquement plane.

**2.** Positionner les sites apparemment les plus favorables pour implanter un forage de reconnaissance et justifier le choix.

**Réponses**

**1.**

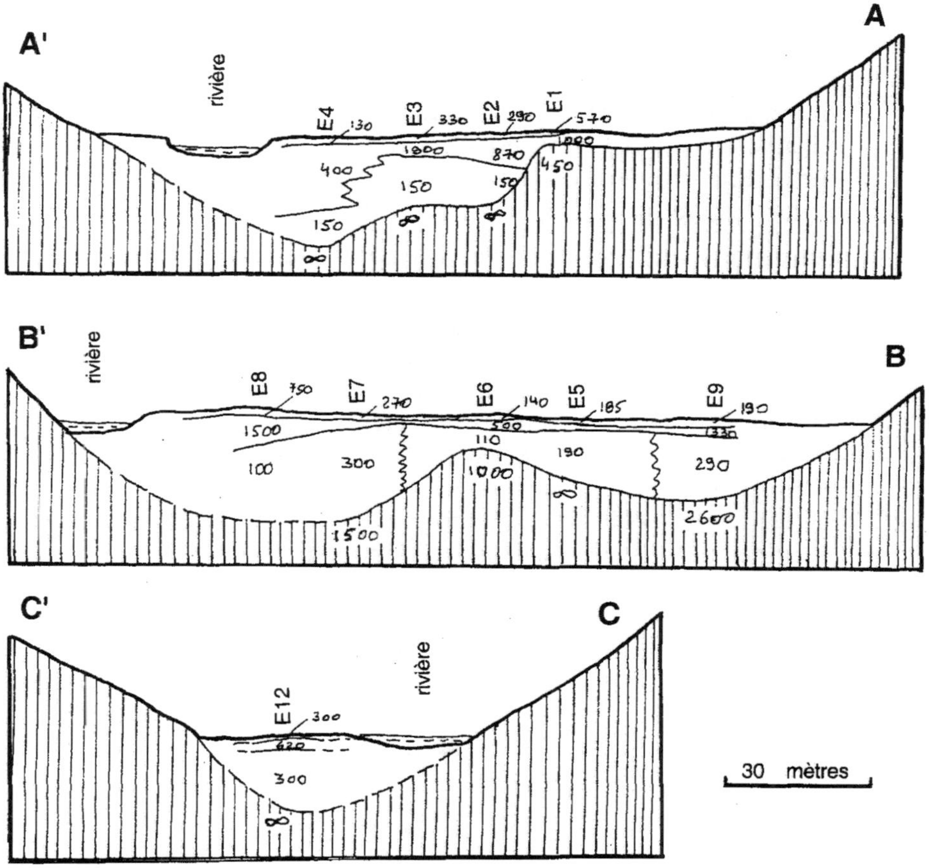


**Figure 23** Profils géologiques habillés et renseignés, en considérant que les fortes résistivités mesurées en profondeur correspondent au toit du substratum rocheux.

**2.** L'implantation d'un forage de reconnaissance est dictée par les facteurs suivants :

- une épaisseur maximale du remplissage alluvial pour solliciter la nappe sur toute sa hauteur. La recherche doit se focaliser dans l'axe du surcreusement révélé par les coupes (E4 en AA' ; E7-E8 en BB' ; E12 en CC') ;
- des terrains largement graveleux, afin de bénéficier des meilleures perméabilités. Sous les limons caillouteux de surface, les fortes résistivités correspondent vraisemblablement à des faciès dénoyés. Au delà et dans le méandre du cours d'eau, les alluvions offrent des résistivités nettement plus soutenues au droit du surcreusement (300 à 400 Ωm/cm) que vers l'amont (150 à 290 Ωm/cm), ce qui peut correspondre à des faciès caillouteux moins colmatés.

Compte tenu de la géométrie du secteur et des caractéristiques révélées par la géophysique, le site localement le plus favorable est représenté par la zone des sondages électriques E7 et E8 (profil BB'). Deux forages de reconnaissance y ont d'ailleurs révélé une puissance d'alluvions de 15 à 20 m et des faciès très largement caillouteux au-delà des 3 premiers mètres. La nappe a ensuite été mise en exploitation près du sondage électrique E7.

## Problème 16. Temps de séjour de l'eau d'infiltration dans un massif fissuré

Le comportement de l'eau dans la zone de chute de blocs des Rochers de Valabres, dans les gneiss du massif du Mercantour, est étudié en surveillant en parallèle la composition chimique de deux points d'échantillonnage (Charlier *et al.* 2010). L'un est situé dans une galerie appartenant à Électricité de France, qui recoupe une fissure aquifère, l'autre point est la source captée de Luicetta située à l'air libre à 500 m au sud-ouest à vol d'oiseau.

Les paramètres mesurés en parallèle sont la température, la conductivité électrique, qui représente la minéralisation, et la fluorescence naturelle de l'eau, apportée par le carbone organique (acides humiques…) lixivié dans le sol lorsque l'eau des précipitations s'infiltre. L'intérêt de ce traceur est son évolution au cours du temps : une eau de fraiche infiltration peut en contenir plus de 10 mg/L, alors qu'après quelques semaines passées dans le milieu souterrain, elle n'en contient plus que quelques centaines de µg/L, le complément s'étant minéralisé en bicarbonates. La figure 24 montre l'évolution parallèle de la fluorescence naturelle et de la conductivité électrique de la venue d'eau de la galerie EdF et de la source de Luicetta, en réponse aux épisodes hydrométéorologiques de l'hiver 2007-2008.

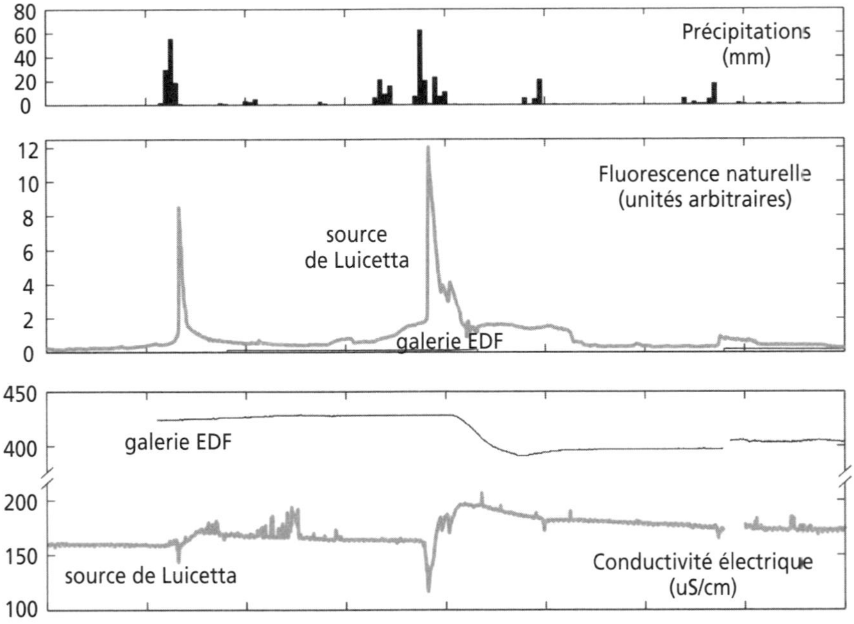


**Figure 24**

**Question** : Expliquez la différence de comportement hydrochimique, donc hydrodynamique, des deux points échantillonnés.

**Réponse**

Par définition, une source en milieu de socle fracturé est le point d'aboutissement d'un réseau de fissures aquifères, elle échantillonne des eaux à temps de séjour variables, allant de la dernière précipitation à plusieurs décennies. En revanche, traversant les terrains de manière aléatoire, une galerie y échantillonne des eaux à temps de séjour moins hétérogènes. La source montre une réaction plus nerveuse (réponse immédiate) aux épisodes pluvieux, tant pour la conductivité que pour la fluorescence. L'inertie de la réponse sur la venue de la galerie se traduit par une dilution différée de la minéralisation, et par la quasi-absence de signal de fluorescence. La source a une augmentation de minéralisation, accompagnée d'un pic aigu de fluorescence. Ainsi, on peut interpréter un transit rapide et massif d'eaux de quelques heures à quelques jours dans l'eau de la source, alors que la fissure de la galerie écoule des eaux infiltrées il y a plusieurs mois, qui ont transité assez de temps pour permettre la minéralisation de leur carbone organique naturel.

# Orientation bibliographique

## Références générales non citées


BANTON O. et BANGOY L., *Hydrogéologie*. Presses de l'Université du Québec, 1997.

BODELLE J.et MARGAT J., *L'eau souterraine en France*. Éd. Masson, Paris, 1980.

CASTANY G., *Principes et méthodes de l'hydrogéologie*. Dunod, Paris, 1982.

CASTANY G. et MARGAT J., *Dictionnaire français d'hydrogéologie*. Éditions BRGM, Orléans, 1977.

COLLIN J.J., *Les eaux souterraines*. Connaissance et gestion, BRGM, Hermann, 174 p., 2004

DERCOURT J.et PAQUET J., *Géologie. Objets et méthodes*. Dunod, 11e édition, Paris, 2002.

DETAY M., *Le forage d'eau*. Éd. Masson, 1993.

DETAY M., *La gestion active des aquifères*. Éd. Masson, Paris, 416 p., 1997.

GENETIER B., *Pompages d'essai*. Manuels et Méthodes n° 9, Éditions BRGM, 1997.

GILLI E., *Eaux et Rivières souterraines*. Coll. Que-Sais-Je ? n° 455, PUF, Paris, 128 p., 1999.

LALLEMAND-BARRÈS A. et ROUX J.C., *Périmètres de protection des captages d'eau souterraine destinée à la consommation humaine*. Manuels et Méthodes n° 19, Éditions BRGM, Orléans, 1997.

MARGAT J., *Les ressources en eau*. Éditions BRGM, Orléans, 1996.

MARGAT J. et VAUBOURG P., *Lexique d'hydrogéologie*. Manuels et Méthodes n° 28, Éditions BRGM, Orléans, 1998.

MARSILY Gh. DE, *Hydrogéologie quantitative*. Éd. Masson, Paris, 1981.

MARSILY, Gh. DE, *L'eau*. Éd. Flammarion, Collection Dominos, 2000.

SHUH SHIAW LO, *Glossary of hydrology*. Water Resources Publications, Littleton CO, USA, 1992.


## Références bibliographiques


AHN C.-H. et TATEISHI R., Estimation of Potential Evapotranspiration for Global Data Sets. *Proc. ISPRS Comm. IV Symposium, Mapping and Geographic Information Systems, May 31 - June 3, Athens*, Georgia, USA, 30/4) : 586-593, 1994.

ALEXANDRE D., *Conditionnement des déchets nucléaires, in Les déchets nucléaires*. Éditions de physique, Turlay édit., Paris, 307 p., p.181-202, 1997.

ALLEGRE M., *La gestion des déchets radioactifs, in Les déchets nucléaires*. Éditions de Physique, Turlay édit., Paris, p.171-179, 1997.

AMAR S., BLONDEAU F., FOLLACCI J-P., GAUDIN B. et SCHLOSSER F., « Menace d'effondrement d'un grand remblai routier en zone montagneuse ». *Bull. Liaison Labo. Ponts et Chaussées*, 75, 137-140, Paris, LCPC, 1975.

AMAR S., BONDIL R., BUFFA J., MAHIEU B., PUECH J-P. et MANGAN Ch., « Autoroute A8, département des Alpes-Maritimes. Difficultés posées par la fondation de la pile n° 3 du viaduc de Borriglione ». *Actes Journées de Géotechnique de Marrakech,* 4 p., 1988.

ANONYME, « 1963-2003, Vajont et Longarone, 40 ans après ». *Géochronique*, n° 27, 27-29, 2003.

ANTOINE P. et BARBIER R., « Les problèmes géologiques posés par les barrages de faible hauteur ». Séance du 14 décembre 1972 : Géologie des barrages de faible hauteur et de leur retenue. *Annales de l'Institut Technique du Bâtiment et des Travaux Publics*, Supplément au n° 312, Série Sols et Fondations, n° 101, 27-46, Paris, SA Le Bâtiment, décembre 1973.

ARFIB B., *Étude des circulations d'eau souterraines en aquifère karstique côtier : observations et modélisations de la source de l'Almyros d'Heraklion, Crète (Grèce).* Thèse de doctorat, Université Paris 6, 343 p., 2001.

AUDRA Ph, CAMUS H., GILLI E., MOCOCHAIN L., CLAUZON G., et BIGOT J.Y., « The effect of the Messinian Deep Stage on karst development around the Mediterranean karst. Examples from Southern France ». *Proc. Int. Conf. on Karst Hydrogeology and Ecosystems, Bowling Green, USA, June 3-6*, 2003.

BAKALOWICZ M., *Contribution de la géochimie des eaux à la connaissance de l'aquifère karstique et de la karstification.* Thèse Paris VI, 1979.

BAKALOWICZ M. et LACHASSAGNE P., « De nouvelles révolutions techniques pour la mise en valeur des aquifères discontinus : aquifères de socle et aquifères karstiques ». *Actes Conférence Internationale Eau et Développement Durable*, Paris, 1998.

BARBIER R., « Une curieuse forme d'ablation : Les entonnoirs d'ablation ». *Trav. Lab. Géol.* Grenoble, t. XXX, 183-188, 1953.

BARBIER R., « Sur l'existence d'entonnoirs d'ablation en pays granitique au Brésil ». *Trav. Lab. Géol.* Grenoble, t. XXXV, 27-31, 1959.

BAUMGÄRTNER J. , GERARD A. , BARIA R. et VIX P., « The Hot Dry Rock/Hot Fractured Rock Scientific Pilot Plant at Soultz-sous-Forets, (Alsace, France) », *Bundesministerium für Naturschutz und Umwelt, (Hrsd.) : Fachtagung "Geothermische Stromerzeugung - eine Investition in die Zukunft"* 20./21.06.2002, Landau/Pfalz. Tagungsband, Berlin, pp. 76-80, 2002.

BELLIER J., « Le barrage de Malpasset ». *Travaux,* 3-23, Paris, Éditions Science et Industrie, 1967.

BINI A., « Rapports entre la karstification périméditerranéenne et la crise de salinité du Messinien. L'exemple du karst lombard (Italie) », *Karstologia n° 23*, 1994.

BLAVOUX B., GILLI E., ROUSSET C., « Alimentation et origine de la salinité de l'émergence karstique sous-marine de Port Miou (Marseille - Cassis - Bouches du Rhône) ». *C.R. Geosciences*, 336 (2004), p. 523-533, Elsevier, Paris, 2004.

BLAVOUX B. et LACROIX M., « Conséquences de l'irrigation en Basse Durance : réalimentation de l'aquifère alluvial et contrôle des teneurs en nitrates ». Société Hydrotechnique de France, XXI<sup>es</sup> journées, Sophia Antipolis, 1991.

BLAVOUX B. et MUDRY J., « Influence des pluies estivales sur la qualité des réserves de l'aquifère karstique sous climat méditerranéen : le rôle du sol et de l'épikarst dans la concentration des chlorures ». *Bulletin Société Géologique France*, Paris, 8, t. 2, 4 : 667-674, 1986.

BLAVOUX B., MUDRY J. et PUIG J.M., « Bilan, fonctionnement et protection du système karstique de la fontaine de Vaucluse (Sud-Est de la France) ». *Geodinamica Acta,* 1991/1992, 5, 3, 153-172, 13 fig., 2 tabl., Masson, Paris, 1992.

BLAVOUX B., GILLI E., ROUSSET C., « Alimentation et origine de la salinité de l'émergence karstique sous-marine de Port Miou (Marseille – Cassis – Bouches du Rhône) ». Elsevier, Paris, *C. R. Geosciences*, 336 (2004) 523-533, 2004.

BLAVOUX B et LETOLLE R., « Apports des techniques isotopiques à la connaissance des eaux souterraines. » *Géochronique*, 54, p. 12-15., 1995.

BOUTITIE J. et MEYER J., *Traitement des terrain, in* FILLIAT G., *La Pratique des sols et fondations*. Paris, Éditions du Moniteur, 1981.

BREZNIK M., *Storage reservoirs and deep wells in karst regions*. Rotterdam, A.A. Balkema edit, 1998.

CASTANY G., *Prospection et exploitation des eaux souterraines*. Paris, Dunod, 1968.

CASTANY G., *Hydrogéologie. Principes et méthodes*. Coll. Sciences sup., Dunod, Paris, 238 p., 1998.

CASTANY G. et MARGAT J., *Dictionnaire français d'hydrogéologie*. Paris, Éditions du BRGM, 1977.

CAUDRON M., « Pourquoi la Somme s'est réveillée à l'aube du troisième millénaire ? », *Géologues*, n° 133-134, 105-112, septembre 2002.

CAVALERA Th., GILLI E., MAMINDY-PAJANY Y. et MARMIER N., « Mechanism of salt contamination of karst springs related to the Messinian deep stage. The speleological model of Port Miou (France). » EGU General Assembly 2009, Vienna, spec. issue. *Geodinamica Acta* 23 /1-3, 15-28, 2010.

CELLE-JEANTON H., EMBLANCH C., MUDRY J. et CHARMOILLE A., « Contribution of time tracers ($Mg^{2+}$, TOC, $\delta^{13}C_{TDIC}$, $NO_3^-$) to understand the role of the unsaturated zone. A case study : karst aquifer in the Doubs valley, eastern France ». *Geophysical Research Letters* 30(6), 1322, 2003.

CHARLIER J.-B., C. BERTRAND, S. BINET, J. MUDRY et BOUILLIER, N. 2010- Use of continuous measurements of dissolved organic matter fluorescence in groundwater to characterize fast infiltration through an unstable fractured hillslope (Valabresrockfall, French Alps). *Hydrogeology Journal*, 18:1963-1969.

CHARMOILLE A., « Traçage hydrochimique des interactions hydrauliques et mécaniques entre les volumes perméables et peu perméables au sein des aquifères fracturés carbonatés. Aquifère karstique de Fourbanne (Avant-pays jurassien, 25), laboratoire naturel de Coaraze (Alpes Méridionales, 06) ». Thèse Besançon, 2005.

CHARPAK G., et BROCH H., *Devenez sorciers, devenez savants*. Odile Jacob, Paris, 224 p., 2002.

CLAUZON G., PUIG J.-M. et GUENDON J.-L, « Manifestations karstiques induites par le creusement messinien : exemples rhodano-duranciens, Géomorphologie quantitative et paléogéomorphologie dans les karsts du domaine méditerranéen, La Sainte-Baume ». *Livret-guide d'excursion, Assoc. Fra. Karsto.*, Bordeaux et Centre aixois de géog. phy., Aix-en-Provence, 1997.

COLLINA-GIRARD J., « La grotte Cosquer et les Calanques marseillaises (Bouches du Rhône, France) ». *Karstologia* n° 27, 1/1996.

COLLIGNON B., *Hydrogéologie appliquée des aquifères karstiques des monts Tlemcen (Algérie)*. Thèse de Doctorat, Spécialité Hydrogéologie, Université d'Avignon, 1986.

COLLIGNON B., *Spéléologie. Approches scientifiques*. Edisud, 238 p., 1988.

COLLIGNON B., « Évaluation des réserves permanentes et renouvelables des aquifères karstiques de l'ouest de l'Algérie à partir du suivi piézométrique de forages d'exploitation ». Actes du 4e Colloque d'Hydrologie en Pays Calcaire, Besançon. *Annales Scientifiques de l'Université de Besançon*, Géologie, Mémoire h.s. n° 6, 99-105, 1988.

COMPAGNON F., GUGLIELMI Y., MUDRY J., FOLLACCI J-P et IVALDI J-P., « Approche chimique et isotopique de l'origine des eaux en transit dans un grand mouvement de terrain : exemple du glissement de La Clapière (Alpes-Maritimes, France) ». *C. R. Acad. Sci., Sciences de la terre et des planètes*, 325, 565-570, 1997.

COVA R. et DUROZOY. Carte hydrogéologique du département du Var au 1/200 000. BRGM, DDA du Var, 1980.

CROVISIER J., LEECH K., BOCKELÉE-MORVAN D., BROOKE T.Y., HANNER M.S., ALTIERI B., KELLER H.U., LELLOUCH E., « The spectrum of comet Hale-Bopp (C/1995 O1) observed with the Infrared

Space Observatory at 2.9 astronomical units from the Sun ». *Science*, **275**, 1904-1907, 1997.

DELATTRE N., « Les puits naturels du Tournaisis. Etude de leur localisation et contribution à l'étude de leur genèse ». *Annales de la Société Géologique de Belgique*, 108, 117-123, 1985.

DERYCKE F., « Le karst souterrain du Tournaisis, du Paléozoïque à aujourd'hui ». *Annales de la Société Géologique de Belgique*, 102, 27-30, 1979.

DETAY M., *Le forage d'eau*. Masson,1993.

DETAY M., *La gestion active des aquifères*. Masson édit., Paris, 416 p., 1997.

DIOP S. et REKACEWICZ Ph., *Atlas mondial de l'eau*. Col.Atlas/Monde, Éditions Autrement, Paris, 63 p., 2003.

DIOUF S., GOMIS R. et TCHANI J., « Le contact eau douce-eau de mer entre Dakar et Saint Louis (Sénégal). Une étude géoélectrique ». *Actes coll. GEOFCAN, 11-12 sept 1994*, Bondy, BRGM, INRA, ORSTOM, UPMC, 1997.

DOUBLOT G., LANUQUE P., MAGNIEN P. et SCHWALLER V., « Tunnel ferroviaire de Monte-Carlo. Renforcement d'une zone dégradée ». *Tunnels et ouvrages souterrains*, n° 183, p. 132-136, 2004.

DOUCHET et FAGE L.H., « Port Miou et le Bestouan ». *Spéléo*, n° 12, p. 3-6 (5 fig., 6 phot.), 1993.

DROGUE C., « Continous inflow of seawater and outflow of brackish water in the substratum of the karstic island of Cephalonia, Greece ». *Journal of Hydrology*, 106, 147-153, 1989.

DUFFAUT P., *Stabilité des cavités souterraines*, *in* FILLIAT G., *La pratique des sols et fondations*. Paris, Éditions du Moniteur, 1981.

EDMUNDS W.M., « Bromine geochemistry of British groundwater », *Mineralogical Magazine*, April 1996, Vol. 60, pp. 275-284, 1996.

EMBLANCH C., « Les équilibres et les transferts carboniques et isotopiques dans un système karstique, étude en région méditerranéenne de montagne ». Thèse 3e cycle Université d'Avignon, 197 p., 1997.

ELLENBERGER F., *Histoire de la Géologie*. Tome 1, Petite Collection d' Histoire des Sciences, Éditions Technique et Documentation (Lavoisier), Paris, 1988.

EMILY A., « Recharge et fonctionnement d'un aquifère karstique tectoniquement compartimenté. Exemple des écailles subalpines de l'Arc de Nice ». Thèse de doct. hydrogéol., Université de Franche Comté, 125 p., 2000.

ENGALENC M., *Méthode d'étude et de recherche de l'eau souterraine des roches cristallines*. Publi. CIEH, Ouagadougou, Burkina Faso, vol. 1, 2 et 3, 652 p., 1978, 1979, 1981.

ENRIGHT J. T., « Water dowsing : The Scheunen experiments ». *Naturwissenschaften* 82 : 360-369, 1995.

EVIN J., FLANDRIN J., MARGRITA R. et PALOC H., « Contribution des analyses chimiques, des colorations et des analyses isotopiques à l'étude des circulations souterraines en réservoirs karstiques. Exemple fourni par la Fontaine de Vaucluse et le forage de Salignan (France) ». *Actes coll. AIH, Istanbul*, 8 : 298-308, 1967.

FEUGER L., « Étude préliminaire sur la géologie de la Principauté de Monaco ». *Bull. Serv. Carte géol. Fr.*, n° 264, T. LVIII, 243-257, 1961.

FOLLACCI J-P., « Les mouvements du versant de La Clapière à Saint-Étienne-de-Tinée (Alpes-Maritimes) ». *Bull. liaison Labo. P. et Ch.*, 150-151, 39-54, 1987.

FOLLACCI J-P., GUARDIA P. et IVALDI J-P., « Le glissement de La Clapière (Alpes-Maritimes, France) dans son cadre géodynamique ». *Comptes-Rendus du 5e Symposium International sur les glissements de terrain* (Juillet 1988, Lausanne). 1323-1327, 1988.

FORKASIEWICZ J., « Interprétation des données de pompage d'essai pour l'évaluation des paramètres des aquifères ». Doc. BRGM, Orléans, 1972.

FORD D. et WILLIAMS P., *Karst morphology and hydrology*.Unwin Hyman, Londres, 1989.

GARVEN G., APPOLD M.S., TOPTYGINA V.I. et HAZLETT T.J., « Hydrogeologic modeling of the genesis of carbonate-hosted lead-zinc ores ». *Hydrogeology Journal* 7(1) : 108-126, Springer Verlag, 1999.

GAUBI E., « Hydrodynamique, transport de polluants et modélisation en milieu fluvio-glaciaire. (Application à la nappe alluviale de la plaine de Pontarlier - Doubs) ». Thèse Besançon, 1993.

GENTIER S., GENTER A. La production d'électricité par géothermie. 2- Le pilote scientifique de Soultz-sous-Forêts (Bas-Rhin). Enjeux et perspectives. *Géochronique* 114, 40-44, 2010.

GIGNOUX M. et BARBIER R., *Géologie des barrages et des aménagements hydrauliques*. Paris, Masson, 1955.

GIGNOUX M. et MORET L., *Géologie dauphinoise*. Paris, Masson, 2e éd., 1952.

GILLET P. , « L'eau du manteau terrestre ». *La Recherche*, n° 24, p. 676-685, 1993.

GILLI E., *La spéléologie*. Coll. Que-Sais-Je ? n° 709, PUF édit., Paris, 128 p.,1995.

GILLI E., « Détection de sources sous-marines et précision de l'impluvium par mesure des variations de salinité. L'exemple de la source de Cabbé-Massolins (Roquebrune-Cap-Martin, France) ». *C. R. Acad. Sci.*, Paris, Sciences de la Terre et des Planètes, 329, 109-116, 1999.

GILLI E., *Eaux et Rivières souterraines*. Coll. Que-Sais-Je ? n° 455, PUF édit. Paris, 128 p., 1999

GILLI E., « Étude des conditions d'alimentation et du bassin d'alimentation de la source Beaupré (Signes, Var) ». *Rapport interne, Sté Sources de Signes*, Var, 2000.

GILLI E., « Compilation d'anciennes mesures de débit à Port-Miou. Apport à l'hydrogéologie de la Basse-Provence ». Actes du 7e Colloque d'Hydrogéologie en Pays Calcaire et Milieu Fissuré, Sciences et Techniques de l'Environnement, Université de Franche-Comté, Mémoire h. s. n° 13, 157-160, 2001.

GILLI E, « Étude préalable sur le drainage des karsts littoraux. A/Bouches du Rhône et Var; B/ Corse ». *Rapp. Agence de l'Eau Rhône-Méditerranée-Corse*. Lyon, 100 p., 37 fig., 2 pl., 2002.

GILLI E., « Les karsts littoraux des Alpes Maritimes : inventaire des émergences sous-marines et captage expérimental de Cabbé ». *Karstologia* n° 40 - FFS, AFK, p. 1-12, 2003.

GILLI E. et MANGAN Ch., « Le prototype de Coaraze : un exemple de création de réserve d'eau par obturation d'exutoire karstique ». *Karstologia* n° 25 - FFS, AFK, p. 37-40, 1994.

GIRON H., « Procédés de percement de galerie en rocher décomposé gorgé d'eau ». *Actes 5e Congrès des grands barrages,* Paris, 1955.

GJURAŠIN K., « Prilog hidrografiji primorskog krša », *Tehnički vjesnik* 1-2, 1-17, Zagreb, 1943.

GLANZ T., « Le phénomène des moulins marins d'Argostoli. Études hydrauliques et physiques ». *Steîr. Beitr.-Hydrogeol.*, 1965, n° 17, p. 113-127, 1965.

GOBAT J.-M., ARAGNO M. et MATTHEY W., *Le Sol vivant. Bases de pédologie et de biologie des sols.* Presses polytechniques et universitaires romandes, Lausanne, Suisse, 1998.

GOGUEL J., *Application de la géologie aux travaux de l'ingénieur.* Paris, Masson, 1967.

GUGLIELMI Y., « Hydrogéologie des aquifères plio-quaternaires de la basse vallée du Var (Alpes-Maritimes, France). Contrôle néotectonique des écoulements souterrains. L'outil, chimique et isotopique, pour l'étude du fonctionnement et de la vulnérabilité des aquifères ». Thèse de Doctorat, Université d'Avignon, 1993.

GUGLIELMI Y., BERTRAND C., COMPAGNON F., FOLLACCI J-P. et MUDRY J., « Acquisition of water chemistry in a mobile fissured basement massif : its role in the hydrogeological knowledge of the La Clapiere landslide (Mercantour massif, southern Alps, France) ». *Journal of Hydrology*, 229, 138-148, 2000.

GUGLIELMI Y. et MUDRY J., « Estimation of spatial and temporal variability of recharge fluxes of an alluvial water in a fore land area by water chemistry and isotopes ».

*Ground Water* (Dublin, Ohio, USA), 34 (6) : 1017-1023, 1996.

GUGLIELMI Y., VENGEON J. M., BERTRAND C., MUDRY J., FOLLACCI J. P. et GIRAUD A., « Hydrogeochemistry, an investigation tool to evaluate infiltration into large moving rock masses (case study of la Clapière and Séchilienne landslides) ». *Bulletin of Engineering Geology and the Environment*, 61 : 311-324, 2002.

GUGLIELMI Y., MANGAN Ch., MUDRY J. et REYNAUD A. « Évolution piézométrique et qualitative d'un aquifère carbonaté soumis à un fort pompage de longue durée : exemple du graben de Pinchinade (Mouans Sartoux, 06) ». VI^e^ coll. hydrogéol. pays calc. et milieux fissurés, La Chaux-de-Fonds, Suisse. *Actes 12^e^ congrès int. spél.*, vol. 2, p. 137-140, 1997.

GUIRAUD R., « L'hydrogéologie de l'Afrique ». *Journal of African Earth Science*, 7(3) : 519-543, Elsevier, 1988.

GUYOT J.L., « La zone non saturée dans l'aquifère karstique. Analyse des écoulements hypodermiques sur périmètre expérimental. Rôle de la zone non saturée dans la différentiation des régimes de deux sources karstiques (monts de Pardailhan, Montagne Noire) ». Thèse 3^e^ cycle Montpellier, 139 p., 1983.

HAFFEN M., « Barrières créées dans un aquifère par des ouvrages enterrés ». Journées d'études du 18 janvier 1977 : Eau, sol et construction, *Annales de l'Institut Technique du Bâtiment et des Travaux Publics*, Supplément au n° 355, Série Sols et Fondations, n° 146, 149-154, Paris, SA Le Bâtiment, Novembre 1977.

HENRY H.R. et KOHOUT F.A., « Circulation patterns of saline groundwater affected by geothermal heating as related to waste disposal ». *Mem. Americ. Ass. of Petroleum Geologists*,. n° 18, p. 202-221., 1972.

HILL C., « Geology of Carlsbad cavern and other caves in the Guadalupe mountains ». *Bulletin New Mexico and Texas. New Mexico Bureau of Mines and Mineral Resources*, n° 177, 150 p., 1987.

HILL C. et FORTI P., *Cave mineral of the world*. National Speleological Society édit., Huntsville, 463 p., 1997.

HSISSOU Y., MUDRY J., MANIA J., BOUCHAOU L. et CHAUVE P., « Apport du rapport Br/Cl à la détermination de l'origine de la salinité des eaux souterraines. Cas de la nappe du Souss (Sud marocain) ». *Comptes Rendus de l'Académie des Sciences* - 328 : 381-386, 2 fig., Elsevier, Paris, 1999.

JULIAN M. et NICOD J., « Paléokarsts et paléogéomorphologies néogènes des Alpes occidentales et régions adjacente ». *Karstologia* 4 (1984) 11-18.

KÖNING H.L., BETZ H.-D., *Der Wünschelrutenreport. Wissenschaftlicher Untersuchungsbericht*. Herold-Verlag, München., 1989

LACROIX M., « Impact de l'irrigation sur un aquifère alluvial. Dynamique du système Basse Durance : nitrates et isotopes (cartographie), piézométrie (modélisation mathématique) ». Thèse Besançon-Avignon, 1991.

LACROIX M., BEAUDEAU P., WANG H.Q., MASSÉI N. et DUPONT J.P., « Turbidité en Pays de Caux : un cas concret. *Bulletin de l'Association des Géologues du Bassin de Paris*, 37 (1) : 37-40, 2000.

LACROIX M. et BLAVOUX B., « Irrigation en Basse Durance : effets bénéfiques sur l'agriculture », in *Actes du colloque AIH La gestion active des aquifères*. Ministère de la Recherche, Paris, 1994.

LAMBERT R., *Géographie du cycle de l'eau*, Presse Univ. du Mirail, Toulouse, 1996.

LASTENNET R. et MUDRY J., « Role of karstification and rainfall in the behaviour of a heterogeneous karst system ». *Environmental Geology* 32(2) : 114-123. Springer, New York. 1997.

LAURENT E., « Réflexions sur la protection des aquifères karstiques et sur des activités humaines génératrices de karsts accélérés. Les exemples du Tournaisis et de la Gileppe ». *Annales de la Société Géologique de Belgique*, 108, 125-135, 1985.

LETOURNEUR J., « Sur les entonnoirs d'ablation : Les "folletières" du Brionnais (Saône et Loire) ». *Bull. Serv. Carte Géol. Fr.*, n° 277, T. IX, 45-50, 1964.

LETOURNEUR J. et MICHEL R., *Géologie du génie civil.* Paris, Armand Colin, 1971.

LIÑÁN C., ANDREO B., CARRASCO F. et VADILLO I., « Hidrodinámica e hidroquímica de las aguas de goteo de la Cueva de Nerja ». *Contribución del estudio cientifico de las cavidades kársticas al conocimiento geológico,* B. Andreo, F. Carrasco & J. J. Durán, (Eds) pp. 393-402, 1999.

LISMONDE B., « L'âne de Buridan, le principe de Curie et l'effet cheminée. Courants d'air dans les cavités en forme de U ». *Karstologia,* n° 37, p. 23-28, 2001.

LUGEON M., *Barrages et géologie.* Paris, Dunod, 1933.

MACHEL H.G., « Effects of groundwater flow on mineral diagenesis, with emphasis on carbonate aquifers ». *Hydrogeology Journal,* 7(1) : 94-107, Springer Verlag, 1999.

MAFTEI C., « Modélisation spatialisée de l'écoulement sur le bassin versant de Voinesti - Roumanie ». Thèse doct Sciences de la Terre et de l'Eau, Universités de Montpellier II et Ovidius de Constanta (Roumanie), 164 p., 2002.

MALZIEU E., « Ressource en eau entre Rhône et Ventoux. Hydrogéologie et hydrochimie du bassin de Bedoin-Mormoiron, de la plaine des Sorgues et du massif de Pernes-les-Fontaines (Vaucluse) ». Thèse 3e cycle Université d'Avignon, 246 p., 1987.

MANGAN Ch., « Phénomènes pseudokarstiques dans les Alpes-Maritimes ». *Actes du 12e Congrès National de Spéléologie* (Grasse, 1976), 94-110, 1978.

MANGAN Ch., « Indices karstiques et fondations en terrain carbonaté ». *Annales de la Société Géologique de Belgique,* 108, 99-104, 1985.

MANGAN Ch., « Le bassin karstique de la Brague et ses aménagements (Alpes-Maritimes, France). Bilan et gestion de l'eau ». *Bull. du Centre d'Hydrogéol. de l'Univ. de Neuchâtel,* 7, 229-245, 1986.

MANGAN Ch., « Gestion des réservoirs aquifères de type karstique à partir des résultats d'une vidange prolongée sur forage ». *Actes du 2e Symposium International de l'Eau,* Cannes, 2000.

MANGIN A., « Contribution à l'étude hydrodynamique des aquifères karstiques ». Thèse Dijon, 1975.

MARCHAND G., LESUR J. et BOURDARIE J.-P., « Un karst dans le gypse. La rivière souterraine de Suès (Alpes-Maritimes) ». *Spelunca,* n° 74, 12-20, 1999.

MARSILY Gh. DE, *Enfouissement des déchets nucléaires en formation géologique in Les déchets nucléaires.* Éditions de physique, Turlay édit., Paris, 307 p., 1997.

MAURIN V. et ZOETL J., « Salt water encroachment in the low altitude karst water horizons of the Island of Kephallinia ». *Actes Coll. Dubrovnik, AISH-UNESCO* Vol. 2, 423-438, 1965.

MAURY R. et CARPENTIER L., « Déplacement et mise en souterrain de la voie ferrée à la traversée de la principauté de Monaco ». *Revue Générale des Chemins de Fer,* oct. 1966.

MENEROUD J.-P., « Le glissement de Roquebillière ». *Bull. liaison Labo. P. et Ch.,* n° spécial II : Stabilité des talus, 1 - versants naturels, 118-124, mars 1976.

MICHELOT C. et MUDRY J., « Remarques sur les exutoires de la fontaine de Vaucluse ». *Karstologia,* 6 : 11-14, 1985.

MIJATOVIĆ B., « Problèmes de captage en région karstique littorale », *Bull Centre Hydrogéol.* Neuchatel, n° 7, 65-106, 1986.

MILANOVIC P., « The environmental impacts of human activities and engineering constructions in karst regions ». *Episodes,* vol. 25, bull. Int. Un. Geol. Sc., Beijing, 2001.

MUDRY J., « Apport du traçage physico-chimique naturel à la connaissance hydrocinématique des aquifères carbonatés ». Thèse État Besançon, *Ann. Scientif. Univ. Besançon,* Géologie - Mémoire H.S. n° 4, 1987, 381 p., 1987.

MUDRY J., « Champ captant de la Saignonne. Révision des périmètres de protection ». Ville d'Avignon, rapport d'hydrogéologue agréé, 1988.

MUDRY J., CHARMOILLE A., ROBBE N., BERTRAND C., BATIOT C., EMBLANCH C. et METTETAL J.P., « Use of hydrogeochemistry to display a present recharge of confined karst aquifers. Case study of the Doubs valley, Jura mountains, Eastern France ». *II simposio de Geologia Cueva de Nerja (Malaga, Espagne). In Carrasco F., Duran J.J., Andreo B. (Eds.) Karst and Environment.* 123-129, 2002.

MUDRY J. et PUIG J.M., « Le système karstique de la Fontaine de Vaucluse ». *Karstologia*, 18: 29-38, 1991.

MUTIN G., « Enjeux pour l'eau dans les pays riverains de rive Sud ». Colloque Le partenariat Euro-Méditerranéen, le processus de Barcelone : Nouvelles perspectives, IEP-Lyon, 14/12/2001.

NEWSON M., *Hydrology and the river environment.* Clarendon Univ. Press, Oxford, 1994.

NICOD J., *Pays et paysages du calcaire.* Coll SUP, Le géographe, PUF, Paris, 224 p., 1972.

NICOD J., « Catastrophes naturelles et risques afférents aux terrains gypseux (Alpes et Provence) ». *Revue de Géographie Alpine*, t. LXXVIII, 157-173, 1990.

NICOD J., « Phénomènes karstiques et mouvements de terrain récents dans le Trias du département du Var ». *Travaux U.A. 903 du CNRS*, n° XX, 5-14, 1991.

NICOD J., « Recherches nouvelles sur les karsts des gypses et des évaporites associées ». *Karstologia*, n° 21, 15-30, 1993.

NICOD J., « Barrages en terrains karstiques. Problèmes géomorphologiques et géotechniques dans le domaine méditerranéen ». *Géol. Méditer,* Géographie physique et Méditerranée, Paris, P. de la Sorbonne, 1997.

NICOD J., « Phénomènes karstiques et mouvements de terrain récents dans le département du Var. Problèmes d'impact ». *120e Congr. nat. soc. hist. scient., Aix-en-Provence, 1995, Paris, Ed du CTHS,* 115-130, 1999.

OFEG, Délimitation des zones de protection des eaux souterraines en milieu fissuré. – Guide pratique, Office Fédéral de l'Environnement, des Forêts et du Paysage, Berne, 83 p, 2003.

PERISSOL M., « Les travaux sur la source du Lez », *in Journées à la mémoire de Jacques Avias.* CFH-AIH, Montpellier, 13-15 mai 2004.

PERRIAUX L., « Les mouvements de terrain dans les Alpes niçoises en novembre 1926. La catastrophe de Roquebillière ». *Annales de Géographie*, t. XXXVI, n° 100, 115-124, Paris, Éditions Armand Colin, 1927.

PLAGNES V., *Structure et fonctionnement des aquifères karstiques.* Thèse Montpellier, BRGM, Documents n° 294, 376 p., 1997.

PLINE Ch., « Contribution à l'étude géologique, hydrogéologique et géotechnique de la basse-plaine alluviale du Paillon (Alpes-Maritimes, France) ». Thèse de Doctorat, Université de Nice, 1991.

POLEMIO M. et LIMONI P.P., « L'evoluzione dell'inquinamento salino delle acque sotterranee della Murgia e del Salento ». *Memorie della Societa Geologica Italiana*, 56, 2001, pp. 327-331, 2001.

POTIE L., « Captage des résurgences sous-marines d'eau douce. Observations sur les effets du barrage expérimental de Port Miou ». *Rapport interne SRPM, Sté Eaux de Marseille*, 74 RT 1001 PM, Marseille, 1974.

PUIG J.M., *Le système karstique de la Fontaine de Vaucluse.* Thèse 3e cycle, Avignon, BRGM, Documents n° 180, 210 p., 1987.

REEVES H., *Patience dans l'azur. L'évolution cosmique,* Coll. Science ouverte, *Seuil*, Paris, 304 p., 1981.

REMONDET A. et MARCHAND G., « Le souterrain de Pouzergues (Ligne de Brive à Montauban). Les travaux complexes nécessités par son étanchement ». *Revue Générale des Chemins de fer*, octobre 1965.

REMONDET A. et VALENTIN J., *Reconstruction du tunnel du Boubard. Travaux de reconstruction et travaux de renforcement.* Construction, Paris, Éditions Dunod, septembre 1961.

REYNAUD A., « Fonctionnement d'un aquifère karstique décollé sur une semelle de Trias évaporitique. Exemple du massif du mont Vial (Arc de Castellane, Alpes-Maritimes) ». Thèse de Doctorat, Université de Franche-Comté, 2000.

REYNAUD A., GUGLIELMI Y., MUDRY J. et MANGAN C., « Hydrogeochemical approach to the alterations of the recharge of a karst aquifer consecutive to a long pumping period : example taken from Pinchinade graben (Mouans-Sartoux, French Riviera) ». *Ground Water* (Dublin, Ohio, USA), 37 (3) : 414-417, 1999.

RIVIERE J. et ROGER R., « Aménagement de la chute de Pralognan ». *Travaux,* décembre 1950.

ROCARD Y., *Les sourciers*. Coll.Que sais-je ? n° 1939, PUF, Paris, 128 p., 1997.

ROUSSET C., « Contribution à l'étude des karsts du Sud-Est de la France. Altérations morphologiques et minérales ». Thèse Doctorat ès Sciences, Marseille, 533 p., 1968.

ROUSSET Cl., « Relations entre la limite est du karst géant de Vaucluse et la faille-linéament d'Aix-en-Provence (Région Provence-Alpes-Côte d'Azur) ». *C.R. Acad. Sci.* Paris II, 324-2 (1997) 103-110.

RNDE, « Les prélèvements d'eau en France ». *Rapport RNDE, IFEN, OIE, Agences de l'eau*, 56 p., 2004.

SABOVIK P., *Spanish irrigation and its control.* Thèse, New Haven, Yale university, 1973.

SCHAPIRA J.P., « Le dossier des déchets nucléaires » *In Les déchets nucléaires*. Paris, Les Éditions de Physique, p. 3-24, 1997.

SRPM-SYNDICAT DE RECHERCHE DE PORT MIOU, « La résurgence d'eau douce sous-marine de Port Miou ». *Chantiers de France* n° 104, 1978.

STEFANON A., « Capture and exploitation of submarine springs ». *Proc. Oceanology International Conference*. Brighton (UK), 427-734, 1972.

STEFANON A., « A review of capture and exploitation of submarine springs by divers ». *Joint Ocean Assembly.* Halifax, 100-110, 1984.

THEROND R. *Recherches sur l'étanchéité des lacs de barrage en pays karstique.* Thèse doct. ing. géol. Université de Grenoble. Coll. Centre de recherche et d'essais de Chatou. Paris, Eyrolles, 1973.

THEVENIN J., « Les travaux d'aménagement du Var inférieur. Leurs conséquences sur la nappe d'eau de la plaine terminale ». *Travaux,* n° 574, 22-32, février 1983.

TOTH J., « Groundwater as a geologic agent : an overview of the causes, processes, and manifestations ». *Hydrogeology Journal* 7(1) : 1-14, Springer Verlag, 1999.

TOULEMONT M., « Le karst gypseux du Lutétien supérieur de la région parisienne. Caractéristiques et impact sur le milieu urbain ». *Revue de Géologie Dynamique et de Géographie Physique*, Vol. 25, Fasc. 3, 213-228, 1984.

TOULEMONT M., « Les gypses lutétiens du bassin de Paris. Sédimentation, karstification et conséquences géotechniques ». *Rapports des Laboratoires*, série GT-24, Paris, LCPC, 1987.

VARLAN G-E., *Étanchéité des ouvrages enterrés, in* FILLIAT G., *La pratique des sols et fondations.* Paris, Éditions du Moniteur, 1981.

VERNET M. et VERNET B., « Essai de discrimination par méthode isotopique de l'origine des eaux de systèmes karstiques. Application aux karsts continentaux et littoraux de Basse-Provence ». Thèse 3e cycle Géologie Aix-Marseille 1, 208 p., 1980.

VIDAL A., « Estimation de l'évapotranspiration par télédétection : application au contrôle de l'irrigation », *FRE. Coll. Études du Cemagref, série Hydraulique agricole*, n° 8, 180 p, 1991.

WEST J., PEDLEY S., BAKER S.J., BARROT L., MORRIS B., STOREY A., WARD R. S. et BARRET M., « A review of the impact of microbiological contaminants in groundwater ». *Environmental Agency of England and Wales R&D, Technical report* P139, 1988.

ZWAHLEN F. (Rédacteur en chef) « Vulnerability and risk mapping for the protection of carbonate (karst) aquifers ». *COST action 620 Final report*, 297 p., CE Bruxelles, 2004.

# Sites internet

- *http://www.brgm.fr*
  Bureau des Recherches géologiques et minières, mission de service public sur le sous-sol français. Ce site donne aussi accès à la base de données du sous-sol du BRGM : *http://infoterre.brgm.fr/*
- *http://ades.rnde.tm.fr/*
  Accès à la base de données sur les eaux souterraines
- *http://www.riteau.org*
  Réseau de recherche et d'innovation technologique Eau & technologies de l'environnement.
- *http://www.rnde.tm.fr/*
  Réseau national des Données sur l'Eau.
- *http://aih.brgm.fr/*
  Comité national français de l'Association internationale des Hydrogéologues (AIH).
- *http://www.oieau.fr/*
  Office international de l'Eau.
- *http://www.sitesage.org/*
  Site des Schémas d'Aménagement et de Gestion des Eaux (SAGE).
- *http://www.eaufrance.com/*
  Sites des agences de l'Eau.
- *http://www.ademe.fr/*
  Agence de l'Environnement et de la Maîtrise de l'Énergie.
- *http://www.cemagref.fr/*
  Recherche pour l'ingénierie de l'agriculture et de l'environnement.
- *http://www.ifen.fr/*
  Institut français de l'Environnement (IFEN), service statistique du ministère de l'Écologie et du Développement durable.
- *http://www.netpartner.be/eurogeosurveys*
  Association of the Geological Surveys of the European Union.

# Index

## R



## S



## T



## U



## V



## Z



57639 - (I) - (1,2) - OSB 80° - TYP - VCT

Achevé d'imprimer sur les presses de
Snel
Z.I. des Hauts-Sarts - Zone 3
Rue Fond des Fourches 21 – B-4041 Vottem (Herstal)
Tél +32(0)4 344 65 60 - Fax +32(0)4 286 99 61
Mars 2012 – 57173

Dépôt légal : avril 2012

*Imprimé en Belgique*